压电陶瓷掺杂调控

Doping Modification of Piezoelectric Ceramics

侯育冬　郑木鹏　著

科 学 出 版 社

北　京

内 容 简 介

掺杂作为重要的材料改性方法，在压电陶瓷微结构优化与力、电性能提升方面有着重要应用。本书基于作者十余年来在压电陶瓷掺杂研究方面的工作积累，对多元系复杂结构压电陶瓷掺杂机理、改性技术和相关压电器件应用进行了系统的介绍。全书主要包括以下内容：第 1 章绪论，第 2 章压电陶瓷基体的结构与性能，第 3 章压电变压器用陶瓷掺杂改性和第 4 章能量收集器用陶瓷掺杂改性。

本书主要面向材料科学与工程、凝聚态物理、电子材料与元器件专业的高年级本科生与研究生，也可供电子信息材料、功能陶瓷与器件等领域的研究者与工程技术人员参考。

图书在版编目(CIP)数据

压电陶瓷掺杂调控/侯育冬，郑木鹏著. —北京：科学出版社，2018.3
ISBN 978-7-03-056488-7

Ⅰ. ①压… Ⅱ. ①侯… ②郑… Ⅲ. ①压电陶瓷-特种陶瓷-调控-研究 Ⅳ. ①TM282

中国版本图书馆 CIP 数据核字(2018) 第 022764 号

责任编辑：周 涵／责任校对：邹慧卿
责任印制：吴兆东／封面设计：无极书装

科学出版社 出版
北京东黄城根北街 16 号
邮政编码：100717
http://www.sciencep.com

北京虎彩文化传播有限公司 印刷
科学出版社发行 各地新华书店经销

2018 年 3 月第 一 版 开本：720×1000 B5
2022 年 1 月第四次印刷 印张：16 3/4
字数：338 000

定价：118.00 元

前　言

压电陶瓷作为一类重要的先进功能材料，基于其特有的机电转换效应，可以构建致动器、换能器、传感器等多种电子器件，广泛应用于军用与民用电子信息装备制造领域，业已形成重要的产业分支。利用掺杂技术，可以实现压电陶瓷电学性能的定向调控，有利于发展不同电学参数设计要求的新型压电器件。在国内外科学工作者的共同努力下，压电陶瓷的掺杂物理机理与实际器件应用都取得了长足进展。但是，相对于简单的二元锆钛酸铅体系，在其基础上复合弛豫铁电体组元构建的多元系压电陶瓷由于钙钛矿基体中组成离子的多样性，特别是氧八面体的中心 B 位存在多种不同电价与半径离子的复合占位，使得外加掺杂离子的取代机制更加复杂，现有文献报道仍多存矛盾之处，需要深入解析。

笔者在十余年来多元系复杂结构压电陶瓷掺杂理论探索、材料结构设计与制备研究工作的基础上，以 PZN-PZT 基多元系压电陶瓷掺杂为例，重点针对压电变压器和压电能量收集器两类器件材料的性能要求，系统介绍了不同电子结构类型的元素掺杂改性机制及相关材料性能优化技术。结合现代材料微结构分析手段与电性能表征方法，在过渡系元素掺杂机制、掺杂固溶限位置解析和掺杂诱导复相新材料设计等方面提出一些新观点，发展了复杂结构压铁电材料掺杂新理论。我的博士生，也是现在的课题组同事郑木鹏老师为本书的写作查阅了大量文献，并撰写了部分章节，特别是在压电能量收集材料掺杂设计与器件试制方面做了很多重要工作。

基于本书的研究成果，开展了一系列的具有自主知识产权特色的多元系压铁电陶瓷掺杂设计、性能预测及材料制备的创新研究，并取得一些重要进展与突破，相关研究成果报道后引起国际同行广泛关注，并被高度评价与引用，其中部分掺杂压电材料已用于高新技术产品开发。因而，本书介绍的材料掺杂改性技术不仅具有重要的科学意义，同时也具有重要的工程价值。期望本书的出版能为我国新型压电材料研发与器件应用提供一些理论技术指导与借鉴参考。当然，由于多元系压电陶瓷结构的复杂性，对工艺的敏感性和现有分析方法的局限性，本书中提及的部分掺杂理论仍缺乏精细显微组织层面的表征支撑，一些结论尚有待深入验证。目前，压电陶瓷的掺杂调控研究方兴未艾，相信随着各国科学工作者对掺杂研究的不断深入，特别是显微结构表征技术的进步与复杂材料体系高精度计算方法的优化，很多掺杂相关的科学问题会逐步得到解决，并进一步推动掺杂压电材料的工程应用。

在本书出版之际，特别感谢我的博士生导师田长生教授引领我进入丰富多彩的压电陶瓷世界，以及在我工作后一直对我的关怀与鞭策。感谢朱满康老师在与我长期合作期间所进行的大量深度探讨，给予我许多解决问题的思路。此外还要感谢严辉教授对于电子陶瓷研究室建设所给予的大力支持，陈光华教授和高胜利教授两位先生对于我工作的长期鼓励与关心。本书中所介绍的研究内容有新型功能材料教育部重点实验室电子陶瓷研究室多位研究生参与，付靖博士对插图进行了认真修订，在此向他们的勤奋工作深表谢意！科学出版社周涵女士为本书出版做了大量编辑校对工作，感谢辛勤付出！

这些年来，笔者在压电陶瓷方向的科研工作持续得到国家自然科学基金和北京市自然科学基金等各类科研项目的资助，一并致谢。

向书中所引用文献资料的所有作者致以诚挚的谢意！

由于笔者的学术水平和研究视野所限，书中难免存在缺点和疏漏之处，热忱欢迎广大读者批评指正。

侯育冬

2017 年 5 月

目　录

第1章　绪　　论

1.1　弛豫铁电体与多元系压电陶瓷

1.1.1　弛豫铁电体与钙钛矿稳定性

铁电体是指在一定的温度范围内具有自发极化，且自发极化可以为外电场所转向的一类智能材料。铁电体的历史可以追溯到 1920 年水溶性压电晶体酒石酸钾钠 (罗息盐，$NaKC_4H_4O_6{\cdot}4H_2O$) 中铁电性的发现，之后在磷酸二氢钾 (KH_2PO_4) 中也发现该效应。第一个有实用价值的铁电陶瓷是 20 世纪 40 年代发现的离子位移型铁电体，即具有高介电特性的钛酸钡 ($BaTiO_3$)。之后的 50 年代，B. Jaffe 等又在锆钛酸铅 ($Pb(Zr,Ti)O_3$，PZT) 固溶体系中揭示准同型相界 (morphotropic phase boundary, MPB) 组成附近具有强压电效应，从而带动新兴的压电陶瓷产业快速发展 [1−3]。

在 PZT 陶瓷发现之后，苏联科学家 Smolensky 等又率先报道了以铌镁酸铅 ($Pb(Mg_{1/3}Nb_{2/3})O_3$，PMN) 为代表的一大类具有复合钙钛矿结构的新型弛豫铁电体。这类弛豫铁电体主要是含铅系的 $Pb(B'B'')O_3$ 系列材料，以 +4 价态的 Ti^{4+} 为平衡电价参考，其中 B′ 为较低价阳离子，如 Mg^{2+}、Zn^{2+}、Ni^{2+}、Fe^{3+} 和 Sc^{3+} 等，B″ 为较高价阳离子，如 Nb^{5+}、Ta^{5+} 和 W^{6+} 等。在等同的晶格位置上存在一种以上价态或半径有差异的离子，这是弛豫铁电体的结构特点 [4,5]。表 1.1 列出典型铅基弛豫铁电体及其电学特性。

表 1.1　典型铅基弛豫铁电体及其电学特性 [6]

化合物	缩写	特征温度 T_m/°C	介电常数极值 ε_{max}
$Pb(Mg_{1/3}Nb_{2/3})O_3$	PMN	−10	18000
$Pb(Zn_{1/3}Nb_{2/3})O_3$	PZN	140	22000
$Pb(Ni_{1/3}Nb_{2/3})O_3$	PNN	−120	4000
$Pb(Cd_{1/3}Nb_{2/3})O_3$	PCdN	0	8000
$Pb(Co_{1/3}Nb_{2/3})O_3$	PCoN	−70	6000
$Pb(Mg_{1/3}Ta_{2/3})O_3$	PMgT	−98	7000
$Pb(Sc_{1/2}Nb_{1/2})O_3$	PSN	90	38000
$Pb(Sc_{1/2}Ta_{1/2})O_3$	PST	26	28000
$Pb(Fe_{1/2}Nb_{1/2})O_3$	PFN	112	12000

PMN 等具有复合钙钛矿结构的弛豫铁电体与 $BaTiO_3$ 等具有简单钙钛矿结构

的正常铁电体相比，其电学特征有明显差异，主要表现为：

(1) 弥散相变，即顺电–铁电相变是渐变而非突变，介电常数与温度关系曲线中介电峰呈现宽化，没有一个确定的居里温度 T_c，通常将介电常数最大值对应的温度 T_m 作为特征温度，在高于 T_m 附近仍存在自发极化和电滞回线。

(2) 频率色散，即在介电温谱中低温侧介电峰和损耗峰随测试频率的升高而略向高温方向移动，而介电峰值和损耗峰值分别略有降低和增加。

图 1.1 给出不同频率下弛豫铁电体 PMN 的复介电常数实部与虚部随温度的变化曲线 [6]。从图中可以清楚地看到 PMN 的弥散相变与频率色散特征。

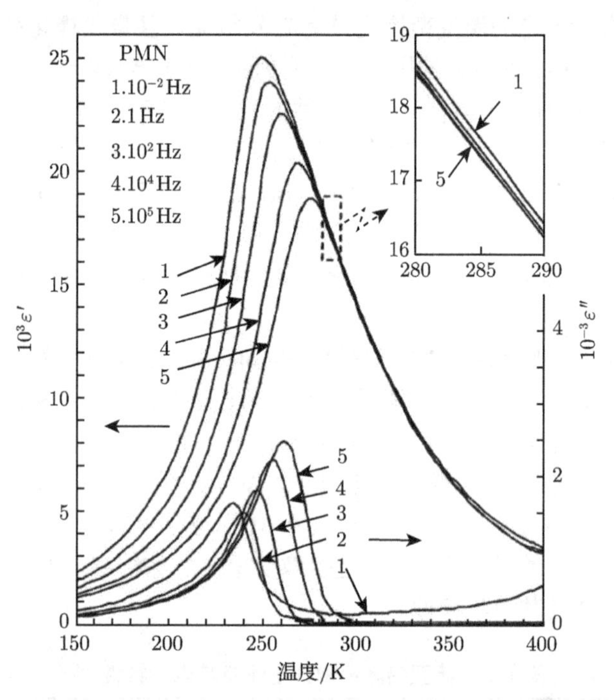

图 1.1　不同频率下弛豫铁电体 PMN 的复介电常数实部与虚部随温度的变化曲线

图 1.2 给出不同频率下 $BaTiO_3$ 和 BBTA 的相对介电常数随温度的变化曲线 [7]。可以看到，与 PMN 不同，纯 $BaTiO_3$ 在居里温度 120℃ 呈现尖锐的介电峰，且不随测试频率改变而发生变化。但是如果以 $BaTiO_3$ 为基体，在 ABO_3 型钙钛矿结构的 A 位和 B 位分别引入 Bi^{3+} 和 Al^{3+}，可以构建出复合钙钛矿结构化合物 $(Ba_{0.9}Bi_{0.1})(Ti_{0.9}Al_{0.1})O_3$(BBTA)。从图 1.2 中可以看出，BBTA 也呈现出典型的弛豫铁电体特征，介电峰宽化且随测试频率的增加峰值向高温方向移动。以上实验现象说明，在钙钛矿等同的晶格位置上引入不同电子结构的离子，有可能诱发弛豫铁电行为 [7]。此外，对比图 1.1 和图 1.2 可以看到，与普通铁电体 $BaTiO_3$

和弛豫体 BBTA 相比，以 PMN 为代表的铅基弛豫铁电体具有极高的介电常数。同时，铅基弛豫铁电体通常还具有低烧结温度和由弥散相变引起的较低的电容温度变化率，这对于发展高温度稳定型大容量多层陶瓷电容器 (multi-layer ceramic capacitors，MLCC) 极为有利 (表 1.2)[8]。另外，铅基弛豫铁电体一般还具有大的电致伸缩效应以及小的电致应变滞后、回零性和重现性好等特点，因而在高精密微位移器和致动器等领域也有广阔的应用前景 [2-6]。

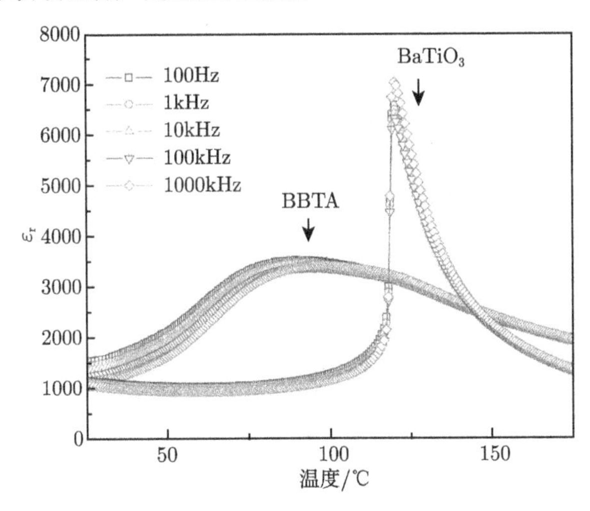

图 1.2 不同频率下 $BaTiO_3$ 和 BBTA 的相对介电常数随温度的变化曲线
(扫描封底二维码可看彩图)

表 1.2 多层陶瓷电容器用铅基弛豫铁电固溶体瓷料 [8]

体系组成	EIA 标准	制造商
PMW-PT-ST	X7R	Dupont
PFN-PFW	Y5V	NEC
PFN-PFW-PZN	Y5V	NEC
PMN-PT	Y5V	TDK
PMN-PFN	Y5V	TDK
PMN-PFN-PMW	Y5V	TDK
PFW-PZ	Z5U	TDK
PMN-PZT-PT	Z5U	Murata
PMN-PZN	Z5U	STL
PMN-PZN-PFN	Z5U	Matshshita
PNN-PFN-PFW	Y5V	Matshshita
PZN-PT-BT-ST	X7R	Toshiba
PMN-PZN-BT	X7R	Toshiba
PFN-PFM-PNN	Z5U	Ferro

在以 PMN 为代表的铅基复合钙钛矿化合物中观察到的铁电弛豫现象将传统电介质理论认为互无联系的弛豫现象和铁电现象关联到一起，对弛豫铁电体的极化行为研究也开始形成物理学领域的重要研究课题。一些研究者认为弛豫铁电体中纳米极性微区 (polar nanoregions, PNRs) 的生成与动力学响应是引起弥散相变与频率色散现象的主要原因，还有一些研究者认为该类材料中弛豫现象的出现与微观成分的不均匀性相关，因为这种不均匀性会引起铁电相变温度的分散与介电峰的宽化。近几十年来关于弛豫现象起因的解释先后形成一系列重要的理论模型，典型的如 Smolensky 提出的成分起伏模型 [9] 和在其基础上发展的有序–无序转变模型 [10–12]、宏畴–微畴模型 [13]、超顺电态模型 [4] 及自旋玻璃模型 [14–16] 等。尽管这些理论模型在解析弛豫铁电体的极化机制方面取得一定的进展，但是一些模型间仍存在矛盾之处，且目前依然缺乏统一的普适模型对该类材料弛豫现象的起源给出明确解释，仍然有待于介电理论及相关实验验证技术的进一步发展。

虽然铅基弛豫铁电体具有优异的电学性能，但是早期在工程应用方面遇到的挑战是难以合成出纯钙钛矿相材料。在常规固相制备过程中伴随钙钛矿相的形成总会有结构极其稳定且组成复杂多样的焦绿石相出现。特别是一些焦绿石相的电学特性很差，极少的含量就会显著恶化铅基弛豫铁电体的电学性能 [17–19]。为此，各国科学家对铅基弛豫铁电体钙钛矿结构的稳定性及焦绿石相形成的热力学和动力学因素进行了深入的研究，并提出一些能够有效抑制焦绿石相生成的新型材料制备技术。

众所周知，ABO_3 型钙钛矿化合物是基本的离子型化合物。该结构中，A 位通常都是低价、半径较大的离子，它和氧离子一起按面心立方密堆排列；B 位通常为高价、半径较小的离子，处于氧八面体的体心位置。图 1.3 中以 $BaTiO_3$ 为例，给出钙钛矿晶胞的配位结构示意图。从图中可以看到，Ba^{2+} 与 O^{2-} 呈现 12 配位结构，Ti^{4+} 与 O^{2-} 呈现 6 配位结构，二者构成的 $[TiO_6]$ 八面体以顶角形式相互连接，并在空间延展成八面体网络。结构式为 $A_2^{\mathrm{VIII}}B_2^{\mathrm{VI}}O_6^{\mathrm{V}}O^{\mathrm{IV}}$(罗马数字代表配位数) 的焦绿石相与钙钛矿相虽然都是由 $[BO_6]$ 八面体单元构成，但不同之处在于 O—B—O 链的排布形式。在钙钛矿结构中，O—B—O 链是直线型的，平行于立方轴，而在焦绿石结构中，O—B—O 链是锯齿型的。在焦绿石结构中，A 位离子或氧离子易于形成缺位来稳定八面体框架，从而促使焦绿石相的稳定性提高。

这里需要说明的是并非所有化学式为 ABO_3 的化合物都具有钙钛矿结构，只有离子半径取值在一定范围内，且离子键有一定强度，才能达到钙钛矿结构的热力学稳定性条件。

从热力学角度，决定钙钛矿相结构稳定性的因素有以下两个。

1) 容差因子

ABO_3 型钙钛矿结构中，A 位和 B 位的离子大小需要一定的匹配度，可以用

Goldschmidt 提出的容差因子 t 作为判据：

$$t = \frac{r_A + r_O}{\sqrt{2}(r_B + r_O)} \tag{1.1}$$

式中，r_A、r_B、r_O 分别为 A 位、B 位和 O 位的离子半径。复合占位情况下，则为该位置的平均离子半径。容差因子 t 反映了钙钛矿结构畸变与八面体扭曲程度。研究发现，t 值在 0.8~1.05 范围内时，形成钙钛矿结构，此范围内 t 值越大，钙钛矿结构越稳定。近年来的一些研究还揭示，尽管容差因子只是一个简单的结构参数，但是其与钙钛矿材料的介电性能及相变温度等物性变化存在关联。因而，对于容差因子与物性关系的深入研究也将进一步推动新型钙钛矿结构电子陶瓷材料的设计与合成[8]。

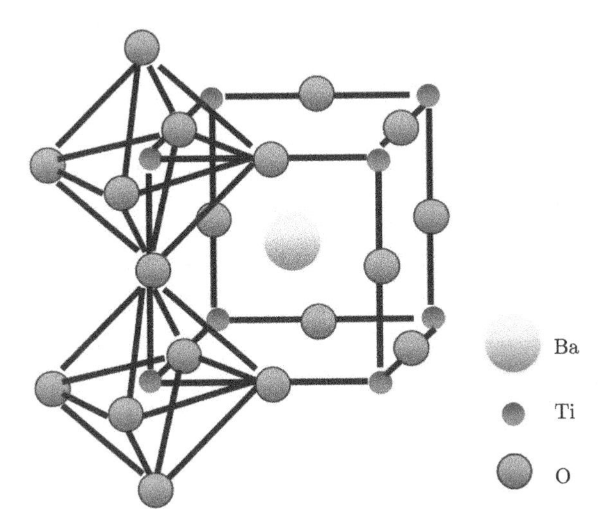

图 1.3 $BaTiO_3$ 钙钛矿晶胞配位示意图

2) 电负性差

电负性是用于表征化合物中原子吸引成键电子能力大小的量度，综合考虑了电离能和电子亲和能的贡献。元素的电负性越大，表明其原子在化合物中吸引电子的能力越强。因而，正负离子间形成离子键的强弱可以用电负性差来描述。

根据 Pauling 公式，ABO_3 型化合物的平均电负性差 $\Delta\chi$ 可以用下式计算：

$$\Delta\chi = \frac{\chi_{A\text{-}O} + \chi_{B\text{-}O}}{2} \tag{1.2}$$

式中，$\chi_{A\text{-}O}$ 和 $\chi_{B\text{-}O}$ 分别为 A 位和 B 位金属离子与氧离子的电负性差。平均电负性差越大，化合物的离子键越强，越有利于钙钛矿结构的稳定。

Halliyal 等根据上述两个因素，对一系列钙钛矿化合物的容差因子 t 和电负性差 $\Delta\chi$ 进行了计算，得到如图 1.4 所示的关系图[20]。

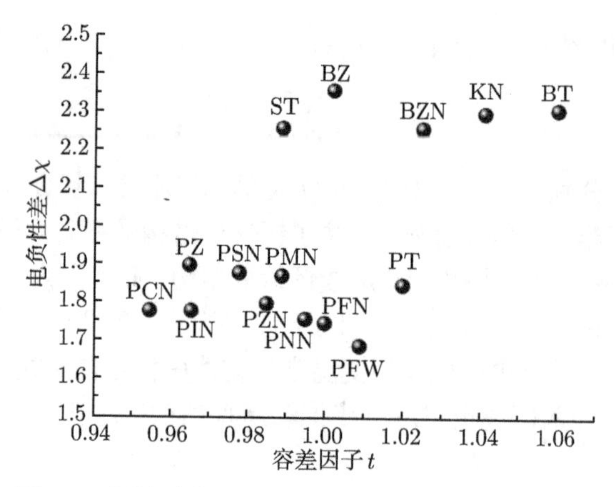

图 1.4 钙钛矿化合物电负性差与容差因子的关系图

从图 1.4 可以看到，右上角具有较大电负性差与容差因子的简单钙钛矿化合物 $BaTiO_3$ 和 $KNbO_3$ 最为稳定，而趋于共价键结合的铅基弛豫铁电体的稳定性相对较差，易形成焦绿石相。图 1.4 的计算结果与实验结果符合很好，可以得到一些典型 ABO_3 化合物钙钛矿结构的稳定性序列如下：

PZN<PCN<PIN<PSN<PNN<PMN<PFN<PFW<PZ<PT<KN<BT

从热力学角度分析，铅基 $Pb(B'B'')O_3$ 化合物不易形成稳定的钙钛矿结构。热力学上的不稳定性给动力学合成过程带来极大困难。在已发现的铅基弛豫铁电体中，PZN 是最不稳定的复合钙钛矿结构弛豫铁电体，合成过程中极易出现焦绿石相。

关于铅基弛豫铁电体合成过程中焦绿石相产生的动力学起因，国际上也开展了一系列重要研究。以具有代表性的铅基弛豫铁电体 $Pb(Mg_{1/3}Nb_{2/3})O_3$ 合成为例，Inada 首先提出常规氧化物混合法中 $Pb(Mg_{1/3}Nb_{2/3})O_3$ 钙钛矿相不能由氧化物 PbO，MgO 和 Nb_2O_5 直接反应生成 [21]。研究揭示常规氧化物混合法中由低温到高温，反应需要经过三个阶段，即

(1) $3PbO+2Nb_2O_5 \longrightarrow Pb_3Nb_4O_{13}$ (530~600℃)

(2) $Pb_3Nb_4O_{13}+PbO \longrightarrow 2Pb_2Nb_2O_7$ (600~700℃)

(3) $Pb_2Nb_2O_7+1/3MgO \longrightarrow Pb(Mg_{1/3}Nb_{2/3})O_3+1/3Pb_3Nb_4O_{13}$ (700~800℃)

其中，$Pb_2Nb_2O_7$ 是化学计量比的菱方焦绿石相，$Pb_3Nb_4O_{13}$ 是缺 A 位的立方焦绿石相。

从反应历程看，常规氧化物混合法制备 $Pb(Mg_{1/3}Nb_{2/3})O_3$ 无法避免立方焦绿石相的生成。分析原因主要有以下三点：

(1) PbO，MgO 和 Nb_2O_5 三种氧化物的反应能力不同。MgO 是晶格能很高的离子晶体，熔点高，反应活性差。因而，低温下反应能力较强的 PbO 易于与 Nb_2O_5

先期反应生成焦绿石相。

(2) 常规氧化物混合法中，组分分布不够均匀。

(3) PbO 熔点低，只有 888℃，高温煅烧环境下易于挥发，造成计量比失配。

尽管一些研究揭示添加过量 PbO 和过量 MgO 可以在一定程度上提升钙钛矿相含量，但缺点是这些方法改变了材料体系的计量比与晶界结构，容易造成电学性能的劣化 [18,19]。

对于常规氧化物混合法的动力学合成机理研究，推动了铅基弛豫铁电体制备工艺不断向前发展。为了提高反应物的活性 (特别是 MgO 的活性) 和混合均匀度，避开形成焦绿石相 $Pb_3Nb_4O_{13}$ 的反应环境，一些新颖的化学制备方法，如溶胶–凝胶法 [22]、半化学法 [23,24]、熔盐法 [25] 和高能球磨法 [26] 等被提出。已公开的大量研究成果证实这些方法可以成功合成出 $Pb(Mg_{1/3}Nb_{2/3})O_3$ 等多种纯钙钛矿相的铅基弛豫铁电体。但是，现有的化学制备方法仍存在一些不足，如需要特种合成装备，工艺路线复杂，且一些高纯有毒原料与有机试剂的使用不仅增加生产成本，也不利于环境保护。因而，未来化学法的发展趋势是简化生产流程，使用低毒或无毒原料，最终实现铅基弛豫铁电体的环境友好绿色合成。

在化学法合成技术发展的同时，人们也在尝试改进常规氧化物粉体技术制备钙钛矿相弛豫铁电体。1982 年，Swartz 和 Shrout 提出简单有效的二次合成法 (又称铌铁矿预产物合成法或两步预产物合成法)，成功实现 $Pb(Mg_{1/3}Nb_{2/3})O_3$ 等多种铅基弛豫铁电体钙钛矿相的可控合成 [27]。二次合成法的提出是铅基弛豫铁电体制备技术的一项重大突破，该方法通过新颖的分步反应实验设计思路来抑制焦绿石相生成。

第一步，两种 B 位氧化物 MgO 和 Nb_2O_5 预反应生成具有铌铁矿结构的 $MgNb_2O_6$：$MgO+Nb_2O_5 \longrightarrow MgNb_2O_6$ (1000℃)。

第二步，加入 PbO，使之与 $MgNb_2O_6$ 反应生成 $Pb(Mg_{1/3}Nb_{2/3})O_3$：$MgNb_2O_6+3PbO \longrightarrow 3Pb(Mg_{1/3}Nb_{2/3})O_3$ (700~900℃)。

二次合成法设计的巧妙之处在于改变常规氧化物混合法的反应历程，让活性差的 MgO 与 Nb_2O_5 先期反应生成 $MgNb_2O_6$，之后再将 PbO 引入反应体系中，通过高活性的 PbO 向 $MgNb_2O_6$ 扩散 (反应活化能 150kJ/mol)，从而合成出纯钙钛矿相 $Pb(Mg_{1/3}Nb_{2/3})O_3$，有效避免 PbO 易与 Nb_2O_5 反应生成稳定的焦绿石相中间体的难题。该方法除对 PMN 制备有效外，还成功用于 PNN、PMT、PST 等多种弛豫铁电体的合成。

但是，二次合成法在制备另外一种高特征温度 (T_m=140℃) 的铅基弛豫铁电体 PZN 时却遇到极大困难。大量实验结果表明，常压下通过固相反应 PbO 与 $ZnNb_2O_6$ 之间以及 PbO、ZnO 与 Nb_2O_5 之间均不能形成纯钙钛矿相，无法避免焦绿石相的出现。即使采用高温高压法和 PbO 熔盐法等特种工艺合成的纯钙钛矿相 PZN，也处于亚稳态，温度波动极易转变为焦绿石相。根据前述热力学分析 (图 1.4)，PZN 是铅基弛豫铁电体中最难合成的化合物，其钙钛矿相在宽温度范围内处于热力学亚稳态 (600~1400℃)。在 $Pb(Zn_{1/3}Nb_{2/3})O_3$ 结构中，Zn^{2+} 占据 1/3 的 B 位，由于 Zn^{2+} 的外层电子构型是特殊的 $3d^{10}$ 满壳层结构，Zn—O 键的共价键成分显著增加，降低了钙钛矿相的稳定性。为了稳定 PZN 的钙钛矿相结构，一个行之有效的方法是在制备过程中向 PZN 加入离子性强、容差因子大的简单钙钛矿化合物作为添加剂。已有的热力学研究证实，在 PZN 基陶瓷中，添加剂稳定钙钛矿相的效果与添加剂 A 位离子半径与铅离子半径之比 ($r_A/r_{Pb^{2+}}$) 有关，该数值与 1 偏离越大，添加剂稳定钙钛矿相的效果越好。表 1.3 列出 PZN 材料合成所需的几种典型添加剂的最小用量 [18,28]。

表 1.3 PZN 钙钛矿相合成中几种添加剂的最小用量 [18,28]

添加剂	含量/mol.%
$BaTiO_3$	6~7
$SrTiO_3$	9~10
$PbTiO_3$	25~30
$BaZrO_3$	15~18
$PbZrO_3$	55~60
$Ba(Zn_{1/3}Nb_{2/3})O_3$	15
$Pb(Zr_{0.47}Ti_{0.53})O_3$	40

此外，需要说明的是，这些稳定剂的使用除了有利于获得 PZN 基纯钙钛矿相化合物之外，还有利于调整材料体系的微区结构，设计获得二元或三元系准同型相界，从而大幅提升材料电学性能。相关多元系压电陶瓷材料的设计制备与物性分析将在后文中详述。

1.1.2 多元系压电陶瓷结构与性能

压电效应本征是一种机电耦合效应，对晶体对称性的要求是无对称中心。由于属于极性点群的晶体都是非中心对称的，因而全部铁电体都是压电体 [1,29]。与非铁电性的压电晶体 α 石英等相比，铁电性压电体的压电效应强、介电常数高、非线性效应显著，因而应用面更广，其中压电陶瓷的用量最大。

铁电体自高温冷却通过居里温度时，对称性发生变化，内部将形成多电畴结构。电畴是自发极化方向一致的微小区域，是系统自由能取极小值的结果。由于常规工艺烧结制备的铁电陶瓷是含有晶粒晶界结构的多晶烧结体，铁电陶瓷中虽存在自发极化，但各晶粒间自发极化方向杂乱，因此宏观无极性，并不呈现压电效应。但是，通过人工极化 (单畴化处理)，在外加强直流电场作用下，铁电陶瓷各晶粒中的自发极化将沿外电场方向择优取向排列，宏观上出现沿外电场方向的剩余极化，此时陶瓷类似于具有某一晶轴的压电晶体，呈现出压电效应。因而，压电陶瓷实际上是经过人工极化处理的一类铁电陶瓷 [30,31]。

最早发现的压电陶瓷是 $BaTiO_3$。1947 年，Robert 揭示在铁电陶瓷 $BaTiO_3$ 上施加直流偏压，材料呈现出强压电效应，且撤除外电场后这种效应能够得到保持，从而为压电陶瓷的应用揭开了序幕。随后，日本的科研人员利用 $BaTiO_3$ 压电陶瓷成功试制了超声换能器、压力传感器、滤波器和谐振器等多种压电器件。但是，$BaTiO_3$ 应用的瓶颈问题是居里温度 T_c(120℃) 太低，当工作温度超过 80℃ 时，压电性能便出现显著劣化，极大地限制了该材料在压电器件领域的广泛应用。目前，$BaTiO_3$ 陶瓷的商业应用主要集中于多层陶瓷电容器等介电器件领域，在压电陶瓷器件方面的应用相对较少。$PbTiO_3$ 是另一种与 $BaTiO_3$ 结构相似的钙钛矿型铁电体，其居里温度 T_c 高达 490℃，且室温时自发极化强度为 $75\times10^{-2}C/m^2$，是各种钙钛矿型铁电体中最高的数值 [32]。$PbTiO_3$ 具有高自发极化强度的起因，主要与 Pb^{2+} 外层非惰性气体型的电子云构型相关。Pb^{2+} 的外层具有特殊的 $6s^2$ 孤电子对，导致 Pb—O 键共价性强，且对 Ti—O 键存在强极化作用。相较而言，Ba^{2+} 具有惰性气体型的外层电子云构型，Ba—O 键主要呈现离子性。因而，不同的价键结构与极化作用导致钙钛矿结构中 Pb^{2+} 的位移 (室温 0.047nm) 远大于 Ba^{2+} 的位移 (室温 0.005nm)，所以 $PbTiO_3$ 的自发极化强度也要比 $BaTiO_3$ 大很多。但是，从工艺角度分析，由于相同温度下 $PbTiO_3$ 的四方度 c/a 远大于 $BaTiO_3$，如室温时 $PbTiO_3$ 的 c/a=1.063，而 $BaTiO_3$ 的 c/a=1.011，给制备致密的 $PbTiO_3$ 陶瓷体带来困难。高温烧结的 $PbTiO_3$ 陶瓷在冷却降温过程中当经过相变点附近时，内部产生很大的应力变化，再加上 $PbTiO_3$ 晶粒之间界面自由能很高，晶粒之间缺乏足够的黏结能力，烧结后的陶瓷往往会出现粉化与破碎现象。一些研究人员通过在工艺上减小陶瓷的晶粒尺寸和掺杂过渡金属氧化物或稀土氧化物，可以改善 $PbTiO_3$ 陶瓷的烧结特性，提升致密度与机械强度，在医用超声换能器和高频压电滤波器等领域获得一定应用。

1954 年，Jaffe 等发现压电性能可调性强和温度稳定性优越的锆钛酸铅 ($PbZr_xTi_{1-x}O_3$，PZT) 陶瓷，从而使压电陶瓷的应用范围大为扩展，并迅速发展为压电器件的主流材料 [2,3]。直至今日，PZT 及以其为基体的多元系压电陶瓷仍然是构建各类压电器件的主体材料。材料组成上，PZT 是由铁电体 $PbTiO_3$ 和反铁电体 $PbZrO_3$ 两种钙钛矿氧化物形成的二元系连续固溶体 $PbZr_xTi_{1-x}O_3(0 < x < 1)$。其中，顺电相点群为 m3m，铁电相点群随组成不同而不同，$x < 0.53$ 时为 4mm，$0.53 < x < 0.95$ 时为 3m，而当 $x > 0.95$ 时体系转变为正交反铁电相。在三方相区内，还有一条铁电–铁电相界线，低温铁电相与高温铁电相的区别是氧八面体的取向不同，它们的空间群分别是 R3c 和 R3m。

图 1.5(a) 和 (b) 分别给出 PZT 二元相图和晶体结构与组成的关系示意图 [33]。

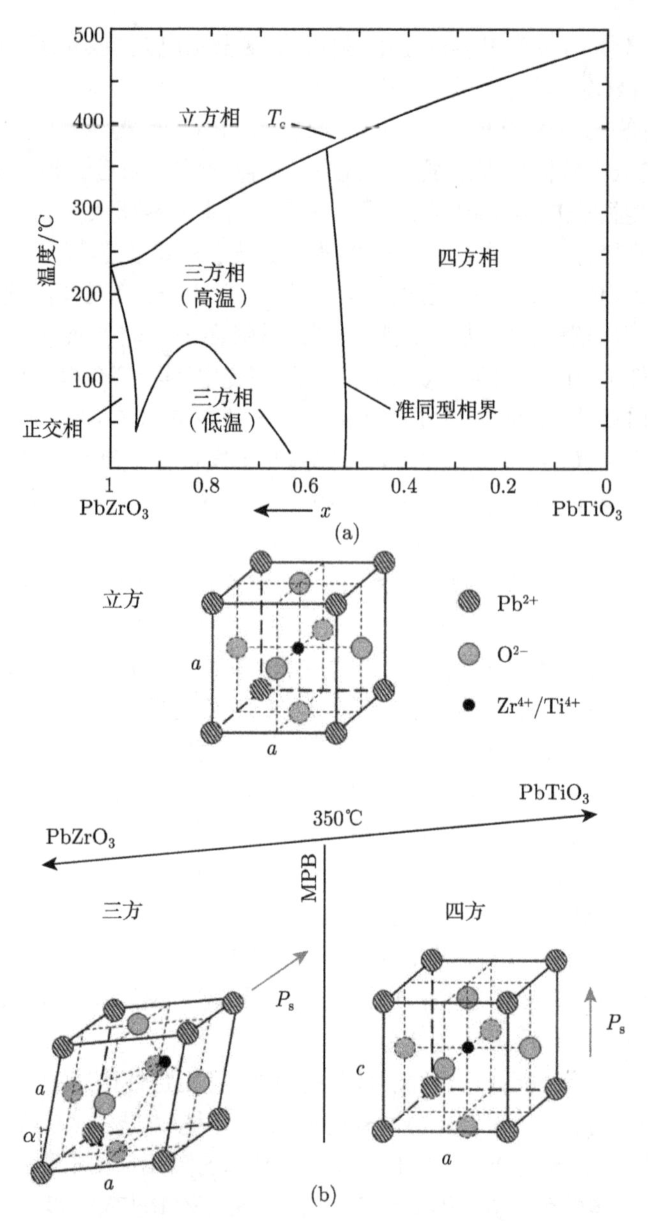

图 1.5　PZT 经典相图 (a) 和 PZT 晶体结构与组成的关系示意图 (b)

从图中可以看到，在相图中部 x=0.53 附近 (即 Zr:Ti=53:47)，存在一条与组成有类垂直关系的同质异晶相界，称为准同型相界 (MPB)。MPB 右侧 (富钛一边) 为四方晶相 (tetragonal phase)，左侧 (富锆一边) 为三方晶相 (rhombohedral phase)。大量实验表明，该相界并不是一条几何线，而是有一定宽度的组成范围。MPB 附近具有高压电活性，经典的物理解释是在 MPB 附近，三方与四方两相间的自由能差小，相变激活能低，在外场作用下，极易发生晶相结构的转变，出现两相共存现象。四方结构沿 [001] 有 6 个可能的极化方向，三方结构沿 [111] 有 8 个可能的极化方向，两相共存的 MPB 附近就具有 14 个可能的极化方向，导致该组成材料在进行人工极化处理时，电偶极矩沿外电场的排列程度高，呈现出高压电活性，机电耦合系数 k_p 和相对介电常数 ε_r 等电学参数均出现极值 [33,34](图 1.6)。

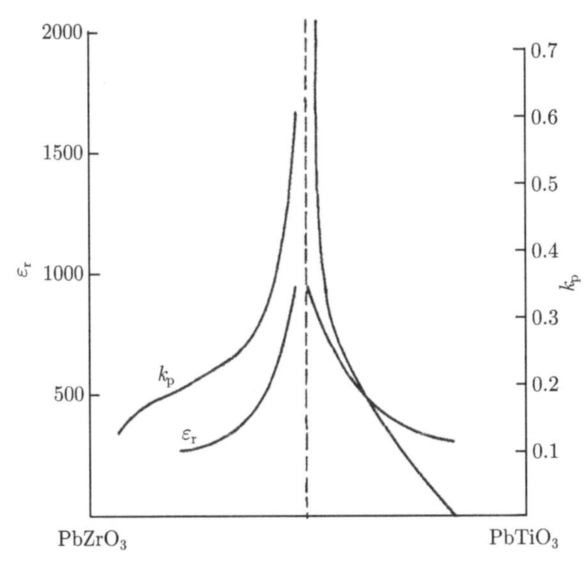

图 1.6 PZT 陶瓷 MPB 附近组成与电学性能的关系图

近年，关于 MPB 处高压电活性的起因研究取得一些新进展，基于高分辨同步辐射 X 射线衍射技术等精细显微结构分析揭示，在 PZT 体系 MPB 组成附近的低温区域存在空间群为 Cm 的低对称性单斜相 (monoclinic phase)。Noheda 等认为低对称性的单斜相可以作为四方相与三方相的桥接相 (bridging phase) 松弛极化，增强材料压电活性，并根据测试数据结果，对 Jaffe 的经典 PZT 相图进行了修正 (图 1.7)，这些工作极大丰富了人们对 PZT 体系 MPB 结构的认知 [35,36]。

除了在 PZT 中揭示出特殊的 MPB 结构，研究人员发现将 $PbTiO_3$ 与铅基弛豫铁电体 $Pb(B'B'')O_3$ 复合，在特定的组成范围内也能构建出 MPB 结构 [6]。表 1.4 列出一些代表性的 $Pb(B'B'')O_3$-$PbTiO_3$ 体系的 MPB 位置及对应居里温度 T_c[37]。需要说明的是，与 PZT 中对温度变化不太敏感的 MPB 不同，弛豫基 $Pb(B'B'')O_3$-$PbTiO_3$ 体系的 MPB 与温度强烈相关，在相图中有一定弯曲度。近年来，在一些 $Pb(B'B'')O_3$-$PbTiO_3$ 体系中，如 $Pb(Mg_{1/3}Nb_{2/3})O_3$-$PbTiO_3$ 与 $Pb(Zn_{1/3}Nb_{2/3})O_3$-$PbTiO_3$ 的 MPB 附近也发现有单斜相与正交相等过渡相的存在证据，这些工作大大大加深了人们对 MPB 结构本质的认知，推动了相关压铁电理论向前发展 [38−40]。

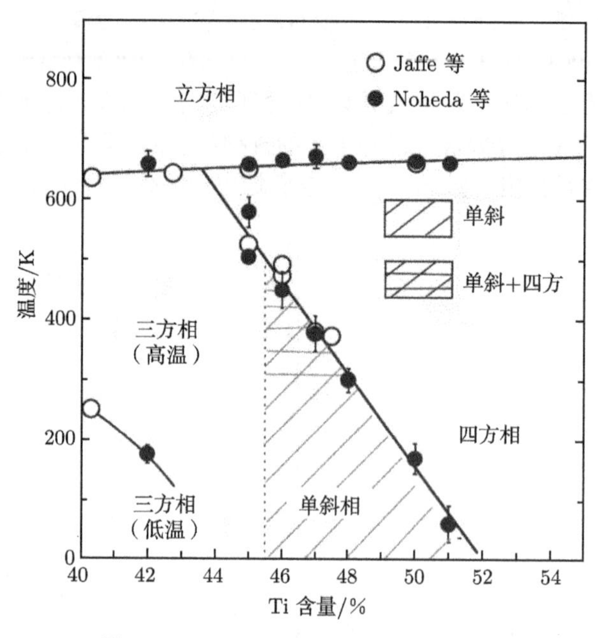

图 1.7　PZT 体系 MPB 附近修正相图

表 1.4　$Pb(B'B'')O_3$-$PbTiO_3$ 体系的 MPB 位置及居里温度 T_c[6,37]

$(1-x)Pb(B'B'')O_3$-$xPbTiO_3$ 体系	MPB 位置 PT 含量	T_c/℃
$(1-x)Pb(Zn_{1/3}Nb_{2/3})O_3$-$xPbTiO_3$(PZN-PT)	$x\approx0.09$	～180
$(1-x)Pb(Mg_{1/3}Nb_{2/3})O_3$-$xPbTiO_3$(PMN-PT)	$x\approx0.33$	～150
$(1-x)Pb(Mg_{1/3}Ta_{2/3})O_3$-$xPbTiO_3$(PMT-PT)	$x\approx0.38$	～80
$(1-x)Pb(Ni_{1/3}Nb_{2/3})O_3$-$xPbTiO_3$(PNN-PT)	$x\approx0.40$	～130
$(1-x)Pb(Co_{1/3}Nb_{2/3})O_3$-$xPbTiO_3$(PCN-PT)	$x\approx0.38$	～250
$(1-x)Pb(Sc_{1/2}Ta_{1/2})O_3$-$xPbTiO_3$(PST-PT)	$x\approx0.45$	～205
$(1-x)Pb(Sc_{1/2}Nb_{1/2})O_3$-$xPbTiO_3$(PSN-PT)	$x\approx0.43$	～250
$(1-x)Pb(Fe_{1/2}Nb_{1/2})O_3$-$xPbTiO_3$(PFN-PT)	$x\approx0.07$	～140
$(1-x)Pb(Yb_{1/2}Nb_{1/2})O_3$-$xPbTiO_3$(PYN-PT)	$x\approx0.50$	～360
$(1-x)Pb(In_{1/2}Nb_{1/2})O_3$-$xPbTiO_3$(PIN-PT)	$x\approx0.37$	～320
$(1-x)Pb(Mg_{1/2}W_{1/2})O_3$-$xPbTiO_3$(PMW-PT)	$x\approx0.55$	～60
$(1-x)Pb(Co_{1/2}W_{1/2})O_3$-$xPbTiO_3$(PCW-PT)	$x\approx0.45$	～310

相比于 PZT 陶瓷，PMN-PT 陶瓷在 MPB 附近表现出更高的压电与介电性能，其压电应变常数与相对介电常数分别可达 700～900pC/N 和 6000。另一方面，由于在正常铁电体 PT 中引入了弛豫铁电体 PMN，对于 PMN-PT 二元陶瓷的介电弛豫特性研究也引起人们的极大兴趣。侯育冬等系统研究了 PMN-PT 陶瓷的组

成–工艺–介电弛豫的关联性 [41−44]。传统弛豫性研究一般认为 PMN-PT 二元体系的弛豫性随正常铁电体 PT 含量的增加呈简单线性减小关系，但是并没有对 MPB 附近的弛豫性进行系统深入的分析。侯育冬等通过对不同组成的 PMN-PT 体系介电谱解析发现，在 MPB 附近，表征材料弥散性强弱的弥散因子 γ 值最大，弛豫性最强；而在 MPB 两侧三方相和四方相附近，弛豫性则逐渐减弱。这种弛豫性变化的主要原因是 MPB 处的畴结构较为复杂，有新的有序纳米微畴形成。应用电滞回线和拉曼 (Raman) 光谱测试对弛豫性的变化规律进行验证，结果也都表明弛豫性在 MPB 处呈现明显升高的趋势 [41,42]。同时，侯育冬等还通过调整烧结温度与退火温度，系统研究了材料制备工艺变化对 MPB 附近 PMN-PT 体系显微组织结构与介电性能的作用，揭示了相变与晶粒尺度对拉曼散射谱与介电弛豫行为的影响规律。特别是其研究发现，适当的退火处理有助于消除低介晶界相并松弛内应力，提升 PMN-PT 材料的介电性能 [43,44]。以上工作加深了人们对 PMN-PT 陶瓷结构与介电性能关系的理解，对于优化材料工艺，发展高性能 PMN-PT 陶瓷有重要的指导与借鉴价值。

此外，自 20 世纪 90 年代起，各国科学家陆续研究发现以 PMN-PT 和 PZN-PT 为代表的弛豫基 $Pb(B'B'')O_3$-$PbTiO_3$ 铁电单晶呈现出远比 PZT 陶瓷更为优异的压电特性，在高品质换能器与传感器等器件方面具有重要应用价值。代表性工作是美国的 T. R. Shrout 等成功生长出大尺寸 (20mm×20mm) 的 PZN-PT 晶体，电学品质可以满足 B 超探头使用要求，真正将这类高性能压电单晶推向了实用化。PZN-0.08PT 晶体沿 [001] 方向极化后压电应变常数高达 2500pC/N，机电耦合系数高达 0.90，电致应变达 1.7%。然而，需要注意的是尽管以 PMN-PT 和 PZN-PT 为代表的弛豫基铁电单晶具有极为优异的压电特性，但是单晶生长工艺复杂、成分均匀性差、缺陷结构难以控制且制造成本高，限制了其在普通商用压电器件领域的大面积推广应用。目前，压铁电单晶的主要应用对象仍只局限于军用或高端民用装备领域。对于量大面广的普通商用压电器件制造需求，还只能依赖于压电陶瓷材料新体系的设计与工艺改性来满足。

在对 PZT 二元系压电陶瓷研究的基础上，为了进一步提升陶瓷材料的压电性能，科研人员开始尝试将铅基弛豫铁电体 $Pb(B'B'')O_3$ 作为第三组元与 PZT 复合，构建以 PZT 为基体的新型三元系压电陶瓷材料。1965 年，日本松下公司 H. Ouchi 等首先将弛豫铁电体 PMN 与 PZT 复合，成功构建出商品名为 PCM 的三元系压电陶瓷 $x\mathrm{Pb(Mg_{1/3}Nb_{2/3})O_3}$-$y\mathrm{PbTiO_3}$-$z\mathrm{PbZrO_3}$($x+y+z$=1，PMN-PZT)[45]。图 1.8 为三元系 PMN-PZT 的室温相图。可以看到，该三元体系在室温时，富 $Pb(Mg_{1/3}Nb_{2/3})O_3$ 区域为赝立方相，富 $PbZrO_3$ 区域为三方相，而富 $PbTiO_3$ 区域为四方相，三相的相交点在 0.27$Pb(Mg_{1/3}Nb_{2/3})O_3$-0.38$PbTiO_3$-0.35$PbZrO_3$ 处。从三元相图中还可以发现，相对于二元系的 MPB 仅是一点，三元系的相界则由点扩展成线，因而，相界附近的组成与压电性能的可调性更强。例如，典型的三元系 PMN-PZT 配方为 $x = y$=0.375，z=0.25 时，机电耦合系数 $k_{\rm p}$ 约为 0.50，介电损耗 tanδ 约为 0.02，相对介电常数 $\varepsilon_{\rm r}$ 为 1500，机械品质因数 $Q_{\rm m}$ 约为 73。进一步，以其为基体进行掺杂改性，则可以制备出 $k_{\rm p}$=0.70，$Q_{\rm m}$=1100，d_{33}=420 pC/N 的高性能压电陶瓷 [1,46,47]。

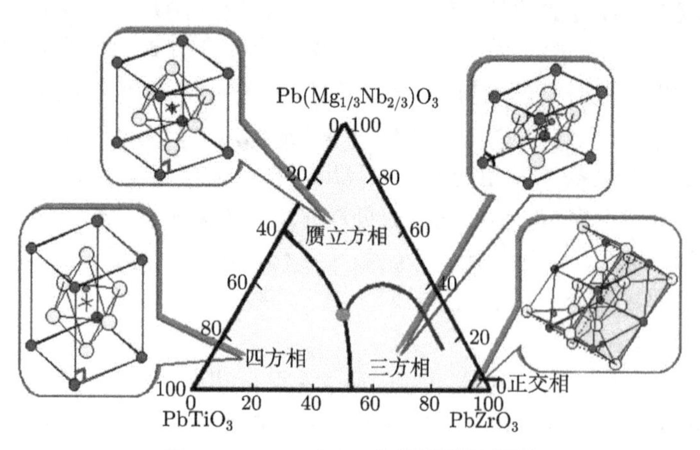

图 1.8　PMN-PZT 的室温平衡相图

在 PMN-PZT 三元系压电陶瓷被发现之后，各国科研人员随后又将其他结构如与 PMN 相似的弛豫铁电体 Pb(B′B″)O_3 作为第三组元与 PZT 尝试复合固溶，并成功构建出一系列新颖的三元系压电陶瓷，如 PZN-PZT、PNN-PZT、PYN-PZT、PSN-PZT 和 PMS-PZT 等，其中部分材料体系已经成功实现商业化 [3,48]。这类 PZT 基三元系压电陶瓷具有共同的结构特点：钙钛矿结构中 A 位元素一般仍是 Pb，所改变的只是处于氧八面体中 B 位的元素。在三维氧八面体构成的空间网络中，相互固溶的情况下，氧八面体中心将有四种或更多电价不一定为 4 的元素 (包括 Zr^{4+} 和 Ti^{4+}) 出现统计分布，改变其元素种类或配比，就可调整、优选出一系列具有特殊优异性能的压电陶瓷。已有研究证实，通过不同弛豫铁电体第三组元的选取，PZT 基三元系陶瓷的居里温度、介电和压电性能的可调整范围大幅拓宽，可以满足不同类型压电器件对材料的性能要求。此外，这些 Pb(B′B″)O_3-PZT 三元体系大多具有和前期报道的 PMN-PZT 相似的三元相图 (图 1.9)。其中，$PbTiO_3$ 与 $PbZrO_3$ 形成的第一类准同型相界 MPB(I) 和 Pb(B′B″)O_3 与 $PbTiO_3$ 形成的第二类准同型相界 MPB(II) 在三元相图中均延展成准同型相界线，大大丰富了三元系压电陶瓷组成的设计范围与调节自由度。在 PZT 二元系中难以获得的高电学参数或难以兼备的几种压电性能，均可以较大程度地通过三元系的组成设计来满足。

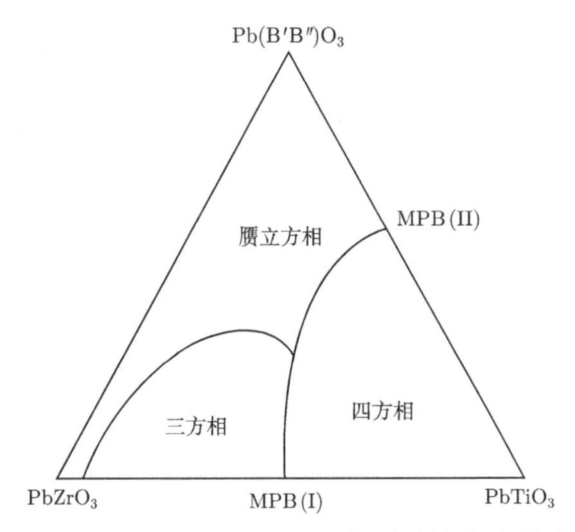

图 1.9 Pb(B′B″)O_3-PZT 三元系压电陶瓷准同型相界

相对于 PZT 二元体系，Pb(B′B″)O_3-PZT 三元体系除了相结构上因准同型相界线的出现带来优异的组成与压电性能可调性外，制备工艺上也极具优势。首先，由于多种氧化物的出现以及固溶体的形成，体系最低共熔点降低，因而陶瓷的烧结特性得到提升，烧成范围拓宽，烧结温度显著下降。烧结温度的降低不仅有利于三元系陶瓷共烧匹配低成本的高银低钯含量内电极，发展多层片式压电器件，而且较低的烧结温度也有利于减少烧结过程中的铅挥发量 (氧化铅熔点 888℃)，因而可以较好地控制材料含铅量，保证计量比不失配。此外，在固相反应完成前，多元体系中各种异相物质的存在可以抑制局部晶粒的过度长大，减弱“异常晶粒长大”现象，因而通常较容易获得均匀致密、气孔率少、机械强度高的压电陶瓷 [49]。需要说明的是，在三元系压电陶瓷的研究基础上，科研人员将多种不同结构类型的弛豫铁电体与 PZT 同时复合，构建出结构更为复杂的四元系甚至五元系压电陶瓷，如侯育冬等报道的 PMnN-PZN-PZT[50]，PNN-PZN-PZT[51] 和 Sun 等报道的 PSN-PMS-PZN-PZT[52] 等。这些材料的组成调控自由度更高，极大丰富了压电陶瓷材料的理论与应用研究。

1.2 PZN-PZT 压电陶瓷的研究现状

PZN-PZT 是由弛豫铁电体 PZN 与 PZT 复合而成的三元系压电陶瓷，因其良好的烧结特性、优异的压电性能，以及相对较高的退极化温度，成为目前研究与应用最为广泛的多元系压电陶瓷材料之一 [53]。为了进一步适应电子元器件轻薄短小、多功能化和高可靠性的发展趋势，国内外许多研究学者对 PZN-PZT 压电陶瓷及器件的制备与应用进行了大量深入的研究，主要工作包括 PZN-PZT 基体的组成调控、制备技术、掺杂行为与器件应用等。

首先，需要说明的是，与正常铁电体和一些复合钙钛矿结构的铅基弛豫铁电体相比，PZN 自身具有其独特的物理特性，包括：

(1) 较低的烧结温度。PZN 一般在 1100℃左右就可以得到致密的陶瓷，相比之下，$BaTiO_3$ 的烧结温度为 1300℃，传统的 PZT 二元系压电陶瓷的烧结温度也要到 1250℃左右。将 PZN 与 PZT 复合，可以显著提升材料体系的烧结特性，降低烧结温度，一般在 950~1100℃就可以烧结获得致密的陶瓷体。进一步通过元素掺杂或添加低烧玻璃料助剂，烧结温度还可以降低到 900℃或更低。

(2) 良好的介电与压电性能。PZN 的介电常数极值 $\varepsilon_{\max}$ 为 22000，特征温度 T_m 为 140℃，在弛豫铁电体中均处于前列。与其相对比，另一研究广泛的铅基弛豫铁电体 PMN 的对应参数值为 18000 和 −10℃，而 PNN 的对应数值则更低，分别为 4000 和 −120℃。此外，已有研究揭示 PZN-PT 体系在 MPB 组成附近的单晶具有优良的压电性能与电致应变性能，压电应变常数 d_{33} 最高可以达到 2500pC/N，是目前报道压电材料中最高的。因而，将 PZN 与 PZT 复合，也有望提升材料体系的介电与压电品质。

此外，PZN 还具有较好的偏压特性和老化特性。PZN 陶瓷的偏压特性比 PMN 和 $BaTiO_3$ 都要好，老化性能也比 PMN 陶瓷要好。

但是，需要注意的是根据前文中有关铅基弛豫铁电体形成过程的热力学与动力学因素分析，纯PZN 钙钛矿相极不稳定，是最难以合成的铅基弛豫铁电体。有效的方法是采用简单钙钛矿化合物，如 $BaTiO_3$、$SrTiO_3$、$PbTiO_3$ 和 PZT 等作为稳定剂与 PZN 复合来构建纯钙钛矿相陶瓷。因而，将 PZN 与 PZT 复合，带来的作用是双向的。对于 PZN，PZT 的添加可以起到稳定剂的作用，稳定复合体系的钙钛矿相结构；对于 PZT，PZN 的添加不仅可以提升材料的烧结特性，而且有利于构建 MPB 线改善压电性能。下面，将分别就 PZN-PZT 基体调控与制备技术，掺杂行为与器件应用的研究进展情况做一概述。

1.2.1 PZN-PZT 基体调控与制备技术

基体组成调控方面，由于 PZN-PZT 是由具有不同对称结构的钙钛矿组元 $Pb(Zn_{1/3}Nb_{2/3})O_3$、$PbZrO_3$ 和 $PbTiO_3$ 复合而成的三元压电陶瓷体系，预示着 PZN 含量或是 PZT 中 Zr/Ti 比 (指原子数比) 的调整，以及组织结构中晶粒尺度等因素的变化，均会导致三元体系相结构的演化与准同型相界位置的迁移。2002 年，Fan 与 Kim 对 $(1-x)Pb(Zn_{1/3}Nb_{2/3})O_3$-$xPb(Zr_{0.47}Ti_{0.53})O_3$ (x=0.2~0.8)相结构进行研究时发现，在烧结温度为 1100℃条件下，当 $x \geqslant 0.4$ 时，三元体系可以获得纯钙钛矿相结构；而当 $x = 0.5$ 时，体系的三方相与四方相含量相等，组成位于 MPB[28]。2004 年，Lee 等通过改变 PZN 含量与 Zr/Ti 比，分析了

$Pb(Zn_{1/3}Nb_{2/3})_x(Zr_yTi_{1-y})_{1-x}O_3$ ($x = 0.05 \sim 0.4$，$y = 0.45 \sim 0.53$) 的相结构与烧结特性 [54]。研究揭示 PZN 的添加不仅可以显著提升 PZT 陶瓷的烧结特性，而且能够降低形成 MPB 所需的 Zr/Ti 比。2006 年，Vittayakorn 等固定 Zr/Ti 比为 1，详细研究了 xPb(Zn$_{1/3}$Nb$_{2/3}$)O$_3$-$(1-x)$Pb(Zr$_{0.5}$Ti$_{0.5}$)O$_3$ ($x = 0.1 \sim 0.6$) 的相结构与介电行为，并给出该伪二元体系的相图 (图 1.10)[55]。由图可见，MPB 位于 $x= 0.2 \sim 0.3$。$x \leqslant 0.2$，体系为四方铁电相；$x \geqslant 0.3$，体系为三方铁电相；$0.5 \leqslant x \leqslant 0.6$，体系出现由正常铁电体向弛豫铁电体的转变，最优压电性能在 0.3Pb(Zn$_{1/3}$Nb$_{2/3}$)O$_3$-0.7Pb(Zr$_{0.5}$Ti$_{0.5}$)O$_3$ 组成获得。

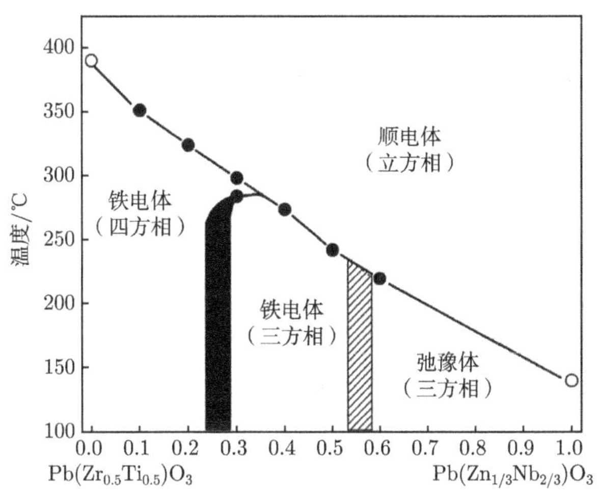

图 1.10 xPb(Zn$_{1/3}$Nb$_{2/3}$)O$_3$-$(1-x)$Pb(Zr$_{0.5}$Ti$_{0.5}$)O$_3$ 伪二元体系相图 [55]

随后在 2008 年，Gio 等通过固定 PZN 含量，仅改变 Zr/Ti 比，研究了 0.35Pb (Zn$_{1/3}$Nb$_{2/3}$)O$_3$-0.65Pb(Zr$_x$Ti$_{1-x}$)O$_3$ (x= 0.43~0.53) 的相结构与电学性能，结果发现体系的 MPB 位于 x= 0.47，该处电学性能获得最优值：室温 1kHz 测试条件下相对介电常数 ε_r 为 1600，机电耦合系数 k_p 为 0.60，压电应变常数 d_{31} 为 151pC/N[56]。近期，侯育冬等研究发现，除了改变 PZN 含量以及 Zr/Ti 比，通过控制 PZN-PZT 陶瓷的晶粒尺度变化，也可以实现 MPB 位置的定向调控 [57]。该研究主要以纳米粉为前驱体构建晶粒尺度在亚微米级别的 Pb(Zn$_{1/3}$Nb$_{2/3}$)O$_3$-Pb(Zr$_{0.47}$Ti$_{0.53}$)O$_3$ 细晶陶瓷，结果发现相对于文献 [28] 报道的晶粒尺度在微米级别的同成分粗晶陶瓷，MPB 位置向低 PZN 含量方向发生明显迁移 (图 1.11)。通过对比发现，粗晶陶瓷的 MPB 位置位于 0.5PZN-0.5PZT，而细晶陶瓷的 MPB 位置迁移到 0.3PZN-0.7PZT。侯育冬等将这一现象归结于与晶粒尺度相关的内应力差异，并在平均晶粒尺寸 0.65μm 的 MPB 细晶陶瓷中获得优异的电学与力学性能 (d_{33}=380pC/N，$k_p = 0.49$，$H_v = 5.0$GPa，K_{IC}=1.33MPa·m$^{1/2}$)。

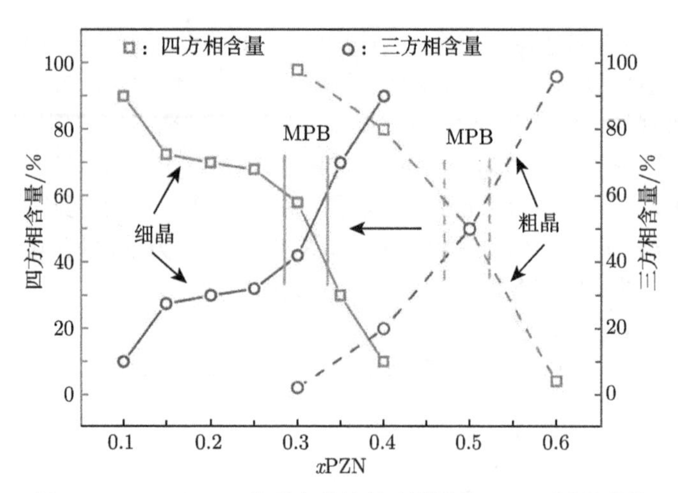

图 1.11　PZN-PZT 体系中晶粒尺寸诱导的 MPB 迁移现象

在对 PZN-PZT 三元体系的组成与相结构关系研究报道的同时，科研人员还深入分析了该类体系畴结构类型与电学性能的关联性。1992 年，Wi 等基于变温 XRD 数据解析，从电畴反转机理角度给出了 PZN-PZT 三元体系中四方组成与三方组成的压电性能温度稳定性的差异原因，但是该研究缺乏 TEM 显微结构数据作为支撑 [58]。2002 年，Fan 与 Kim 等将 XRD 分析与电畴结构 TEM 观测相结合，发现 PZN-PZT 两相共存区域由于在外电场作用下易出现诱导相变而显著增强压电性能 [59]。几乎在同一时期，Jiang 等重点对 MPB 相界附近组成的 PZN-PZT 体系微结构与介电弛豫特性的关系进行了系列研究与报道 [60−64]。研究发现，Zr/Ti 比的变化对介电温度特性曲线有重要影响，随着 Zr/Ti 比的增加，PZN-PZT 弛豫程度明显增强。三方相区的样品在测量温度范围内均呈现典型的弛豫型铁电体特征，而四方相区的样品在低于介电峰值温度的某一临界温度时，发生了正常铁电体–弛豫铁电体自发相变。TEM 分析表明四方相样品具有典型的 90° 宏畴形貌，三方相区样品具有纳米尺度的微畴形貌，相界附近 PZN-PZT 固溶体的显微结构则是由宏畴和大量微畴所组成。2007 年，侯育冬等进一步采用拉曼散射方法详细研究了 0.5PZN-0.5PZT 陶瓷体系中三方相与四方相共存特征与弥散相变现象。研究发现，与纯 PZT 相比，0.5PZN-0.5PZT 体系拉曼谱呈明显宽化特征，表明体系弛豫性较强，依据介温谱计算出弥散因子 γ 为 1.7[65]。随后，侯育冬等又深入研究了该组成材料的电畴结构与电学特性，通过 TEM 直接观测到典型的四方片状畴与三方微畴叠加的 MPB 结构特征，电学测量表明组成位于相界的样品具有高的直流电阻率 ($6.5\times10^{10}\Omega\cdot$cm) 与优良的压电特性 ($d_{33}$=425pC/N，$k_p$=0.66)[66]。另一方面，考虑到压电陶瓷在负载外力条件下的性能变化对于该类材料的器件设计与应用至关重要，Yimnirun 等系统研究了不同频率与场强下，PZN-PZT 陶瓷的电滞回线与外加

应力的标度关系 [67–69]。结果显示负载压力下电滞回线的动力学响应与材料电畴结构相关，不同组成的 PZN-PZT 三元系的电滞回线标度关系与 PZT 二元系相似，随外加机械应力增大，样品出现退极化现象，电滞回线面积、饱和极化强度、剩余极化强度和矫顽场均降低。

已有文献报道的 PZN-PZT 三元体系的组成调控研究主要集中于铁电相区，特别是这些工作多关注于不同对称性铁电四方相与铁电三方相形成的 FE-FE 型 MPB 位置与组成的关系，而对于富锆组成的反铁电相区研究极少，这不利于发展基于反铁电效应的电子陶瓷器件。众所周知，在 PZT 二元体系中，除了在 Zr/Ti 比为 53/47 附近存在一条著名的 FE-FE 型 MPB，在 Zr/Ti 比为 95/5 附近还存在另一条重要的反铁电–铁电相界: AFE-FE 型 MPB。该位置由于反铁电相与铁电相的相变激活能较低，很容易在外电场或温度场的作用下发生反铁电–铁电相变。由于相变过程通常伴随有较大的极化与形变等物理参数变化，因而该类体系可用于发展储能、热释电与驱动器件。2016 年，侯育冬等报道了富锆区域 $Pb(Zn_{1/3}Nb_{2/3})O_3$-$Pb(Zr_{0.95}Ti_{0.05})O_3$ 三元体系的组成调控与电学性能 [70]。研究发现随 PZN 含量的增加，体系由正交反铁电相向三方铁电相转变，期间经历反铁电相与铁电相的共存区域。电滞回线测试表明，反铁电相可以被诱导成亚稳铁电相，而亚稳铁电相在特定温度下又可以恢复成反铁电相。在相关微结构分析与电学测试的基础上，侯育冬等给出了富锆区域的相图，该工作对于进一步发展基于 PZN-PZT 三元体系反铁电特性的电子陶瓷器件奠定了良好的基础。

除了前文中通过改变 PZN-PZT 三元体系基体的组成可以调控陶瓷的性能外，材料制备技术的发展对于优化陶瓷的性能也至关重要。近年来有关 PZN-PZT 三元体系制备技术的研究论文很多，概括起来主要包括常规陶瓷制备技术和特种陶瓷制备技术两大类。

常规陶瓷制备技术主要采用普通的高温电阻炉完成，特点是设备简单，工艺方便，适合于大规模工业生产。现有常规陶瓷制备技术的工作报道主要集中在烧结制度与气氛保护、反应烧结和退火工艺等研究方面。由于 PZN-PZT 是铅基陶瓷，烧结过程中铅含量的波动对陶瓷的结构和电学性能有重要影响。2001 年，Fan 等通过改变材料配方中的铅含量，系统研究了常规陶瓷制备工艺中

$$Pb_x((Zn_{1/3}Nb_{2/3})_{0.5}(Zr_{0.47}Ti_{0.53})_{0.5})O_3(x = 0.96 \sim 1.03)$$

的结构与物性变化规律 [71]。该工作指出过量缺铅或富铅会导致 PZN-PZT 体系中分别出现焦绿石相或氧化铅相，只有配方中合适的铅含量有利于获得纯钙钛矿相陶瓷和优良的机电性能。2004，侯育冬等通过对比实验，分析了铅保护气氛施加与否对 PZN-PZT 陶瓷微观结构与电学性能的影响 [72]。研究发现，在密闭坩埚中通过外加 $PbZrO_3$ 粉末来施加铅保护气氛，有利于在烧结过程中维持素坯体与环境中的氧化铅蒸气压平衡，促进液相烧结过程的有效进行，制备的陶瓷相对于未施

加铅保护气氛的样品晶粒组织结构更加均匀，介电与压电性能更为优异。此外，一些研究人员重点开展了烧结时间、温度、粉体工艺和实验序列变化等因素对材料微结构与电学性能影响的研究。2000 年，江向平等报道在中温 (1100~1140℃) 烧结温度范围内，保温时间对 PZN-PZT 材料的压电和介电性能有重要影响，随保温时间的延长，压电应变常数从 420pC/N 增大到 560pC/N，相对介电常数从 2180 增加到 2900[73]。2004 年，Seo 等通过对常规烧结过程中升温与降温速率等工艺参数的优化，成功实现 $0.6Pb(Zr_{0.47}Ti_{0.53})O_3$-$0.4Pb(Zn_{1/3}Nb_{2/3})O_3$ 体系在 880℃低温下的致密化，且低烧陶瓷电学性能与 1200℃高温烧结样品相当，有利于发展与全银内电极匹配的多层压电器件 [74]。考虑到陶瓷的致密化温度与初始粉体粒径有强烈的依赖关系，Choi 等又针对同一 $0.6Pb(Zr_{0.47}Ti_{0.53})O_3$-$0.4Pb(Zn_{1/3}Nb_{2/3})O_3$ 体系，尝试用高能搅拌磨合成纳米粉体并进而构建致密陶瓷。研究发现，对平均粒径 35nm 的 PZN-PZT 纳米粉体添加适量低烧助剂，可以在 750℃这一较低的烧结温度实现陶瓷的致密化，样品剩余极化强度、压电应变常数和相对介电常数分别为 $10.3\mu C/cm^2$, 277pC/N 和 1310[75]。之后，Ngamjarurojana 等又报道了快速振动磨技术在 PZN-PZT 体系制备中的应用，结果显示该技术有利于高效快速合成纯钙钛矿相前驱粉体 [76]。在粉体技术研究的同时，侯育冬等系统开展了常规陶瓷制备中烧结温度变化对 PZN-PZT 材料结构与物性的影响规律研究 [77,78]。结果揭示 PZN-PZT 三元体系具有优良的烧结特性，致密化温度区间宽，且随烧结温度升高，晶粒尺寸增大，同时相结构、介电弛豫行为和压电性能等均发生显著变化，作者应用晶粒尺寸模型和内偏场模型对陶瓷电学性能的变化规律给出了合理解释。

常规陶瓷制备技术合成 PZN-PZT 三元体系一般采用的是一步法，即将所有原料混合煅烧，成型后烧结成瓷。借鉴在 PMN-PT 等弛豫铁电陶瓷中广泛使用的二次合成法，Vittayakorn 等 [79] 和侯育冬等 [80] 分别研究了先期合成 $ZnNb_2O_6$ 和 $ZrTiO_4$，进而与其他氧化物原料混合制备 PZN-PZT 粉体与陶瓷的二次合成法工艺。通过对比实验发现，两种方法均能合成出纯钙钛矿相陶瓷，不过相比一步法，二次合成法制备的 PZN-PZT 陶瓷电学性能有一定优化。但是，综合考虑技术路线的复杂程度与生产成本，一步法仍然是常规陶瓷制备技术合成 PZN-PZT 三元体系的首选。值得一提的是，Lee 等还尝试了采用反应烧结法制备 PZN-PZT 陶瓷，即将原料混合后不经过煅烧过程，直接成型并烧结 [81]。该研究结果显示对于特定组分，反应烧结法可以有效制备高致密性的纯钙钛矿相 PZN-PZT 陶瓷，作者认为这与晶格缺陷的扩散增强相关。此外，Fan 等 [82,83] 和侯育冬等 [84] 还分别研究了氧气、氮气、氩气和空气等不同气氛条件下退火处理对常规工艺制备的 PZN-PZT 陶瓷的结构与电学性能的影响，实验发现退火后样品的缺陷类型、电畴结构与介电弛豫行为发生显著变化，一定条件的气氛退火能够提升 PZN-PZT 陶瓷的机电性能。

在常规陶瓷制备技术被大量报道的同时，特种陶瓷制备技术，如热压烧结、微波烧结和放电等离子烧结等新技术也被用于 PZN-PZT 陶瓷的烧结研究中。热压烧结是坯体在压力作用下进行烧结的工艺，热压时，粉料处于热塑性状态，形变阻力小，易于塑性流动和致密化。田莳等 [85−87] 和 Deng 等 [88,89] 分别对 PZN-PZT 陶瓷的热压烧结进行了较为系统的研究，发现与常压烧结相比，热压烧结可以显著提升样品的体密度，改善材料的力学特性、电学性能及其温度稳定性。微波烧结是另一种重要的特种陶瓷制备技术，不同于常规烧结依靠发热体 (如硅碳棒、硅钼棒等) 产生热能并加热坯体的原理，微波烧结是主要利用材料自身的介电损耗，依据微波与物质粒子 (分子、离子) 相互作用，使样品直接吸收微波能，从而得以快速加热烧结的一种新型烧结方法。Li 等研究了 PZN-PZT 陶瓷的微波烧结与电学特性，结果发现同样获得 98%的陶瓷相对密度，微波烧结在 1150°C仅需要 10min 就可以完成，而常规烧结在相同温度下需要的时间则长达 2h[90]。此外，相较于常规烧结样品，微波烧结制备的陶瓷不仅晶粒尺寸小，晶界非晶相含量低，而且在介电损耗减小的同时，介电常数大幅提升 14%，有利于器件应用。此外，Takahashi 等将微波烧结与热压烧结相结合，发展了微波–热压集成烧结工艺并用于制备 PZN-PZT 陶瓷，结果显示该技术制备的陶瓷具有高致密度与优良的压电性能，有望应用于压电致动器与压电马达等器件 [91]。放电等离子烧结是近年来发展较快的一类新型特种陶瓷制备技术，烧结过程中除具有热压烧结的焦耳热和加压造成的塑性变形促进陶瓷致密化外，施加的强脉冲电能还能够在粉末颗粒间产生等离子体，有效活化颗粒表面并加速物质输运 [92]。Wu 等对 PZN-PZT 陶瓷进行了放电等离子烧结研究，发现采用该技术在低温 900°C仅需 10min 就可以烧结获得接近理论密度的高致密透明 PZN-PZT 细晶陶瓷，优良的品质使其在电光器件领域潜在重要应用 [93]。

另一方面，随着压铁电器件的小型化、片式化与多功能化的发展，特别是与半导体工艺集成的微机电系统 (micro-electro-mechanical system，MEMS) 的设计需要，PZN-PZT 三元体系的薄膜与厚膜制备技术研究形成除陶瓷体研究外的另一热点。已报道的 PZN-PZT 成膜技术包括丝网印刷 [94]、流延成型 [95]、溶胶–凝胶 [96,97]、脉冲激光沉积 [98] 和气溶胶法 [99] 等，这些研究大多关注于计量比调整、界面结构与取向生长控制等，一些研究工作得到的 PZN-PZT 膜材料压电性能已优于相同厚度的 PZT 膜，甚至与相同组分的体材料相当，显示出在微型集成压电器件方向的应用潜力。

1.2.2 PZN-PZT 掺杂行为与器件应用

在铁电陶瓷基体中外加一些杂质元素进行掺杂，可以通过对特定晶格位置元素的取代与晶界富集，调整材料体系的晶相对称性、微区组织形态与缺陷结构，达到优化材料电学性能的目的。近年来，随着表面贴装电子元器件，如多层陶瓷电容器等的快速发展及对高品质瓷料的需求，掺杂在介电陶瓷中的应用与理论研究已经较为深入。例如，利用稀土等特定元素的掺杂，在钛酸钡铁电体中构建出特殊的“芯壳”结构，可以实现该类氧化物瓷料在还原烧结气氛下与贱金属镍内电极的共烧匹配，发展出低制造成本的系列温度稳定型商用镍电极多层陶瓷电容器。侯育冬等曾系统研究了稀土 Y_2O_3 在抗还原 $BaTiO_3$ 介电陶瓷中的掺杂改性机制[100]。研究发现，在还原烧结气氛条件下，Y_2O_3 掺杂能够有效促进钛酸钡陶瓷组织中“芯壳”梯度微结构的形成，其在钙钛矿基体中的掺杂固溶限约为 1.0mol.%。低于固溶限，Y^{3+} 优先取代 Ba^{2+} 占据 A 位，引起相对介电常数的升高与储能密度的增大；当掺杂量超过转变点 0.50mol.%时，Y^{3+} 转而取代 Ti^{4+} 占据 B 位，引起相对介电常数与储能密度的减小。进一步当掺杂量超过固溶限 1.0mol.%时，过量的 Y^{3+} 富集于晶界，抑制晶粒生长，引起晶粒尺寸持续降低与晶界电阻的升高。研究指出，适量的掺杂能够提升钛酸钡陶瓷材料的介电品质，Y_2O_3 掺杂量为 0.75mol.%～1.50mol.%的抗还原钛酸钡介电陶瓷电学性能满足 EIA-X7R 商用陶瓷电容器技术标准。

与介电陶瓷掺杂改性的研究目标有所不同，由于压电陶瓷的器件应用主要基于压电效应 (机电耦合效应)，掺杂对微观极化、电畴运动和宏观压铁电性能的影响及作用机制是压电陶瓷掺杂改性研究的核心。锆钛酸铅 PZT 陶瓷是发展较早且具有广泛应用的压电陶瓷材料，现有的压电陶瓷掺杂经验与理论基础主要源于对 PZT 二元系的掺杂分析与探讨。如前文所述，纯钙钛矿相 PZT 陶瓷的压电活性在准同型相界附近最优，但是由于相界区域较窄，在其附近电学性能受 Zr 和 Ti 的配比影响很大，因而很难保证材料性能的重复性。此外，压电陶瓷器件品种繁多，应用方向各不相同，因而对材料的性能参数要求也不尽一致，仅依靠 PZT 基体的组成与工艺调整已经很难满足不同压电器件的应用需求。因而，上述原因都促成了对 PZT 压电陶瓷的掺杂改性研究。PZT 属于典型的 ABO_3 型钙钛矿结构，其中 A 位由 Pb^{2+} 占据，B 位由 Zr^{4+} 和 Ti^{4+} 占据。对 PZT 掺杂，主要是通过选取适当的元素取代 A 位的 Pb^{2+} 或 B 位的 Zr^{4+} 和 Ti^{4+}，基于掺杂调制电畴运动、微区组织与缺陷结构，从而对电学性能产生定向调控。

大量研究工作表明，PZT 陶瓷中的掺杂类型主要可以分为三种：受主掺杂、施主掺杂和等价掺杂[1,47,49,101−103]。

1) 受主掺杂

受主掺杂即用半径相近的低价正离子取代 PZT 基体中 A 位或 B 位的高价正离子，如 K^+ 或 Na^+ 取代 A 位的 Pb^{2+}；Fe^{3+}、Co^{2+}、Mn^{2+} 或 Al^{3+} 取代 B 位的 Zr^{4+} 或 Ti^{4+}。根据电价平衡原理，为了保持电中性，受主掺杂将会导致晶格上产生氧空位 (负离子缺位) 来平衡电价。受主离子易与氧空位形成具有电偶极矩的复合体，即缺陷偶极子，它们在自发极化形成的电场中缓慢地调整取向，以与自发极化平行来降低静电能，于是形成内偏场 E_i。由于内偏场与自发极化平行，对自发极化有稳定作用，含受主杂质的样品较难以进行人工极化。通常，人工极化必须在较强的直流电场和较高的温度下进行，并且电场要保持很长的时间以实现材料单畴化定向。另外，内偏场与压电陶瓷老化效应也有关系。老化的起因通常认为是人工极化电场撤除后，电畴逐渐回复到单畴化处理前的取向以消除内应力。内偏场有促进电畴回复的作用，所以内偏场越大，老化就越严重。另一方面，ABO_3 钙钛矿结构中氧八面体结构单元 $[BO_6]$ 是以顶角形式相互连接并在空间延展形成八面体网络结构，受主掺杂所形成的氧空位会引起氧八面体发生畸变，晶胞产生收缩，从而抑制畴壁运动。因而，综上所述各类机制，受主掺杂的作用结果是导致 PZT 材料的矫顽场 E_c 增加，相对介电常数 ε_r 变小，机电耦合系数 k 减小，介电损耗 $\tan\delta$ 下降，人工极化与去极化均变得困难，压电陶瓷性能“变硬”。但是，电畴转向困难的同时也降低了机械损耗，因而此类受主掺杂材料的机械品质因数 Q_m 得到大幅提升，这对于设计大功率压电陶瓷器件材料是极为有利的。需要说明的是，受主掺杂产生氧空位，降低了材料的体电阻率，使电导有所增加，不过电导增加而材料的介电损耗仍然下降，说明这种情况下介电损耗主要是由畴壁运动所引起，而不是由电导所决定的。

受主掺杂对于陶瓷烧结过程和材料显微结构也有重要的调节作用。该类掺杂诱导晶格中出现适量的氧空位，可使烧结过程中的物质传递激活能大为降低，有利于促进物质输运与烧结进行，因而也是很好的烧结促进剂。此外，在晶粒生长过程中，存在于晶粒之间尚未扩散溶入或超过固溶限而富集于晶界的杂质，可以拖拽效应抑制晶粒生长过快，这使得晶粒内的气孔易于通过短程的体扩散进入晶界，再进一步通过晶界的高速扩散通道至表面逸出而充分排除，因而受主掺杂还有利于获得均匀致密、低气孔率的细晶陶瓷。

2) 施主掺杂

施主掺杂即用半径相近的高价正离子取代 PZT 基体中 A 位或 B 位的低价正离子，如 La^{3+}、Sm^{3+}、Nd^{3+} 取代 A 位的 Pb^{2+}；Nb^{5+}、Ta^{5+}、Sb^{5+} 或 W^{6+} 取代 B 位的 Zr^{4+} 或 Ti^{4+}。施主掺杂与受主掺杂作用完全相反。根据电价平衡原理，施主掺杂将会产生铅空位 (正离子缺位) 来平衡电价。这里需要说明的是，施主掺杂为什么产生的是 A 空位，而非 B 空位，这一点是由实验结果确定的。由于 PZT 陶瓷高温烧结时易于失铅，形成非化学计量比的铅缺位，易于俘获空穴，因而一般 PZT 陶瓷在未掺杂的情况下具有 p 型电导特性，即空穴为主要载流子。高价施主杂质的添加带来过量的电子补偿了 p 型载流子，使得 PZT 陶瓷载流子浓度下降，空间电荷密度下降，电阻率显著提升 10^2～10^3 倍，该效应称为电荷补偿效应。电阻率的提高，有利于陶瓷耐受较高的电压，从而可以提升人工极化的场强，充分定向电畴，提升压电活性。同时，当陶瓷人工极化后，不会有过多的空间电荷扩散并集聚到电畴端部，即当电畴转向时仅会受到较小的空间电荷所形成的内偏场的影响，这也有利于电畴转向充分。此外，由于铅空位的存在，逆压电效应所产生的机械应力及几何形变在一定的空间范围内得到缓冲，可使电矩反转时所需要克服的势垒降低，畴壁易于运动，该效应也称为应力缓冲效应。上述这些机制使得施主掺杂改性后的压电陶瓷易于极化，性能变"软"，即 PZT 材料的矫顽场 E_c 降低，相对介电常数 ε_r 增大，机电耦合系数 k 升高，体电阻率 ρ 升高。另外，当外加电场去掉后，在极化过程中产生的内部应变也很快地分散，剩余电矩能够迅速稳定，从而减少时间变化，因而施主掺杂样品一般有较好的老化特性。但是，空位的存在，增大了陶瓷内部弹性波的衰减，引起机械品质因数 Q_m 和电学品质因数 Q_e 的降低，介电损耗 $\tan\delta$ 的升高。

表 1.5 列出基于 PZT 陶瓷施主掺杂和受主掺杂研究所得到的软、硬性压电陶瓷特征参数对比。从表中可以看到，两种掺杂模式对于 PZT 陶瓷电学性能的调制结果明显不同，在实际应用中可以根据具体压电器件类型的设计需要选择相应的掺杂模式。

表 1.5　软、硬性压电陶瓷特征参数对比

特征参数	软性陶瓷	硬性陶瓷
压电常数	高	较低
介电常数	高	较低
介电损耗	较高	低
机电耦合系数	高	较低
体电阻率	较高	较低
机械品质因数	低	高
矫顽场	低	较高
极化、去极化	容易	较困难

3) 等价掺杂

除了常见的施主掺杂和受主掺杂两类模式，还有一类模式是等价掺杂。用碱土金属离子 Ca^{2+}，Sr^{2+} 和 Ba^{2+} 等价取代 Pb^{2+}，由于它们的离子半径都比 Pb^{2+} 要小，故取代后的晶格常数会略有缩小，居里温度有所下降，通常这类掺杂有利于提高材料的相对介电常数。例如，利用 1mol.%的 Sr^{2+} 进行取代后，PZT 居里温度降低约 95℃，室温下材料的相对介电常数上升。同时，研究人员发现 Sr^{2+} 掺杂还能宽化 PZT 陶瓷的烧成温区，改善工艺特性，且能够提高谐振频率温度稳定性，这一点对于压电器件的稳定工作至关重要。此外，适量的 A 位等价掺杂，虽然离子半径差异导致晶格出现一定程度的畸变，但仍然保持赝立方钙钛矿结构。晶格畸变使得晶格自由能增加，电畴转向激活能减小，在人工预极化处理时，有利于 90° 畴转向与保留，可使陶瓷压电性能在一定程度上得到改善。但是，需要注意的是，若此类等价掺杂取代量过多，则有可能在室温下形成完全立方对称的钙钛矿结构，材料失去铁电性。关于 Mg^{2+} 的等价掺杂机制，目前仍有不同观点。Mg^{2+} 在碱土金属离子中半径相对较小，通过热力学计算发现，与较大离子半径的 Ca^{2+}，Sr^{2+} 和 Ba^{2+} 等能够形成稳定的钙钛矿相 $CaTiO_3$，$SrTiO_3$ 和 $BaTiO_3$ 不同，$MgTiO_3$ 形成的是钛铁矿结构。因而，许多研究者认为 Mg^{2+} 较小的离子半径 (0.78Å) 与 B 位的 Zr^{4+} 和 Ti^{4+} 更为接近 (0.72Å和 0.61Å)，因而会以受主掺杂形式进行取代。但是，也有一些研究者认为少量 Mg^{2+} 会与其他碱土金属离子一样，仍会等价取代 A 位的 Pb^{2+}。只不过由于离子半径差异大，固溶限低，过量的 Mg^{2+} 会以 $MgTiO_3$ 或其他化合物的形式于晶界处分凝，稀释弱化陶瓷的铁电性与压电性。关于 Mg^{2+} 具体掺杂位置的判定，还有待显微精细结构分析技术的进一步发展与运用。此外，等价取代也包括用 Sn^{4+}、Hf^{4+} 等离子，但研究报道相对较少。

借助 PZT 二元系压电陶瓷掺杂研究所形成的经验与理论，研究人员对PZN-PZT 三元系压电陶瓷也开展了系列的掺杂改性实验与性能分析，目的是获取满足不同压电器件使用需要的高性能陶瓷材料。对于 PZN-PZT 三元系压电陶瓷的掺杂改性研究主要也分为施主掺杂、受主掺杂和等价掺杂三大类。

施主掺杂研究最多的是 La 掺杂。2003 年，Lee 等报道了 La 掺杂改性 0.18PZN-0.82PZT 体系，结果显示 La 在该体系中的固溶限为 4mol.%[104]。La 掺杂引起体系相结构由三方相向四方相转变，且晶粒尺寸持续减小。为了获得稳定的 MPB 结构，Zr/Ti 比需要随 La 掺杂量增大而增加。超过固溶限，复合体系出现焦绿石相，压电性能劣化。体系的最优压电性能 (d_{33}=545pC/N，k_p=0.64) 在 La 掺杂量为 4mol.%时获得。2005 年，Deng 等采用两步热压法制备了 La 掺杂 0.3PZN-0.7PZT 体系，通过组成与工艺优化，获得了该类材料中极高的压电性能，d_{33}=845pC/N，k_p= 0.70[105]。同期，Zeng 等对 La 掺杂 0.3PZN-0.7PZT 体系的微结构与介电弛豫行为的关系进行了较为系统的解析 [106–108]。他们除观察到与 Lee 等报道相似的现象，即 La 掺杂引起体系相结构由三方向四方转变之外，同时还发现 La 掺杂显著增强了材料的弛豫特性，降低了介电常数最大值与铁电相变温度。作者认为弛豫性的增强与 La 掺杂有利于 1:1 化学有序微区的生长有关，同时，La 的施主掺杂特性还提升了材料压电性能与电阻率。此外，Zeng 等揭示对于掺 La 元素的 PZN-PZT 体系，进一步通过添加适量 ZnO 可以抑制焦绿石相的生成。通过拉曼光谱解析发现，外加的 Zn^{2+} 能够进入 La 掺杂体系中生成的铅空位，引起体系相对介电常数与损耗的降低，但是压电应变常数这一重要参数却因为焦绿石相的减少而获得提升 [109]。近期，Wang 等又对 La 掺杂改性 0.25PZN-0.75PZT 体系进行了研究，同样发现 La 掺杂材料的 “软性” 压电特征，并通过调控 Zr/Ti 比，在 MPB 处获得综合压电性能的最优值，显示出该体系材料在压电换能器与致动器等器件方向的应用价值 [110]。此外，Gao 等还研究了 W 掺杂 0.2PZN-0.8PZT 体系，并指出 W^{6+} 主要进入钙钛矿结构 B 位形成施主掺杂 [111]。但是，观察到的实验现象与 La 掺杂有所区别：W 掺杂引起材料相对介电常数 ε_r 和机械品质因数 Q_m 同时上升，但是

机电耦合系数 k_p 和压电应变常数 d_{33} 有所下降。作者认为该现象主要与施主掺杂机制、晶格畸变和晶粒尺寸效应等的共同作用相关。

另一方面，对于受主掺杂研究较多的是 Mn 掺杂。针对压电变压器和压电马达等大功率压电器件的应用需要，侯育冬等在国际上较早地开展了 Mn 掺杂 PZN-PZT 的研究工作 [112,113]。相关报道指出，Mn 主要以 +2 价和 +3 价进入 0.2PZN-0.8PZT 钙钛矿晶格，促进陶瓷的致密化烧结与晶粒生长，同时，Mn 掺杂基于姜–泰勒效应引起晶格结构畸变，体系由四方相穿越 MPB 过渡区向三方相转变。此外，Mn 掺杂引起材料居里温度 T_c 和介电损耗 $\tan\delta$ 下降，同时机械品质因数 Q_m 大幅上升，并在掺杂量 1.0wt.%MnO_2 处获得 Q_m 的最大值 1041；而对于机电耦合系数 k_p 和压电应变常数 d_{33}，则是在 MPB 结构附近，即 0.5wt.%MnO_2 掺杂量处获得极值，分别为 0.60 和 280pC/N。进一步，侯育冬等通过优化工艺，成功实现 1000℃较低温度下 Mn 掺杂 0.2PZN-0.8PZT 体系的高致密化烧结，获得最优样品的各项压电参数分别为 Q_m=1360, k_p=0.62, $\tan\delta$=0.002, ε_r=1240, T_c=320℃, d_{33}=325pC/N, 已经能够满足多层压电变压器的设计制造需要 [114,115]。由于 Mn 掺杂在提升 PZN-PZT 陶瓷功率特性方面的显著作用，众多学者随后也开展了相关掺杂研究 [116−118]。这些工作所得的结论与侯育冬等的研究报道基本一致，证实 Mn 元素在提升 PZN-PZT 陶瓷功率特性方面效果明显。值得一提的是，Yan 等于 2011 年基于化学热力学分析与显微结构观测，发现 Mn 掺杂 PZN-PZT 体系中存在 Mn^{2+} 替代 Zn^{2+} 的等价取代情况，该取代诱导生成的 ZnO 第二相能够调节晶界迁移能，促进晶粒生长 [119]。除 Mn 之外，Ngamjarurojana 等还研究了 Al 掺杂 0.2PZN-0.8PZT 体系，同样发现与 Mn 掺杂相似的受主掺杂特性 [120]。作者认为 Al^{3+} 主要进入 B 位取代高价离子，电价不平衡引起氧空位出现，抑制了电畴运动，导致 ε_r，k_p 和 d_{33} 减小，Q_m 上升。不过与 Mn 掺杂引起 PZN-PZT 相结构向三方相一侧转变不同，Al 掺杂引起 PZN-PZT 相结构向四方相一侧转变，居里温度也呈升高趋势。考虑到第一过渡系元素中，Cr 与 Mn 电子结构的相似性，侯育冬等又研究了 Cr 掺杂 PZN-PZT 体系，发现压电性能变化趋势与 Mn 掺杂类似，但是机械品质因数提升幅度有限，最优值低于 300，不能满足大功率压电器件的应用需要 [121,122]。另一方面，为了降低 PZN-PZT 陶瓷的烧结温度到 950℃甚至更低以匹配低成本的全银电极 (Ag 的熔点 961℃)，且同时保证材料优良的压电品质来构建多层结构压电器件，寻找可同时促进低温致密化且具有受主掺杂特性的添加元素十分重要。侯育冬等分别选取 Li_2CO_3 和 CuO 作为低烧助剂研究了其受主掺杂特性 [123,124]。Li_2CO_3 具有 723℃的低熔点，以过渡液相烧结机制促进 0.5PZN-0.5PZT 体系在 950℃实现致密化。研究发现，在烧结的初期和中期，Li_2CO_3 熔化形成的液相能够包裹和润湿氧化物颗粒，促进物质的溶解与扩散，陶瓷致密化通过液相的毛细管作用有效进行；到了烧结后期，Li^+ 回吸入主晶格，掺杂改性

0.5PZN-0.5PZT 陶瓷。与同族的碱金属元素 K^+ 和 Na^+ 取代钙钛矿结构 A 位的 Pb^{2+} 不同，小尺寸的 Li^+ 主要取代 B 位形成受主掺杂，最优电学性能 (k_p=0.50, d_{33}=278pC/N, P_r=22.1μC/cm^2, E_c=12.8kV/cm) 在固溶限 0.5wt.%Li_2CO_3 掺杂量处获得 [123]。CuO 是另一种重要的烧结助剂，但低温助烧机理与 Li_2CO_3 有所区别。CuO 是通过与 PbO 形成非晶低共熔液相来促进 PZN-PZT 陶瓷的低温致密化。侯育冬等研究发现，CuO 掺杂不仅成功将 0.2PZN-0.8PZT 体系的致密化温度降低到 900℃，而且有助于形成平均晶粒尺寸 1~2μm 的细晶陶瓷，这对于提高材料的力学特性是十分有利的。此外，CuO 提升 PZN-PZT 陶瓷机械品质因数的效果也很显著。掺杂量 1.5wt.%CuO 的 0.2PZN-0.8PZT 低烧陶瓷获得优良的综合压电品质 (Q_m=1053, k_p=0.52, tanδ=0.004, d_{33}=238pC/N)，满足小尺寸高叠层数且可与全银内电极匹配的压电变压器等大功率器件的设计需求 [124]。

随着显微分析技术的进步与各类电测量方法的深入运用，对于 PZN-PZT 体系的掺杂行为解析近些年来也取得了较大的进展。除了深入研究微结构与电学性能的关系，由于压电器件是在振动状态下工作，其力学特性与掺杂的关系也十分重要，受到一定程度的关注与研究。侯育冬等针对压电能量收集器的设计需要，系统地探索了第一过渡系Ⅷ族化合物 Fe_2O_3，Co_2O_3 和 NiO 的掺杂特性与取代机理 [125−132]。通过细致的结构分析，发现外加掺杂离子主要进入 0.2PZN-0.8PZT 体系钙钛矿结构的 B 位进行取代。由于这些离子本身存在 +2 和 +3 两种混合价态，研究确定掺杂同时会有两种取代机制出现：一种是低价掺杂离子取代 B 位高价离子 Ti^{4+}，Zr^{4+} 和 Nb^{5+} 的非等价掺杂，另一种是二价掺杂离子取代 B 位离子 Zn^{2+} 的等价掺杂。基于这一复合取代机理，陶瓷的晶粒生长行为和力电性能的变化规律得到很好的解释。此外，大量对比实验研究还揭示，在相同的掺杂量 0.3mol.%时，三种Ⅷ族元素取代的材料体系中以 Co_2O_3 掺杂 0.2PZN-0.8PZT 体系获得最优的力电特性，包括机电转换系数 $d_{33}\cdot g_{33}=13120\times10^{-15}$ m^2/N，断裂韧性 K_{IC}=1.32MPa·m$^{1/2}$，显示出在压电能量收集器件领域的应用潜力。在进一步的高分辨透射电镜显微组织分析工作中，侯育冬等又首次发现在过量掺杂 4.0mol.%NiO 的 0.2PZN-0.8PZT 体系中，存在新颖的六方钛铁矿第二相 (Zn,Ni)TiO_3 [133]。研究认为第二相的生成机制与复合取代机理相关，即掺杂离子中一部分 Ni^{2+} 进入钙钛矿晶格中等价置换 Zn^{2+}，诱导生成 ZnO，而 ZnO 进一步与超过固溶限富集于晶界的 NiO 及残留的 TiO_2 产生化学反应，生成了非铁电结构的 (Zn,Ni)TiO_3 钛铁矿第二相。该研究成果从微结构角度证实复合取代机制中确实存在着等价掺杂行为，极大丰富了复杂钙钛矿材料的缺陷化学理论。

对于碱土金属 Sr 元素的等价掺杂行为也有一些研究工作。2005 年，Vittayakorn 等重点报道了 0.3PZN-0.7PZT 体系的 Sr 掺杂行为及退火处理与电学性能的关系 [134]。研究发现，Sr 掺杂引起体系介温谱弥散性增强，且介电常数极值对应温

度 T_m 呈线性减小趋势。通过 900°C退火处理，掺 Sr 样品的相对介电常数和剩余极化强度数值均显著上升，作者推测这可能与退火后畴结构类型的减少和单一化相关。2016 年，侯育冬等报道了 Sr 掺杂对 0.2PZN-0.8PZT 体系微观结构和电学性能的影响 [135]。该工作揭示随 Sr 掺杂量增加，陶瓷晶粒尺寸持续降低，且相结构向四方相一侧转变。此外，与畴壁运动相关的晶粒尺寸效应被认为是掺杂体系在中间晶粒尺度范围获得高介电与压电性能的主要原因，其中平均晶粒尺寸 1.79μm 的 5mol.%掺 Sr 体系具有综合优良的压电性能：压电应变常数为 465pC/N，机电转换系数为 $d_{33} \cdot g_{33}$=11047×10^{-15}m^2/N，可用作多层压电能量收集器材料。

已有关于 PZN-PZT 体系的掺杂改性研究多集中于受主掺杂、施主掺杂和等价掺杂这三种类型，还有一类比较特殊的情况是 Ag 掺杂改性，这种掺杂能构建出陶瓷基金属复相介电材料。侯育冬等在对 0.2PZN-0.8PZT 体系进行 Ag_2O 掺杂改性研究时发现，Ag 在钙钛矿晶格中的溶解限极低，约为 0.1%。低于溶解限，Ag^+ 进入钙钛矿晶格的 A 位置换 Pb^{2+}，形成受主掺杂影响电学性能；而高于溶解限，过量的 Ag 会以单质形式沉积于晶界，与 PZN-PZT 基体形成复相结构 [136]。这主要是由于 Ag_2O 的分解温度较低，为 250~300°C，因而在陶瓷高温制备过程中，会发生化学分解反应：$Ag_2O \longrightarrow Ag+O_2\uparrow$，产生单质 Ag。随后，在进一步的 0.2PZN-0.8PZT/Ag 复相材料微结构解析工作中，侯育冬等发现在材料中还存在新颖的内晶型 “芯壳结构”，其中 “芯” 主要是导电的纳米 Ag 颗粒，“壳” 主要由绝缘的 PbO 纳米层构成 [137]。“芯壳结构” 的形成有利于复相材料在渗流域附近获得高的相对介电常数 (ε_r=16600) 的同时，减小银颗粒间的隧穿电流，从而保持较低的介电损耗 ($\tan\delta < 0.056$)。优良的高介电特性使得 0.2PZN-0.8PZT/Ag 复相材料可作为压电能量收集器储能单元应用，特别是，相似的基体组成更便于该复相材料与前述掺杂 PZN-PZT 基压电能量收集单元进行集成匹配，低成本制造一体化的压电能量收集器件。

综上所述，通过对 PZN-PZT 材料进行基体组成调控、元素掺杂替代和工艺制备技术优化，电学参数及相关物理性能可以在大范围内进行调整，有利于满足不同应用方向的电子陶瓷器件设计与制造需求。已报道的采用 PZN-PZT 材料构建的电子陶瓷器件包括红外热释电探测器、水声器件、透明光电器件、压电致动器、压电马达、压电滤波器、压电变压器和压电能量收集器等，下面做一简要概述。

利用 PZN-PZT 材料本征的自发极化强度受温度变化而发生改变的热释电效应，可以制作红外热释电探测器，在各类辐射计、光谱仪及红外激光的探测及热成像管等领域有着重要应用。1997 年，Futakuchi 等报道采用常规陶瓷工艺制备出富锆组成的 PZN-PZT 细晶陶瓷，该材料在 15~50°C的温度测试范围热释电系数大于 60nC/(cm^2·K)[138]。随后在 2002 年，Wu 等采用先进的放电等离子烧结技术制备出高致密度的 $0.9PbZrO_3$-$x$$PbTiO_3$-$(0.1-x)Pb(Zn_{1/3}Nb_{2/3})O_3$ 陶瓷，实验表

明适当的退火处理可以优化材料结构，在宽温区 23~47℃获得的热释电系数大于 100nC/(cm²·K)，可用于高敏感度红外探测器 [139]。2014 年，Wei 等采用两步法制备了 $x\mathrm{Pb(Zn_{1/3}Nb_{2/3})O_3}$-$(1-x)\mathrm{Pb(Zr_{0.95}Ti_{0.05})O_3}$ 热释电陶瓷，结果发现 x=0.07 时材料具有最优的性能，热释电系数为 142nC/(cm²·K)[140]。另一方面，如果将 PZN-PZT 陶瓷构建成规则的多孔结构，则材料将具有低密度和低声速的特点，容易与水、空气及生物组织实现声阻抗匹配，可作为水声压电换能器应用。2007 年，Lee 等报道采用冷冻铸造工艺制备出具有较高优值 (HFOM) 的 PZN-PZT 多孔陶瓷 [141]。研究发现，随着初始固体负载量从 25vol.%减小到 10vol.%，陶瓷气孔率从 50%线性增大到 82%，且材料在保持规则气孔通道的同时，仍具有致密的 PZN-PZT 壁层。气孔率的增大使得材料体系相对介电常数降低，压电应变常数 d_{31} 相对于 d_{33} 呈现出快速降低趋势，这些参数的变化有利于材料优值的提升。PZN-PZT 陶瓷在高气孔率 82%时获得最大的 HFOM 值 35650×10^{-15} Pa^{-1}。进一步，Lee 等揭示如果将气孔阵列取向调控至极化平行方向 (多孔陶瓷气孔阵列结构的微观组织照片见图 1.12)，可以显著提升 PZN-PZT 材料的 HFOM 值，最高值可达到 161019×10^{-15} Pa^{-1}，约是致密陶瓷样品 (124×10^{-15} Pa^{-1}) 的 1300 倍，显示出在高灵敏度水声器方面的应用价值 [142]。

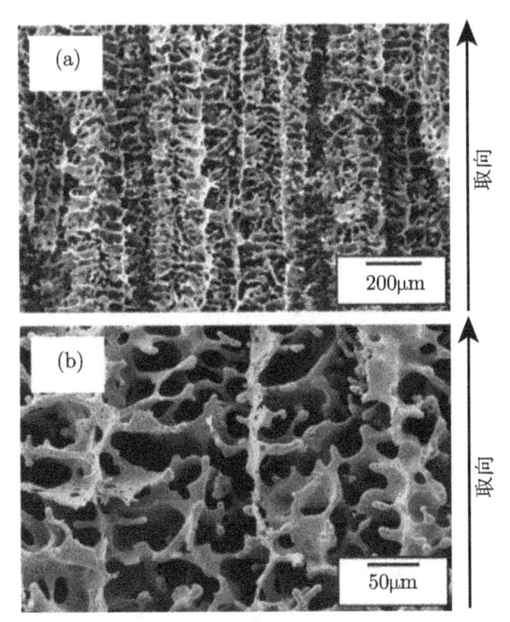

图 1.12 多孔 PZN-PZT 陶瓷内部气孔取向阵列 SEM 照片

(a) 低放大倍数；(b) 高放大倍数

与水声用压电陶瓷材料需要设计成多孔结构降低体密度不同，透明光电器件方面的应用需要 PZN-PZT 陶瓷具有极低的气孔率以降低光散射，因而通常需要采用特种陶瓷烧结工艺来实现高致密度材料的制备。2002 年，Wu 等首次报道通过放电等离子烧结技术可以制备出实际体密度接近理论密度的透明 PZN-PZT 陶瓷，测试样品的透光率优于 PNN-PZT 陶瓷 [93]。此后，Yin 等采用通氧热压烧结工艺成功制备出掺 La 元素的 PZN-PZT 透明陶瓷 (PZN-PLZT)，实验样品的光学透射谱比 PLZT 陶瓷和 PZN 单晶都要宽，此外压电应变常数高达 780pC/N，显示出在透明压电及光电器件领域的应用价值 [143]。

由于 PZN-PZT 具有较低的致密化温度与优良的压电性能，它还可以用于设计和制造可多层共烧的新型压电陶瓷致动器与压电马达，这类微位移驱动器件在精密机械、纳米加工、自动控制、机器人等高技术领域有着重要应用。Wei 等研究了 PZN-PZT 压电陶瓷的高温石墨还原行为，通过构建压电陶瓷层和还原层自然结合的两层结构，利用二者收缩率的差异，制作出具有超大位移量的拱形结构 RAINBOW 压电致动器 [144]。Kim 等通过将 Ag 粉与 PZN-PZT 粉体复合，设计出可与 PZN-PZT 压电活性层低温共烧匹配，且导电性与纯银相近的复相电极层 PZN-PZT/Ag。基于这一核心技术，Kim 等成功发展了多种不同结构的金属陶瓷复相电极层与压电活性层接合的压电陶瓷驱动器件，包括具有较大轴向位移量的“三明治”结构弹性致动器 (图 1.13)[145]，共挤压成型的叠层压电致动器 (图 1.14)[146,147] 与压电超声马达 (图 1.15) 等 [148,149]。

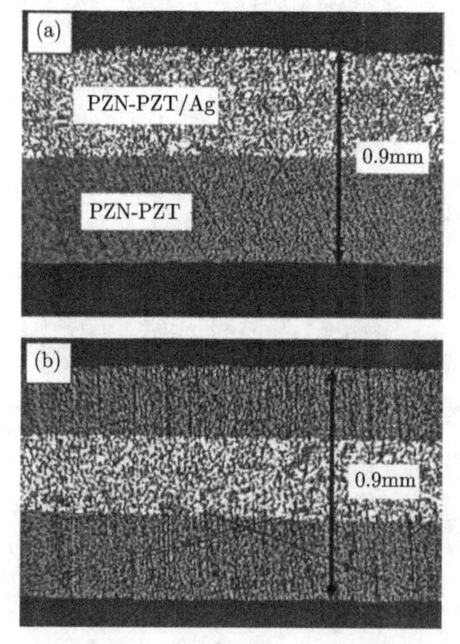

图 1.13 两层结构 (a)，三层结构 (b)PZN-PZT 压电陶瓷致动器断面结构光学照片

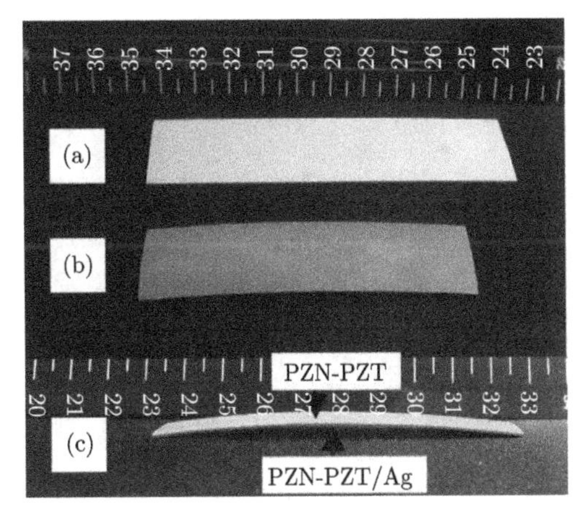

图 1.14 两层共挤压成型 PZN-PZT 压电陶瓷致动器光学照片

(a) 共挤压成型后的素坯体，(b) 和 (c) 从不同方向观测 900°C共烧后的压电陶瓷致动器

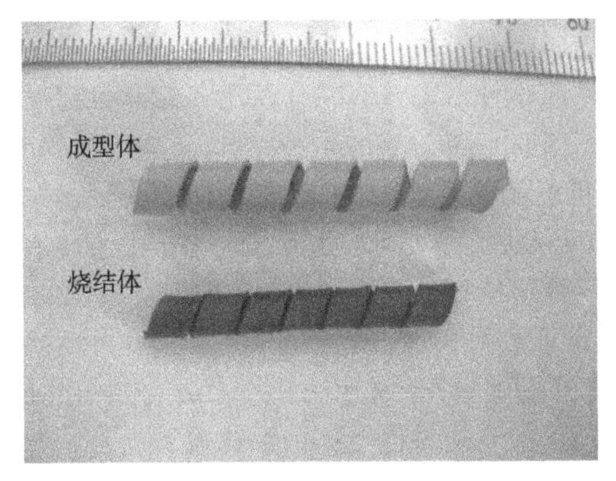

图 1.15 共烧前后螺旋形 PZN-PZT 压电马达光学照片

随着信息产业的飞速发展，压电陶瓷频率器件 (滤波器、谐振器、陷波器、鉴频器等) 已在音视频、通信和计算机周边等领域大量应用。这其中，作为重要的压电陶瓷频率器件，压电陶瓷滤波器的主要功能是决定或限制电路的工作频率，其自身是利用压电陶瓷的压电效应和谐振特性而制成的带通滤波器。与 LC 滤波器相比，压电陶瓷滤波器具有体积小、重量轻等优点。压电陶瓷滤波器对陶瓷材料的要求是频率及相关电学参数的时间稳定性和温度稳定性要好，材料的机械品质因数要高、介电损耗小，机电耦合系数能按滤波器对带宽的要求而定 [150]。侯育冬等采用掺杂改性的 PZN-PZT 压电陶瓷材料，进行了多种压电陶瓷频率器件的试制研究 (图 1.16)。例如，采用工业扎膜成型工艺，基于锰掺杂 PZN-PZT 材料试制了10.7MHz 中频滤波器，其技术优势主要包括材料体系较为简单，烧结温度低，易通过调整掺

杂量满足不同带宽器件的设计要求，制作出的压电滤波器抗热冲击性能较为优异。

图 1.16　PZN-PZT 压电陶瓷频率器件 (左) 与压电振子 (右)

压电变压器是一种结构新颖的电子变压器，利用压电陶瓷特有的正、逆压电效应，在机电能量的二次转换过程中，通过体内阻抗变换来实现变压作用。相对于传统线绕式电磁变压器，压电变压器具有高升压比、高转换效率、耐高压高温与短路烧毁、抗电磁干扰，且体积小、易于集成化等优点。压电变压器对陶瓷材料的性能要求是需要同时具备高机电耦合系数、高机械品质因数和低介电损耗。侯育冬等系统研究了压电变压器用陶瓷材料的设计方法，通过 Mn 掺杂技术显著提升 PZN-PZT 压电陶瓷的功率特性，特别是基于受主掺杂与晶粒尺寸效应的共同作用，掺杂体系可以在保持高机电耦合系数的同时，机械品质因数获得大幅度提升。进一步，应用 Mn 掺杂改性 PZN-PZT 压电陶瓷，采用工业技术成功制作出长条片式 Rozen 型压电变压器，并分析了器件的老化特性与掺杂量的关系 [113−115,151−153]。此外，基于 PZN-PZT 压电陶瓷的低烧特性，在此基础上进一步通过复合与掺杂，可以发展出类似于 MLCC 多层结构设计的多层压电变压器，具有该结构特点的器件能够显著提升输出功率与升压比，满足超薄型电源的应用需求 (图 1.17)。

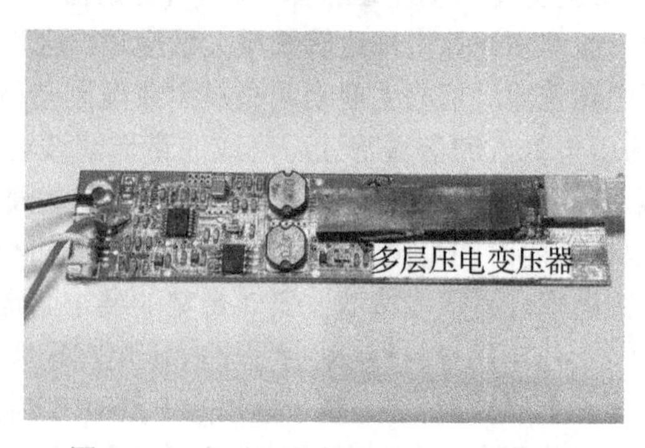

图 1.17　多层压电变压器及驱动线路板

近年来，发展新能源技术替代传统的化石能源是世界各国的研究重点，各类新型能量采集装置应运而生。机械振动能在环境中普遍存在，可以作为清洁能源加以利用。已有研究发现，以压电陶瓷为核心的压电能量收集器能够捕获环境中的振动能，通过正压电效应进行发电，进一步对产生的电能进行电源管理 (整流、变压与储能)，可以实现为后级电子器件供电的目标 [154,155]。Priya 等对能量收集用压电材料的电学参数选择进行基础理论分析，指出在非谐振的低频环境下，压电材料的能量密度与机电转换系数 $d \cdot g$ 成正比，进一步他们实验发现掺杂改性的 PZN-PZT 压电陶瓷不仅具有较高的机电转换系数，而且力学特性优异，可作为压电能量收集器应用 [156−158]。此后，Erika 等通过溶胶–凝胶化学工艺制备出薄膜结构的 PZN-PZT 压电能量收集器，研究了极化条件与输出功率的关系，在最优极化条件下获得的输出电压和功率密度分别为 558V/cm^2 和 325μW/cm^2[159]。近年来，侯育冬等以压电能量收集器应用需求为导向，系统进行了 PZN-PZT 压电陶瓷的掺杂改性研究 [129−132,160]。工作发现，在过渡系元素中，Co 元素掺杂在提升 PZN-PZT 体系机电转换系数方面效果十分突出。掺 Co 的 0.2PZN-0.8PZT 体系在宽温区 950~1100℃ 烧结均可以获得致密的陶瓷体，机电转换系数均高于 13000×10^{-15}m^2/N，显示出该体系良好的工艺适应性，其中，1000℃烧结的样品性能最优：$d_{33} \cdot g_{33}$=14080×10^{-15}m^2/N。进一步，侯育冬等应用优化的材料体系装配悬臂梁测试了压电能量收集器的发电特性 (图 1.18)：在共振频率为 85Hz，匹配负载为 630kΩ 和 40m/s^2 加速度条件下，输出功率 P=2.86mW，可以满足无线微型传感器的供能需求。

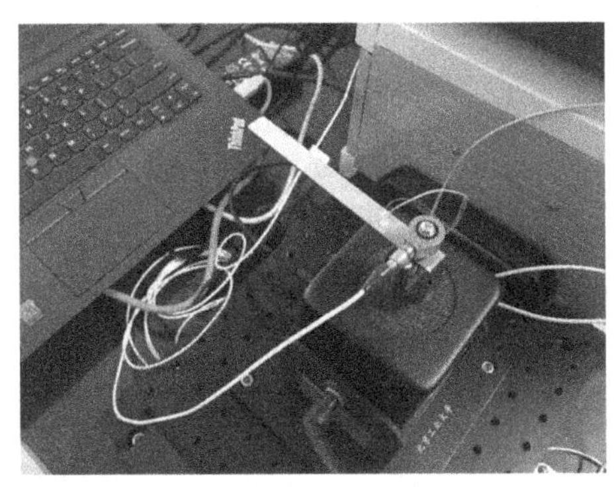

图 1.18 安装在振动台上的 PZN-PZT 悬臂梁结构压电能量收集器

1.3 本书研究方法与内容安排

1.3.1 样品合成与测试表征

样品合成的原料主要包括构建 PZN-PZT 基体的主料 Pb_3O_4、ZnO、Nb_2O_5、ZrO_2、TiO_2，掺杂料 Cr_2O_3、$MnCO_3$、MnO_2、Fe_2O_3、Co_2O_3、$CoCO_3$、NiO、CuO、

Li_2CO_3、$SrCO_3$、$AgNO_3$ 和其他辅料 KOH、CH_3CH_2OH 等。

样品合成采用的方法包括常规固相法和二次合成法。

1) 常规固相法

常规固相法主要包含粉体工艺、成型工艺、烧结工艺和极化工艺四个流程。

粉体工艺：根据设计组成，按化学计量比称量原料。将称量好的原料放入球磨罐中，以无水乙醇为介质置于行星球磨机中研磨混料 12 ~24h，然后干燥；将干燥后的粉体在 800~900℃下煅烧 2~4h，随炉冷却后，将煅烧粉体再次球磨 12~24h，得到预合成的陶瓷粉体备用。

成型工艺：在预合成的陶瓷粉体中加入 PVA(5wt.%~10wt.%) 黏结剂造粒，提高粉体可塑性。过筛后，将塑化好的粉体装入模具中，通过自动压片机在 100 ~ 200MPa 的设定压力下干压成直径为 11.5mm 的圆片，接着于排胶炉中在 560℃去除黏结剂，得到圆片素坯体。

烧结工艺：将圆片素坯体置于刚玉坩埚中，在 850 ~ 1300℃烧结，保温时间为 2h。在烧结工艺上，主要采用铅气氛保护法。铅气氛保护法是将圆片素坯体置于密闭的双层刚玉坩埚中，并在两层坩埚间加入 $PbZrO_3$ 填料以维持铅气氛进行烧结。在对比实验中采用非铅气氛保护烧结模式，即将一部分圆片素坯体直接置于单层刚玉坩埚中，不外加铅气氛保护 $PbZrO_3$ 填料进行烧结。

极化工艺：烧成后的陶瓷样品经打磨和精密抛光后，将银浆涂敷在上下表面，于 560℃烧渗银电极。样品的人工极化在硅油介质中进行，温度为 100~150℃，极化电压为 2~4kV/mm，极化时间为 30min。极化后的样品经过 24h 的自然老化，进行电性能测量。

2) 二次合成法

二次合成法又称为铌铁矿预产物合成法或两步法。二次合成法仅是粉体工艺与常规固相法不同，后续成型工艺、烧结工艺和极化工艺这三个流程是一致的。二次合成法粉体工艺分两步进行：第一步，先合成铌铁矿前驱体 $ZnNb_2O_6$。按照摩尔比例 1:1 称取原料 ZnO 和 Nb_2O_5。将称量好的原料放入球磨罐中，以无水乙醇为介质置于行星球磨机中球磨 4~12h；球磨后的浆料进行烘干，然后于 1000~1100℃煅烧 4h 后随炉冷却。第二步，使用先期合成的 $ZnNb_2O_6$ 作为锌和铌源，根据设计的成分组成，按照化学计量比称量其他原料，将称量好的原料放入球磨罐中，以无水乙醇为介质置于行星球磨机中球磨 12~24h，然后干燥；将干燥后的粉体在 800 ~ 900℃下煅烧 2~4h，随炉冷却后，将得到的粉体再次球磨 12~24h，得到预合成的陶瓷粉体。后续陶瓷烧结制度同常规固相法。

样品的测试表征包括基本物性测试和电学性能测试。

基本物性测试具体包括采用 Malvern Nano-ZS 型激光粒度分析仪测试粉体的粒度分布；采用 Mettler XS104 型密度测试天平基于阿基米德法测量陶瓷样品的

实际体密度，并通过与理论密度对比得到陶瓷样品的相对密度；采用 Bruker AXS D8 Advance 型 X 射线衍射仪 (XRD) 测试样品相结构，室温以上的变温 XRD 数据在衍射仪高温附件上完成；采用 Spex1403 型拉曼分光计进行样品拉曼光谱数据采集；采用 Hitachi S-4800 型场发射扫描电子显微镜 (SEM) 进行样品显微组织形貌观测；采用 FEI Tecnai F20/F30 型场发射透射电子显微镜 (TEM) 观测样品微区形貌、电畴结构和进行选区电子衍射分析，并用透射电镜所配的 X 射线能谱仪 (EDX) 分析样品的微区成分；采用 ESCALAB 250 型 X 射线光电子能谱仪 (XPS) 对样品中的元素种类和价态等进行分析；采用 TC-7000H 型激光热导仪进行陶瓷样品的热导率测量；采用 HXD-1000 TMC/LCD 型数字显微硬度测试仪基于压痕法测试陶瓷样品的力学性能。

陶瓷电学性能的测试是样品表征的重点，主要包括介电性能测试、铁电性能测试、压电性能测试、交流阻抗测试和直流电阻测试。介电性能测试方面，采用 Agilent E4980A 型 LCR 数字电桥测量陶瓷电容值 C 和介电损耗 $\tan\delta$，并根据平行板电容公式计算陶瓷相对介电常数；采用计算机控制的具有全自动数据采集功能的 GJW-1 型高温介电温谱测试系统进行多频率介电温谱测试。铁电性能测试方面，采用 Premier Ⅱ型铁电测试仪记录陶瓷 P-E 电滞回线，通过与控温装置联用观测陶瓷样品在变温条件下的铁电参数变化。压电性能测试方面，采用 ZJ-2A 型和 ZJ-6A 型准静态 d_{33}/d_{31} 测试仪测量陶瓷样品压电应变常数，同时采用 Agilent 4294A 精密阻抗分析仪基于谐振–反谐振法测试陶瓷样品的机电耦合系数 k_{p} 和机械品质因数 Q_{m}。交流阻抗测试方面，采用德国 Novocontrol 宽频介电与阻抗谱仪记录宽频和宽温度范围条件下陶瓷样品的交流阻抗谱，并基于等效电路模型分析陶瓷内部晶粒、晶界和电极界面对材料电学特性的贡献。陶瓷样品的变温直流电阻测试采用自制耐高温测量夹具，由 Keithley 6517B 型高阻仪和 Keithley 2410 型数字源表完成。

1.3.2 本书各章节内容安排

作为重要的智能材料，压电陶瓷基于特有的机电能量转换效应，可以构建致动器、换能器、传感器等多种电子元器件，广泛用于军用与民用电子装备制造领域。掺杂作为重要的材料改性方法，在压电陶瓷微结构调制与力电性能提升方面有着重要应用。过去十几年来，复杂多元系压电陶瓷的掺杂物理机理和实际器件应用都取得了重要发展。当然，相对于简单的二元 PZT 体系，多元系压电陶瓷由于钙钛矿基体组成离子的多样性，特别是氧八面体的中心 B 位存在多种不同电价与半径离子的复合占位，掺杂离子的取代机制更加复杂，仍有许多不明确之处。随着研究的不断深入，特别是显微结构分析方法的进步与各类先进电学测量手段的引入，很多掺杂相关的科学与技术问题正在逐步得到解决。目前，压电陶瓷的掺杂调控研究方兴未艾。总结多元系压电陶瓷的掺杂改性研究成果，有利于加深对这类功能陶瓷显微结构与机电性能关联性的认知，并进一步推动材料与器件的科学研究与工程应用。

本书作者在十余年多元系复杂结构压电陶瓷掺杂理论探索、材料结构设计与制备研究工作的基础上，重点以 PZN-PZT 三元系压电陶瓷为基体，以压电变压器和压电能量收集器这两类压电器件材料的设计与制备为导向，对多元系压电陶瓷的掺杂理论和改性方法进行了系统介绍与总结，期望能为新型压电材料的研发与器件应用提供理论指导与技术参考。

本书主要包括以下内容：

首先，在第 1 章绪论部分对多元系压电陶瓷材料的结构与掺杂研究进行概述，包括弛豫铁电体与多元系压电陶瓷和 PZN-PZT 多元系压电陶瓷的研究现状。第 2 章，介绍压电陶瓷基体的结构与性能，探讨 PZN-PZT 材料的组成与工艺调整，如烧结、退火气氛及前驱粉体尺度等变化因素对基体材料介电弛豫行为、准同型相界位置、内偏场演变机制和反铁电结构稳定性的影响规律。在此基础上，后续两章进一步系统给出多元系压电陶瓷的掺杂行为研究。第 3 章，压电变压器用陶瓷掺杂改性。以压电变压器材料设计为导向，分别介绍过渡系元素 Cr，Mn，Cu 以及碱金属 Li 元素对 PZN-PZT 体系的掺杂规律与液相烧结机制，构建 Rosen 型片式压电变压器并分析老化性能。第 4 章，能量收集器用陶瓷掺杂改性，介绍能量收集器用压电陶瓷的成分设计和第Ⅷ族过渡系元素在 PZN-PZT 体系中的掺杂行为，重点解析等价掺杂取代机制及钛铁矿异相的形成过程。此外，给出 PZN-PZT/Ag 储能新材料的设计与性能解析，并对掺杂改性 PZN-PZT 材料构建的压电能量收集器发电特性进行评价。

参 考 文 献

[1] 钟维烈. 铁电体物理学. 北京: 科学出版社, 1996.

[2] Haertling G H. Ferroelectric ceramics: History and technology. J. Am. Ceram. Soc., 1999, 82(4): 797-818.

[3] Thomann H. Piezoelectric ceramics. Adv. Mater., 1990, 2(10): 458-463.

[4] Cross L E. Relaxor ferroelectrics: An overview. Ferroelectrics, 1994, 151(1): 305-320.

[5] Bokov A A, Ye Z G. Recent progress in relaxor ferroelectrics with perovskite structure. J. Mater. Sci., 2006, 41: 31-52.

[6] Ye Z G. Handbook of Dielectric, Piezoelectric and Ferroelectric Materials. Abington Hall, Abington Cambridge CB21 6AH, England: Woodhead Publishing Limited and CRC Press LLC, 2008.

[7] Cui L, Hou Y D, Wang S, Wang C, Zhu M K. Relaxor behavior of $(Ba,Bi)(Ti,Al)O_3$

ferroelectric ceramic. J. Appl. Phys., 2010, 107: 054105.

[8] Bhalla A S, Guo R Y, Roy R. The perovskite structure-a review of its role in ceramic science and technology. Mat. Res. Innovat., 2000, 4: 3-26.

[9] Smolensky G A. Physical phenomena in ferroelectrics with diffused phase transition. J. Phys. Soc. Jpn., 1970, 28(Suppl.): 26-37.

[10] Setter N, Cross L E. The role of B-site cation disorder in diffuse phase transition behavior of perovskite ferroelectrics. J. Appl. Phys., 1980, 51: 4356-4360.

[11] Randall C A, Bhalla A S, Shrout T R, Cross L E. Classification and consequences of complex lead perovskite ferroelectrics with B-site cation order. J. Mater. Res., 1990, 5(4): 829-834.

[12] Zhang X W, Wang Q, Gu B L. Study of the order-disorder transition in $A(B'B'')O_3$ perovskite structure type ceramics. J. Am. Ceram. Soc., 1991, 74(10): 2846-2850.

[13] Yao X, Chen Z, Cross L E. Polarization and depolarization behavior of hot pressed lead lanthanum zirconate titanate ceramics. J. Appl. Phys., 1983, 54: 3399-3403.

[14] Viehland D, Jang S J, Cross L E. Freezing of the polarization fluctuation in lead magnesium niobate relaxors. J. Appl. Phys., 1990, 68(6): 2916-2921.

[15] Viehland D, Li J F, Jang S J, Cross L E. Dipolar-glass model for lead magnesium niobate. Phys. Rev. B, 1991, 43(10): 8316-8320.

[16] Viehland D, Wutting M, Cross L E. The glassy behaviors of relaxor ferroelectric. Ferroelectrics, 1991, 120: 70-77.

[17] 李龙土. 弛豫铁电陶瓷研究进展. 硅酸盐学报, 1992, 20(5): 476-483.

[18] 李振荣, 王晓莉, 张良莹, 姚熹. 铅基弛豫型铁电体钙钛矿结构的稳定性. 压电与声光, 1998, 20(2): 135-139.

[19] 李承恩, 薛军民, 倪焕尧, 殷之文. 含铅弛豫铁电材料合成过程中的烧录石相. 功能材料与器件学报, 1996, 2(2): 71-77.

[20] Halliyal A, Kumar U, Newnham R E, Cross L E. Stabilization of the perovskite phase and dielectric properties of ceramics in the $Pb(Zn_{1/3}Nb_{2/3})O_3$-$BaTiO_3$ system. Am. Ceram. Soc. Bull., 1987, 66(4): 671-676.

[21] Inada M. Analysis of the formation process of the piezoelectric PCM ceramics. Japanese National Technical Report, 1977, 23(1): 95-102.

[22] Beltran H, Cordoncillo E, Escribano P, Carda J B, Coats A, West A R. Sol-gel synthesis and characterization of $Pb(Mg_{1/3}Nb_{2/3})O_3$ (PMN) ferroelectric perovskite. Chem. Mater., 2000, 12(2): 400-405.

[23] Han K R, Kim S, Koo H J. New preparation method of low-temperature-sinterable perovskite $0.9Pb(Mg_{1/3}Nb_{2/3})O_3$-$0.1PbTiO_3$ powder and its dielectric properties. J. Am. Ceram. Soc., 1998, 81(11): 2998-3000.

[24] 崔斌, 杨祖培, 侯育冬, 史启祯, 田长生. 半化学法制备 $0.80Pb(Mg_{1/3}Nb_{2/3})O_3$-$0.20PbTiO_3$ 陶瓷的反应机理. 无机材料学报, 2002, 17(4): 737-744.

[25] Wan D M, Wang J, Ng S C, Gan L M. Formation and characterization of lead magnesium niobate synthesized from the molten salt of potassium chlorate. J. Alloy. Compd., 1998, 274: 110-117.

[26] Wang J, Wan D M, Xue J M, Ng W B. Mechanochemical synthesis of 0.9Pb($Mg_{1/3}Nb_{2/3}$)O_3-0.1$PbTiO_3$ from mixed oxides. Adv. Mater., 1999, 11(3): 210-213.

[27] Swartz S L, Shrout T R. Fabrication of perovskite lead magnesium niobate. Mater. Res. Bull., 1982, 17(10): 1245-1250.

[28] Fan H Q, Kim H E. Perovskite stabilization and electromechanical properties of polycrystalline lead zinc niobate-lead zirconate titanate. J. Appl. Phys., 2002, 91(1): 317-322.

[29] 张福学, 王丽坤. 现代压电学 (上册). 北京: 科学出版社, 2001.

[30] 江东亮. 精细陶瓷材料. 北京: 中国物资出版社, 2000.

[31] 张福学, 王丽坤. 现代压电学 (中册). 北京: 科学出版社, 2002.

[32] Cohen R E. Origin of ferroelectricity in perovskite oxides. Nature, 1992, 358: 136-138.

[33] Jaffe B, Cook W R, Jaffe H. Piezoelectric Ceramics. London: Academic Press, 1971.

[34] Liu G, Zhang S J, Jiang W H, Cao W W. Losses in ferroelectric materials. Mater. Sci. Eng. R, 2015, 89: 1-48.

[35] Noheda B. Structure and high-piezoelectricity in lead oxide solid solutions. Current Opinion in Solid State and Materials Science, 2002, 6: 27-34.

[36] Noheda B, Cox D E. Bridging phases at the morphotropic boundaries of lead oxide solid solutions. Phase Transitions, 2006, 79(1-2): 5-20.

[37] Sun E W, Cao W W. Relaxor-based ferroelectric single crystals: Growth, domain engineering, characterization and applications. Progress in Materials Science, 2014, 65: 124-210.

[38] La-Orauttapong D, Noheda B, Ye Z-G, Gehring P M, Toulouse J, Cox D E, Shirane G. Phase diagram of the relaxor ferroelectric $(1-x)$Pb($Zn_{1/3}Nb_{2/3}$)O_3-$x$$PbTiO_3$. Phys. Rev. B, 2002, 65: 144101.

[39] Cox D E, Noheda B, Shirane G, Uesu Y, Fujishiro K, Yamada Y. Universal phase diagram for high-piezoelectric perovskite systems. Appl. Phys. Lett., 2001, 79(3): 400-402.

[40] 李飞, 张树君, 李振荣, 徐卓. 弛豫铁电单晶的研究进展 —— 压电效应的起源研究. 物理学进展, 2012, 32(4): 178-198.

[41] 吴宁宁, 宋雪梅, 侯育冬, 朱满康, 王超, 严辉. $(1-x)$PMN-xPT 陶瓷材料弛豫性研究. 科学通报, 2008, 53(23): 2962-2968.

[42] Wu N N, Song X M, Hou Y D, Zhu M K, Wang C, Yan H. Relaxor behavior of $(1-x)$Pb($Mg_{1/3}Nb_{2/3}$)O_3-$x$$PbTiO_3$ ceramics. Chin. Sci. Bull., 2009, 54(7): 1267-1274.

[43] Wu N N, Hou Y D, Wang C, Zhu M K, Song X M, Yan H. Effect of sintering temperature on dielectric relaxation and Raman scattering of $0.65Pb(Mg_{1/3}Nb_{2/3})O_3$-$0.35PbTiO_3$ system. J. Appl. Phys., 2009, 105: 084107.

[44] Hou Y D, Wu N N, Wang C, Zhu M K, Song X M. Effect of annealing temperature on dielectric relaxation and Raman scattering of $0.65Pb(Mg_{1/3}Nb_{2/3})O_3$-$0.35PbTiO_3$ system. J. Am. Ceram. Soc., 2010, 93(9): 2748-2754.

[45] Ouchi H, Nagano K, Hayakawa S. Piezoelectric properties of $Pb(Mg_{1/3}Nb_{2/3})O_3$-$PbTiO_3$-$PbZrO_3$ solid solution ceramics. J. Am. Ceram. Soc., 1965, 48(12): 630-635.

[46] Ouchi H, Nishida M, Hayakawa S. Piezoelectric properties of $Pb(Mg_{1/3}Nb_{2/3})O_3$-$PbTiO_3$-$PbZrO_3$ ceramics modified with certain additives. J. Am. Ceram. Soc., 1966, 49(11): 577-582.

[47] 江东亮, 李龙土, 欧阳世翕, 施剑林. 无机非金属材料手册 (上册). 北京: 化学工业出版社, 2009.

[48] Hoffmann M J, Kungl H. High strain lead-based perovskite ferroelectrics. Current Opinion in Solid State and Materials Science, 2004, 8: 51-57.

[49] 李标荣, 王筱珍, 张绪礼. 无机电介质. 武汉: 华中理工大学出版社, 1995.

[50] Hou Y D, Zhu M K, Wang H, Wang B, Tian C S, Yan H. Effects of atmospheric powder on microstructure and piezoelectric properties of PMZN-PZT quaternary ceramics. J. Eur. Ceram. Soc., 2004, 24: 3731-3737.

[51] Ai Z R, Hou Y D, Zheng M P, Zhu M K. Effect of grain size on the phase structure and electrical properties of PZT-PNZN quaternary systems. J. Alloy Compd., 2014, 617: 222-227.

[52] Sun L, Feng C D, Sun Q C, Zhou H. Study on $Pb(Zr,Ti)O_3$-$Pb(Zn_{1/3}Nb_{2/3})O_3$- $Pb(Sn_{1/3}Nb_{2/3})O_3$-$Pb(Mn_{1/3}Sb_{2/3})O_3$ quinary system piezoelectric ceramics. Mater. Sci. Eng. B, 2005, 122: 61-66.

[53] 郑木鹏, 侯育冬, 朱满康, 严辉. PZN-PZT 多元系压电陶瓷的研究进展. 真空电子技术, 2013, 4: 13-18.

[54] Lee S M, Yoon C B, Lee S H, Kim H E. Effect of lead zinc niobate addition on sintering behavior and piezoelectric properties of lead zirconate titanate ceramic. J. Mater. Res., 2004, 19(9): 2553-2556.

[55] Vittayakorn N, Rujijanagul G, Tan X, He H, Marquardt M A, Cann D P. Dielectric properties and morphotropic phase boundaries in the $xPb(Zn_{1/3}Nb_{2/3})O_3$-$(1-x)Pb(Zr_{0.5}Ti_{0.5})O_3$ pseudo-binary system. J. Electroceram., 2006, 16: 141-149.

[56] Gio P D, Dan V D. Some dielectric, ferroelectric, piezoelectric properties of $0.35Pb(Zn_{1/3}Nb_{2/3})O_3$-$0.65Pb(Zr_xTi_{1-x})O_3$ ceramics. J. Alloy Compd., 2008, 449: 24-27.

[57] Zheng M P, Hou Y D, Zhu M K, Zhang M, Yan H. Shift of morphotropic phase boundary in high-performance fine-grained PZN-PZT ceramics. J. Eur. Ceram. Soc., 2014, 34: 2275-2283.

[58] Wi S K, Kim H G. Domain reorientation effects on the temperature dependence of piezoelectric properties in $Pb(Zn_{1/3}Nb_{2/3})O_3$-$PbTiO_3$-$PbZrO_3$ ceramics. Jpn. J. Appl. Phys. Part. 1, 1992, 31(9A): 2825-2828.

[59] Fan H Q, Jie W Q, Tian C S, Zhang L T, Kim H E. Domain morphology and field-induced phase transition in "two phone zone" of PZN-based ferroelectrics. Ferroelectrics 2002, 269: 33-38.

[60] 江向平, 方健文, 初宝进, 曾华荣, 陈大任, 殷庆瑞. PbZrO3 含量对 PZN-PZ-PT 固溶体弥散性相变的影响. 无机材料学报, 2000, 15(3): 565-568.

[61] Jiang X P, Fang J W, Zeng H R, Chu B J, Li G R, Chen D R, Yin Q R. The influence of $PbZrO_3$/$PbTiO_3$ ratio on diffuse phase transition of $Pb(Zn_{1/3}Nb_{2/3})O_3$-$PbZrO_3$-$PbTiO_3$ system near the morphotropic phase boundary. Mater. Lett., 2000, 44: 219-222.

[62] 江向平, 方健文, 曾华荣, 潘晓明, 陈大任, 殷庆瑞. 相界附近 $Pb(Zn_{1/3}Nb_{2/3})O_3$-$PbZrO_3$-$PbTiO_3$ 固溶体的弛豫相变研究. 物理学报, 2000, 49(4): 802-806 .

[63] 江向平, 方健文, 曾华荣, 李国荣, 陈大任, 殷庆瑞. 相界附近 $Pb(Zn_{1/3}Nb_{2/3})O_3$-$PbZrO_3$-$PbTiO_3$ 固溶体的介电性能. 中国科学 (E 辑), 2001, 31(4): 307-313.

[64] Jiang X P, Fang J W, Zeng H R, Li G R, Chen D R, Yin Q R. Dielectric properties of $Pb(Zn_{1/3}Nb_{2/3})O_3$-$PbZrO_3$-$PbTiO_3$ solid solution near morphotropic phase boundary. Science in China (Series B), 2002, 45(1): 65-73.

[65] 常利民, 侯育冬, 朱满康, 严辉. 0.5PZN-0.5PZT 压电陶瓷拉曼散射研究. 光谱学与光谱分析, 2007, 27(12): 2472-2474.

[66] Zhao L Y, Hou Y D, Chang L M, Zhu M K, Yan H. Microstructure and electrical properties of 0.5PZN-0.5PZT relaxor ferroelectrics close to the morphotropic phase boundary. J. Mater. Res., 2009, 24(6): 2029-2034.

[67] Yimnirun R, Wongdamnern N, Triamnak N, Unruan M, Ngamjarurojana A, Ananta S, Laosiritaworn Y. Stress-dependent scaling behavior of subcoercive field dynamic ferroelectric hysteresis in $Pb(Zn_{1/3}Nb_{2/3})O_3$-modified $Pb(Zr_{1/2}Ti_{1/2})O_3$ ceramic. J. Appl. Phys., 2008, 103: 086105.

[68] Yimnirun R, Triamnak N, Unruan M, Ngamjarurojana A, Laosiritaworn Y, Ananta S. Stress-dependent ferroelectric properties of $Pb(Zr_{1/2}Ti_{1/2})O_3$-$Pb(Zn_{1/3}Nb_{2/3})O_3$ ceramic systems. Ceram. Int., 2009, 35: 185-189.

[69] Wongdamnern N, Triamnak N, Unruan M, Kanchiang K, Ngamjarurojana A, Ananta S, Laosiritaworn Y, Yimnirun R. Sub-coercive field dynamic hysteresis in morphotropic phase boundary composition of $Pb(Zr_{1/2}Ti_{1/2})O_3$-$Pb(Zn_{1/3}Nb_{2/3})O_3$ ceramic and its scaling behavior. Phys. Lett. A, 2010, 374: 391-395.

[70] Zheng M P, Hou Y D, Zhu M K, Yan H. Metastable ferroelectric phase induced by electric field in $x Pb(Zn_{1/3}Nb_{2/3})O_3$-$(1-x)Pb(Zr_{0.95}Ti_{0.05})O_3$ ceramics. J. Am. Ceram. Soc., 2016, 99(4): 1280-1286.

[71] Fan H Q, Kim H E. Effect of lead content on the structure and electrical properties of $Pb((Zn_{1/3}Nb_{2/3})_{0.5}(Zr_{0.47}Ti_{0.53})_{0.5})O_3$ ceramics. J. Am. Ceram. Soc., 2001, 84(3): 636-638.

[72] Hou Y D, Cui B, Zhu M K, Wang H, Wang B, Yan H, Tian C S. Structure and electrical properties of Mn-modified $Pb((Zn_{1/3}Nb_{2/3})_{0.20}(Zr_{0.50}Ti_{0.50})_{0.80})O_3$ ceramics sintered in a protective powder atmosphere. Mater. Sci. Eng. B, 2004, 111: 77-81.

[73] 江向平, 廖军, 魏晓勇, 张望重, 李国荣, 陈大任, 殷庆瑞. 中温烧结 PZN-PZT 系陶瓷的压电性能研究. 无机材料学报, 2000, 15(2): 281-286.

[74] Seo S B, Lee S H, Yoon C B, Park G T, Kim H E. Low-temperature sintering and piezoelectric properties of $0.6Pb(Zr_{0.47}Ti_{0.53})O_3$-$0.4Pb(Zn_{1/3}Nb_{2/3})O_3$ ceramics. J. Am. Ceram. Soc., 2004, 87(7): 1238-1243.

[75] Choi J J, Hahn B D, Park D S, Yoon W H, Lee J H, Jang J H, Ko K H, Park C. Low-temperature sintering of lead zinc niobate-lead zirconate titanate ceramics using nano-sized powder prepared by the stirred media milling process. J. Am. Ceram. Soc., 2007, 90(2): 388-392.

[76] Ngamjarurojana A, Khamman O, Ananta S, Yimnirun R. Synthesis, formation and characterization of lead zinc niobate-lead zirconate titanate powders via a rapid vibro-milling method. J. Electroceram., 2008, 21: 786-790.

[77] Chang L M, Hou Y D, Zhu M K, Yan H. Effect of sintering temperature on the phase transition and dielectrical response in the relaxor-ferroelectric-system 0.5PZN-0.5PZT. J. Appl. Phys., 2007, 101: 034101.

[78] Zheng M P, Hou Y D, Ge H Y, Zhu M K, Yan H. Effect of sintering temperature on internal-bias field and electric properties of 0.2PZN-0.8PZT ceramics. Phys. Status Solidi A, 2013, 210(2): 261-266.

[79] Vittayakorn N, Rujijanagul G, Tunkasiri T, Tan X L, Cann D P. Influence of processing conditions on the phase transition and ferroelectric properties of $Pb(Zn_{1/3}Nb_{2/3})O_3$-$Pb(Zr_{1/2}Ti_{1/2})O_3$ ceramics. Mater. Sci. Eng. B, 2004, 108: 258-265.

[80] 郑木鹏, 侯育冬, 朱满康, 严辉. 合成方法对 0.2PZN-0.8PZT 陶瓷交流阻抗性能的影响. 稀有金属材料与工程, 2013, 42(S1): 208-211.

[81] Lee S H, Yoon C B, Lee S M, Kim H E. Reaction sintering of lead zinc niobate-lead zirconate titanate ceramics. J. Eur. Ceram. Soc., 2006, 26: 111-115.

[82] Fan H Q, Park G T, Choi J J, Kim H E. Effect of annealing atmosphere on domain structures and electromechanical properties of $Pb(Zn_{1/3}Nb_{2/3})O_3$-based ceramics. Appl. Phys. Lett., 2001, 79(11): 1658-1660.

[83] Fan H Q, Park G T, Choi J J, Ryu J, Kim H E. Preparation and improvement in the electrical properties of lead-zinc-niobate-based ceramics by thermal treatments. J. Mater. Res., 2002, 17(1): 180-185.

[84] Zhao L Y, Hou Y D, Wang C, Zhu M K, Yan H. The enhancement of relaxation of

0.5PZN-0.5PZT annealed in different atmospheres. Mater. Res. Bull., 2009, 44: 1652-1655.

[85] 徐永利, 李尚平, 汪鹏, 田莳. 热压法制备 0.3PZN-0.7PZT 压电陶瓷研究. 无机材料学报, 2000, 15(4): 673-677.

[86] 李尚平, 汪鹏, 田莳. 常、热压烧结 0.3PZN-0.7PZT 压电陶瓷性能比较. 压电与声光, 2000, 22(5): 313-315.

[87] 李小兵, 田莳, 赵建伟. 热压和常压烧结 PZN-PZT 陶瓷的温度稳定性. 压电与声光, 2003, 25(4): 287-290.

[88] Deng G C, Yin Q R, Ding A L, Zheng X S, Cheng W X, Qiu P S. High piezoelectric and dielectric properties of La-doped $0.3Pb(Zn_{1/3}Nb_{2/3})O_3$-$0.7Pb(Zr_xTi_{1-x})O_3$ ceramics near morphotropic phase boundary. J. Am. Ceram. Soc., 2005, 88(8): 2310-2314.

[89] Deng G C, Ding A L, Zheng X S, Zeng X, Yin Q R. Property improvement of $0.3Pb(Zn_{1/3}Nb_{2/3})O_3$-$0.7Pb_{0.96}La_{0.04}(Zr_xTi_{1-x})_{0.99}O_3$ ceramics by hot-pressing. J. Eur. Ceram. Soc., 2006, 26: 2349-2355.

[90] Li C L, Chou C C. Microstructures and electrical properties of lead zinc niobate-lead titanate-lead zirconate ceramics using microwave sintering. J. Eur. Ceram. Soc., 2006, 26: 1237-1244.

[91] Kobune M, Muto K, Takahashi H, Qiu J, Tani J. Effects of microwave and hot-press hybrid sintering on microstructure and piezoelectric properties of $0.24Pb(Zn_{1/3}Nb_{2/3})O_3 \cdot 0.384PbZrO_3 \cdot 0.376PbTiO_3$ ceramics. Jpn. J. Appl. Phys. Part.1, 2002, 41(11B): 7089-7094.

[92] 王超, 陈静, 陈红丽, 侯育冬, 朱满康. 纳米铌酸钾钠陶瓷的制备及性能. 无机材料学报, 2015, 30(1): 59-64.

[93] Wu Y J, Kimura R, Uekawa N, Kakegawa K, Sasaki Y. Spark plasma sintering of transparent $PbZrO_3$-$PbTiO_3$-$Pb(Zn_{1/3}Nb_{2/3})O_3$ ceramics. Jpn. J. Appl. Phys. Part.2, 2002, 41(2B): L219-L221.

[94] Tanaka K, Kubota T, Sakabe Y. Preparation and piezoelectric $Pb(Zr,Ti)O_3$-$Pb(Zn_{1/3}Nb_{2/3})O_3$ thick films on ZrO_2 substrates using low-temperature firing. Sens. Actuators A, 2002, 96: 179-183.

[95] Chen Y T, Lin S C, Cheng S Y. Temperature dependence of dielectric and piezoelectric properties of PLZT-PZN ceramic tapes. J. Alloy Compd., 2008, 449: 101-104.

[96] Fan H Q, Lee S H, Yoon C B, Park G T, Choi J J, Kim H E. Perovskite structure development and electrical properties of PZN based thin films. J. Eur. Ceram. Soc., 2002, 22: 1699-1704.

[97] Choi J J, Park G T, Lee S M, Kim H E. Sol-gel preparation of thick PZN-PZT film using a diol-based solution containing polyvinylpyrrolidone for piezoelectric applications. J. Am. Ceram. Soc., 2005, 88(11): 3049-3054.

[98] Roy S S, Morros C, Bowman R M, Gregg J M. Superior electromechanical performance

over PZT, in lead zinc niobate (PZN)-lead zirconium titanate (PZT) thin films. Appl. Phys. A, 2005, 81: 881-885.

[99] Choi J J, Hahn B D, Ryu J, Yoon W H, Park D S. Effects of $Pb(Zn_{1/3}Nb_{2/3})O_3$ addition and postannealing temperature on the electrical properties of $Pb(Zr_xTi_{1-x})O_3$ thick films prepared by aerosol deposition method. *J.* Appl. Phys., 2007, 102: 044101.

[100] Zhang J, Hou Y D, Zheng M P, Jia W X, Zhu M K, Yan H. The occupation behavior of Y_2O_3 and its effect on the microstructure and electric properties in X7R dielectrics. J. Am. Ceram. Soc., 2016, 99(4): 1375-1382.

[101] 李世普. 特种陶瓷工艺学. 武汉: 武汉理工大学出版社, 1990.

[102] 曲远方. 功能陶瓷及应用. 北京: 化学工业出版社, 2014.

[103] Zhang S J, Xia R, Lebrun L, Anderson D, Shrout T R. Piezoelectric materials for high power, high temperature applications. Mater. Lett., 2005, 59: 3471-3475.

[104] Lee S H, Yoon C B, Seo S B, Kim H E. Effect of lanthanum on the piezoelectric properties of lead zirconate titanate-lead zinc niobate ceramics. J. Mater. Res., 2003, 18(8): 1765-1770.

[105] Deng G C, Yin Q R, Ding A L, Zheng X S, Cheng W X, Qiu P S. High piezoelectric and dielectric properties of La-doped $0.3Pb(Zn_{1/3}Nb_{2/3})O_3$-$0.7Pb(Zr_xTi_{1-x})O_3$ ceramics near morphotropic phase boundary. J. Am. Ceram. Soc., 2005, 88(8): 2310-2314.

[106] Zeng X, Ding A L, Deng G C, Liu T, Zheng X S, Cheng W X. Normal-to-relaxor ferroelectric transformations in lanthanum-modified lead zinc niobate-lead zirconate titanate (PZN-PZT) ceramics. J. Phys. D: Appl. Phys., 2005, 38: 3572-3575.

[107] Zeng X, Ding A L, Deng G C, Liu T, Zheng X S. Effects of lanthanum doping on the dielectric, piezoelectric properties and defect mechanism of PZN-PZT ceramics prepared by hot pressing. Phys. Stat. Sol. (a), 2005, 202(9): 1854-1861.

[108] Zeng X, He X Y, Cheng W X, Zheng X S, Qiu P S. Dielectric and ferroelectric properties of PZN-PZT ceramics with lanthanum doping. J. Alloy Compd., 2009, 485: 843-847.

[109] Zeng X, Ding A L, Liu T, Deng G C, Zheng X S, Cheng W X. Excess ZnO addition in pure and La-doped PZN-PZT ceramics. J. Am. Ceram. Soc., 2006, 89(2): 728-730.

[110] Wang N Q, Sun Q C, Ma W B, Zhang Y, Liu H Q. Investigation of La-doped $0.25Pb(Zn_{1/3}Nb_{2/3})O_3$-$0.75Pb(Zr_xTi_{1-x})O_3$ ceramics near morphotropic phase boundary. J. Electroceram., 2012, 28: 15-19.

[111] Gao F, Wang C J, Liu X C, Tian C S. Effect of tungsten on the structure and piezoelectric properties of PZN-PZT ceramics. Ceram. Int., 2007, 33: 1019-1023.

[112] 侯育冬, 杨祖培, 高峰, 屈绍波, 田长生. 锰掺杂对 0.2PZN-0.8PZT 陶瓷压电性能的影响. 无机材料学报, 2003, 18(3): 590-594.

[113] Hou Y D, Zhu M K, Gao F, Wang H, Wang B, Yan H, Tian C S. Effect of MnO_2 addition on the microstructure and electrical properties of $Pb(Zn_{1/3}Nb_{2/3})_{0.20}(Zr_{0.50}Ti_{0.50})_{0.80}O_3$ ceramics. J. Am. Ceram. Soc., 2004, 87(5): 847-850.

[114] Hou Y D, Zhu M K, Wang H, Wang B, Yan H, Tian C S. Piezoelectric properties of new MnO_2-added 0.2PZN-0.8PZT ceramic. Mater. Lett., 2004, 58: 1508-1512.

[115] Hou Y D, Zhu M K, Tang J L, Song X M, Tian C S, Yan H. Effects of sintering process and Mn-doping on microstructure and piezoelectric properties of $Pb((Zn_{1/3}Nb_{2/3})_{0.20}(Zr_{0.47}Ti_{0.53})_{0.80})O_3$ system. Mater. Chem. Phys., 2006, 99: 66-70.

[116] Lee S M, Lee S H, Yoon C B, Kim H E, Lee K W. Low-temperature sintering of MnO_2-doped PZT-PZN piezoelectric ceramics. J. Electroceram., 2007, 18: 311-315.

[117] Ngamjarurojana A, Ananta S. Effect of MnO_2 addition on dielectric, piezoelectric and ferroelectric properties of $0.2Pb(Zn_{1/3}Nb_{2/3})O_3$-$0.8Pb(Zr_{1/2}Ti_{1/2})O_3$ ceramics. Chiang Mai J. Sci., 2009, 36(1): 59-68.

[118] Park H Y, Nam C H, Seo I T, Choi J H, Nahm S, Lee H G, Kim K J, Jeong S M. Effect of MnO_2 on the piezoelectric properties of the $0.75Pb(Zr_{0.47}Ti_{0.53})O_3$-$0.25Pb(Zn_{1/3}Nb_{2/3})O_3$ ceramics. J. Am. Ceram. Soc., 2010, 93(9): 2537-2540.

[119] Yan Y K, Cho K H, Priya S. Identification and effect of secondary phase in MnO_2-doped $0.8Pb(Zr_{0.52}Ti_{0.48})O_3$-$0.2Pb(Zn_{1/3}Nb_{2/3})O_3$ piezoelectric ceramics. J. Am. Ceram. Soc., 2011, 94 (11): 3953-3959.

[120] Ngamjarurojana A, Ananta S, Yimnirun R. Effect of Al_2O_3 addition on dielectric, piezoelectric and ferroelectric properties of $0.2Pb(Zn_{1/3}Nb_{2/3})O_3$-$0.8Pb(Zr_{1/2}Ti_{1/2})O_3$ ceramics. Adv. Mater. Res., 2008, 55-57: 89-92.

[121] Hou Y D, Lu P X, Zhu M K, Song X M, Tang J L, Wang B, Yan H. Effect of Cr_2O_3 addition on the structure and electrical properties of $Pb((Zn_{1/3}Nb_{2/3})_{0.20}(Zr_{0.50}Ti_{0.50})_{0.80})O_3$ ceramics. Mater. Sci. Eng. B, 2005, 116: 104-108.

[122] 路朋献, 朱满康, 侯育冬, 严辉. 铬掺杂对 PZN-PZT 陶瓷微观结构和电学性能的影响. 功能材料与器件学报, 2005, 11(3): 303-307.

[123] Hou Y D, Chang L M, Zhu M K, Song X M, Yan H. Effect of Li_2CO_3 addition on the dielectric and piezoelectric responses in the low-temperature sintered 0.5PZN-0.5PZT systems. J. Appl. Phys., 2007, 102: 084507.

[124] Hou Y D, Zhu M K, Wang H, Wang B, Yan H, Tian C S. Effects of CuO addition on the structure and electrical properties of low temperature sintered $Pb((Zn_{1/3}Nb_{2/3})_{0.20}(Zr_{0.50}Ti_{0.50})_{0.80})O_3$ ceramics. Mater. Sci. Eng. B, 2004, 110: 27-31.

[125] Zheng M P, Hou Y D, Wang S, Duan C H, Zhu M K, Yan H. Identification of substitution mechanism in group Ⅷ metal oxides doped $Pb(Zn_{1/3}Nb_{2/3})O_3$-$PbZrO_3$-$PbTiO_3$ ceramics with high energy density and mechanical performance. J. Am. Ceram. Soc., 2013, 96(8): 2486-2492.

[126] Zhu M K, Lu P X, Hou Y D, Wang H, Yan H. Effects of Fe_2O_3 addition on microstructure and piezoelectric properties of 0.2PZN-0.8PZT ceramics. J. Mater. Res., 2005, 20(10): 2670-2675.

[127] Zhu M K, Lu P X, Hou Y D, Song X M, Wang H, Yan H. Analysis of phase coexistence

in Fe_2O_3-doped 0.2PZN-0.8PZT ferroelectric ceramics by Raman scattering spectra. J. Am. Ceram. Soc., 2006, 89(12): 3739-3744.

[128] 路朋献, 朱满康, 侯育冬, 宋雪梅, 汪浩, 严辉. 铁掺杂 0.2PZN-0.8PZT 铁电陶瓷 Raman 散射研究. 无机材料学报, 2006, 21(3): 633-639.

[129] Zheng M P, Hou Y D, Xie F Y, Chen J, Zhu M K, Yan H. Effect of valence state and incorporation site of cobalt dopants on the microstructure and electrical properties of 0.2PZN-0.8PZT ceramics. Acta Mater., 2013, 61: 1489-1498.

[130] Zheng M P, Hou Y D, Fu J, Fan X W, Zhu M K, Yan H. Effects of cobalt doping on the microstructure, complex impedance and activation energy in 0.2PZN-0.8PZT ceramics. Mater. Chem. Phys., 2013, 138: 358-365.

[131] Zheng M P, Hou Y D, Ge H Y, Zhu M K, Yan H. Effect of NiO additive on microstructure, mechanical behavior and electrical properties of 0.2PZN-0.8PZT ceramics. J. Eur. Ceram. Soc., 2013, 33: 1447-1456.

[132] Zheng M P, Hou Y D, Zhu M K, Zhang M, Yan H. Comparative study of microstructure, electric properties and conductivity for NiO and PNN modified $Pb(Zn_{1/3}Nb_{2/3})O_3$-$PbZrO_3$-$PbTiO_3$ ceramics. Mater. Res. Bull., 2014, 51: 426-431.

[133] Zheng M P, Hou Y D, Ge H Y, Zhu M K, Yan H. The formation of $(Zn,Ni)TiO_3$ secondary phase in NiO-modified $Pb(Zn_{1/3}Nb_{2/3})O_3$-$PbZrO_3$-$PbTiO_3$ ceramics. Scripta Mater., 2013, 68: 707-710.

[134] Vittayakorn N, Uttiya S, Rujijanagul G, Cann D P. Dielectric and ferroelectric characteristics of 0.7PZT-0.3PZN ceramics substituted with Sr. J. Phys. D: Appl. Phys., 2005, 38: 2942-2946.

[135] Zheng M P, Hou Y D, Yue Y G, Chen H X, Zhu M K. The influence of A-site strontium ion in controlling the microstructure and electrical properties of $P_{1-x}S_xZNZT$ ceramics. J. Appl. Phys., 2016, 119: 164101.

[136] 张正杰, 侯育冬, 崔长春, 王超, 朱满康. Ag 掺杂 PZN-PZT 微观结构及电学性能影响. 压电与声光, 2011, 33(1): 119-122.

[137] Zheng M P, Hou Y D, Fan X W, Zhu M K. Novel core-shell nanostructure in percolative PZN-PZT/Ag ferroelectric composites. J. Am. Ceram. Soc., 2015, 98(2): 543-550.

[138] Futakuchi T, Tanino K, Sawasaki H, Adachi M, Kawabata A. Low-temperature mixed sintering of $Pb(Zr_{1-x}Ti_x)O_3$-$Pb(Zn_{1/3}Nb_{2/3})O_3$ ceramics and their pyroelectric properties. Jpn. J. Appl. Phys. Part.1, 1997, 36(36): 5981-5983.

[139] Wu Y J, Uekawa N, Sasaki Y, Kakegawa K. Microstructures and pyroelectric properties of multicomposition $0.9PbZrO_3 \cdot xPbTiO_3 \cdot (0.1-x)Pb(Zn_{1/3}Nb_{2/3})O_3$ ceramics. J. Am. Ceram. Soc., 2002, 85(8): 1988-1992.

[140] Wei H, Chen Y J. Synthesis and properties of $Pb(Zn_{1/3}Nb_{2/3})O_3$ modified $Pb(Zr_{0.95}Ti_{0.05})O_3$ pyroelectric ceramics. Ceram. Int., 2014, 40: 8637-8643.

[141] Lee S H, Jun S H, Kim H E, Koh Y H. Fabrication of porous PZT-PZN piezoelectric

ceramics with high hydrostatic figure of merits using camphene-based freeze casting. J. Am. Ceram. Soc., 2007, 90(9): 2807-2813.

[142] Lee S H, Jun S H, Kim H E, Koh Y H. Piezoelectric properties of PZT-based ceramic with highly aligned pores. J. Am. Ceram. Soc., 2008, 91(6): 1912-1915.

[143] Yin Q R, Ding A L, Zheng X S, Qiu P S, Shen M R, Cao W W. Preparation and characterization of transparent PZN-PLZT ceramics. J. Mater. Res., 2004, 19(3): 729-732.

[144] 魏晓勇, 陈大任, 李国荣. PZN-PZT 压电陶瓷高温石墨还原行为研究. 无机材料学报, 1999, 14(4): 692-697.

[145] Yoon C B, Lee S H, Lee S M, Kim H E. Co-firing of PZN-PZT flextensional actuators. J. Am. Ceram. Soc., 2004, 87(9): 1663-1668.

[146] Yoon C B, Koh Y H, Park G T, Kim H E. Multilayer actuator composed of PZN-PZT and PZN-PZT/Ag fabricated by co-extrusion process. J. Am. Ceram. Soc., 2005, 88(6): 1625-1627.

[147] Yoon C B, Lee S M, Lee S H, Kim H E. PZN-PZT flextensional actuator by co-extrusion process. Sens. Actuators A, 2005, 119: 221-227.

[148] Yoon C B, Park G T, Kim H E, Ryu J. Piezoelectric ultrasonic motor by co-extrusion process. Sens. Actuators A, 2005, 121: 515-519.

[149] Lee S M, Park C S, Kim H E, Lee K W. Helical-shaped piezoelectric motor using thermoplastic co-extrusion process. Sens. Actuators A, 2010, 158: 294-299.

[150] 张福学, 王丽坤. 现代压电学 (下册). 北京: 科学出版社, 2002.

[151] 侯育冬, 高峰, 朱满康, 王波, 田长生, 严辉. 压电变压器用陶瓷材料的成分设计. 电子元件与材料, 2003, 22(11): 16-20.

[152] 侯育冬, 朱满康, 王波, 田长生, 严辉. 压电陶瓷变压器的试制及其老化行为研究. 电子元件与材料, 2003, 22(8): 15-22.

[153] Hou Y D, Zhu M K, Tian C S, Yan H. Structure and electrical properties of PMZN-PZT quaternary ceramics for piezoelectric transformers. Sens. Actuators A, 2004, 116: 455-460.

[154] Priya S. Criterion for material selection in design of bulk piezoelectric energy harvesters. IEEE Trans. Ultrason. Ferroelectr. Freq. Control, 2010, 57(12): 2610-2612.

[155] Kim S G, Priya S, Kanno I. Piezoelectric MEMS for energy harvesting. MRS Bulletin, 2012, 37: 1039-1050.

[156] Islam R A, Priya S. Realization of high-energy density polycrystalline piezoelectric ceramics. Appl. Phys. Lett., 2006, 88: 032903.

[157] Zhao Y, Bedekar V, Aning A, Priya S. Mechanical properties of high energy density piezoelectric ceramics. Mater. Lett., 2012, 74: 151-154.

[158] Islam R A, Priya S. High-energy density ceramic composition in the system $Pb(Zr,Ti)O_3$-$Pb[(Zn,Ni)_{1/3}Nb_{2/3}]O_3$. J. Am. Ceram. Soc., 2006, 89(10): 3147-3156.

[159] Fuentes-Fernandez E M A, Gnade B E, Quevedo-Lopez M A, Shahb P, Alshareef H N. The effect of poling conditions on the performance of piezoelectric energy harvesters fabricated by wet chemistry. J. Mater. Chem. A, 2015, 3: 9837-9842.

[160] 郑木鹏, 侯育冬, 朱满康, 严辉. 能量收集用压电陶瓷材料研究进展. 硅酸盐学报, 2016, 44(3): 359-366.

第2章 压电陶瓷基体的结构与性能

PZN-PZT 是由具有不同对称结构的钙钛矿组元 $Pb(Zn_{1/3}Nb_{2/3})O_3$、$PbZrO_3$ 和 $PbTiO_3$ 复合而成的三元压电陶瓷体系，材料组元比例与制备工艺的变化均会对三元系陶瓷基体的微结构与电学性能造成影响。本章主要以 PZN-PZT 为例，围绕压电陶瓷基体的结构与性能调控这一主题，分别系统地介绍烧结温度与介电弛豫行为的变化关系，退火气氛与介电弛豫行为的变化关系，细晶陶瓷体的准同型相界迁移现象，缺陷偶极子形成与内偏场演变机制和富锆区复合体系的反铁电行为，以期获得对钙钛矿相三元系陶瓷结构与物性关系更本质的认识。

2.1 烧结温度与介电弛豫行为的变化关系

2.1.1 烧结温度对显微结构的影响规律

烧结温度是陶瓷制备过程中可控的关键工艺参数，通常陶瓷的显微组织结构与烧结温度有密切关系，大量研究揭示常规固相法合成过程中在一定的烧结温区范围内，随烧结温度升高，陶瓷致密度提升且晶粒出现持续增长现象 [1,2]。因而，可以预期烧结温度的变化会对 PZN-PZT 三元系陶瓷的显微组织结构、相组成与电学性能产生重要影响。本节选取 $0.5Pb(Zn_{1/3}Nb_{2/3})O_3$-$0.5Pb(Zr_{0.47}Ti_{0.53})O_3$ (缩写为 0.5PZN-0.5PZT) 为目标体系，采用常规固相法制备陶瓷材料，具体样品合成与测试表征见 1.3.1 节。其中，陶瓷烧结温度区间设定为 900～1250℃，以 50℃为间隔，保温时间为 2h。

图 2.1 为不同烧结温度制备 0.5PZN-0.5PZT 陶瓷的 XRD 图谱。从图 2.1 可以看到，烧结温度在 1200℃以下时，所有样品均呈现纯钙钛矿相，未检测到焦绿石相或其他杂相。根据前章分析，PZN 多晶陶瓷的钙钛矿相难以通过常规固相法合成，原因主要是高极化特性的 Pb^{2+} 与 Zn^{2+} 间的空间静电相互作用以及 Zn—O 键的共价键成分较多，降低了钙钛矿相的稳定性，使得常规固相法制备过程中容易形成焦绿石相，并恶化陶瓷的压电和介电性能。为了稳定 PZN 的钙钛矿结构，常用的方法是加入一些具有简单钙钛矿结构的氧化物作为稳定剂，例如，$BaTiO_3$，$PbTiO_3$ 或 PZT。对 PZN-PZT 体系，已有研究表明，只有当 PZT 的含量高于 40%时，才能够有效避免焦绿石相的生成 [3]。本实验中 PZT 的加入量高达 50%，因而可以有效地抑制焦绿石相的出现。但是，当烧结温度进一步升高到 1250℃时，尽管实验采

用了铅气氛保护措施控制铅流失，低熔点 (888℃) 的 PbO 仍然挥发严重，这导致材料体系计量比失配并促进焦绿石相的生成。

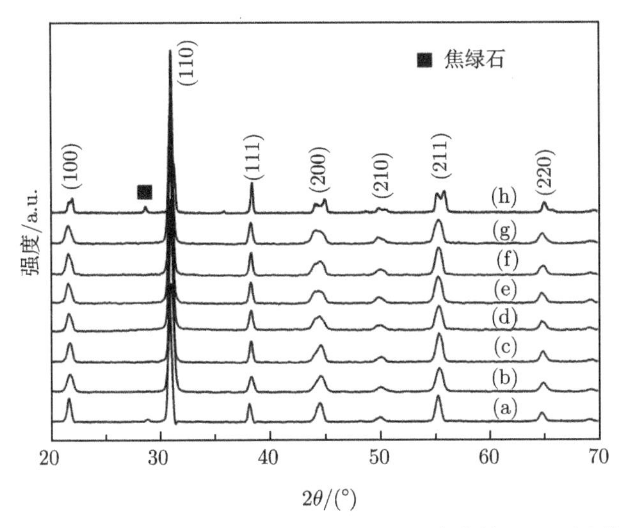

图 2.1 不同烧结温度 0.5PZN-0.5PZT 陶瓷的 XRD 图谱

(a) 900℃; (b) 950℃; (c) 1000℃; (d) 1050℃; (e) 1100℃; (f) 1150℃; (g) 1200℃; (h) 1250℃

此外，对比图 2.1 中不同烧结温度下样品的 XRD 图谱还可以观察到 $2\theta=45°$ 附近的特征衍射峰形状有明显变化，这说明材料体系随烧结温度升高出现相结构转变。由于在 PZN-PZT 体系中三方相和四方相结构共存，因而，45° 附近的衍射峰可以拆分成对应两相的三个峰，分别为四方相的 (002) 和 (200) 衍射峰以及三方相的 (200) 衍射峰。为了获得更详细的相分析结果，使用高斯–洛伦兹曲线对精细扫描的 43° ~46° 衍射峰进行了拟合，结果如图 2.2 所示。

根据拟合后不同 X 射线衍射峰的强度，依据式 (2.1)[4]，计算了四方相 (T.P.) 的相对含量百分数，结果在图 2.3 中给出。

$$\text{T.P.\%} = \frac{I_{(200)\text{T}} + I_{(002)\text{T}}}{I_{(200)\text{T}} + I_{(002)\text{T}} + I_{(200)\text{R}}} \times 100\% \tag{2.1}$$

其中，$I_{(200)\text{R}}$ 代表三方相 (200) 衍射峰的强度，$I_{(200)\text{T}}$ 和 $I_{(002)\text{T}}$ 分别代表四方相 (200) 和 (002) 衍射峰的强度。

从图 2.3 可以看到，烧结温度为 900℃时，样品四方相含量仅占 24%，说明此时以三方相为主。随着烧结温度的提升，四方相含量呈现线性增加。当烧结温度升高到 1150℃时，样品四方相含量几乎与三方相含量相等，此时 0.5PZN-0.5PZT 陶瓷处于准同型相界附近，这与 Fan 等的报道一致 [3]。进一步升高烧结温度到 1250℃，四方相的含量增加到 60%。需要说明的是，在本实验 XRD 测试中，并未观察到单

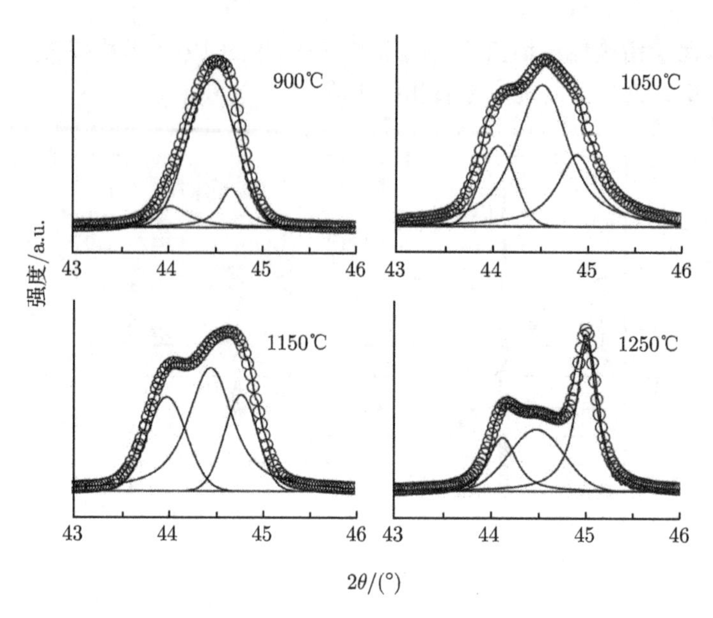

图 2.2 不同烧结温度 0.5PZN-0.5PZT 陶瓷局部 45° 附近的 XRD 峰形拟合，从左到右依次为$(002)_T$，$(200)_R$，$(200)_T$

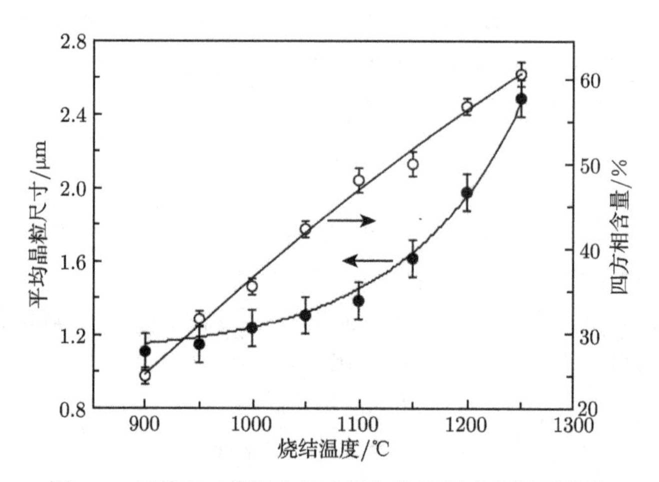

图 2.3 晶粒尺寸和四方相含量与烧结温度的关系曲线

斜相的出现 [5]。

由于烧结温度对晶粒尺寸的影响非常大，因此有必要分析烧结温度、晶粒尺寸与相变三者间的关系。图 2.4 给出不同烧结温度制备的 0.5PZN-0.5PZT 陶瓷的热蚀断面 SEM 照片。可以看到，随烧结温度升高，晶粒尺寸逐渐增大。此外，1250℃制备的样品显微组织中有类金刚石形貌的焦绿石相出现，这与图 2.1 中 XRD 分析的结果是一致的。进一步，利用图像处理软件定量分析不同烧结温度制备的陶瓷晶粒尺寸变化，结果也在图 2.3 中给出。分析结果显示，900℃烧结样品的平均晶粒尺寸为 1.1μm，当升温到 1250℃时，样品平均晶粒尺寸增大了一倍多，达到 2.5μm。

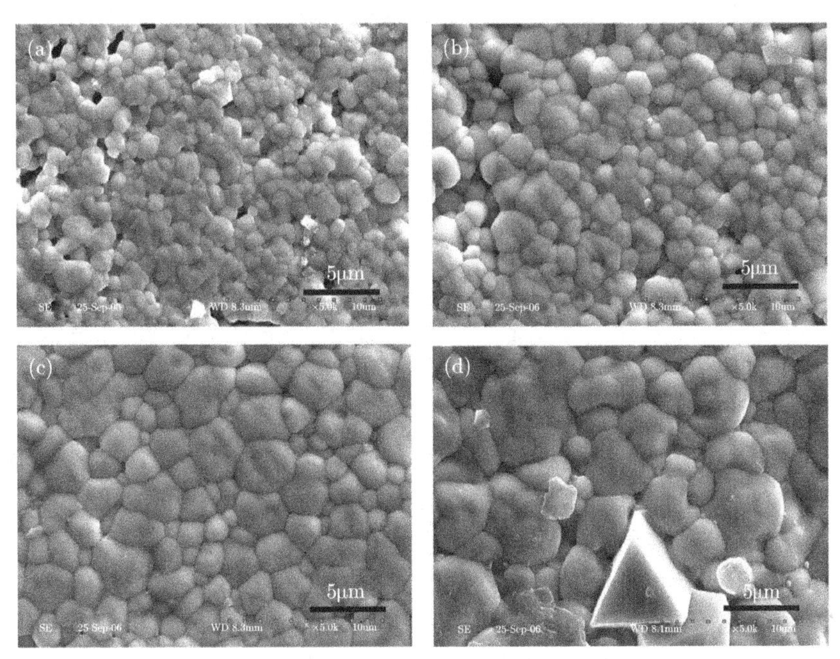

图 2.4 不同烧结温度 0.5PZN-0.5PZT 陶瓷的 SEM 照片

(a) 900℃; (b) 1050℃; (c) 1150℃; (d) 1250℃

根据图 2.3 中不同烧结温度陶瓷样品的晶粒尺寸测量数据，可以拟合出晶粒尺寸的增长规律，结果符合经典的晶粒生长法则 [6]：

$$d^n - d_0^n = kt\exp\left(\frac{-Q}{RT}\right) \tag{2.2}$$

式中，n 表示晶粒生长指数，T 表示烧结温度，t 表示烧结时间，d 表示在烧结温度为 T、烧结时间为 t 时的晶粒尺寸，d_0 表示初始晶粒尺寸，Q 表示激活能，k 表示晶粒生长系数。拟合结果显示常规固相法烧结 0.5PZN-0.5PZT 陶瓷的晶粒生长指数 n=3，激活能 Q=125kJ/mol。本实验拟合得到的晶粒生长指数 n=3 是多元系陶瓷晶粒生长机制分析研究中的常见指数数值，说明 0.5PZN-0.5PZT 体系的晶粒生长过程主要由晶界控制 [7]。

从图 2.3 可以看到，随烧结温度升高，0.5PZN-0.5PZT 陶瓷晶粒尺寸和四方相含量均呈现上升趋势。Wagner 等认为，压应力有利于三方相的稳定，且晶粒尺寸的不同会引起样品内部压应力出现差异，从而导致 PZT 基铁电陶瓷出现相变现

象 [8]。在本实验中，低温烧结获得的细晶陶瓷内部压应力大，三方相能够稳定住。升高烧结温度，晶粒尺寸增大，内部应力不断松弛与释放，从而驱动陶瓷相结构由三方相经过准同型相界向四方相转变。另一种可能的机制解释认为相变与不同样品的自发极化取向旋转有关 [9,10]。PZT 材料体系中三方相和四方相都是由立方钙钛矿结构原型经微小畸变而来。四方相的自发极化是 B 位离子沿氧八面体四重轴 [100] 位移形成，有 6 个可能取向；三方相的自发极化则是 B 位离子沿氧八面体三重轴 [111] 位移形成，有 8 个可能取向。高烧结温度制备的大晶粒尺寸样品中，自发极化取向由三方相向四方相转变的驱动力升高，因此，出现钙钛矿相结构对称性的变化。

2.1.2　烧结温度对介电弛豫的影响规律

图 2.5 给出不同烧结温度制备的 0.5PZN-0.5PZT 陶瓷的相对介电常数 ε_r 与温度的关系图。可以看到，低温 900℃烧结陶瓷样品居里峰处的相对介电常数 ε_r 仅为 5910，同时介温曲线呈现明显的弥散相变行为 (DPT)。随着烧结温度升高，陶瓷相对介电常数 ε_r 快速增大。烧结温度为 1150℃时，样品居里峰处的相对介电常数 ε_r 约是 900℃烧结陶瓷的两倍，同时介温谱形状在所有测试样品中最窄，表明弥散相变行为减弱。对于低温烧结的细晶陶瓷，晶界与畴壁间较强的耦合作用阻碍了电畴转向与畴壁运动，因而相对介电常数 ε_r 较低。随着烧结温度升高，晶粒尺寸呈现不断增大趋势，这有利于减少晶界效应，提升陶瓷相对介电常数 ε_r。1150℃时，0.5PZN-0.5PZT 陶瓷获得研究烧结温度范围内的最大相对介电常数 ε_r。继续升高烧结温度到 1250℃时，居里峰处的相对介电常数 ε_r 不升反降，这主要是样品微结构中出现恶化电学特性的焦绿石相所致 (图 2.1)。

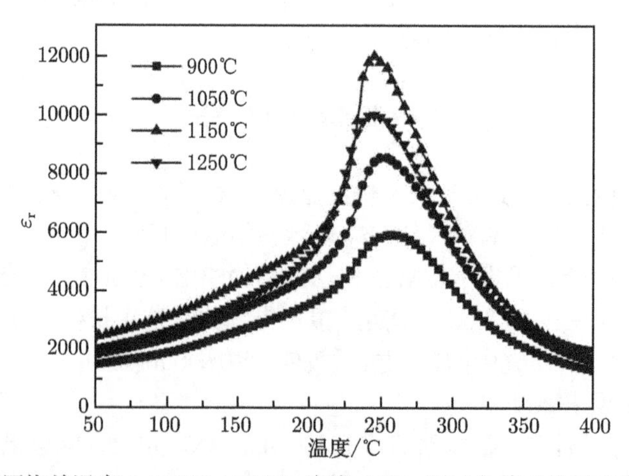

图 2.5　不同烧结温度 0.5PZN-0.5PZT 陶瓷 1kHz 测试条件下的相对介电常数 ε_r 与温度的变化关系

对于正常铁电体，介电常数在居里温度以上的变化一般遵循居里–外斯定律(Curie-Weiss law)[10]

$$\varepsilon = C/(T - T_0) \quad (T > T_c) \tag{2.3}$$

式中，C 为居里–外斯常数，T_0 为居里–外斯温度。

图 2.6 给出 1kHz 测试条件下相对介电常数倒数与温度的变化关系。根据居里–外斯定律拟合的结果列于表 2.1 中。这里为方便讨论，实验数据中与居里–外斯定律的偏差温度被定义为 ΔT_{cm}：

$$\Delta T_{\mathrm{cm}} = T_{\mathrm{cw}} - T_{\mathrm{m}} \tag{2.4}$$

式中，T_{cw} 是偏离居里外斯定律的起始温度，T_{m} 是相对介电常数最大值对应的温度。

由表 2.1 可以看到，900℃烧结的 0.5PZN-0.5PZT 陶瓷样品具有较大的 ΔT_{cm} (75℃)。随着烧结温度的升高，ΔT_{cm} 呈现出降低趋势。1150℃烧结样品的 ΔT_{cm} 仅为 53℃，说明弥散相变行为减弱。

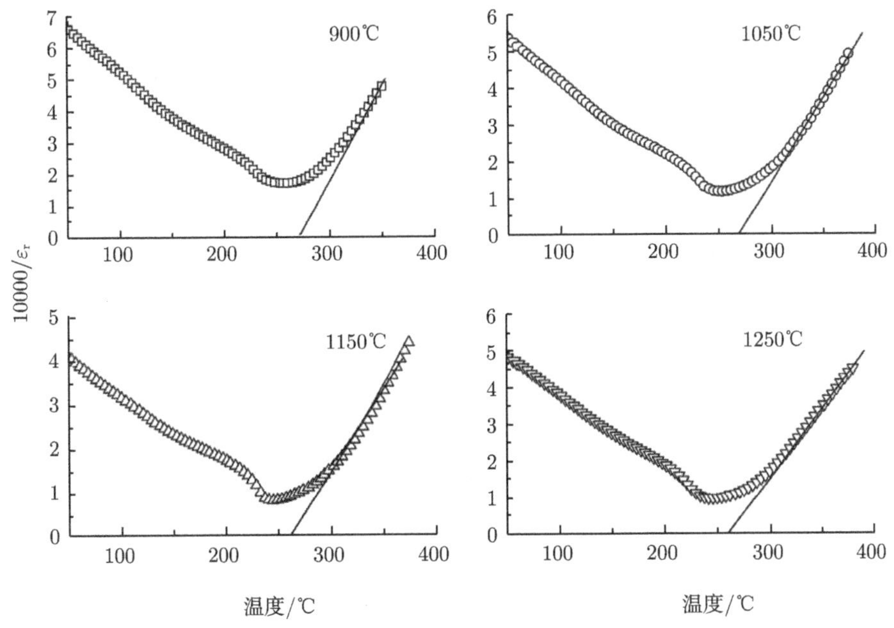

图 2.6 不同烧结温度 0.5PZN-0.5PZT 陶瓷 1kHz 测试条件下相对介电常数倒数与温度的变化关系

散点：实验数据；实线：居里–外斯定律拟合结果

表 2.1　不同烧结温度 0.5PZN-0.5PZT 陶瓷的 T_m，T_{cw}，ΔT_{cm} 和 C

样品/℃	900	1050	1150	1250
T_m/℃	256	251	246	245
T_{cw}/℃	331	321	299	311
ΔT_{cm}/℃	75	70	53	66
$C/\times10^{-7}$℃	4.23	5.51	6.57	6.50

此外，对于弛豫铁电体，已有研究揭示相对介电常数倒数与温度的关系还遵循一类修正的居里–外斯定律 ——UN 方程 (Uchino and Nomura function)[11]：

$$1/\varepsilon_r - 1/\varepsilon_{max} = (T - T_{max})^{\gamma}/C \tag{2.5}$$

式中，ε_{max} 是介电常数极大值，ε_r 是温度 T 时的相对介电常数，T_{max} 是介电常数极值对应的温度，C 是居里常数，γ 是描述相变弥散程度的弥散因子，其取值为 1 时为正常铁电体特征，取值为 2 时是完全弛豫体特征。

为了进一步研究烧结温度对 0.5PZN-0.5PZT 陶瓷弥散相变行为的影响，对介温谱数据按 UN 方程进行拟合分析。图 2.7 给出不同样品的 $\ln(1/\varepsilon_r-1/\varepsilon_{max})$ 与 $\ln(T-T_{max})$ 的关系曲线。可以看到，所有样品关系曲线均呈现线性关系，拟合直线的斜率可以得到弥散因子 γ 值。结果显示，随着烧结温度的升高，样品 γ 值从 900℃的 1.98 降低到 1150℃的 1.71，之后出现转折，随烧结温度的进一步升高 γ 值又增大到 1.88。在 1150℃前的低烧结温度区域，样品 γ 值随烧结温度升高而降低的变化趋势说明提高烧结温度有利于弛豫铁电体向正常铁电体转变，其中 900℃烧结的 0.5PZN-0.5PZT 陶瓷弛豫介电行为最强，具有显著的弥散相变特征。而在高温 1250℃，γ 值又增大可归因于大量铅空位的生成。铅空位的生成弱化了电畴之间的耦合，从而引起铁电体弛豫性的增强 [12]。此外，高温烧结样品中焦绿石这一非铁电相的出现也会破坏宏观铁电极化，这是弛豫性增强的另一个原因。

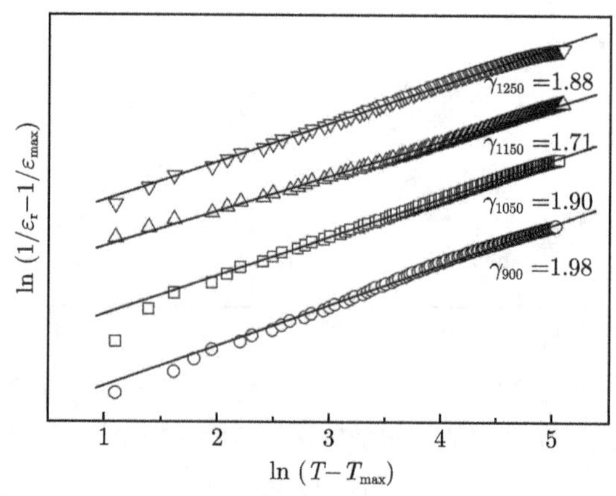

图 2.7　不同烧结温度 0.5PZN-0.5PZT 陶瓷 $\ln(1/\varepsilon_r - 1/\varepsilon_{max})$ 与 $\ln(T - T_{max})$ 关系图

散点：实验数据；实线：UN 方程拟合结果

如前所述，随着烧结温度从 900℃提高到 1150℃，0.5PZN-0.5PZT 陶瓷的四方相含量增加，介电弥散性减弱。900℃烧结样品的弥散因子 $\gamma=1.98$，表明此时样品中的电畴多以极性微畴存在。通常认为，对于形如 PMN 和 PZN 一类的 $Pb(B'_{1/3}B''_{2/3})O_3$ 型弛豫铁电体，弥散相变起因于微区组成的不均匀性，特别是 $B':B''=1:1$ 短程有序微区的生成。根据弛豫铁电微区理论模型，PZN 中 $Zn^{2+}:Nb^{5+}=1:1$非化学计量比的有序微区的形成导致体系出现电荷不平衡，富 Zn 的有序微区$[Pb(Zn_{1/2}Nb_{1/2})O_3]^{0.5-}$带负电，而无序的富 Nb 母体 $[PbNbO_3]^+$ 带正电。这种非电价平衡的正电微区阻碍了有序微畴的长大，因而，一般有序微畴的大小为 2~5nm。提高烧结温度能够引起样品局部成分在纳米尺度的波动，同时，通过拉伸非中心离子的位移和增强微畴之间的相互耦合，可使得 0.5PZN-0.5PZT 陶瓷向正常铁电体转变。另一方面，如果考虑离子半径和离子价态，那么除了形成 $Zn^{2+}:Nb^{5+}=1:1$ 离子序外，生成 1:1 $Zr^{4+}:Ti^{4+}$ 离子序的几率要大于 1:1 $Zr^{4+}:Zn^{2+}$，$Zr^{4+}:Nb^{5+}$，$Ti^{4+}:Zn^{2+}$ 和 $Ti^{4+}:Nb^{5+}$ 产生的几率，这也可以理解为 Zr^{4+} (0.72Å) 和 Ti^{4+} (0.605Å) 离子被 Zn^{2+} (0.75Å) 和 Nb^{5+} (0.64Å) 离子所置换 [10]。因此，对于 1150℃烧结的样品，其结构式可以写为：$0.5[Pb(Zn_{2/3}Nb_{1/3})_{1/2}Nb_{1/2}O_3]$-$0.5[Pb(Zr_{0.94}Ti_{0.06})_{1/2}Ti_{1/2}O_3]$。这一分析与所观察到的弥散相变随烧结温度的提高而降低相一致。当烧结温度超过 1150℃，弥散因子 γ 升高可归因于铅空位与焦绿石相的生成，具体机制已经在上文中阐述。

拉曼散射光谱技术对于陶瓷体内化学键的变化及短程有序非常敏感，在弛豫铁电体的相变研究与有序结构分析中得到广泛应用 [1,13,14]。对弛豫铁电体 $Pb(B'B'')O_3$ 钙钛矿结构中 BO_6 八面体网络来说，存在着四种类型的 B—O 键：B″—O···B″ 键，两个 B″ 共用一个氧原子；B″—O···B′，一个 B″ 和另外一个 B′ 共用一个氧原子；以及 B′—O···B″ 和 B′—O··· B′ 键。以上四种 B—O 键在化学结构上有很大的不同，因而在拉曼光谱中有它们各自的扩展频率范围。根据弛豫铁电体有序模型，有序度的变化与 B″—O···B′ 键和 B″—O···B″ 键相对强度的变化相关，因此可以通过对比不同样品拉曼光谱中 B″—O···B″ 与 B″—O···B′ 键散射强度的变化确定弛豫性差异 [15]。

为了进一步分析烧结温度对 0.5PZN-0.5PZT 体系微结构与弛豫行为的影响，测试了不同烧结温度样品的室温拉曼光谱。图 2-8 给出烧结温度分别为 900℃，1050℃，1150℃和 1250℃的四个样品的拉曼图谱。主要的拉曼谱峰位于 $168cm^{-1}$、$261cm^{-1}$、$420cm^{-1}$、$560cm^{-1}$、$710cm^{-1}$ 和 $800cm^{-1}$ 六个位置。根据已有钙钛矿结构的分析结果，$420cm^{-1}$ 附近的带状峰是 Zn—O···Zn 键的伸缩模式；$560cm^{-1}$ 附近的带状峰是 Nb—O···Nb 键的伸缩模式，$710cm^{-1}$ 处的宽峰则对应于 1:1 化学序的 Nb—O···Zn 键伸缩模式，而位于右侧 $800cm^{-1}$ 处的拉曼谱峰则和氧八面体的极化振动相关。因而，$560cm^{-1}$，$710cm^{-1}$ 和 $800cm^{-1}$ 三个峰的强度变化能够反映 1:1 有序度的转变过程。为了量化分析各种拉曼振动模式的相对强度，对 500~800cm^{-1} 处的谱带进行了高斯拟合，解析示意图也在图 2.8 中给出。该范围内的谱带可以分解为中心分别在 560cm^{-1}，710cm^{-1} 和 800cm^{-1} 的三个峰，其相应强度分别记作 I_{560}，I_{710} 和 I_{800}。相对强度比 $(I_{710}+I_{800})/I_{560}$ 可以用于表征有序度的大小，该数值与烧结温度的关系见图 2.9。拉曼谱对短程力和化学键的变化极为敏感，由图可见，随烧结温度升高到 1150℃，相对强度比 $(I_{710}+I_{800})/I_{560}$ 急剧降低，这主要是 B 位有序度变化所致。但是，当烧结温度超过 1150℃之后，相对强度比 $(I_{710}+I_{800})/I_{560}$ 又呈现升高趋势，此现象主要是由 A 位空位所引起的。上述拉曼分析和介温谱所分析的结果完全一致。

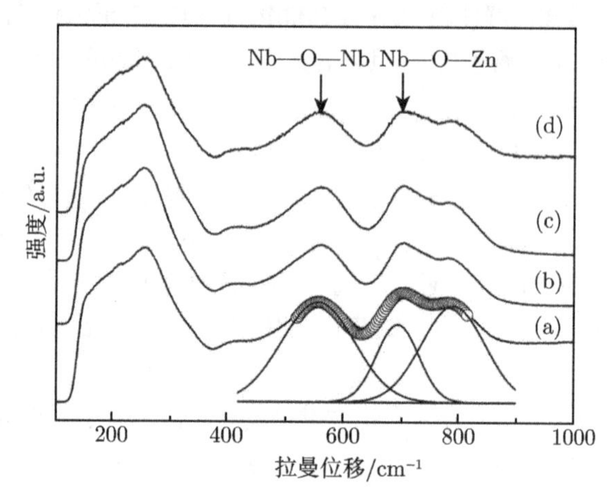

图 2.8　不同烧结温度 0.5PZN-0.5PZT 陶瓷的拉曼光谱

(a) 900℃；(b) 1050℃；(c) 1150℃；(d) 1250℃

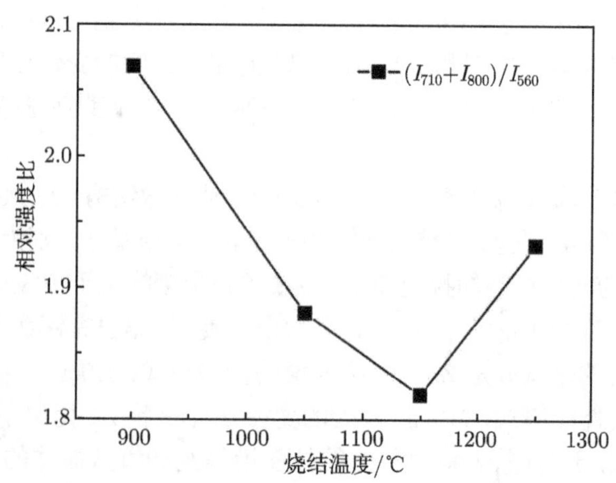

图 2.9　0.5PZN-0.5PZT 陶瓷相对强度比 $(I_{710}+I_{800})/I_{560}$ 与烧结温度的关系

以上内容主要介绍了烧结温度变化对 0.5PZN-0.5PZT 陶瓷显微结构和介电弛豫行为的影响，可以看到在实验所研究的烧结温度范围内 (900~1250℃)，烧结温度升高引起晶粒尺寸持续增大，其中 1150℃烧结的 0.5PZN-0.5PZT 陶瓷具有相对较弱的介电弛豫特性与优良的介电品质，样品在居里峰处 (准确地说是 $T_{\rm m}$) 的介电常数最高。此外，XRD 解析证实 1150℃烧结的陶瓷相组成位于准同型相界附近。为了进一步分析 1150℃烧结的 0.5PZN-0.5PZT 陶瓷的显微组织结构，特别是电畴构成，使用透射电镜 (TEM) 对样品微区进行观测，结果见图 2.10。由图可见，在纳米尺度上不仅能观察到四方片状畴 (90°，180° 畴壁)，而且可以看到三方微畴 (71°，109° 畴壁)，证实体系处于多畴态，这与之前 XRD 解析所揭示的样品处于三方相与四方相共存的准同型相界附近的结论是一致的。

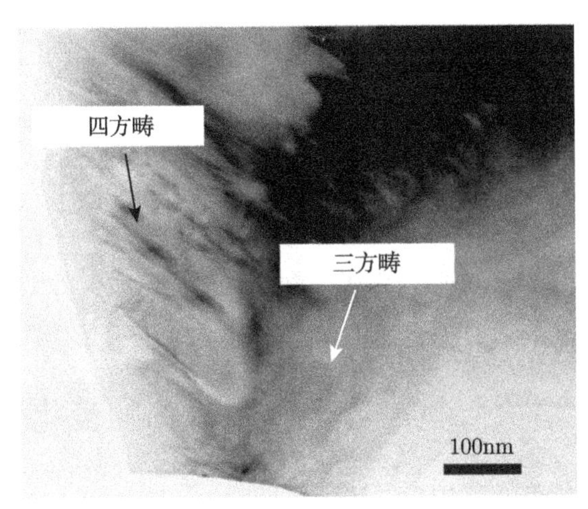

图 2.10 1150℃烧结的 0.5PZN-0.5PZT 陶瓷 TEM 照片

根据经典压电理论，MPB 结构由于三方与四方两相共存，存在 14 种可能的极化方向，这非常有利于在该组成附近获得优良的压电性能。进一步，在相同实验条件下制备出不同 PZN 与 PZT 组成配比的 xPZN-$(1-x)$PZT 三元系陶瓷，并研究了压电性能与组成 x 之间的关系，结果在图 2.11 中给出。可以看到，最优的压电应变常数 d_{33} 和机电耦合系数 $k_{\rm p}$ 均在烧结温度 1150℃制备的 $x=0.5$ 组成样品处获得，其数值分别为 425pC/N 和 0.66[16]。实验结果与根据经典压电理论所推测的 MPB 组成的 0.5PZN-0.5PZT 陶瓷具有最优压电性能是一致的。

本节主要介绍了烧结温度对 0.5PZN-0.5PZT 陶瓷相成分、显微结构及电学性能的影响，重点分析了烧结温度与介电弛豫行为的关系。随着烧结温度上升，晶粒尺寸与四方相含量同时单调增加，三方相向四方相转变的相变起因主要是晶粒尺寸增大引起的应力松弛。此外，用拉曼光谱解析与介电弛豫行为演变相关的有序度结构变化。低温烧结的样品存在典型的弥散相变现象。烧结温度升高引起离子有序度发生变化，弥散行为逐渐减弱，陶瓷由弛豫铁电体向正常铁电体转变。烧结温度为 1150℃时，介电弛豫性最弱。继续升高烧结温度，由于 Pb 空位的增多与焦绿石相的出现，弥散行为重新增强。1150℃烧结的 0.5PZN-0.5PZT 陶瓷由于位于准同型相界附近，压电性能最为优异，其中 d_{33}=425pC/N，k_p=0.66。

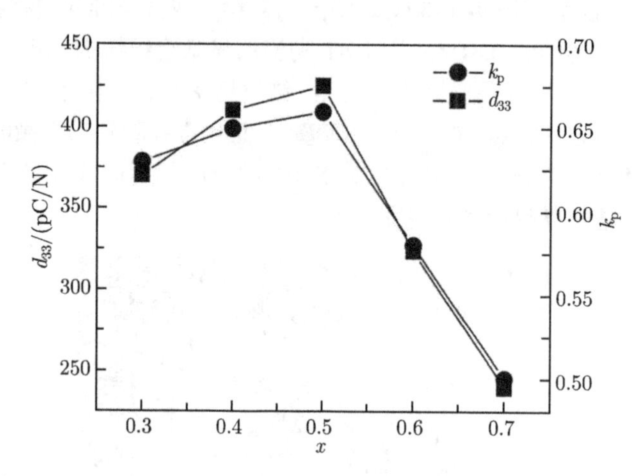

图 2.11 xPZN-$(1-x)$PZT 体系 d_{33} 和 k_p 与组成变化的关系

2.2 退火气氛与介电弛豫行为的变化关系

2.2.1 不同退火气氛条件下的介电弛豫特性

在常规固相法制备氧化物陶瓷工艺中，会不可避免地出现氧空位这种典型缺陷。对于钙钛矿氧化物，氧空位的存在与浓度变化将导致晶格畸变并引起畴结构发生变化，进而对材料的电学性能产生重要影响。对于氧空位与电学性能关联性的研究，已报道的工作多集中于采用受主掺杂的技术手段来诱导氧空位生成并调制其浓度变化，进而影响压电陶瓷的机电性能 [17−19]。但是，在非掺杂陶瓷材料中氧空位诱发的相结构转变与介电弛豫特性本质之间的关系还不够清晰，相关机制方面的讨论有待进一步深入。

在 2.1 节中重点介绍烧结温度对 0.5PZN-0.5PZT 陶瓷材料介电弛豫行为的影响规律，并揭示 1150℃烧结的样品位于 MPB 附近，具有优异的压电性能。在本节中，仍然以 0.5PZN-0.5PZT 作为目标体系，系统介绍不同退火气氛条件对介电弛豫行为的影响机制。样品采用常规固相法制备，工艺流程同上节。退火处理采用管式气氛炉，具体工艺如下：对于 1150℃烧结的 0.5PZN-0.5PZT 陶瓷，选出部分样品置于管式气氛炉的密闭石英管中，抽真空后分别通以氧气和氮气进行退火处理，退火温度设定为 950℃, 退火时间 1h。后续讨论的样品主要包含三类: 烧成后未退火样品、氧气中退火样品和氮气中退火样品。

频率色散与弥散相变是弛豫铁电体的两个典型特征。图 2.12 是经过不同气氛处理后，不同测试频率下 0.5PZN-0.5PZT 陶瓷相对介电常数 ε_r 随温度变化的曲线。

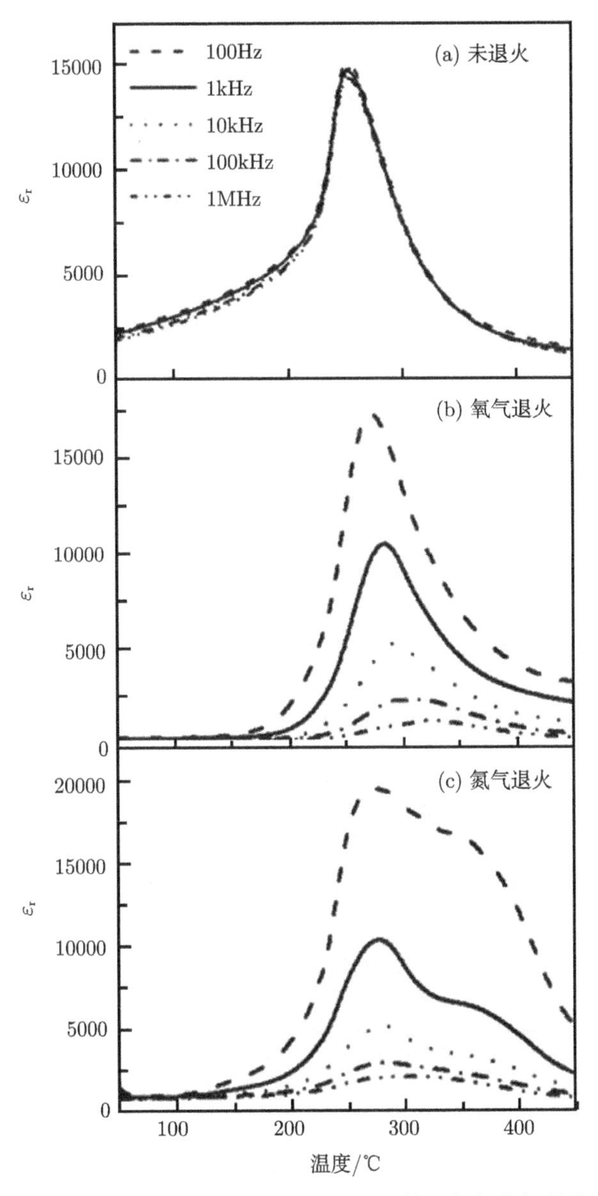

图 2.12 不同气氛退火处理 0.5PZN-0.5PZT 样品与频率相关的介温谱图

从图 2.12 中可以看出，相对于未退火的样品，两种不同气氛退火条件下得到的样品，均呈现出明显的频率色散与弥散相变现象。介电峰出现宽化，且峰位随测试频率增加向高温方向移动。值得注意的是，对于氮气退火的样品，除了在居里温度 T_c 附近有正常的介电峰之外，在高于 T_c 处还出现一个宽化的介电峰，这一异常现象推测有可能是与氧空位移动相关的界面处空间电荷极化造成的 [20]。为了更进一步定量分析样品的介电弛豫性变化，对不同样品 1kHz 测试频率的介温谱数据进行 UN 方程 (式 (2.5)) 拟合，结果在图 2.13 中给出。

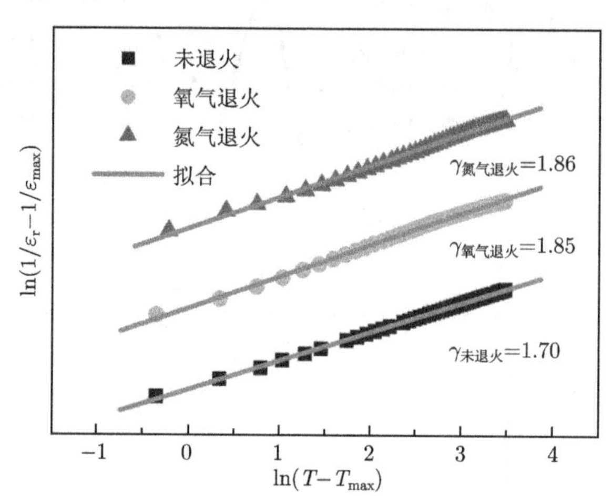

图 2.13　不同退火处理 0.5PZN-0.5PZT 陶瓷 $\ln(1/\varepsilon_r-1/\varepsilon_{max})$ 与 $\ln(T-T_{max})$ 关系图

散点：实验数据；实线：UN 方程拟合结果

对于弛豫铁电体，通常其介电行为偏离经典的居里–外斯定律，遵循 UN 方程 (式 (2.5))。根据 UN 方程拟合的结果表明，在氧气和氮气中退火之后，弥散因子 γ 值从未退火样品的 1.7 分别上升到 1.85 和 1.86，说明不同退火条件下样品的弥散相变程度均有明显提升。

ΔT_m 是一个描述频率色散程度的重要物理参数，在 100Hz 到 1MHz 测试频率范围内，可以定义为下式 [21]：

$$\Delta T_m = T_{m(1MHz)} - T_{m(100Hz)} \tag{2.6}$$

式中，$T_{m(1MHz)}$ 和 $T_{m(100Hz)}$ 分别为 1MHz 和 100Hz 测试频率下，介电常数极值所对应的温度。根据介温谱数据计算结果显示，未退火 0.5PZN-0.5PZT 样品的 ΔT_m 值为 0.8℃，说明未退火的陶瓷频率色散程度较弱。退火之后，氧气退火样品和氮气退火样品的 ΔT_m 值分别上升到 41.1℃和 19.1℃，说明不论氧气退火还是氮气退火，均能够显著增强 0.5PZN-0.5PZT 陶瓷的频率色散程度，其中氧气退火效果更显著些。

2.2.2 退火气氛影响弛豫性的物理机制

以上实验结果揭示不同气氛条件退火处理均能够同时增强 0.5PZN-0.5PZT 陶瓷的弥散相变与频率色散。下面进一步讨论退火气氛影响弛豫性变化的物理机制。对于 ABO_3 型钙钛矿材料，BO_6 八面体结构与铁电性能有密切关系。对于正常铁电体，其铁电性来源于 B 位离子的长程有序，而 B 位离子的短程有序将会导致介电弛豫现象的发生，且弛豫性的强弱取决于 B 位离子的有序度。氧空位是氧化物陶瓷体中常见的缺陷类型，尤其是经由传统陶瓷工艺，即常规固相法高温烧结而成的氧化物陶瓷，这种缺陷是无法避免的。不同退火气氛处理导致的氧空位浓度变化必然会引起晶格畸变，从而影响 B 位离子有序度。因此，研究氧空位状态的变化是分析陶瓷弛豫行为起因的一种有效手段。在钙钛矿型铁电体中，直流电导主要来源于氧空位的迁移。根据 Arrhenius 定律，直流电导率与活化能之间的关系可以表示如下 [22,23]：

$$\sigma = \sigma_c \exp(-E_a/kT) \tag{2.7}$$

式中，σ 是直流电导率，σ_c 是一个常数，E_a 是活化能，k 是 Boltzmann 常数，T 为绝对温度。图 2.14 是 0.5PZN-0.5PZT 陶瓷的直流电导率对数随温度倒数 $1000/T$ 变化的关系曲线。这些曲线在不同温度区间可以拟合为两条或三条直线，直线斜率对应于不同的活化能数值。

通常认为，氧空位影响直流电导率主要依靠电离与移动两种机制。氧空位电离产生导电电子，电离过程如式 (2.8) 和式 (2.9) 所示：

$$V_o \Longleftrightarrow V_o^{\cdot} + e' \tag{2.8}$$

$$V_o \Longleftrightarrow V_o^{\cdot\cdot} + e' \tag{2.9}$$

从图 2.14 中可以看到，在低温段，对于未退火、氧气退火和氮气退火样品，其对应活化能数值分别为 0.09eV、0.08eV 和 0.09eV，这些数值接近于氧空位的一次电离活化能 0.1eV；在 400~500K 的中间温度区域，氧气退火和氮气退火样品的活化能数值分别为 0.65eV 和 0.37eV，这与氧空位的二次电离活化能 0.7eV 相近。根据 Waser 等的研究结果 [24]，二次电离的氧空位 $V_o^{\cdot\cdot}$ 在热激发下可以运动，且在一些铅基钙钛矿结构材料中已经证实氧空位移动的活化能在 1.07~1.28eV 范围内。从图 2.14 还可以看到，在高温段，未退火、氧气退火和氮气退火样品的活化能分别为 1.04eV、1.43eV 和 0.84eV，与已有此类材料的报道数值相近。需要指出的是，氮气退火样品的活化能数值与标准值偏离程度略大，这可能与该试样中高浓度的氧空位所引起的晶格扭曲有关，这一现象将在下文中进一步讨论。通过以上分析可知，对于不同气氛条件退火的样品，低温段、中温段和高温段的导电机制分别来源于氧空位的一次电离、二次电离和氧空位迁移。

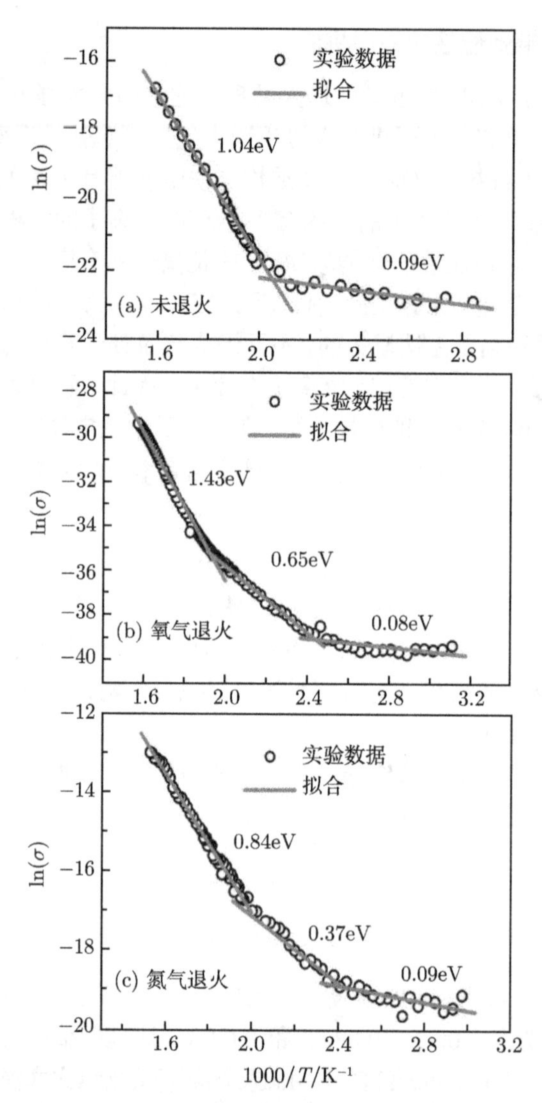

图 2.14　不同退火处理 0.5PZN-0.5PZT 陶瓷直流电导率的 Arrhenius 拟合曲线

此外，从图 2.14 拟合结果可以看到，在氧气和氮气中退火之后，活化能数值呈现不同变化趋势，分别为上升和下降。Steinsvik 等曾根据电子能量损耗谱 (EELS) 研究指出，高温段活化能越高，则氧空位浓度越低 [25]。据此可以推断，在本实验中按照氧空位浓度从高到低排列的话，依次是氮气退火、未退火和氧气退火样品。通过氧气退火，氧空位被部分地填充，整体浓度有所降低；而氮气退火有利于更多的氧空位生成，缺陷浓度提高。因而，可以预测不同氧空位浓度的样品相结构一定会有差异，并影响介电弛豫特性。

为了定量地解析不同气氛退火处理的 0.5PZN-0.5PZT 陶瓷相结构，对 $2\theta=43^\circ\sim46^\circ$ 区域内的 {200}峰进行拟合处理。图 2.15 是 $2\theta = 43^\circ \sim 46^\circ$ 范围内不同样品的 XRD 精细扫描及高斯–洛伦兹曲线拟合结果。拟合所得的衍射峰分别对应于四方相 (002)、(200) 和三方相 (200) 的特征峰，峰形的变化可以反映出钙钛矿结构中三方相与四方相的相对含量差异，具体四方相的相对含量可根据上节中式 (2.1) 计算。拟合与计算结果显示，三种样品中都呈现三方相与四方相共存的现象。但是，不同气氛退火处理引起四方相含量的变化趋势有很大差异。相对于未退火样品，氧气退火样品中四方相含量降低 11%，而氮气退火中四方相含量提升 14%。

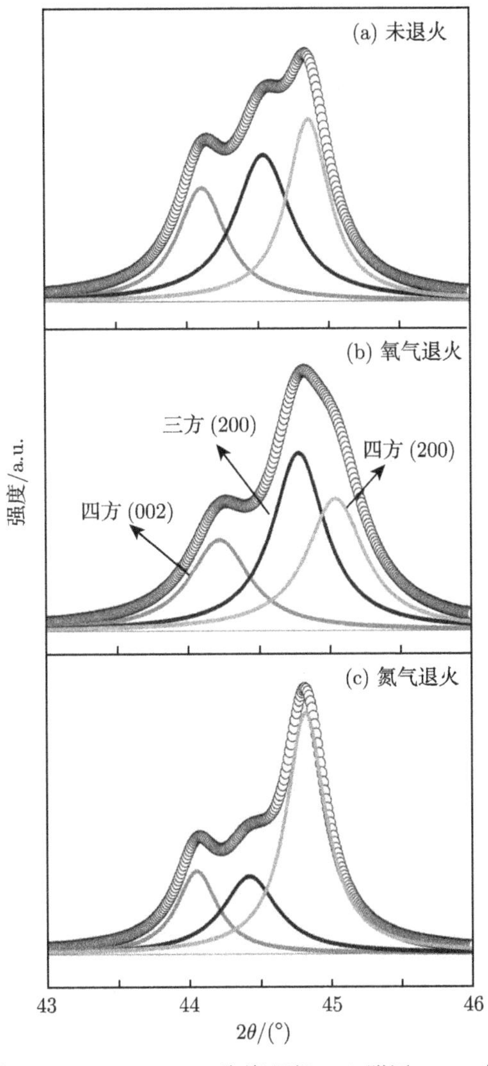

图 2.15 不同退火处理 0.5PZN-0.5PZT 陶瓷局部 45° 附近 XRD 精细扫描及峰形拟合

这也就是说，氧气氛中退火，在氧空位浓度较低的情况下，四方相含量低；氮气氛中退火，在氧空位浓度高时，四方相含量也较高，即氧空位浓度增加驱动陶瓷呈现三方-四方相结构转变。

对于铁电体，宏观上表现出的正常铁电性或弛豫铁电性与微观尺度的相结构和畴类型紧密相关。一般来说，三方相由于具有微畴结构特征而表现出典型的弛豫铁电特性；而四方相由于具有宏畴结构特征而表现出正常铁电性。基于此观点，通过氧气退火可以减少氧空位浓度，诱发 0.5PZN-0.5PZT 陶瓷相结构向三方相一侧转变，因而介电弛豫性增强，这与介温谱测试结果是一致的。相反，通过氮气退火增加了氧空位浓度，0.5PZN-0.5PZT 陶瓷相结构向四方相一侧转变，推测应该会降低介电弛豫行为，但是这与介温谱的实测结果相悖。从图 2.12 和图 2.13 可以看到，氮气退火的样品介电弛豫性仍显著增强。那么，氮气退火样品弛豫性增强一定另有原因。

对于 ABO_3 型钙钛矿氧化物，当体系内引入高浓度氧空位时，钙钛矿结构将难以维持，很容易生成焦绿石杂相。对于本实验氮气退火的样品，如果有焦绿石第二相生成，将有可能对介电弛豫行为产生影响。为了进一步分析介电弛豫性与相结构的关系，在宽衍射角度范围 $2\theta = 20° \sim 70°$ 内测试了不同样品的 XRD 图谱，结果见图 2.16。

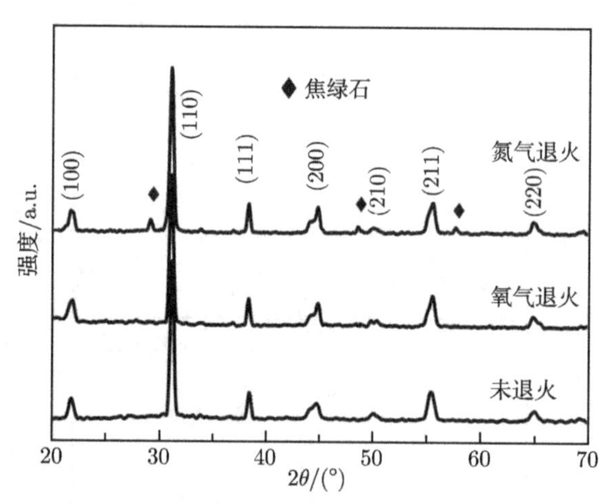

图 2.16　不同退火处理 0.5PZN-0.5PZT 陶瓷宽角度范围 XRD 图谱

从图 2.16 中可以清楚地看到，未进行气氛退火的样品和氧气退火的样品均具有纯钙钛矿相结构，然而氮气环境下退火的样品出现焦绿石第二相。进一步，分别选取 10 个未退火样品、氧气退火样品和氮气退火样品测试体密度，结果显示未退火样品的平均体密度是 $(7.98\pm0.02)\mathrm{g/cm^3}$；氧气退火样品的平均体密度是 $(7.89\pm0.01)\mathrm{g/cm^3}$，相比略有降低；而氮气退火样品的平均体密度是 (7.78 ± 0.01)

g/cm^3，降低幅度最大。体密度随退火条件不同而发生变化的主要原因是氧气退火环境下，样品周围高浓度的氧分压有利于补偿氧空位，降低 PbO 的挥发量，稳定住钙钛矿相结构，因而体密度损失较少；氮气退火环境下，流动的氮气导致样品出现高浓度氧空位，增强 PbO 挥发量，促进焦绿石相生成的同时显著降低体密度。焦绿石相是一种非铁电相，主要存在于晶界处，破坏钙钛矿铁电体 B 位离子的长程有序性，导致介电弛豫性增强。因此，氮气退火样品的弛豫性变化是体系三方–四方相转变和焦绿石相作用两者竞争的结果，其中，焦绿石相的影响占据主导地位，增强样品介电弛豫性行为。

本节主要介绍了退火气氛对 0.5PZN-0.5PZT 陶瓷介电弛豫行为的影响机制。在氧气和氮气中退火的样品介电弛豫性均显著增强，但是物理机制完全不同。0.5PZN-0.5PZT 陶瓷的氧空位浓度在氧气和氮气两种退火气氛中分别降低和升高，引起相结构畸变分别朝三方和四方对称性两侧发生变化。氧气退火的样品中三方相含量增多，是介电弛豫性增强的主要原因，而氮气退火的样品中尽管四方相含量增多，但是非铁电结构的焦绿石相出现破坏了 B 位离子的长程有序性，导致介电弛豫性增强。

2.3 细晶陶瓷体的准同型相界迁移现象

2.3.1 晶粒尺寸相关的显微结构与相变

近年来，电子信息装备与精密仪器的快速发展，特别是通信设备与可穿戴电子产品的更新换代，对压铁电器件的性能与微型化提出了更高的要求，这就需要构建亚微米晶甚至是纳米晶的压铁电陶瓷并研究晶粒尺寸减小对电学性能的影响规律。目前，基于设计大容量高叠层数多层陶瓷电容器 (MLCC) 的技术需要，对于 $BaTiO_3$ 介电陶瓷的晶粒尺寸效应研究相对较为集中和深入，已有报道揭示晶粒尺寸减小能够改变陶瓷晶格结构的对称性与畴壁运动活性，通常介电性能随晶粒尺寸减小呈现先高后低的变化趋势，在中间晶粒尺寸 0.8~1μm 获得最优值 [26,27]。但是，对于复杂多元系压电陶瓷材料的晶粒尺寸效应研究仍不多见。在 2.1 节和 2.2 节中主要介绍了烧结温度和退火气氛对 PZN-PZT 陶瓷介电弛豫行为的影响规律，实验样品的制备采用常规固相法，获得的陶瓷晶粒尺度均在微米数量级，并没有达到亚微米级。为了系统分析晶粒尺度细化对 PZN-PZT 陶瓷微结构，特别是准同型相界位置及力电性能的影响机制，在本节中将高能球磨粉体技术与二次合成法工艺相结合，制备亚微米晶的 PZN-PZT 陶瓷。实验选取 $x\mathrm{Pb(Zn_{1/3}Nb_{2/3})O_3}$-$(1-x)\mathrm{Pb(Zr_{0.47}Ti_{0.53})O_3}$($x$PZN- $(1-x)$PZT) 为目标体系，其中 $0.1\leqslant x\leqslant0.4$。二次合成法工艺过程详见 1.3.1 节。需要说明的是对于二次合成法煅烧得到的预合成粉体，进一步采用研磨效率极高的高能球磨技术处理，可大幅减小粒径、提高活性，随后进行烧结致密化。在烧结过程中为防止晶粒过度长大，升温速率控制在 8℃/min。

图 2.17 为高能球磨处理后的 xPZN-$(1-x)$PZT 预合成粉体的粒度分布。从图 2.17 (a) 可以看出，0.3PZN-0.7PZT 体系的粉体粒度呈现典型的高斯分布，平均粒径约为 216nm。其他组成体系具有相似的亚微米粒径分布，平均粒径在 210~230nm 范围内 (图 2.17(b))。这些实验结果说明，利用高能球磨技术代替常规的行星磨工艺进行二次球磨处理，可以高效降低预合成粉体的粒度，有利于后续细晶致密陶瓷的烧结制备。

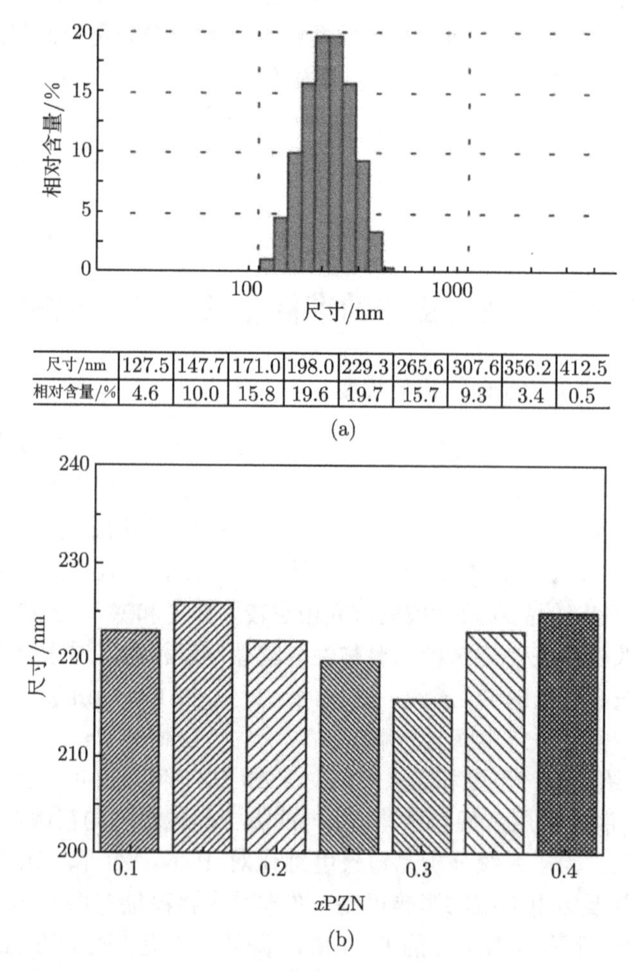

尺寸/nm	127.5	147.7	171.0	198.0	229.3	265.6	307.6	356.2	412.5
相对含量/%	4.6	10.0	15.8	19.6	19.7	15.7	9.3	3.4	0.5

图 2.17　0.3PZN-0.7PZT 粉体的粒度分布图 (a)；不同 PZN 含量 PZN-PZT 粉体的平均颗粒尺寸(b)

利用上述亚微米粉体为前驱体，在烧结温度为 1100℃时，获得了不同 PZN 含量的高致密度细晶陶瓷。图 2.18 为 xPZN-$(1-x)$PZT 陶瓷的热腐蚀断面 SEM 照片，从图中可以看出所有样品均表现出致密、均匀的微结构。尽管起始粉体粒度相近、烧结温度相同，但是烧成陶瓷的晶粒尺寸却随 PZN 含量增大而显著降低：平均晶粒尺寸从 0.1PZN-0.9PZT 的 1.56μm 降低到 0.4PZN-0.6PZT 的 0.48μm (表 2.2)。推断这种晶粒生长被抑制的原因可能是：随着 PZN 含量的增大，钙钛矿 B 位离子增多, 导致烧结过程中物质扩散困难 [28]。

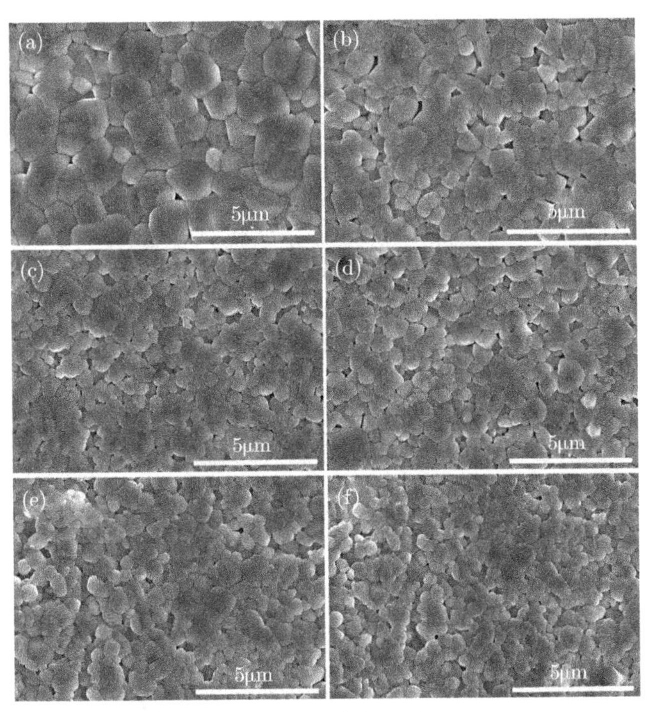

图 2.18 不同 PZN 含量陶瓷的热腐蚀断面 SEM 照片

(a) 0.10; (b) 0.15; (c) 0.20; (d) 0.25; (e) 0.30; (f) 0.40

表 2.2 不同 PZN 含量陶瓷的平均晶粒尺寸(括号内为标准偏差)**和相对密度**

成分组成 (xPZN)	平均晶粒尺寸/μm	相对密度/%
0.10	1.56 (±0.57)	96
0.15	0.90 (±0.57)	95
0.20	0.70 (±0.58)	96
0.25	0.71 (±0.51)	96
0.30	0.65 (±0.55)	97
0.40	0.48 (±0.53)	95

图 2.19 (a) 是 xPZN-$(1-x)$PZT 细晶陶瓷的 XRD 图谱，所有样品均表现出纯钙钛矿结构。由于在 PZN-PZT 体系中三方和四方两相共存，45° 附近的衍射峰可以拆分为三个峰：四方相的 (002) 和 (200) 衍射峰，三方相的 (200) 衍射峰。为了获得更详细的相分析结果，使用高斯–洛伦兹曲线对精细扫描的 43° ~ 46° 衍射峰进行拟合，结果如图 2.19(b) 所示。

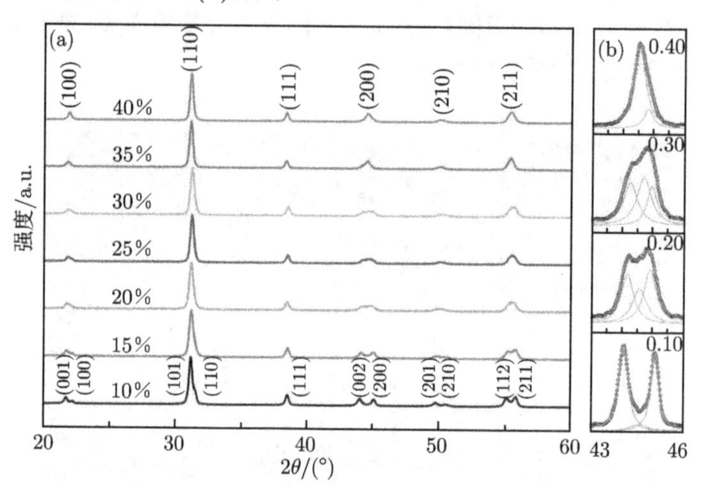

图 2.19 不同 PZN 含量陶瓷的 XRD 图谱 (a)；$(002)_T$，$(200)_R$，$(200)_T$(从左到右)衍射峰的对比(b)

根据拟合后 X 射线衍射峰的强度，依据 2.1 节中的式 (2.1)，计算了四方相 (T.P.) 的相对含量百分数，结果如图 2.20 所示。图中实线数据为本实验中三方相和四方相的相对含量百分数随 PZN 含量变化的关系，可以看到随着 PZN 含量的增加，三方相逐渐增多，而四方相则显著减少。两条曲线的交点在 $x=0.3$ 附近，表明在 0.3PZN-0.7PZT 组成处三方相的含量近似等于四方相的含量，即推测该成分点处于 MPB 相区。先前在 Fan 等的报道中 [3]，相同体系 xPZN-$(1-x)$PZT 的 MPB 相区位置确定在 $x=0.5$ 附近，如图 2.20 中虚线数据所示，这与本研究的实验结果不同。应该指出的是，Fan 等使用传统球磨工艺制备的粉体烧结陶瓷样品，陶瓷晶粒尺寸较大，在 2μm 以上，显著高于本实验所制备细晶陶瓷的晶粒尺寸。此外，在本书 2.1 节中揭示的 MPB 位置与 Fan 等的报道相近，也位于 0.5PZN-0.5PZT 组成处 (图 2.3)，同样，该实验采用常规固相法合成的陶瓷晶粒尺寸也较大，在 1.6μm 左右。因此，本工作中出现的 MPB 位置向低 PZN 含量方向迁移的实验现象，可归结于晶粒尺寸细化所引起的尺寸效应机制。

在前面 2.1 节中已经介绍了晶粒尺寸变化对 0.5PZN-0.5PZT 粗晶陶瓷相结构变化的影响规律，这里为了进一步明确晶粒尺寸对细晶陶瓷相结构演化的影响，选择 0.3PZN-0.7PZT 陶瓷体系为代表进行深入研究。在不同烧结温度下，获得了具有不同晶粒尺寸的 0.3PZN-0.7PZT 细晶陶瓷。图 2.21 所示为不同温度烧结制备的 0.3PZN-0.7PZT 细晶陶瓷的断面 SEM 照片。晶粒尺寸定量分析表明，随着烧结温度从 1000℃升高到 1200℃，0.3PZN-0.7PZT 陶瓷的平均晶粒尺寸从 0.47μm 增大到 1.30μm，结果如表 2.3 所示。

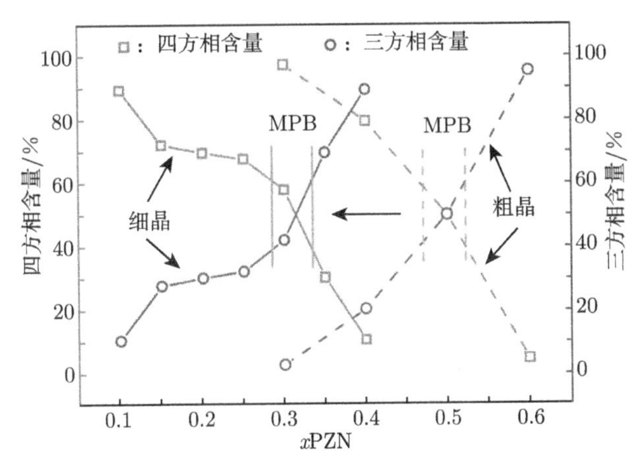

图 2.20 不同 PZN 含量细晶和粗晶陶瓷的 MPB 位置对比 (粗晶陶瓷数据来自文献 [3])

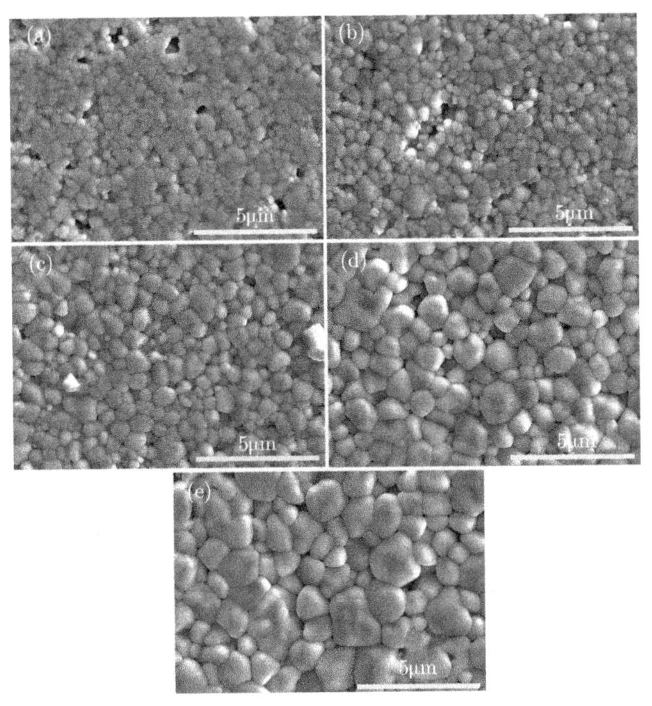

图 2.21 0.3PZN-0.7PZT 陶瓷断面 SEM 照片

烧结温度分别为：(a) 1000℃；(b) 1050℃；(c) 1100℃；(d) 1150℃；(e) 1200℃

表 2.3　不同温度烧结 0.3PZN-0.7PZT 陶瓷平均晶粒尺寸(括号内为标准偏差)和相对密度

烧结温度/℃	平均晶粒尺寸/μm	相对密度/%
1000	0.47 (±0.55)	92
1050	0.55 (±0.50)	93
1100	0.64 (±0.45)	96
1150	0.95 (±0.53)	95
1200	1.30 (±0.56)	95

图 2.22 (a) 为不同温度烧结 0.3PZN-0.7PZT 样品的 XRD 图谱，所有样品表现出纯钙钛矿结构，没有观察到第二相存在。图 2.22(b) 所示为 43° ~46° 衍射峰的精细扫描曲线，根据式 (2.1) 计算发现，随着烧结温度的升高，四方相含量显著增多，从 1000℃烧结样品的 40%增长到 1200℃烧结样品的 89%。以上结果表明，烧结温度引起的晶粒尺寸增大显著影响材料的相结构组成，有利于提升四方相含量，这仍然可以用前文中与晶粒尺寸相关的应力变化模型加以解释 [8]。值得注意的是，尽管晶粒尺寸变化可以调整相结构，但是从 Kungl 等的研究结果看，当晶粒尺寸变化在粗晶陶瓷的微米尺度范围时，MPB 位置的迁移效果并不显著 [29]。在他们的工作中，当 Nb，Sr 掺杂的 PZT 晶粒尺寸从 1μm 增大到 3μm 时，MPB 的迁移量仅仅几个摩尔百分数。在本工作中，由于使用高能球磨处理陶瓷前驱粉体，获得了晶粒尺寸在亚微米尺度的细晶陶瓷体。与前人文献对比，晶粒尺寸下降了一个数量级。亚微米的晶粒尺寸有助于陶瓷烧结冷却过程中内应力的增强，对三方相结构起到稳定作用，导致 MPB 相区向低 PZN 含量一侧迁移。

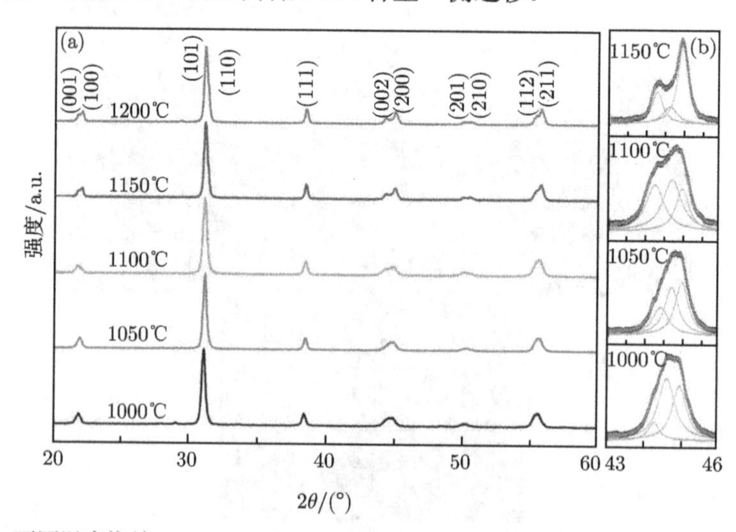

图 2.22　不同温度烧结 0.3PZN-0.7PZT 陶瓷的 XRD 图谱 (a)；$(002)_T$，$(200)_R$，$(200)_T$ (从左到右) 衍射峰的对比 (b)

2.3.2　细晶陶瓷体电学与力学性能的变化

图 2.23 所示为 1100℃烧结的不同 PZN 含量细晶陶瓷样品的极化强度与电场关系曲线 ——P-E 电滞回线和电流与电场关系曲线 ——I-E 回线。可以看到，所有电滞回线均呈现出饱和形状，同时可以清楚地观察到由铁电畴翻转所导致的电流峰。随着 PZN 含量的增加，矫顽场 E_c 和电流峰的位置向低电场方向移动，同时电流峰强度降低。通常情况下，在铁电陶瓷晶粒内部包含若干个随机取向的电畴。当某一晶粒内部的电畴在电场作用下翻转定向时，不可避免受到周围不同取向晶粒的钳制作用，使陶瓷材料比相应单晶体的矫顽场更大 [30]。考虑到晶界体积与晶粒尺寸的关系，可以推测出晶粒尺寸越小，晶界体积含量越高，对畴壁的钉扎作用越强，矫顽场越大。然而，单独基于晶界效应并不能解释实验中观察到的现象。如表 2.2 和图 2.23 所示，在本实验中随着 PZN 含量的增加，晶粒尺寸减小，矫顽

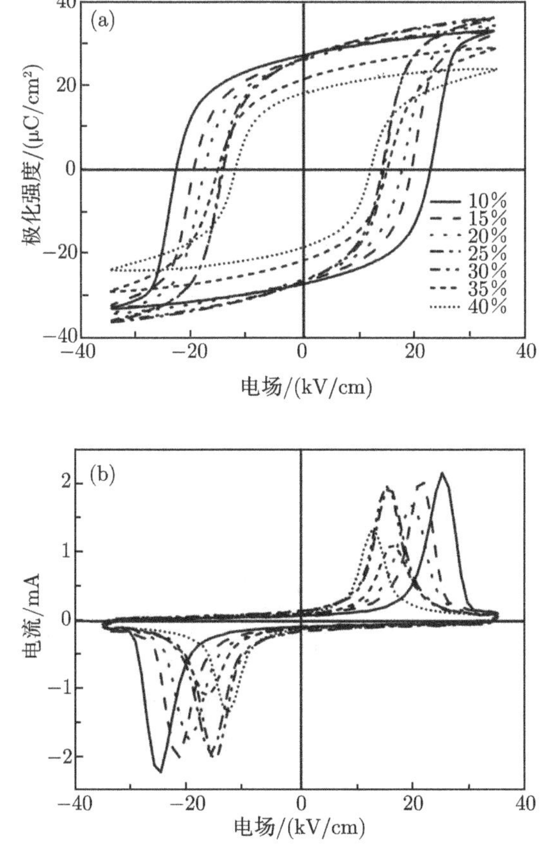

图 2.23　1100℃烧结不同 PZN 含量陶瓷的 P-E 电滞回线 (a)；I-E 回线 (b)

场 E_c 并未上升，而是呈现逐步下降的趋势。我们认为晶粒尺寸变化诱使铁电相结构发生转变是导致这一现象出现的主要机制。如前所述，晶粒尺寸减小诱使相结构从起始的四方相向三方相结构转变。众所周知，四方相结构有 6 个可能的 $\langle 001 \rangle$ 极化方向，而三方相有 8 个可能的 $\langle 111 \rangle$ 极化方向。因此，随着晶粒尺寸减小，相结构从四方相向三方相转变，可能的极化方向增多，弥补了晶界效应造成的负影响，从而导致矫顽场 E_c 减小，这与 Kungl 等的研究结果一致，即三方结构的 PZT 比四方结构具有更小的矫顽场 [29]。此外，从图 2.23 还可以看到，随着 PZN 含量的增加，在靠近 MPB 的四方相一侧，剩余极化强度 P_r 变化并不明显，而矫顽场 E_c 迅速下降。对于 PZN 含量为 30%，晶粒尺寸为 0.65μm 的细晶陶瓷样品，剩余极化强度为 25.6μC/cm^2，而矫顽场较低为 14.5kV/cm。由于 MPB 相区偶极各向异性的减小，畴壁运动更加容易，铁电和压电性能必然得到极大改善。随着晶粒尺寸的进一步降低，非铁电相引起的退极化场显著增强，导致铁电性能劣化 [31]。越小的晶粒尺寸意味着越高的非铁电晶界相含量，在铁电晶粒表面形成去极化场，降低材料整体的极化效果。因此，在具有较小晶粒尺寸的多晶陶瓷中，铁电性能较差。

图 2.24 所示为压电应变常数 d_{33}，相对介电常数 ε_r，压电电压常数 g_{33}，机电转换系数 $d_{33} \cdot g_{33}$ 和机电耦合系数 k_p 与 PZN 含量的变化关系。从图 2.24 可以看出，随着 PZN 含量的增加，d_{33}(380pC/N) 和 k_p(0.49) 在 PZN 含量为 30%(MPB 区域) 时，取得最大值。值得注意的是，随着 PZN 含量的增加，相对介电常数 ε_r 呈现出先迅速增加，随后在 MPB 附近出现一个平台，继续增加 PZN 含量，相对介电常数 ε_r 进一步增大。根据以上实验结果，在 MPB 相区，压电应变常数 d_{33} 获得最大值，而相对介电常数 ε_r 表现出缓慢增加的趋势，因此，在该区域获得机电转换系数的最优值 ($d_{33} \cdot g_{33}$=8340×10^{-15}m^2/N)。

PZT 基陶瓷应用于压电致动器、压电能量收集器和压电变压器等电子陶瓷器件，除了需要具备优良的电学品质，还需要有良好的力学特性。这主要是由于压电器件在工作过程中，陶瓷材料往往要经受大量的机械振动和应力冲击，如果断裂韧性不佳，将影响器件的正常使用。所以，如何改善 PZT 基陶瓷的断裂韧性是一项亟待解决的问题。力学行为研究表明陶瓷材料的断裂韧性与两个因素密切相关：其一是化学成分；其二是晶粒尺寸 [32,33]。在本工作中，对 PZN-PZT 陶瓷力学行为与陶瓷成分和晶粒尺寸的关系进行了研究，测试与分析结果如图 2.25 所示。实验中，维氏硬度 H_v 值在 9.8N 保压 10s 下测试。断裂韧性 K_{IC} 可以使用下列公式计算 [34,35]：

$$K_{IC} = 0.0624P/dl^{1/2} \tag{2.10}$$

其中，P 为所加载荷，d 为压痕对角线长度，l 为裂纹尖端距压痕尖端的垂直距离。

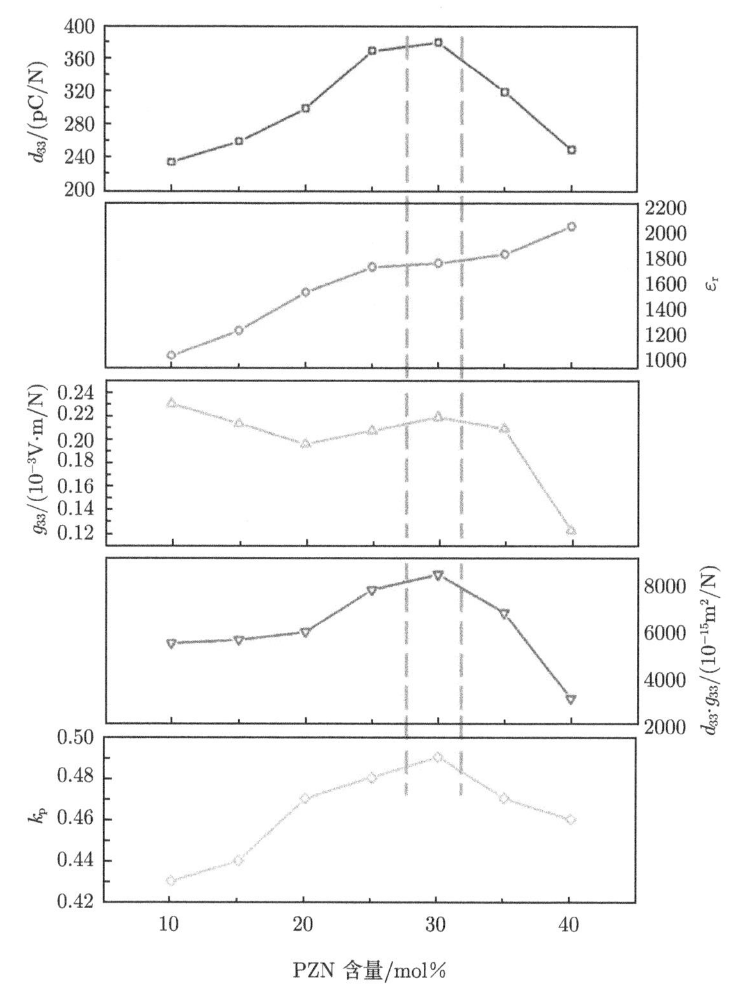

图 2.24　1100℃烧结不同 PZN 含量陶瓷的 d_{33}，ε_r，g_{33}，$d_{33}\cdot g_{33}$ 和 k_p

图 2.25(a) 为 0.3PZN-0.7PZT 陶瓷维氏压痕的低倍 SEM 照片。为了进一步详细研究显微形貌特征，对维氏压痕样品在 H_2O:HCl:HF 体积比为 100:5:0.4 的混合酸溶液中进行腐蚀。图 2.25(b) 和 (c) 分别为 0.1PZN-0.9PZT 和 0.3PZN-0.7PZT 陶瓷维氏压痕导致裂纹的高倍 SEM 照片。可以清楚地看到，0.1PZN-0.9PZT 样品的裂纹沿晶界扩展，而 0.3PZN-0.7PZT 样品的裂纹呈现穿晶断裂的现象。也就是说，粗晶样品呈现沿晶断裂模式，而细晶样品则表现为穿晶断裂模式。前人在研究铁电陶瓷的断裂韧性时发现 [36,37]，细晶陶瓷往往表现出沿晶界断裂的模式，看不到裂纹的偏转和桥接现象，而粗晶陶瓷一般表现为穿晶断裂模式，伴随着裂纹的偏转、桥接和分枝，导致断裂韧性的提升。然而，我们的研究结果呈现一种相反的变化趋势。我们认为导致这种现象的主要原因是不同晶粒尺寸陶瓷的晶界结构不同。

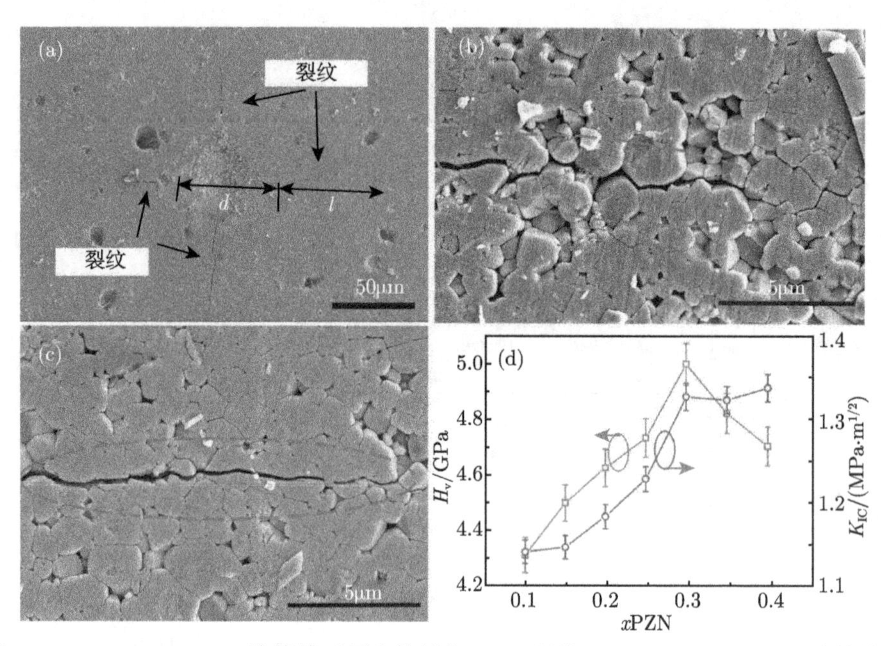

图 2.25　0.3PZN-0.7PZT 陶瓷维氏压痕的低倍 SEM 照片 (a)；0.1PZN-0.9PZT 陶瓷维氏压痕引起裂纹的高倍 SEM 照片 (b)；0.3PZN-0.7PZT 陶瓷维氏压痕引起裂纹的高倍 SEM 照片 (c)；不同 PZN 含量样品的维氏硬度和断裂韧性 (d)

图 2.26 (a) 和 (b) 所示分别为 0.1PZN-0.9PZT 和 0.3PZN-0.7PZT 样品晶界区域的 TEM 照片。可以清楚地看到，0.1PZN-0.9PZT 样品的晶界光滑平整，而 0.3PZN-0.7PZT 样品的晶界比较粗糙，呈现出 1.50 nm 厚、凹凸不平的膜结构。这种波浪式的晶界结构在 PLZT 陶瓷的研究中也被观察到 [38]，有利于形成穿晶断裂，并改善陶瓷的断裂韧性。图 2.25 (d) 给出了不同成分样品的 K_{IC} 和 H_{v} 值，随着 PZN 含量的增加，样品的 K_{IC} 和 H_{v} 值表现出相同的变化趋势。由于具有波浪状的晶界结构，0.3PZN-0.7PZT 样品表现出最优异的 K_{IC} 值 (1.33MPa·m$^{1/2}$)。除了上述晶界结构的影响，铁弹增韧是铁电/铁弹材料中另一个非常重要的增韧机制 [39,40]。在 PZT 材料中，容易在 MPB(两相共存) 相区获得机电性能的最优值 [41]。根据 Seo 等的报道，在 PZT 材料的 MPB 相区 (PZT 55/45 和 53/47)，其矫顽应力最小，断裂韧性最优 [42]。然而，材料的相结构离开 MPB 区域，特别是移向四方相一侧，断裂韧性出现明显的劣化 (图 2.25(d))，表明在影响断裂韧性方面，铁弹翻转与相结构 (晶格畸变) 之间存在一种复杂的作用关系 [43]。由于 0.3PZN-0.7PZT 样品处于 MPB 相区，在电场/应力作用下，铁电/铁弹畴的翻转能力增强，导致电学性能和机械性能改善。在本工作中，相结构处于 MPB 区域、晶粒尺寸在亚微米尺度的 0.3PZN-0.7PZT 样品不仅表现出最优的电学性能 (d_{33}=380pC/N，$d_{33}\cdot g_{33}$=8340×10^{-15}m^2/N，k_{p}=0.49)，而且表现出优异的力学特性 (H_{v}=5.0GPa，K_{IC}=1.33MPa·m$^{1/2}$)，有望应用于多层

压电陶瓷器件。

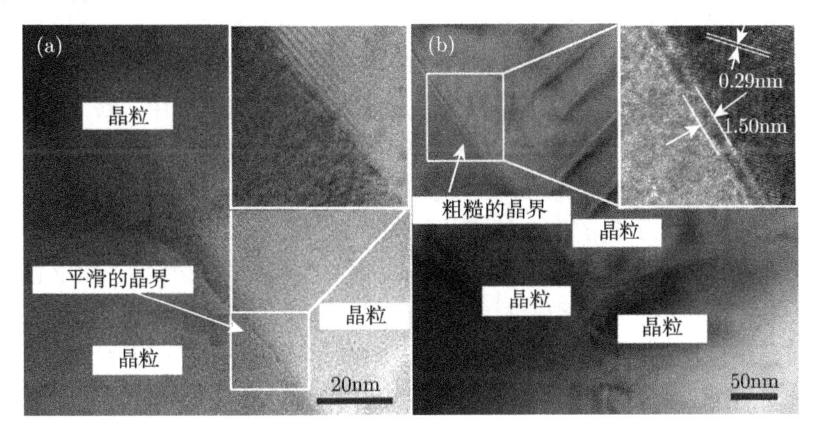

图 2.26 晶界区域明场 TEM 照片

(a) 0.1PZN-0.9PZT 陶瓷；(b) 0.3PZN-0.7PZT 陶瓷；内插图为相应界面结构的高分辨 TEM 照片

本节主要介绍了细晶陶瓷的准同型相界迁移行为与力电性能变化。通过将二次合成法与高能球磨工艺相结合，基于高活性前驱粉体烧结制备出晶粒尺度在亚微米范围的 PZN-PZT 细晶陶瓷。与平均晶粒尺度微米级的粗晶陶瓷 MPB 组成位于 0.5PZN-0.5PZT 不同，平均晶粒尺度在亚微米级的细晶陶瓷 MPB 位置迁移向低 PZN 含量一侧，到达 0.3PZN-0.7PZT 组成。细晶陶瓷 MPB 出现迁移现象的主要原因是相比于较大的微米晶粒尺寸粗晶陶瓷，亚微米的小晶粒尺寸有助于陶瓷烧结冷却过程中产生增强的内应力，对三方相结构起到稳定作用。此外，细晶陶瓷随 PZN 含量增加，晶粒尺寸减小，断裂模式由沿晶断裂转为穿晶断裂。同时，细晶陶瓷在 MPB 相区获得优良的电学与力学特性，有望应用于小型多层压电陶瓷器件。

2.4 缺陷偶极子的形成与内偏场演变机制

2.4.1 烧结温度与物相和形貌的关联性

压电陶瓷材料中缺陷的精确控制是获得优异电性能的关键因素之一。其中，氧空位作为氧化物陶瓷中典型的缺陷被广泛关注。通常认为，氧空位以孤立的形式或与其他离子构成缺陷偶极子的形式存在。氧空位对畴壁的钉扎作用会导致材料变“硬”，在压电性能降低的同时，机械损耗也显著减小，材料机械品质因数得以大幅度提升，可以满足大功率压电器件对性能的要求。当前，对于氧空位的研究主要集中于低价掺杂离子取代基体高价离子引起的硬性掺杂作用，通过诱导带正电氧空位的生成来补偿正电荷的缺失，以使材料保持电中性 [17−19]。此外，气氛退火与氧空位的关系也有研究。在本书 2.2 节中也曾详细介绍了不同退火气氛条件下与氧空位相关的 PZN-PZT 体系微结构演变与介电弛豫行为的关系 [23]。但是，与烧结温度相关的氧空位研究，特别是由氧空位引起的内偏场效应研究仍相对较少。众所周知，在 PZT 材料烧结过程中氧化铅的挥发不可避免。当氧化铅挥发后，会留下带负电的铅空位和带正电的氧空位来维持电中性 [44]。在本节中，以 PZN-PZT 材料为例，深入介绍了与烧结温度相关的缺陷偶极子与内偏场的形成及其与电性能之间的关系，提出了由铅空位和氧空位形成的缺陷偶极子与自发极化之间的相互作用机制，以及由此引起的电性能变化规律。

本节选取 $0.2Pb(Zn_{1/3}Nb_{2/3})O_3$-$0.8Pb(Zr_{0.50}Ti_{0.50})O_3$(0.2PZN-0.8PZT) 为目标体系，采用常规固相法制备陶瓷材料，具体样品合成与测试表征见 1.3.1 节。其中，陶瓷烧结温度区间设定为 950~1150℃，以 50℃为间隔，保温时间为 2h。

图 2.27 是常规固相法于不同烧结温度制备的 0.2PZN-0.8PZT 陶瓷的断面 SEM 照片。从图中可以看出，陶瓷的微观结构和晶粒尺寸受烧结温度变化的影响非常明显。这与 2.1.1 节中烧结温度对 0.5PZN-0.5PZT 陶瓷显微结构的影响相似。从图 2.27(a) 中可以看到，950℃烧结的样品晶粒尺寸不均匀，有很多气孔分布于晶界区域。对比发现，当烧结温度达到 1000℃及以上时的样品表现出更加致密的组织结构，晶粒尺寸分布也更加均匀，如图 2.27 (b)~(e) 所示。

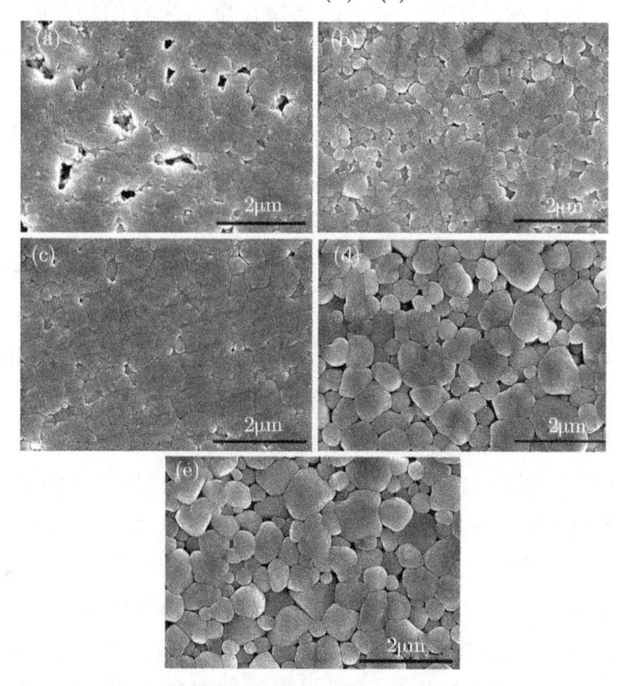

图 2.27 不同温度烧结 0.2PZN-0.8PZT 陶瓷的 SEM 照片

(a) 950℃; (b) 1000℃; (c) 1050℃; (d) 1100℃; (e) 1150℃

当烧结温度从 950℃增大到 1150℃时，相应的陶瓷样品晶粒尺寸从 0.38μm 迅速增大到 0.7μm (图 2.28)。晶粒尺寸的增长规律符合经典的晶粒生长法则 (式 (2.2))，拟合结果显示在本实验中的晶粒生长指数 $n = 0.967$，激活能 Q=207kJ/mol。

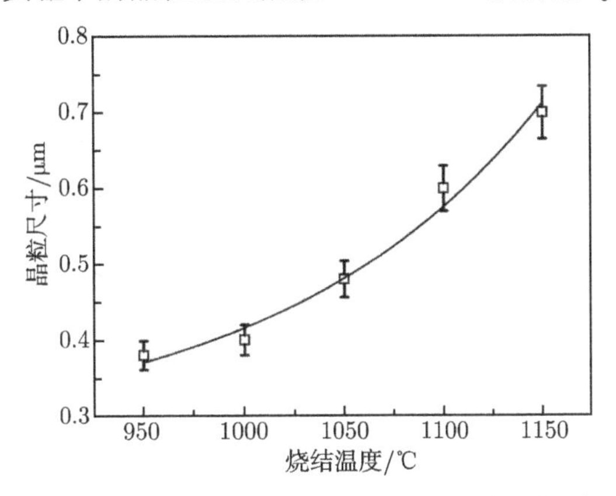

图 2.28 陶瓷晶粒尺寸变化与烧结温度的关系

图 2.29 给出 0.2PZN-0.8PZT 陶瓷体密度和相对密度与烧结温度的关系曲线，当陶瓷的烧结温度升高到 1000℃以上时，相对密度接近 98%。对比图 2.27 与图 2.29 可以看到，不同烧结温度下 0.2PZN-0.8PZT 陶瓷的 SEM 分析结果与体密度的变化规律是一致的。

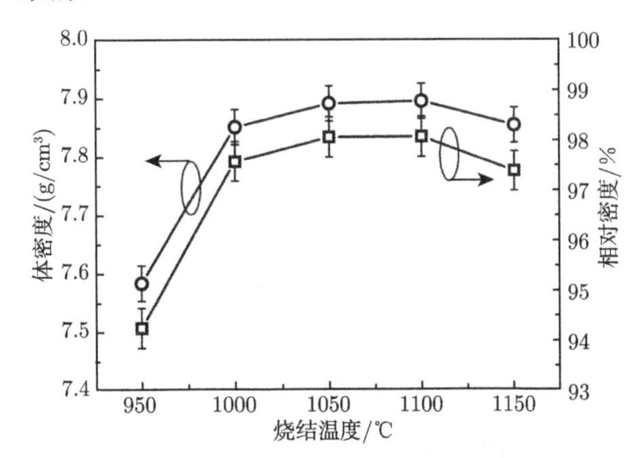

图 2.29 0.2PZN-0.8PZT 陶瓷密度与烧结温度的关系

图 2.30 为不同温度烧结 0.2PZN-0.8PZT 陶瓷的 XRD 图谱。所有样品均表现出纯钙钛矿结构，没有焦绿石或其他杂相被观察到，表明 0.2PZN-0.8PZT 陶瓷在宽烧结温度范围内具有优异的钙钛矿稳定性。进一步，通过 XRD 峰形的观察，表明该钙钛矿结构处于 MPB 附近，由三方和四方相构成；而且随着烧结温度的升高，45° 附近的 (002) 和 (200) 衍射峰并没有发生明显的劈裂变化。

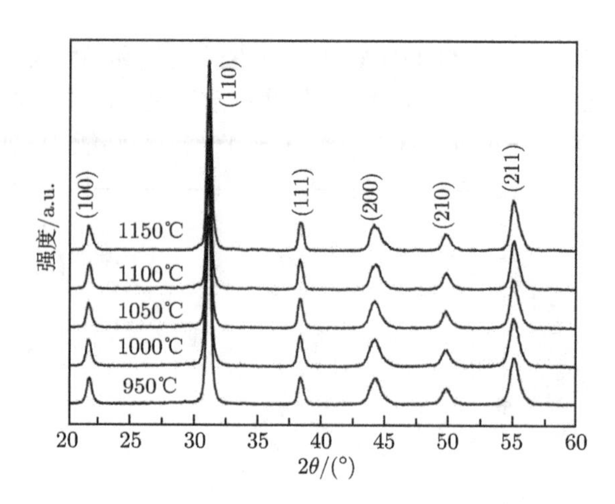

图 2.30　950℃，1000℃，1050℃，1100℃和 1150℃烧结 0.2PZN-0.8PZT 陶瓷的 XRD 图谱

图 2.31 为 1000℃烧结 0.2PZN-0.8PZT 样品的明场 TEM 电畴照片。根据电畴结构的经典理论，在三方结构的 PZT 陶瓷中，具有贯穿 71° 和 109° 畴壁的极化矢量，该极化矢量的存在导致畴壁沿 $(110)_p$ 和 $(100)_p$ 排列 [45]；而在四方结构的 PZT 中，只有贯穿 90° 畴壁的极化矢量，导致该畴壁沿 $(110)_p$ 排列。在图 2.31 中，“薄片” 状的四方铁电畴和 “豌豆” 状的三方铁电畴均被清楚地观察到，而且三方畴结构呈现出与四方畴结构相伴而生的特点，这从显微结构进一步证明 1000℃烧结的 0.2PZN-0.8PZT 样品处在两相共存的 MPB 相区。

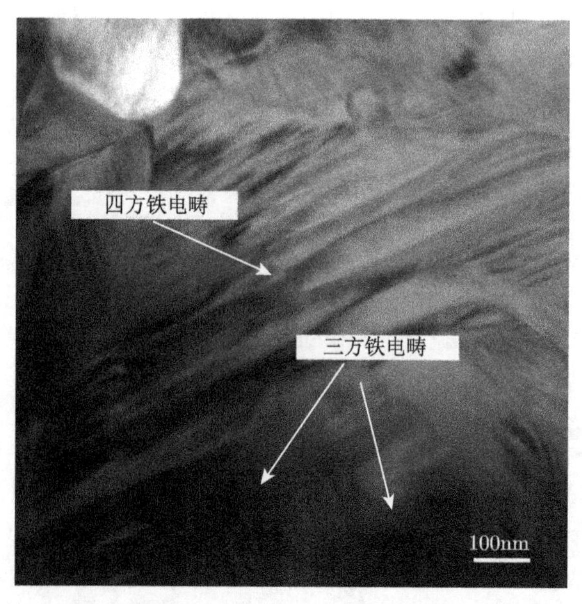

图 2.31　1000℃烧结 0.2PZN-0.8PZT 陶瓷的明场 TEM 电畴照片

为了进一步定量地分析烧结温度对晶体结构的影响，根据 XRD 数据，计算得到晶胞参数 a，c 和四方度 c/a，结果如图 2.32 所示。从图中可以清楚地看到，随着烧结温度的升高，晶胞参数发生轻微变化，计算得到的 c/a 值呈现出一种先增大后略微减小的变化趋势。这种晶格畸变出现的主要原因可以归结为：高温烧结时 PbO 的挥发产生的 V_{Pb}'' 和 $V_{O}^{\cdot\cdot}$ 诱使 BO_6 八面体结构倾斜。除此之外，一般认为，晶体结构与样品内部的应力变化情况相关 [8,10]，晶粒尺寸增大诱使内应力释放，导致相结构发生转化。然而，在本节工作中，尽管烧结温度引起 $0.2Pb(Zn_{1/3}Nb_{2/3})O_3$-$0.8Pb(Zr_{0.50}Ti_{0.50})O_3$(0.2PZN-0.8PZT) 陶瓷晶粒尺寸发生显著变化，但是该体系的相结构转变并未像 2.1 节 $0.5Pb(Zn_{1/3}Nb_{2/3})O_3$-$0.5Pb(Zr_{0.47}Ti_{0.53})O_3$(0.5PZN-0.5PZT) 体系和 2.3 节中 $0.3Pb(Zn_{1/3}Nb_{2/3})O_3$-$0.7Pb(Zr_{0.47}Ti_{0.53})O_3$(0.3PZN-0.7PZT) 体系相结构受晶粒尺寸变化影响那么明显。根据上节中表 2.2 和图 2.20 可以发现，平均晶粒尺寸 0.70μm 的 $0.2Pb(Zn_{1/3}Nb_{2/3})O_3$-$0.8Pb(Zr_{0.47}Ti_{0.53})O_3$ 体系四方相含量为 70%，偏离 MPB。因此，完全可以预测出如果降低该体系中 PZT 的四方 $PbTiO_3$ 含量，而保持晶粒尺寸不变，则新设计的体系 $0.2Pb(Zn_{1/3}Nb_{2/3})O_3$-$0.8Pb(Zr_{0.50}Ti_{0.50})O_3$ 有可能落在 MPB 区域。而这一预测在本节实验中得到了确证。可以从图 2.28 和图 2.30 看到，平均晶粒尺寸 0.70μm 的 $0.2Pb(Zn_{1/3}Nb_{2/3})O_3$-$0.8Pb(Zr_{0.50}Ti_{0.50})O_3$(0.2PZN-0.8PZT) 体系相结构确实位于 MPB 区域。但是，0.2PZN-0.8PZT 体系相结构受晶粒尺寸变化影响较小，推测原因可能是本节中设计的 1:1 锆钛比的高 PZT 含量 0.2PZN-0.8PZT 系统相结构更加稳定，在亚微米晶粒尺度范围内对晶粒尺寸变化不敏感。

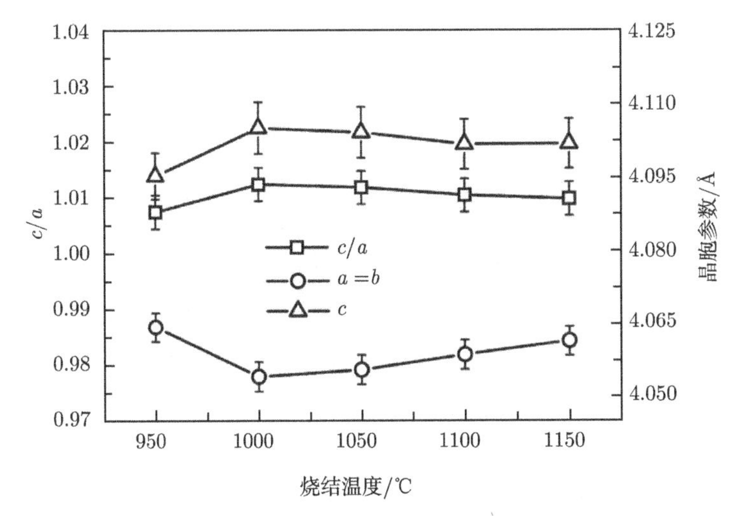

图 2.32 不同温度烧结 0.2PZN-0.8PZT 陶瓷的晶胞参数 a，c 和四方度 c/a

2.4.2　内偏场的形成及其与压电性能的关系

为了分析烧结温度对陶瓷铁电性能的影响，测量不同外加电场作用下样品的电滞回线，测试条件为室温和 1Hz。图 2.33 所示为 1000℃烧结 0.2PZN-0.8PZT 样品的电滞回线。可以看到，随着外加电场的增大，电滞回线的形状发生了明显的变化。电滞回线的形状从初始的椭圆形逐渐向高场强下的类矩形转变。

图 2.34 所示为不同温度烧结 0.2PZN-0.8PZT 样品在不同电场作用下剩余极化强度 P_r 和矫顽场 E_c 的变化情况。矫顽场 E_c 由公式 $(|E_{c+}|+|E_{c-}|)/2$ 计算得出，其中 E_{c+} 和 E_{c-} 分别代表电滞回线与 x 轴正负方向的截距。从图 2.34 可以看出，对于不同温度烧结的样品，随着电场的增大，P_r 和 E_c 均显著增大。当外加电场达到 35 kV/cm 及以上时，P_r 和 E_c 几乎不再变化，表明电滞回线达到饱和状态。

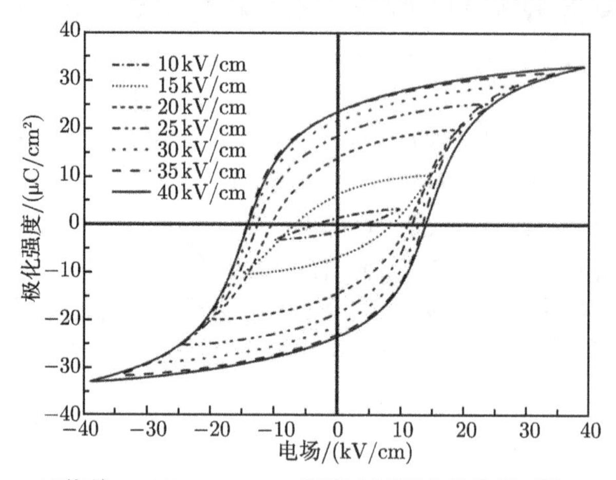

图 2.33　1000℃烧结 0.2PZN-0.8PZT 陶瓷在不同电场作用下的 P-E 电滞回线

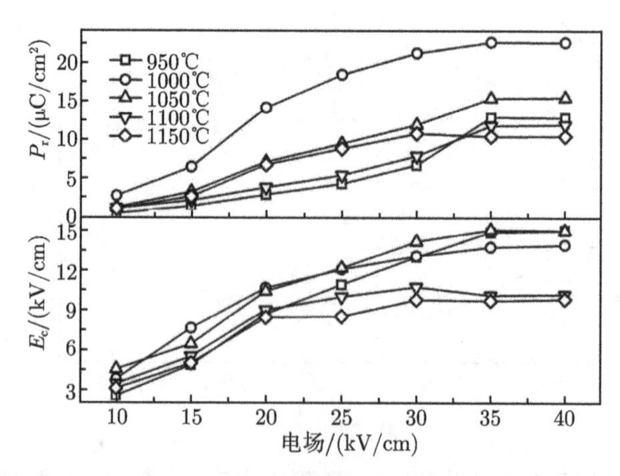

图 2.34　不同温度烧结 0.2PZN-0.8PZT 样品剩余极化强度 P_r 和矫顽场 E_c 与施加电场的变化关系

根据以上实验结果，为了避免不完全极化，施加电场被固定在 35kV/cm 来研究烧结温度对 0.2PZN-0.8PZT 样品电滞回线的影响。图 2.35(a) 和 (b) 所示为不同温度烧结 0.2PZN-0.8PZT 样品的 *P-E* 电滞回线和 *I-E* 回线。从图中可以清楚地看到，随着电场的增大，样品出现明显的电流峰，表明相应 *P-E* 电滞回线的起源来自电畴的翻转，而不是来自存在于晶界区域的空间电荷取向。此外，有趣的是所有样品的饱和电滞回线均表现出左右不对称的特征，表明出现内偏场现象。内偏场 E_i 可以用公式 $E_i=|E_{c+}+E_{c-}|/2$ 计算，宏观上表现为电滞回线在电场轴 (x 轴) 上的平移，说明材料内部出现定向的缺陷偶极子。

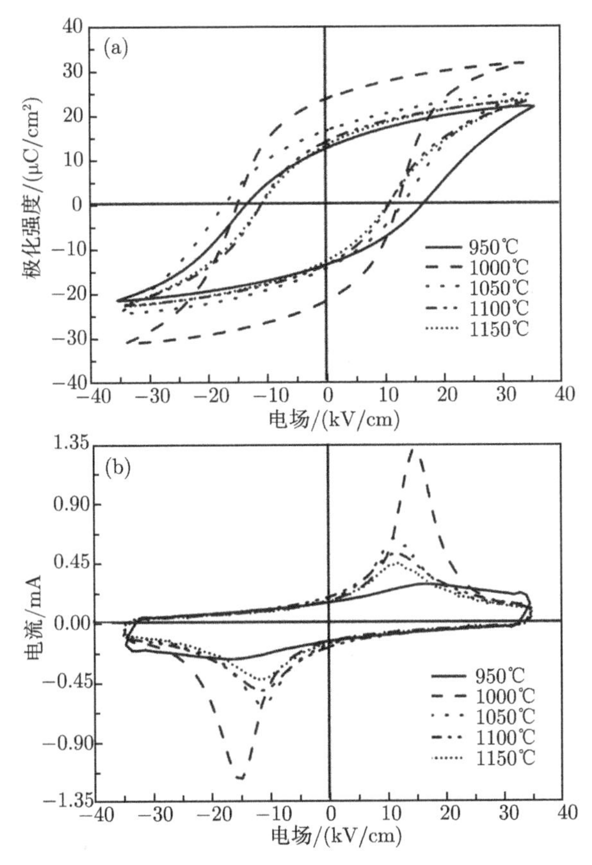

图 2.35 不同温度烧结 0.2PZN-0.8PZT 陶瓷的 *P-E* 电滞回线 (a)，*I-E* 回线 (b)

为了分析 0.2PZN-0.8PZT 陶瓷中内偏场的起源，一个可能的机制模型被提出，如图 2.36 所示。图 2.36 (a) 给出的是一个理想的钙钛矿结构。需要说明的是，虽然在陶瓷烧结的过程中已经使用了 $PbZrO_3$ 粉体作为气氛保护，但是高温下 PbO 的挥发还是不可能避免 [46]。相应浓度的 V_{Pb}'' 和 $V_O^{\cdot\cdot}$ 将会在烧结后的陶瓷中出现。高

于居里温度 T_c 时，0.2PZN-0.8PZT 陶瓷为立方对称结构，缺陷呈现随机分布的状态，如图 2.36 (b) 所示。当温度低于 T_c，由 V''_{Pb} 和 $V^{\cdot\cdot}_{O}$ 构成的缺陷偶极子 D 逐步达到能量趋向于最低的稳定配置状态，与自发极化相互作用，导致内偏场 E_i 的产生 [47−50]，如图 2.36 (c) 所示。

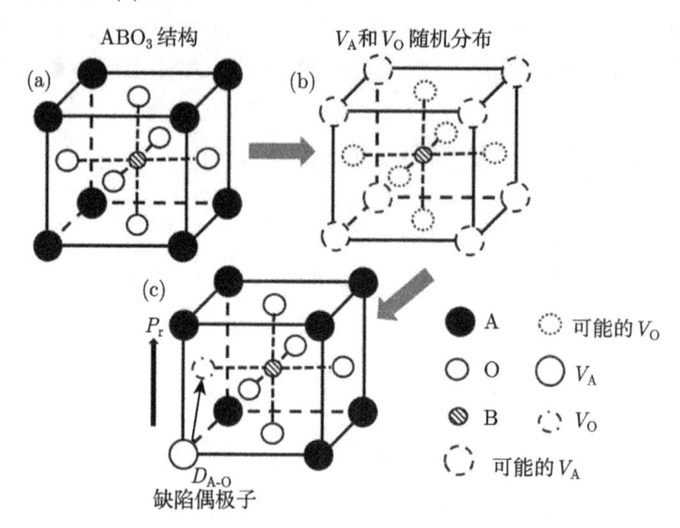

图 2.36　0.2PZN-0.8PZT 陶瓷中内偏场的起源

除了上述由 PbO 挥发产生的空位缺陷偶极子定向排列所导致的内偏场形成机制以外 [51]，在对多铁材料 0.75Pb($Fe_{2/3}W_{1/3}$)O_3-0.25PbTiO_3(0.75PFW-0.25PT) 的研究中也发现，陶瓷内部元素的变价，也能导致内偏场现象的出现 [52]。图 2.37 所示为 0.75PFW-0.25PT 陶瓷在温度为 190K、频率为 10Hz 下测试的 P-E 和 I-E

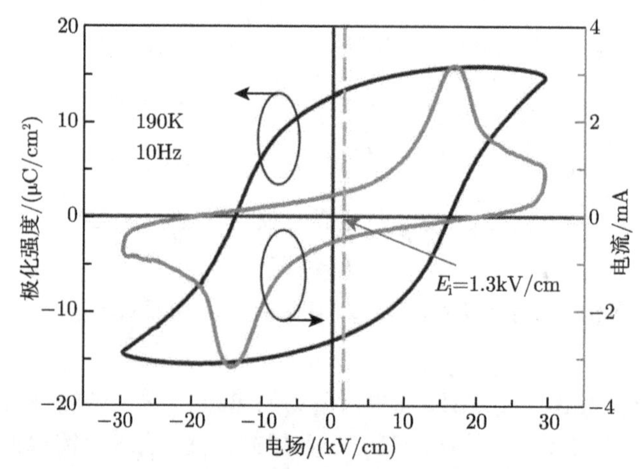

图 2.37　0.75PFW-0.25PT 陶瓷在温度为 190K，频率为 10Hz 测试的 P-E 电滞回线和 I-E 回线

回线。从图中可以看到，P-E 电滞回线表现出饱和的特征，其剩余极化强度为 12.8μC/cm^2，矫顽场为 14.6kV/cm，由电畴翻转引起的电流峰从图中可以清楚地观察到。此外，P-E 电滞回线表现出明显的左右不对称性，表明内偏场 E_i 在 0.75PFW-0.25PT 陶瓷中出现，数值为 1.3kV/cm。

X 射线光电子谱 (XPS) 是表征元素价态的一种有效技术手段，通过 XPS 的测试，有助于了解 0.75PFW-0.25PT 陶瓷内部的元素价态与缺陷结构，进一步揭示内偏场产生的原因。0.75PFW-0.25PT 陶瓷 XPS 测试结果如图 2.38 所示。通过高斯–洛伦兹曲线拟合不同价态元素对应的峰。根据拟合结果，0.75PFW-0.25PT 陶瓷中 Pb，W 和 Ti 等离子均表现出唯一的价态，分别为 +2，+6 和 +4，然而 Fe 离子同时表现出 +2 和 +3 的混合价态。从图 2.38 (d) 可以看出，Fe 离子的 2p 峰可以被拆分为两个不同的峰，分别对应 Fe 离子的 +2 和 +3 两种价态 [53]。此外，根据不同价态对应峰的面积可以估算出 Fe^{2+}:Fe^{3+} 的比例大约为 3:7。根据统一理论 (unified theory)[54–56]，低价阳离子取代高价阳离子后带负电荷，为了保持电中性，带正电荷的氧空位不可避免地生成。这种由金属阳离子与氧空位形成的缺陷偶极

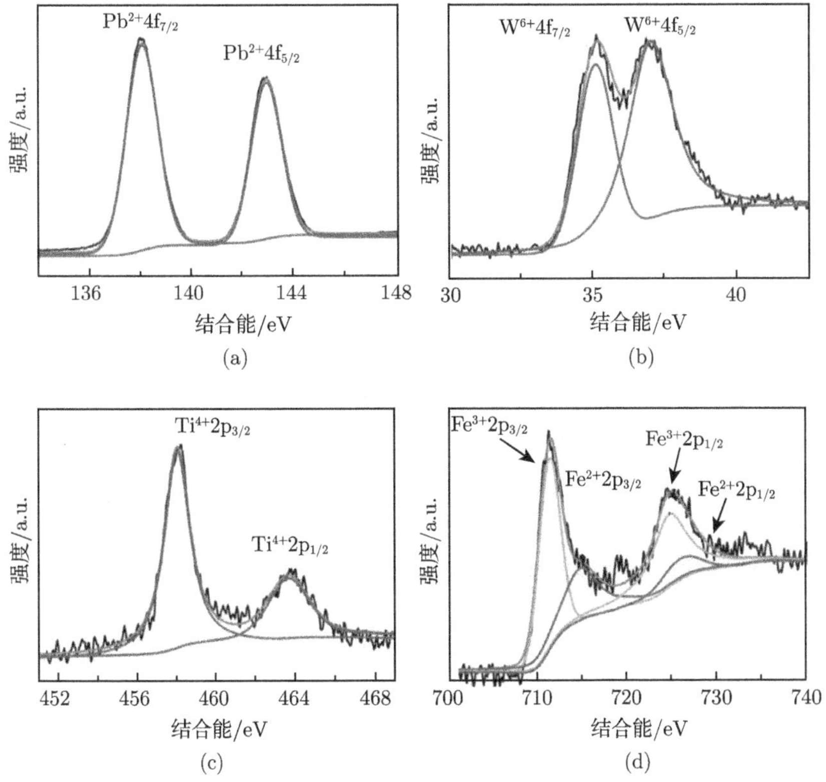

图 2.38 (a)~(d) 分别为 0.75PFW-0.25PT 陶瓷中 Pb 4f，W 4f，Ti 2p 和 Fe 2p 的 XPS 图谱

子与铁电畴内部的自发极化 P_s 相互作用，产生内偏场现象。内偏场的存在起到稳定畴结构、降低畴壁运动能力的作用。从以上 PFW-PT 与 PZN-PZT 中内偏场的起因研究中可以看到，缺陷偶极子的产生受多种因素的影响，与高温烧结环境下空位的形成和不等价离子占位等因素有关。

图 2.39 给出了 0.2PZN-0.8PZT 陶瓷内偏场 E_i、剩余极化强度 P_r 与烧结温度之间的关系。从图中可以看出，950℃烧结的样品表现出较大的 E_i(1.66kV/cm) 和较低的 P_r(13μC/cm^2)，分析原因可能是样品烧结不致密、缺陷较多。随着烧结温度的升高，E_i 先降低后增大，在 1000℃时表现出最小值 (0.84 kV/cm)。而 P_r 表现出相反的趋势，在 1000℃时获得剩余极化强度的最大值 22.7μC/cm^2。以上结果表明，通过变化烧结温度可以控制 PbO 的挥发，进而调整 E_i 和 P_r。

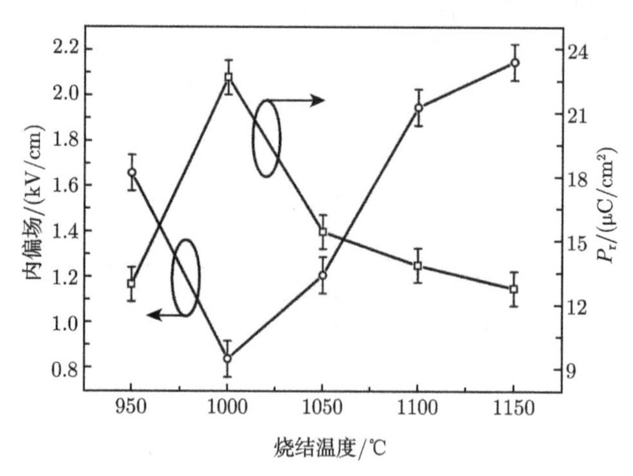

图 2.39　0.2PZN-0.8PZT 陶瓷内偏场 E_i 和剩余极化强度 P_r 与烧结温度之间的关系

为了进一步解析内偏场与电学性能之间的关联性，测量了不同温度烧结陶瓷的压电应变常数 d_{33}，机电耦合系数 k_p，相对介电常数 ε_r 和介电损耗 $\tan\delta$，结果如图 2.40 所示。从图中可以看出，d_{33}，k_p 和 ε_r 表现出类似的变化趋势，随着温度的升高，先升高后降低，在 1000℃时获得最大值，而 $\tan\delta$ 则表现出相反的变化趋势。1000℃制备的陶瓷获得最优电学性能参数：$\varepsilon_r=1364$，$\tan\delta=0.021$，$d_{33}=216$pC/N，$k_p=0.41$。

通过图 2.39 和图 2.40 的对比可以确定，压电性能受内偏场和剩余极化强度的影响。压电性能最优异的 1000℃烧结样品表现出最小的内偏场和最大的剩余极化强度。在本实验中，氧空位和铅空位的出现形成缺陷偶极子，其相互间的耦合导致内偏场出现，阻碍极化旋转与畴壁运动，引起电性能劣化。另一方面，评价 0.2PZN-0.8PZT 陶瓷电学性能的变化，晶粒尺寸效应也应当被考虑。一般认为，d_{33}

和 k_p 均随晶粒尺寸增大而增大，这主要是因为随着晶粒尺寸增大，与空间电荷聚集区相关的晶界相含量降低，这有利于减少晶界相对于畴壁运动的夹持作用而提升压电性能。但是，在本节工作中，高于 1000℃烧结温度晶粒尺寸的持续增长并未带来压电性能的提升，分析原因主要是内偏场增大所带来的电性能弱化作用要大于晶粒尺寸增长所带来的电性能增强作用，二者博弈的结果导致 1000℃以上烧结温度制备的样品压电性能随晶粒尺寸增大而持续降低。

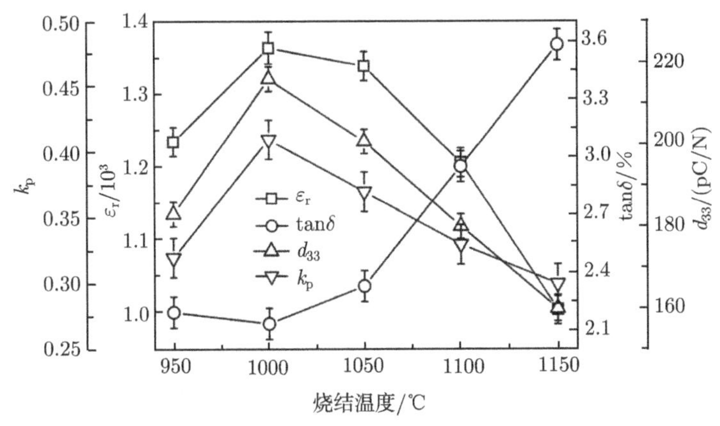

图 2.40 不同温度烧结 0.2PZN-0.8PZT 陶瓷的压电应变常数 d_{33}，机电耦合系数 k_p，相对介电常数ε_r 和介电损耗 tanδ

此外，通过设计对比实验还发现，陶瓷内部缺陷的数量与陶瓷的制备方法也有关系。图 2.41 (a)~(b) 所示为常规固相法和对比实验二次合成法制备的 0.2PZN-0.8PZT 陶瓷的复合阻抗谱。图 2.41(c)~(d) 给出从复合阻抗谱计算得到的弛豫时间与温度的 Arrhenius 关系。从图中可以看到拟合激活能数值分别为 1.35eV 和 1.53eV，接近 PZT 中氧空位的激活能 [57]。激活能的数值大小反映了氧空位的浓度高低，由于常规固相法制备样品的激活能明显小于二次合成法制备样品的激活能，因此可以判断：二次合成法的应用可以有效降低陶瓷体中氧空位的浓度，减小此类缺陷对极化以及畴壁运动的抑制作用，提高陶瓷材料的电学性能 [58]。

本节主要介绍了 0.2PZN-0.8PZT 陶瓷体系中内偏场的形成及其对材料电学性能的影响规律。研究发现，内偏场的形成与高温烧结时铅空位与氧空位的生成及缺陷偶极子相互耦合相关。通过改变烧结温度，不仅能够调整陶瓷晶粒尺寸大小，也能够调控内偏场强弱。样品在 1000℃烧结时获得优良的电学品质，高于此烧结温度，增强的内偏场效应对电学性能的弱化作用大于晶粒尺寸增大对电学性能的提升作用，因而 0.2PZN-0.8PZT 陶瓷电学性能表现为降低趋势。

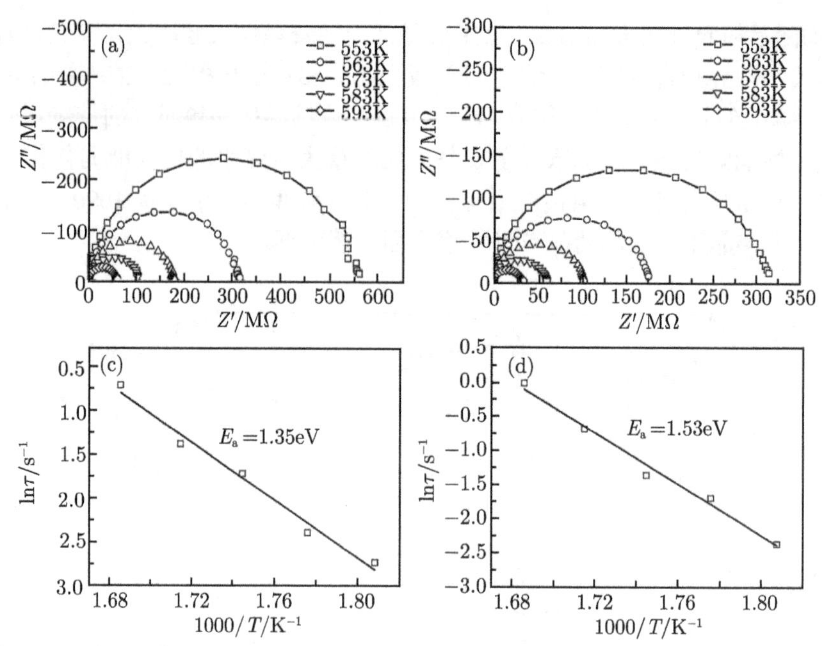

图 2.41　不同方法合成 0.2PZN-0.8PZT 陶瓷的复合阻抗谱和弛豫时间与温度的关系

(a), (c) 常规固相法；(b), (d) 二次合成法

2.5　富锆区复合体系微结构与电学行为

2.5.1　低 PZN 含量陶瓷反铁电相变行为

在 PZT 材料中，除了著名的铁电三方与铁电四方共存的准同型相界 (Zr/Ti 接近 53/47) 之外，还存在另外一条重要的相界：反铁电–铁电 (AFE-FE) 相界 [59]。在这条相界一侧的 AFE 相区，阳离子沿 $[110]_p$ 方向呈反平行排列，这种排列方式与氧八面体的反向旋转相耦合，对称性表现为正交结构 [60]；相界另一侧为三方铁电相。其中，Zr/Ti 为 95/5 的 PZT 体系靠近 AFE-FE 相界，在外加应力、电场及温度场的作用下，可以发生 FE-AFE 或 AFE-FE 相转变，因而可以应用于致动器、能量存储器和热释电传感器等电子陶瓷器件。在前述章节中，重点介绍了铁电三方与铁电四方共存的 PZN-PZT 体系 MPB 构建与电学性能，在本节中，选择富锆区 PZT (95/5) 陶瓷为基体，以 $Pb(Zn_{1/3}Nb_{2/3})O_3$ 作为复合单元来调控微结构和电学性能。设计体系为 xPb(Zn$_{1/3}$Nb$_{2/3}$)O$_3$-$(1-x)$Pb(Zr$_{0.95}$Ti$_{0.05}$)O$_3$(xPZN-$(1-x)$Pb(Zr$_{0.95}$Ti$_{0.05}$)O$_3$)。本节主要内容是明确成分、温度和电场诱导陶瓷材料发生 AFE-FE 转变的作用机制，建立此类材料微结构与电性能之间的关联模型，获得具有优异电学性能的新型铁电与反铁电陶瓷材料。材料的制备工艺与表征方法

详见 1.3.1 节。

首先介绍低 PZN 含量 ($x = 0.00 \sim 0.05$)xPZN-$(1-x)$Pb($Zr_{0.95}Ti_{0.05}$)O_3 陶瓷的微结构与反铁电相变行为。图 2.42 为 xPb($Zn_{1/3}Nb_{2/3}$)O_3-$(1-x)$Pb($Zr_{0.95}Ti_{0.05}$)O_3 陶瓷在 2θ=20° ~60° 的 XRD 图谱。从图中可以清楚地看到，随着 PZN 含量的增加，在研究组成范围内，所有样品均表现为纯钙钛矿结构，没有观察到焦绿石或其他杂相的衍射峰。

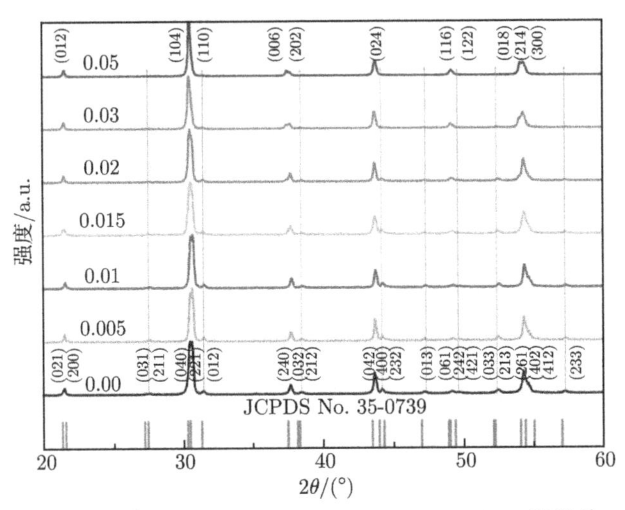

图 2.42 不同 PZN 含量 xPZN-$(1-x)$Pb($Zr_{0.95}Ti_{0.05}$)O_3 陶瓷的 XRD 图谱

进一步仔细观察 XRD 图谱可以发现，随着 PZN 含量的增加，衍射峰形发生明显的变化，表明 PZN 的加入诱发相结构发生转变。为了更直观地研究相结构演变，对 2θ 为 27° ~ 32°，37° ~39° 和 43° ~45° 三处的衍射峰单独进行解析，结果如图 2.43 所示。

从图 2.43 (a) 和 (c) 可以看到，对于 x= 0.00 ~ 0.03 的样品，在 2θ 为 27.5° 和 31.5° 处，出现代表反铁电特征的超晶格衍射峰 (标记为 "○")；同时，43° ~45° 衍射峰出现明显的劈裂，且 44° 附近衍射峰强度明显低于 43.5° 附近衍射峰。随着 PZN 含量的增加，超晶格衍射峰和 44° 附近衍射峰强度明显减弱，当 PZN 含量为 0.03 时，代表反铁电相的超晶格衍射峰基本消失。此外，从图 2.43(b) 可以看到，当 PZN 含量为 0.015 时，在 37.5° 衍射峰左侧出现一个明显的 "驼峰"。当 PZN 含量增加到 0.02 和 0.03 时，上述 "驼峰" 变得更为明显。以上实验现象表明，PZN 含量为 0.00 ~ 0.01 时，体系呈现单一的正交反铁电相；PZN 含量为 0.015 ~ 0.03 时，呈现正交反铁电相和三方铁电相共存的现象；继续增加 PZN 含量，当 PZN 含量为 0.05 时，体系表现为单一的三方铁电相。

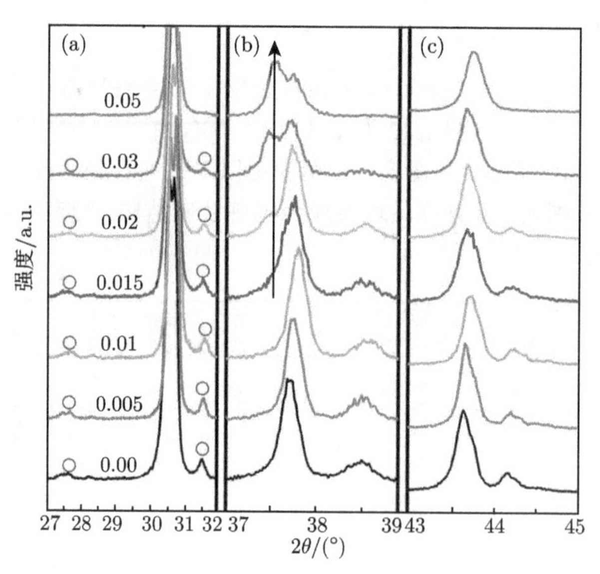

图 2.43　xPZN-$(1-x)$Pb$(Zr_{0.95}Ti_{0.05})O_3$ 陶瓷特定扫描范围 XRD 衍射峰的变化

(a) 27° ~32°；(b) 37° ~39°；(c) 43° ~45°

图 2.44 所示为不同 PZN 含量 xPZN-$(1-x)$Pb$(Zr_{0.95}Ti_{0.05})O_3$ 陶瓷断面热腐蚀 SEM 照片。从图中可以看到，所有样品均烧结致密，并且随着 PZN 含量的增加晶粒尺寸显著下降。晶粒尺寸从 x=0.00 时的 2.43μm 降低到 x = 0.01，0.02，0.03 时的 1.81μm，1.86μm，1.49μm。在同样烧结条件下，PZN 含量的增加引起晶粒尺寸降低的主要原因可能是：随着 PZN 含量的增大，B 位离子增多，烧结过程中物质扩散困难，类似实验现象在 2.3.1 节中也观察到。

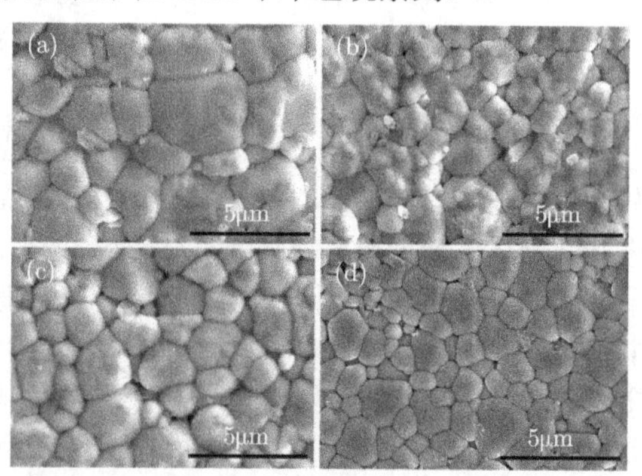

图 2.44　不同 PZN 含量样品断面 SEM 照片

(a) 0.00；(b) 0.01；(c) 0.02；(d) 0.03

图 2.45 所示为 $PbZrO_3$-$PbTiO_3$ 系统的二元相图，图中“圆点”位置为本工作中 PZN 含量为 0.00 样品室温下的位置。从相图中可以看到，该区域相结构非常丰富，存在空间点群为 Pba2 的正交反铁电相 (AFE)，空间点群分别为 R3c 和 R3m 的三方铁电相 (FE)，更高温度下还存在空间点群为 Pm3m 的立方顺电相 (PE)。近年来，研究人员发现，在该区域由正交反铁电相和三方铁电相 (R3c) 构成的相界 (AFE-FE 相界) 附近，由于具有丰富的相结构，通过不同的改性手段可以调控出性能各异的材料，具有重要的研究意义。

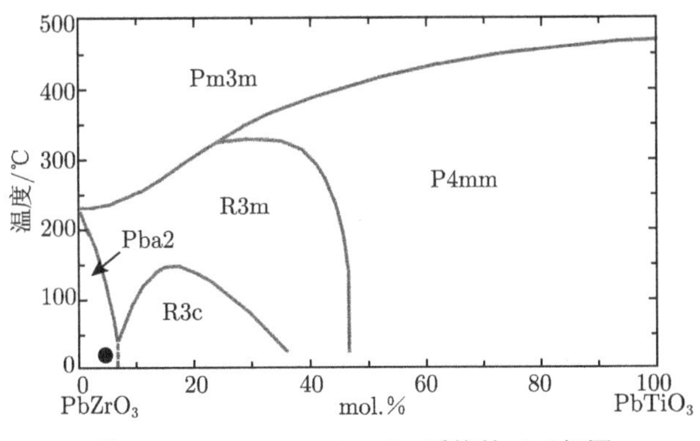

图 2.45 $PbZrO_3$- $PbTiO_3$ 系统的二元相图

为了进一步详细分析 PZN 的加入对材料相结构演变的影响，宽温度范围 (−50 ～ 400℃)xPZN-$(1-x)$$Pb(Zr_{0.95}Ti_{0.05})O_3$ 体系的介电温谱被研究，结果在图 2.46 中给出。

从图 2.46 (a) 可以看到，在宽温度范围内，对于 PZN 含量为 0.00 的样品，其相对介电常数和介电损耗在 42℃和 236℃附近出现两个明显“突变点”，其中 42℃转变点表现为明显的弥散特性。通常情况下，介温谱中出现相对介电常数和介电损耗的突变，有可能与相变相关。分析确认，图 2.46 (a) 中，42℃附近“突变点”代表的是正交结构 (Pba2) 的 AFE 反铁电相向三方结构 (R3m) 的 FE 铁电相转变；236℃附近“突变点”代表的是三方结构 (R3m) 的 FE 铁电相向立方结构 (Pm3m) 的 PE 顺电相转变。图 2.46 (b) 所示为 PZN 含量为 0.01 样品的介电温谱，对比图 2.46 (a) 可以看到，在上述两个相转变点之间，46℃附近出现一个新的“突变点”。从图中可以看到，该相变点较另外两个相变点，其相对介电常数和介电损耗变化较小，表明这一位置出现的相结构转变差异较小。推测该温度点出现的相结构转变为三方结构不同空间点群的转变：由 R3c 向 R3m。此外，从图中看到，反铁电 AFE-铁电 FE 的转变点向低温方向移动，从 42℃降低到 14℃左右；铁电 FE-顺电 PE 的转变温度变化不明显。进一步增加 PZN 的含量到 0.02 和 0.03(图 2.46 (c)～(d))，可以看到低温部分的 AFE-FE 转变点消失。在测试范围内仅存在 R3c 向 R3m 的转

变和 FE 向 PE 的转变；并且随着 PZN 含量的增加，R3c 向 R3m 转变的温度升高，FE 向 PE 转变的温度逐渐降低。由于 PZN 的居里温度较低 (140℃)[61]，因此随着 PZN 含量的增加，导致 xPZN-$(1-x)$Pb$(Zr_{0.95}Ti_{0.05})O_3$ 体系的居里温度逐渐降低。AFE-FE 的转变点温度的降低和 R3c 向 R3m 转变点温度的升高主要是由于成分点从图 2.45 所述原始位置向右移动进入三方相区所致。为了方便理解，图 2.47 在实验数据分析基础上给出了不同 PZN 含量样品随温度升高相区的变化示意图。

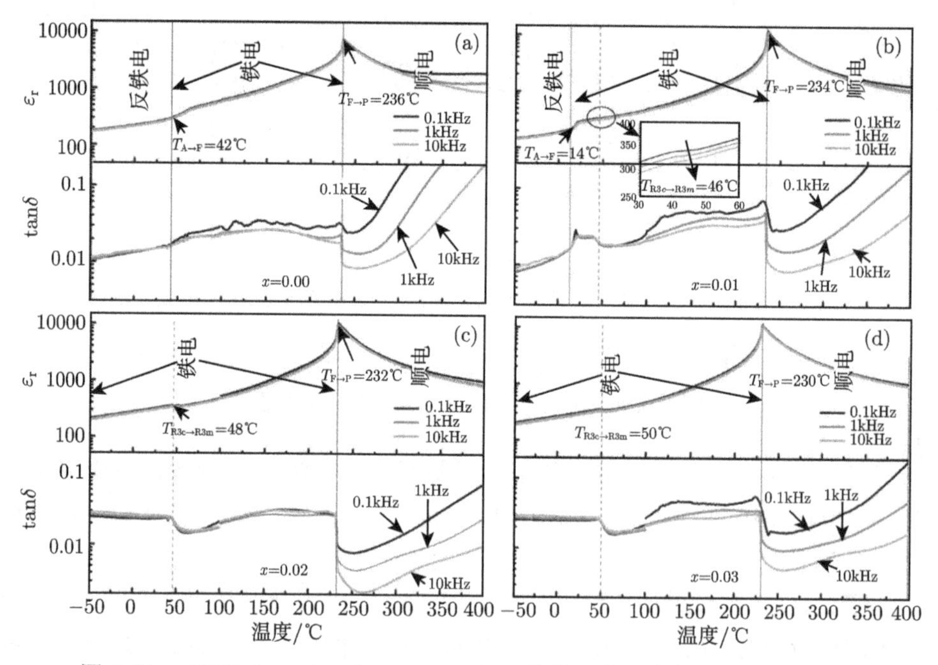

图 2.46 xPZN-$(1-x)$Pb$(Zr_{0.95}Ti_{0.05})O_3$ 陶瓷介电行为与温度的依赖关系

(a) 0.00; (b) 0.01; (c) 0.02; (d) 0.03

图 2.48 所示为不同 PZN 含量 xPZN-$(1-x)$Pb$(Zr_{0.95}Ti_{0.05})O_3$ 陶瓷室温下的 P-E 电滞回线。对于 PZN 含量为 0.00 的样品，从图 2.48 (a) 可以清楚地看到，当电场增加到 70kV/cm 时，出现明显的双电滞回线特征，电场诱导反铁电向铁电转变的临界电场值较高，此时剩余极化强度 P_r=34μC/cm^2。图 2.48 (b) 所示为 PZN 含量为 0.005 的样品电滞回线。从图中可以看到，该样品仍然保留双电滞回线特征，但是诱导电场显著降低，为 50kV/cm。继续增加 PZN 含量，从图 2.47 相图可以看到成分点进入三方铁电相区，铁电回线测试中仅观察到饱和的电滞回线。如图 2.48(c)~(f) 所示，当 PZN 含量增加到 0.01 以上时，不同 PZN 含量样品在电场作用下均不表现出电场诱导的 AFE-FE 转变，在室温下均呈现典型的正常铁电回线

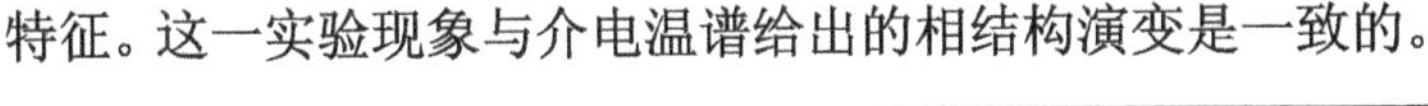
特征。这一实验现象与介电温谱给出的相结构演变是一致的。

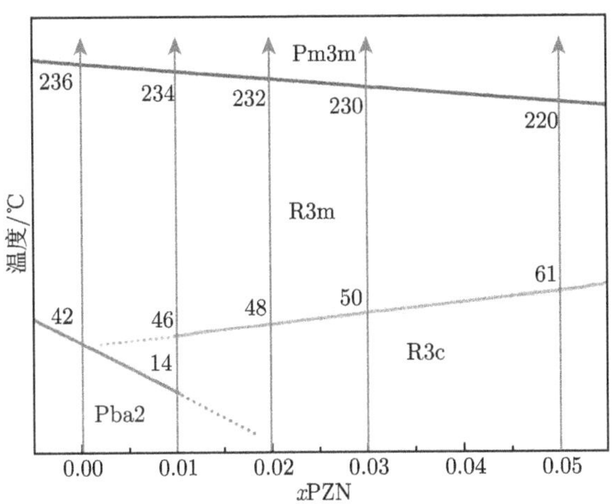

图 2.47 xPZN-$(1-x)$Pb$(Zr_{0.95}Ti_{0.05})O_3$ 体系的局部相图

为了进一步分析相变过程，对 PZN 含量为 0.00，0.01，0.02 的三个样品进行了变温铁电回线测试，测试结果如图 2.49 所示。从图 2.49 (a) 可以看到，对于 PZN 含量为 0.00 的样品，随着温度从 25℃升高到 35℃和 45℃，P-E 电滞回线从起初的双电滞回线向正常铁电回线转变。此外，研究中还发现，当温度从 45℃降低到 25℃时，P-E 电滞回线又从正常铁电回线转变为双电滞回线，如图 2.49 (b) 所示。以上分析表明，PZN 含量为 0.00 的样品其 AFE-FE 转变温度为 35℃左右。对于 PZN 含量为 0.01 的样品，其 AFE-FE 转变温度在 5℃左右，如图 2.49(c) 和 (d) 所示。这也是 PZN 含量为 0.01 样品室温下 (~25℃) 表现为正常铁电回线的原因。但是对于 PZN 含量为 0.02 的样品，即使温度降低到 −75℃也没有观察到 AFE-FE 转变的现象，如图 2.49(e) 所示。以上通过变温铁电测试对于 PZN 含量为 0.00, 0.01, 0.02 样品 AFE-FE 转变温度的分析与介电温谱分析的结论基本一致，需要说明的是两者给出的相变温度有一定差异，这主要是来源于两类测试方法对样品所施加的电压不同 [62]。此外，PZN 含量为 0.02 和 0.03 的样品表现为正常铁电回线，其原因可能是在这些成分中有两相共存 (AFE+FE)，AFE 和 FE 相的转变势垒显著降低，导致 AFE 向 FE 转变的电场强度弱化，相似的实验现象在 $PbZrO_3$-$Bi(Mg_{1/2}Ti_{1/2})O_3$ 体系中也被观察到 [63]。

图 2.50 所示为不同 PZN 含量 xPZN-$(1-x)$Pb$(Zr_{0.95}Ti_{0.05})O_3$ 陶瓷样品的剩余极化强度 P_r 与施加电场的变化关系。从图中可以看到，随着电场的增大，剩余极化强度 P_r 显著增大，并且当电场增加到 25kV/cm 以后，剩余极化强度增大的速率下降。从图中曲线的变化幅度可以看出，不同 PZN 含量的样品对电场的响应速度也不相同。其中，PZN 含量为 0.02 和 0.03 的样品对电场的响应速度最快。分

析原因是此两组成的样品其相结构是正交和三方两相共存，极化方向较多，电畴结构容易在较低电场下发生翻转。

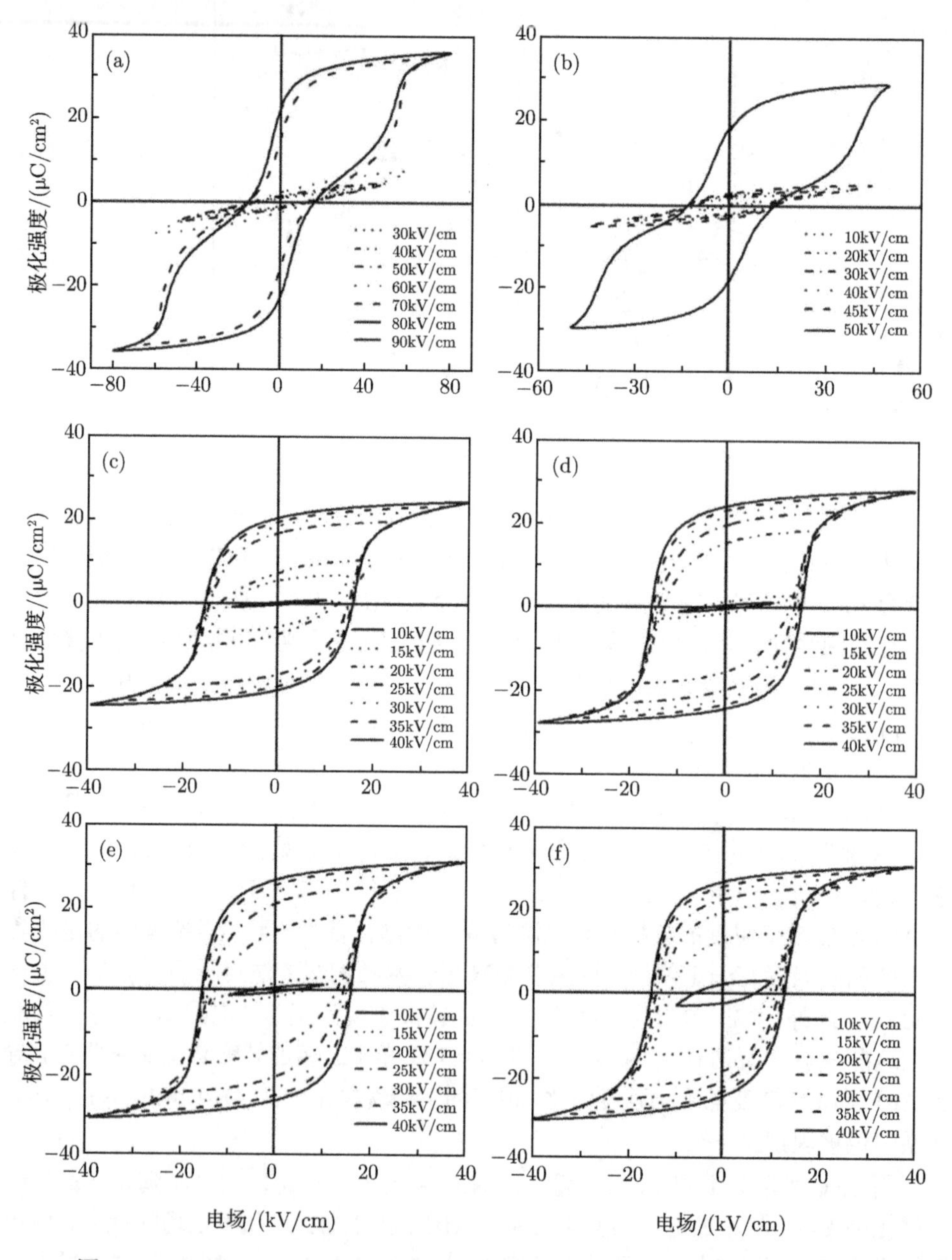

图 2.48　xPZN-$(1-x)$Pb$(Zr_{0.95}Ti_{0.05})O_3$ 陶瓷不同电场下的 P-E 电滞回线

(a) 0.00；(b) 0.005；(c) 0.01；(d) 0.02；(e) 0.03；(f) 0.05

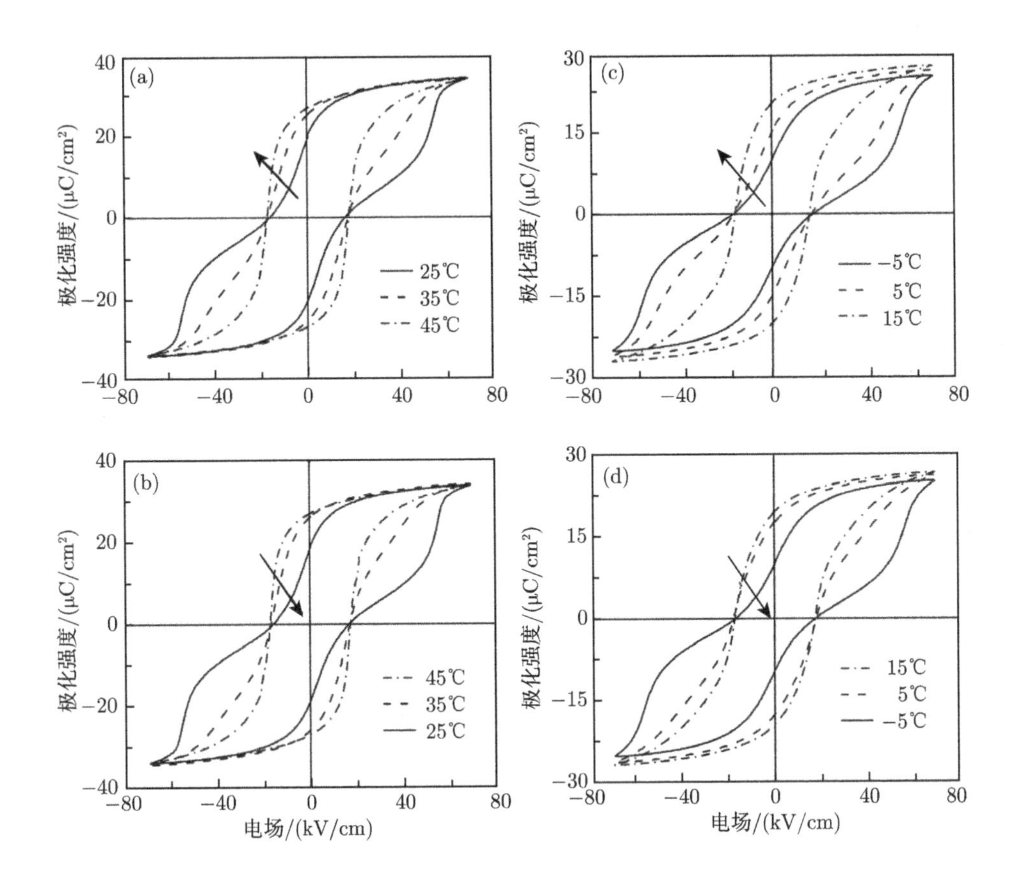

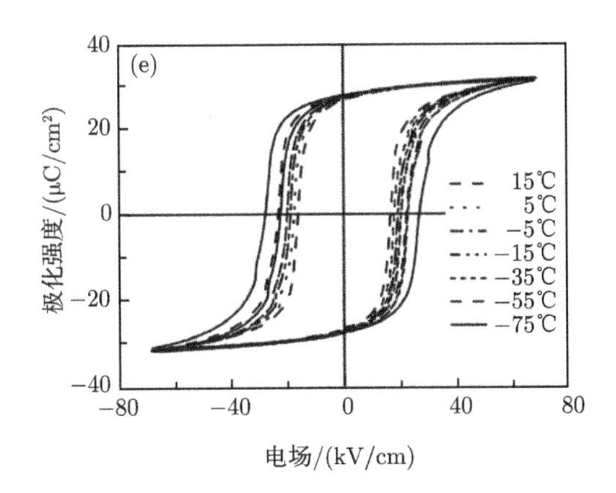

图 2.49 xPZN-$(1-x)$Pb$(Zr_{0.95}Ti_{0.05})O_3$ 陶瓷不同温度下的 P-E 电滞回线

(a)，(b) 0.00；(c)，(d) 0.01；(e) 0.02(箭头代表温度的升降过程)

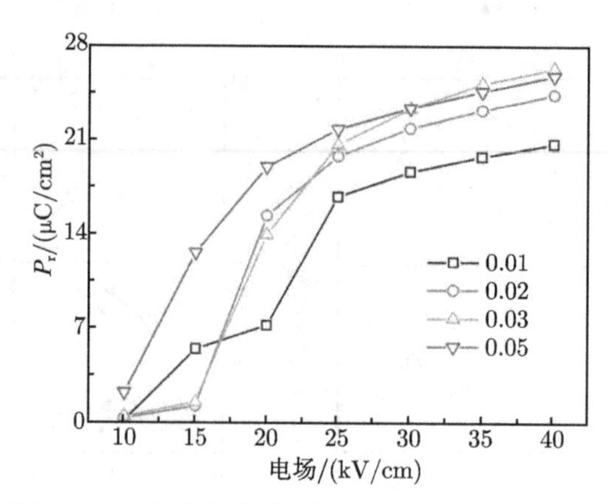

图 2.50　不同 PZN 含量样品的剩余极化强度 P_r 与施加电场的变化关系

接下来，详细对比了不同 PZN 含量样品处于反铁电状态时的能量存储性能。图 2.51(a) 和 (b) 所示为 PZN 含量为 0.00、25℃和 0.01、−5℃时的能量存储性能对比图，图中能量密度根据如下公式计算 [64,65]：

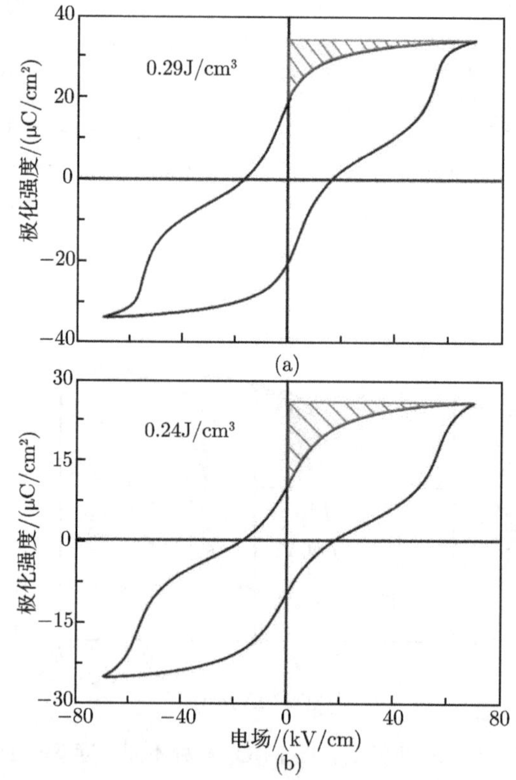

图 2.51　不同 PZN 含量样品能量存储性能的对比

(a) 0.00, 25℃; (b) 0.01, −5℃

$$J = \int E\mathrm{d}P \tag{2.11}$$

式中，J 代表储能密度，E 代表施加的电场大小，P 代表极化特性。

从图 2.51 可以看到，在研究的外加电场强度下，上述两个样品的能量密度分别为 0.29J/cm^3 和 0.24J/cm^3，其储能性能较目前广泛研究的 PLZST 体系 [66−68]，还有较大的提升空间。导致储能特性较低的原因主要为本工作中样品的反铁电双电滞回线剩余极化强度较大，电滞回线与纵轴之间的面积较小。

2.5.2 高 PZN 含量陶瓷电学温度稳定性

上一节关注于低 PZN 含量 (x=0~0.05)xPZN-(1 − x)Pb(Zr$_{0.95}$Ti$_{0.05}$)O$_3$ 陶瓷的微结构与反铁电相变行为，本节将重点介绍高 PZN 含量 (x=0.05~0.25) 陶瓷的电学温度稳定性。图 2.52 为不同 PZN 含量陶瓷的 XRD 图谱。根据上一节 XRD 分析可知，当 PZN 含量高于 0.05 时，样品相结构表现为单一的三方钙钛矿。进一步观察发现，当 PZN 含量达到 0.25 时，出现明显的 $Pb_3Nb_2O_8$ 焦绿石相。为了准确分析 PZN 含量对电学性能的影响，在下面的工作中主要讨论 $x < 0.25$ 的样品。

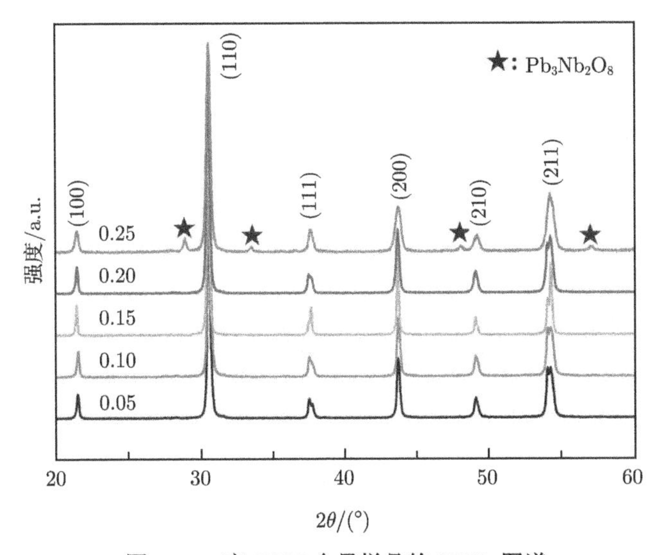

图 2.52 高 PZN 含量样品的 XRD 图谱

图 2.53 所示为高 PZN 含量 xPZN-(1 − x)Pb(Zr$_{0.95}$Ti$_{0.05}$)O$_3$ 陶瓷断面热腐蚀的 SEM 照片。从图中可以看到，所有的样品均烧结致密，没有明显的气孔，并且随着 PZN 含量的增加，晶粒尺寸显著下降，从微米尺度下降到亚微米尺度。在同样的烧结条件下，PZN 含量的增加引起晶粒尺寸降低的主要原因在前文中已有说明，此处不再讨论。

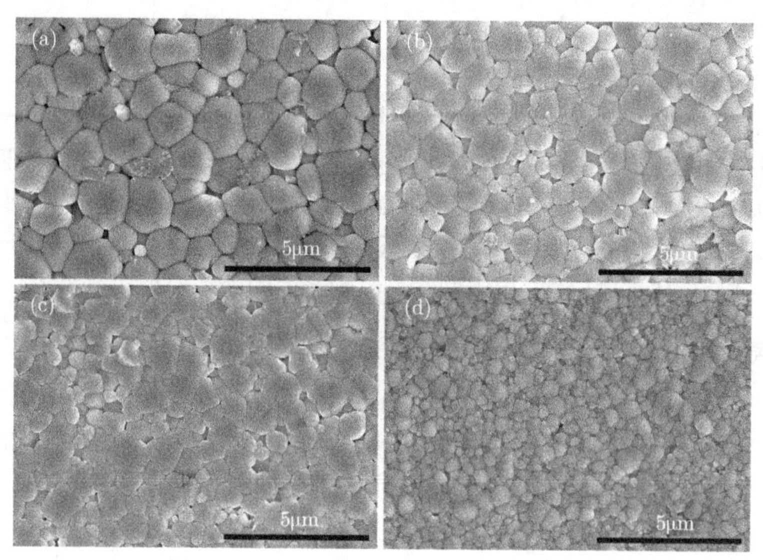

图 2.53　高 PZN 含量样品的 SEM 照片

(a) 0.05；(b) 0.10；(c) 0.15；(d) 0.20

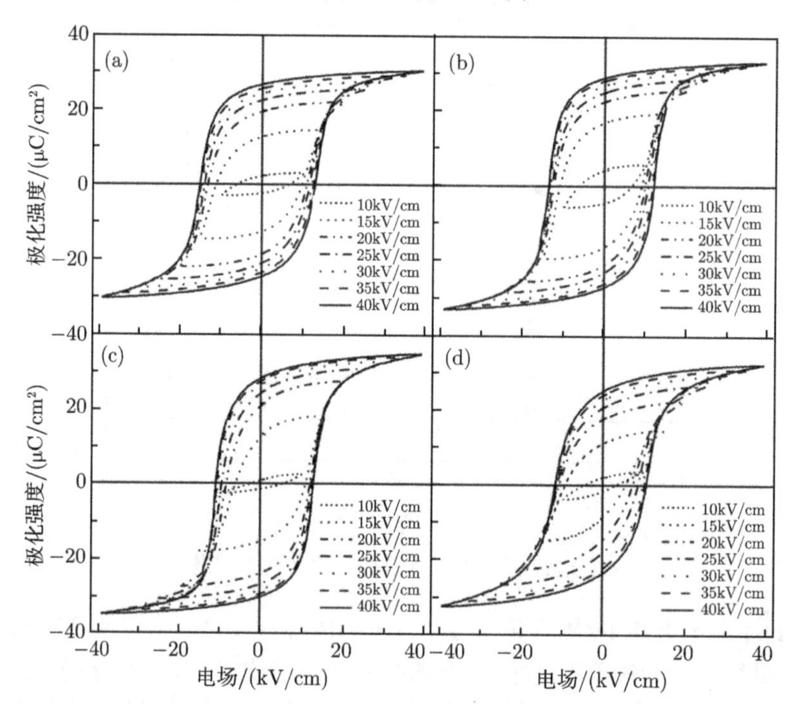

图 2.54　xPZN-$(1-x)$Pb$(Zr_{0.95}Ti_{0.05})O_3$ 样品不同电场作用下的 P-E 回线

(a) 0.05；(b) 0.10；(c) 0.15；(d) 0.20

图 2.54 所示为高 PZN 含量样品在不同外加电场作用下的 P-E 电滞回线。从图中可以看到，随着电场的增大，所有样品的 P-E 回线从原始的椭圆形，逐渐演变成矩形，表明在电场的作用下，样品内部的电畴结构发生翻转与定向。进一步从图 2.55 可以看到，随着外加电场的增加，剩余极化强度 P_r 和矫顽场 E_c 迅速增大，且当电场增加到 30kV/cm 以上时，P_r 和 E_c 值基本不再增加，表明 30kV/cm 的电场可以实现样品充分的极化定向。研究中还发现，成分组成为 0.15PZN-0.85Pb$(Zr_{0.95}Ti_{0.05})O_3$ 的样品表现为最优异的铁电性能，当电场为 30kV/cm 时：P_r=27.5μC/cm^2，E_c=11.3kV/cm。

此外，从表 2.4 可以看到，0.15PZN-0.85Pb$(Zr_{0.95}Ti_{0.05})O_3$ 样品的压电性能在所研究的组成范围内也表现最优：d_{33}=70pC/N，k_p=0.17。由于压电应变常数与剩余极化强度之间一般存在正相关的变化规律，因此，当 PZN 含量为 0.15 时，剩余极化强度大，压电性能取得最大值。

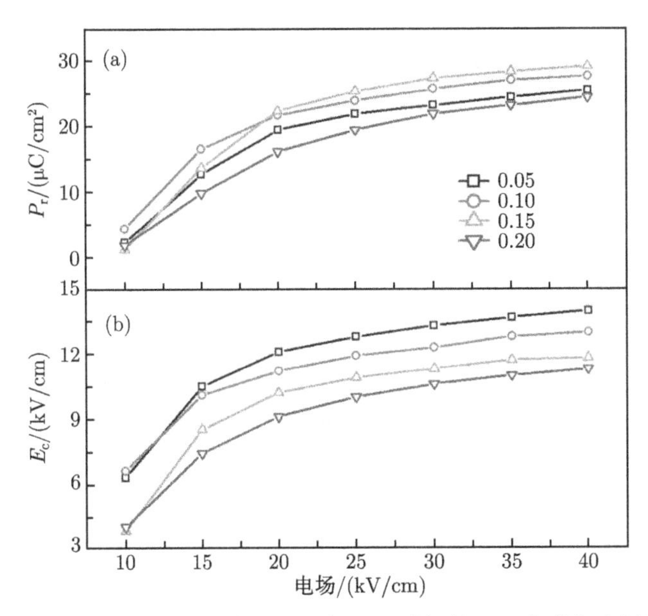

图 2.55 高 PZN 含量样品的剩余极化强度 P_r 和矫顽场 E_c 与施加电场的变化关系

表 2.4 xPZN-$(1-x)$Pb$(Zr_{0.95}Ti_{0.05})O_3$ 陶瓷的压电性能

成分组成	d_{33}/(pC/N)	k_p	Q_m
0.05	56	0.15	447
0.10	64	0.15	439
0.15	70	0.17	390
0.20	68	0.16	347

图 2.56 所示为电场强度为 30kV/cm 时，$0.15PZN\text{-}0.85Pb(Zr_{0.95}Ti_{0.05})O_3$ 样品在不同温度下测试的 $P\text{-}E$ 电滞回线和 $I\text{-}E$ 回线。从图 2.56 (a) 中可以清楚地看到，所有电滞回线均呈现出饱和特征，由铁电畴翻转所导致的电流峰可以在图 2.56 (b) 中观察到。随着测试温度的逐渐升高，矫顽场 E_c 和电流峰的位置向低电场方向移动，表明随着温度的升高，电畴活性显著增强，电畴翻转需要的电场强度减小。

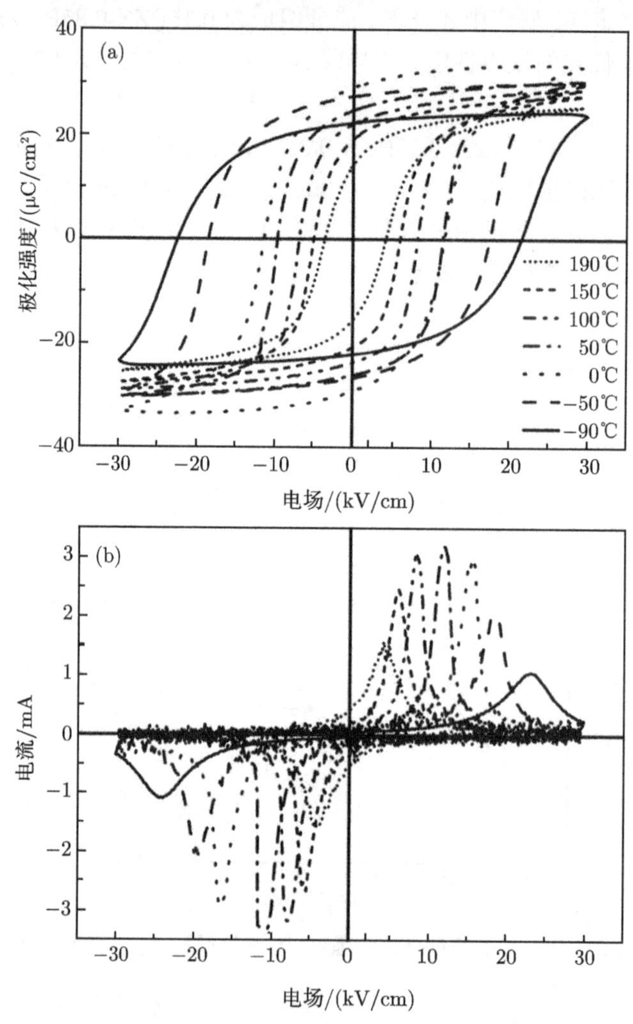

图 2.56　不同温度下的 $0.15PZN\text{-}0.85Pb(Zr_{0.95}Ti_{0.05})O_3$ 样品

(a) $P\text{-}E$ 电滞回线；(b) $I\text{-}E$ 回线

图 2.57 给出 $0.15PZN\text{-}0.85Pb(Zr_{0.95}Ti_{0.05})O_3$ 样品的 P_r 和 E_c 与温度的变化关系。从图中可以看到，随着温度的升高，E_c 呈现近似线性的下降趋势。然而，P_r 随着

温度的升高呈现先缓慢增大后缓慢减小的变化趋势，在温度为 −90 ~190℃范围内，表现出较为优异的温度稳定性。为了进一步研究 0.15PZN-0.85Pb($Zr_{0.95}Ti_{0.05}$)O_3 样品压电性能的温度稳定性，对该样品的压电应变常数 d_{33} 进行了变温测试，结果如图 2.58 所示。可以看到，在宽温度范围内 (25~ 200℃)，d_{33} 也表现出优异的温度稳定性。

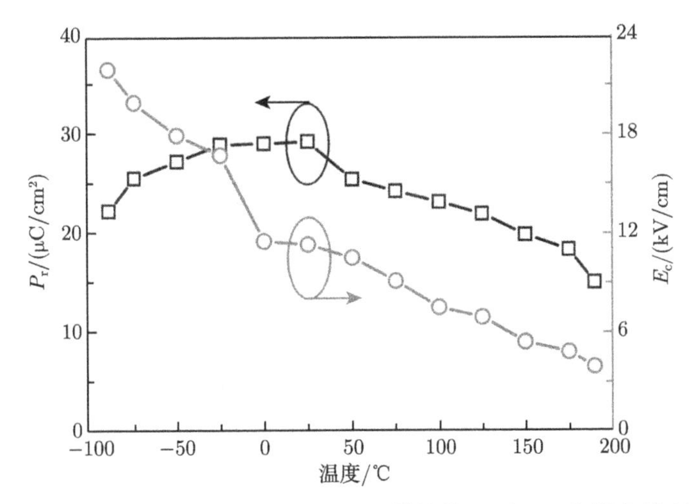

图 2.57 0.15PZN-0.85Pb($Zr_{0.95}Ti_{0.05}$)O_3 样品的 P_r 和 E_c 与温度的变化关系

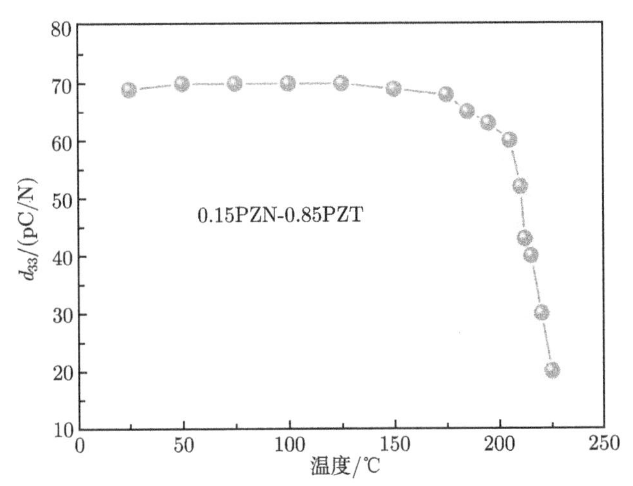

图 2.58 0.15PZN-0.85Pb($Zr_{0.95}Ti_{0.05}$)O_3 样品的 d_{33} 与温度的变化关系

考虑到陶瓷的相结构演变对 P_r 和 d_{33} 有重要影响，为了揭示 0.15PZN-0.85Pb($Zr_{0.95}Ti_{0.05}$)O_3 样品电学性能具有高温度稳定性的起因，我们对 0.15PZN-0.85Pb($Zr_{0.95}Ti_{0.05}$)O_3 样品进行了变温 XRD 测试，结果如图 2.59 所示。由图可见，在宽

温度范围内 (−90 ~190℃)，$0.15PZN\text{-}0.85Pb(Zr_{0.95}Ti_{0.05})O_3$ 陶瓷能够稳定保持三方铁电相结构。由此判断，$0.15PZN\text{-}0.85Pb(Zr_{0.95}Ti_{0.05})O_3$ 样品电学性能温度稳定性优异的原因，主要是其相结构在宽温度范围内具有高的稳定性。

本节主要介绍利用 $Pb(Zn_{1/3}Nb_{2/3})O_3$(PZN) 改性富锆区 $Pb(Zr_{0.95}Ti_{0.05})O_3$ 陶瓷，研究发现当 PZN 含量 (0.00~0.05) 较低时，随着 PZN 含量的增加，室温相结构从单一的正交反铁电相，经正交反铁电和三方铁电两相共存区，向单一三方铁电相转变。通过介电温谱和变温铁电测试发现，在实验设定条件下，随着温度升高，样品相结构发生显著变化：0.00 样品，发生反铁电 (Pba2)–铁电 (R3m)–顺电 (Pm3m) 转变；0.01 样品，发生反铁电 (Pba2)–铁电 (R3c)–铁电 (R3m)–顺电 (Pm3m) 转变，其余样品 (0.02，0.03，0.05) 均只发生铁电 (R3c)–铁电 (R3m)–顺电 (Pm3m) 转变。在实验工作基础上，首次给出低 PZN 含量 $x\text{PZN-}(1-x)Pb(Zr_{0.95}Ti_{0.05})O_3$ 体系的相图。此外，当 PZN 含量 (0.05~0.25) 较高时，随着 PZN 含量的增加，相结构处于稳定的三方铁电相区，并且当 PZN 含量为 0.15 时，样品表现出优异的室温铁电与压电性能。进一步通过变温铁电和变温压电测试发现，PZN 含量为 0.15 样品具有优异的温度稳定性。分析原因是，该组成样品的三方铁电相结构在宽温度范围内能够保持稳定。

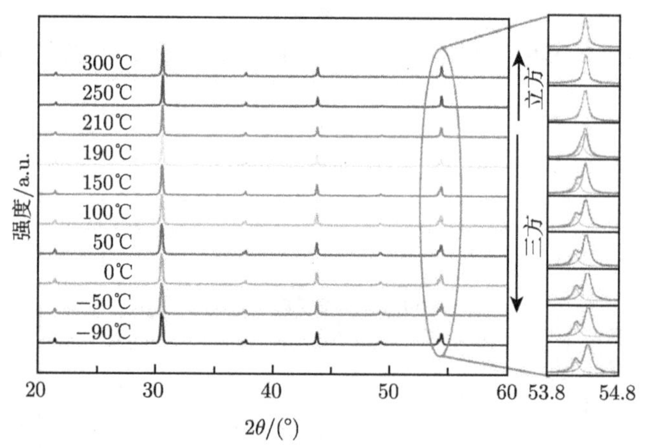

图 2.59　$0.15PZN\text{-}0.85Pb(Zr_{0.95}Ti_{0.05})O_3$ 陶瓷变温 XRD 图谱

2.6　本 章 小 结

本章主要围绕压电陶瓷基体的结构与性能这一主题，以 PZN-PZT 三元体系为例，分别介绍烧结温度与介电弛豫行为的变化关系，退火气氛与介电弛豫行为的变化关系，细晶陶瓷体的准同型相界迁移现象，缺陷偶极子的形成与内偏场演变机制和富锆区复合体系微结构与电学行为，小结如下：

(1) 烧结温度与介电弛豫行为的变化关系。随着烧结温度上升，0.5PZN-0.5PZT 陶瓷晶粒尺寸与四方相含量同时单调增加，三方–四方相变行为可归因于晶粒尺寸增大引起的应力松弛。此外，低温烧结的样品存在典型的弥散相变现象。随着烧结温度提高，离子有序度发生变化，弥散行为逐渐减弱，陶瓷由弛豫铁电体向正常铁电体转变。

(2) 退火气氛与介电弛豫行为的变化关系。相对于未退火样品，在氧气和氮气中退火的 0.5PZN-0.5PZT 陶瓷介电弛豫性均显著增强，但是物理机制完全不同。陶瓷的氧空位浓度在氧气和氮气两种退火气氛中分别降低和升高，引起相结构畸变朝三方和四方对称性两侧发生变化。氧气退火的样品中三方相含量增多，是介电弛豫性增强的主要原因，而氮气退火的样品中非铁电结构焦绿石相的出现破坏了 B 位离子的长程有序性，导致介电弛豫性增强。

(3) 细晶陶瓷体的准同型相界迁移现象。与平均晶粒尺度在微米级的粗晶陶瓷 MPB 组成位于 0.5PZN-0.5PZT 不同，平均晶粒尺度在亚微米级的细晶陶瓷 MPB 位置迁移向低 PZN 含量一侧，到达 0.3PZN-0.7PZT。MPB 迁移现象的原因主要是亚微米的小晶粒尺寸有助于陶瓷烧结冷却过程中产生的内应力增强，对三方相结构起到稳定作用。此外，细晶陶瓷随晶粒尺寸减小，断裂模式由沿晶断裂转为穿晶断裂。

(4) 缺陷偶极子的形成与内偏场演变机制。内偏场的形成与高温烧结时 0.2PZN-0.8PZT 陶瓷材料内部铅空位与氧空位的生成及缺陷偶极子间的相互耦合相关。通过改变烧结温度，不仅能够调整陶瓷晶粒尺寸大小，也能够调控内偏场强弱。样品在 1000℃烧结时获得优良的电学品质，高于此烧结温度，增强的内偏场效应对电学性能的弱化作用大于晶粒尺寸增大对电学性能的提升作用，0.2PZN-0.8PZT 陶瓷电学性能表现为降低趋势。

(5) 富锆区复合体系微结构与电学行为。对于富锆区 PZN-$Pb(Zr_{0.95}Ti_{0.05})O_3$ 体系，根据实验数据绘制出低 PZN 含量区域的相图。随温度升高，对于纯 $Pb(Zr_{0.95}Ti_{0.05})O_3$ 样品，发生反铁电 (Pba2)–铁电 (R3m)–顺电 (Pm3m) 转变；0.01PZN 样品，发生反铁电 (Pba2)–铁电 (R3c)–铁电 (R3m)–顺电 (Pm3m) 转变，其余组成样品 (0.02，0.03，0.05) 均只发生铁电 (R3c)–铁电 (R3m)–顺电 (Pm3m) 转变。当 PZN 含量为 0.15 时，样品表现出优异的铁电与压电性能温度稳定特性。

参 考 文 献

[1] Hou Y D, Zhu M K, Tang J L, Song X M, Tian C S, Yan H. Effects of sintering process and Mn-doping on microstructure and piezoelectric properties of $Pb((Zn_{1/3}Nb_{2/3})_{0.20}$

$(Zr_{0.47}Ti_{0.53})_{0.80})O_3$ system. Mater. Chem. Phys., 2006, 99: 66-70.

[2] Hou Y D, Zhu M K, Wang H, Wang B, Yan H, Tian C S. Piezoelectric properties of new MnO_2-added 0.2PZN-0.8PZT ceramic. Mater. Lett., 2004, 58: 1508-1512.

[3] Fan H Q, Kim H E. Perovskite stabilization and electromechanical properties of polycrystalline lead zinc niobate-lead zirconate titanate. J. Appl. Phys., 2002, 91(1): 317-322.

[4] Zhu M K, Lu P X, Hou Y D, Wang H, Yan H. Effects of Fe_2O_3 addition on microstructure and piezoelectric properties of 0.2PZN-0.8PZT ceramics. J. Mater. Res., 2005, 20(10): 2670-2675.

[5] Noheda B, Cox D E. Bridging phases at the morphotropic boundaries of lead oxide solid solutions. Phase Transitions，2006, 79(1-2): 5-20.

[6] Doerre E, Huebner H. Alumina. Berlin, Heidelberg: Springer, 1984.

[7] Brook R J. Controlled grain growth. Treatise on Materials Science and Technology, 1976, 9: 331-364.

[8] Wagner S, Kahraman D, Kungl H, Hoffmann M J, Schuh C, Lubitz K, Murmann-Biesenecker H, Schmid J A. Effect of temperature on grain size, phase composition, and electrical properties in the relaxor-ferroelectric-system $Pb(Ni_{1/3}Nb_{2/3})O_3$-$Pb(Zr,Ti)O_3$. J. Appl. Phys., 2005, 98: 024102.

[9] Cross L E. Ferroelectric materials for electromechanical transducer applications. Mater. Chem. Phys., 1996, 43: 108-115.

[10] Chang L M, Hou Y D, Zhu M K, Yan H. Effect of sintering temperature on the phase transition and dielectrical response in the relaxor-ferroelectric-system 0.5PZN-0.5PZT. J. Appl. Phys., 2007, 101: 034101.

[11] Uchino K, Nomura S. Critical exponents of the dielectric constants in diffused-phase-transition crystals. Ferroelectr., 1982, 44: 55-61.

[12] Bidault O, Husson E, Morell A. Effects of lead vacancies on the spontaneous relaxor to ferroelectric phase transition in $Pb[(Mg_{1/3}Nb_{2/3})_{0.9}Ti_{0.1}]O_3$. J. Appl. Phys., 1997, 82, 5674-5679.

[13] Zhu M K, Lu P X, Hou Y D, Song X M, Wang H, Yan H. Analysis of phase coexistence in Fe_2O_3-doped 0.2PZN-0.8PZT ferroelectric ceramics by Raman scattering spectra. J. Am. Ceram. Soc., 2006, 89(12): 3739-3744.

[14] 路朋献, 朱满康, 侯育冬, 宋雪梅, 汪浩, 严辉. 铁掺杂 0.2PZN-0.8PZT 铁电陶瓷 Raman 散射研究. 无机材料学报, 2006, 21(3): 633-639.

[15] Zhu M K, Chen C, Tang J L, Hou Y D, Wang H, Yan H, Zhang W H, Chen J, Zhang W J. Effects of ordering degree on the dielectric and ferroelectric behaviors of relaxor ferroelectric $Pb(Sc_{1/2}Nb_{1/2})O_3$ ceramics. J. Appl. Phys., 2008, 103: 084124.

[16] Zhao L Y, Hou Y D, Chang L M, Zhu M K, Yan H. Microstructure and electrical properties of 0.5PZN-0.5PZT relaxor ferroelectrics close to the morphotropic phase boundary.

J. Mater. Res., 2009, 24(6): 2029-2034.

[17] Hou Y D, Zhu M K, Gao F, Wang H, Wang B, Yan H, Tian C S. Effect of MnO_2 addition on the microstructure and electrical properties of $Pb(Zn_{1/3}Nb_{2/3})_{0.20}(Zr_{0.50}Ti_{0.50})_{0.80}O_3$ ceramics. J. Am. Ceram. Soc., 2004, 87(5): 847-850.

[18] Hou Y D, Lu P X, Zhu M K, Song X M, Tang J L, Wang B, Yan H. Effect of Cr_2O_3 addition on the structure and electrical properties of $Pb((Zn_{1/3}Nb_{2/3})_{0.20}(Zr_{0.50}Ti_{0.50})_{0.80})O_3$ ceramics. Mater. Sci. Eng. B, 2005, 116: 104-108.

[19] Hou Y D, Chang L M, Zhu M K, Song X M, Yan H. Effect of Li_2CO_3 addition on the dielectric and piezoelectric responses in the low-temperature sintered 0.5PZN-0.5PZT systems. J. Appl. Phys., 2007, 102: 084507.

[20] Bu S, Chun D, Park G. Space charge effect on the ferroelectric properties of a $(K_xNa_{1-x})_2(Sr_yBa_{1-y})_4Nb_{10}O_{30}$ solid-solution system. J. Korean Phys. Soc., 1997, 31(1): 223-226.

[21] Chen W, Yao X, Wei X Y. Tunability and ferroelectric relaxor properties of bismuth strontium titanate ceramics. Appl Phys Lett., 2007, 90: 182902.

[22] Deng G C, Li G R, Ding A L, Yin Q R. Evidence for oxygen vacancy inducing spontaneous normal-relaxor transition in complex perovskite ferroelectrics. Appl. Phys. Lett., 2005, 87: 192905.

[23] Zhao L Y, Hou Y D, Wang C, Zhu M K, Yan H. The enhancement of relaxation of 0.5PZN-0.5PZT annealed in different atmospheres. Mater. Res. Bull., 2009, 44: 1652-1655.

[24] Waser R, Baiatu T, Härdtl K H. DC electrical degradation of perovskite-type titanates: I, Ceramics. J. Am. Ceram. Soc., 1990, 73(6): 1645-1653.

[25] Steinsvik S, Bugge R, Gjonnes J, Tafto J, Norby T. The defect structure of $SrTi_{1-x}Fe_xO_{3-y}(x = 0 \sim 0.8)$ investigated by electrical conductivity measurements and electron energy loss spectroscopy (EELS). J. Phys. Chem. Solids., 1997, 58(6): 969-976.

[26] Arlt G, Hennings D, de With G. Dielectric properties of fine-grained barium titanate ceramics. J Appl Phys., 1985, 58: 1619-1625.

[27] Zheng P, Zhang J L, Tan Y Q, Wang C L. Grain-size effects on dielectric and piezoelectric properties of poled $BaTiO_3$ ceramics. Acta Mater., 2012, 60: 5022-5030.

[28] Kalem V, Timucin M. Structural, piezoelectric and dielectric properties of PSLZT-PMnN ceramics. J. Eur. Ceram. Soc., 2013, 33(1): 105-111.

[29] Kungl H, Hoffmann M J. Effects of sintering temperature on microstructure and high field strain of niobium-strontium doped morphotropic lead zirconate titanate. J. Appl. Phys., 2010, 107(5): 054111.

[30] Li J Y, Rogan R C, Ustundag E, Bhattacharya K. Domain switching in polycrystalline ferroelectric ceramics. Nature Mater., 2005, 4(10): 776-781.

[31] Hou Y D, Wu N N, Wang C, Zhu M K, Song X M. Effect of annealing temperature on dielectric relaxation and Raman scattering of $0.65Pb(Mg_{1/3}Nb_{2/3})O_3$-$0.35PbTiO_3$

system. J. Am. Ceram. Soc., 2010, 93(9): 2748-2754.

[32] Okazaki K. Mechanical-behavior of ferroelectric ceramics. Am. Ceram. Soc. Bull., 1984, 63(9): 1150-1157.

[33] Chen W, Lupascu D, Lynch C S. Fracture behavior of ferroelectric ceramics. Smart Structures And Materials 1999: Mathematics And Control In Smart Structures, 1999, 3667: 145-149.

[34] Zhang H, Su Y J, Qiao L J, Chu W Y, Wang D, Li Y X. The effect of hydrogen on the fracture properties of 0.8$(Na_{1/2}Bi_{1/2})TiO_3$-0.2$(K_{1/2}Bi_{1/2})TiO_3$ ferroelectric ceramics. J. Electron. Mater., 2008, 37(3): 368-372.

[35] Zheng M P, Hou Y D, Zhu M K, Zhang M, Yan H. Shift of morphotropic phase boundary in high-performance fine-grained PZN-PZT ceramics. J. Eur. Ceram. Soc., 2014, 34: 2275-2283.

[36] Meschke F, Kolleck A, Schneider G A. R-curve behaviour of $BaTiO_3$ due to stress-induced ferroelastic domain switching. J. Eur. Ceram. Soc., 1997, 17(9): 1143-1149.

[37] Kim S B, Kim D Y, Kim J J, Cho S H. Effect of grain-size and poling on the fracture mode of lead zirconate titanate ceramics. J Am Ceram Soc., 1990, 73: 161-163.

[38] Kim J J, Kim D Y. Change in the fracture mode of PLZT ceramic by chemically-induced grain-boundary migration. J Am Ceram Soc., 1988: 71: C228-229.

[39] Landis C M. On the fracture toughness of ferroelastic materials. J. Mech. Phys. Solids., 2003, 51(8): 1347-1369.

[40] Mehta K, Virkar A V. Fracture mechanisms in ferroelectric-ferroelastic lead zirconate titanate (Zr:Ti=0.54:0.46) ceramics. J. Am. Ceram. Soc., 1990, 73(3): 567-574.

[41] Damjanovic D. Comments on origins of enhanced piezoelectric properties in ferroelectrics. IEEE. T. Ultrason. Ferr., 2009, 56(8): 1574-1585.

[42] Seo Y H, Benčan A, Koruza J, Malič B, Kosec M, Webber K G. Compositional dependence of R-curve behavior in soft $Pb(Zr_{1-x}Ti_x)O_3$ ceramics. J. Am. Ceram. Soc., 2011, 94(12): 4419-4425.

[43] Schäufele A B, Heinz Härdtl K. Ferroelastic properties of lead zirconate titanate ceramics. J. Am. Ceram. Soc., 1996, 79(10): 2637-2640.

[44] Damjanovic D. Ferroelectric, dielectric and piezoelectric properties of ferroelectric thin films and ceramics. Rep. Prog. Phys., 1998, 61(9): 1267-1324.

[45] Randall C A, Barber D J, Whatmore R W. Insitu TEM experiments on perovskite-structured ferroelectric relaxor materials. J. Microsc-Oxford., 1987, 145: 275-291.

[46] Chen T Y, Chu S Y, Juang Y D. Effects of sintering temperature on the dielectric and piezoelectric properties of Sr additive Sm-modified $PbTiO_3$ ceramics. Sensor Actuat. A-Phys., 2002, 102(1-2): 6-10.

[47] Wang K, Li J F. Domain engineering of lead-free Li-modified $(K,Na)NbO_3$ polycrystals with highly enhanced piezoelectricity. Adv. Funct. Mater., 2010, 20(12): 1924-1929.

[48] Teranishi S, Suzuki M, Noguchi Y, Miyayama M, Moriyoshi C, Kuroiwa Y, Tawa K, Mori S. Giant strain in lead-free $(Bi_{0.5}Na_{0.5})TiO_3$-based single crystals. Appl. Phys. Lett., 2008, 92(18): 182905.

[49] Ge H Y, Hou Y D, Rao X, Zhu M K, Wang H, Yan H. The investigation of depoling mechanism of densified $KNbO_3$ piezoelectric ceramic. Appl. Phys. Lett., 2011, 99(3): 032905.

[50] Yan Y, Cho K H, Priya S. Role of secondary phase in high power piezoelectric PMN-PZT ceramics. J. Am. Ceram. Soc., 2011, 94(12): 4138-4141.

[51] Zheng M P, Hou Y D, Ge H Y, Zhu M K, Yan H. Effect of sintering temperature on internal-bias field and electric properties of 0.2PZN-0.8PZT ceramics. Phys. Status Solidi A., 2013, 210(2): 261-266.

[52] Zheng M P, Hou Y D, Ai Z R, Zhu M K. Ferroic characterizations, phase transformation, and internal bias field in $0.75Pb(Fe_{2/3}W_{1/3})O_3$-$0.25PbTiO_3$ multiferroic ceramic. J. Appl. Phys., 2014, 116: 124110.

[53] Park J Y, Park J H, Jeong Y K, Jang H M. Dynamic magnetoelectric coupling in "electronic ferroelectric" $LuFe_2O_4$. Appl. Phys. Lett., 2007, 91(15): 152903.

[54] Ren X B, Otsuka K. Universal symmetry property of point defects in crystals. Phys. Rev. Lett., 2000, 85(5): 1016-1019.

[55] Ren X B. Large electric-field-induced strain in ferroelectric crystals by point-defect-mediated reversible domain switching. Nature Mater., 2004, 3(2): 91-94.

[56] Zhang L X, Chen W, Ren X. Large recoverable electrostrain in Mn-doped $(Ba,Sr)TiO_3$ ceramics. Appl. Phys. Lett., 2004, 85(23): 5658-5660.

[57] Zhang M F, Wang Y, Wang K F, Zhu J S, Liu J M. Characterization of oxygen vacancies and their migration in Ba-doped $Pb(Zr_{0.52}Ti_{0.48})O_3$ ferroelectrics. J. Appl. Phys., 2009, 105(6): 061639.

[58] 郑木鹏, 侯育冬, 朱满康, 严辉. 合成方法对 0.2PZN-0.8PZT 陶瓷交流阻抗性能的影响. 稀有金属材料与工程, 2013, 42(S1): 208-211.

[59] Ghosh A, Damjanovic D. Antiferroelectric-ferroelectric phase boundary enhances polarization extension in rhombohedral $Pb(Zr,Ti)O_3$. Appl. Phys. Lett., 2011, 99(23): 232906.

[60] Woodward D I, Knudsen J, Reaney I M. Review of crystal and domain structures in the $PbZr_xTi_{1-x}O_3$ solid solution. Phys. Rev. B., 2005, 72(10): 104110.

[61] Shrout T R, Halliyal A. Preparation of lead-based ferroelectric relaxors for capacitors. Am. Ceram. Soc. Bull., 1987, 66(4): 704-711.

[62] Zheng M P, Hou Y D, Zhu M K, Yan H. Metastable ferroelectric phase induced by electric field in $xPb(Zn_{1/3}Nb_{2/3})O_3$-$(1-x)Pb(Zr_{0.95}Ti_{0.05})O_3$ ceramics. J. Am. Ceram. Soc., 2016, 99(4): 1280-1286.

[63] Vadlamani B S, Lalitha K V, Ranjan R. Anomalous polarization in the antiferroelectric-ferroelectric phase coexistence state in $PbZrO_3$-$Bi(Mg_{1/2}Ti_{1/2})O_3$. J. Appl. Phys., 2013, 114(23): 234105.

[64] Hao X H, Zhai J W, Yao X. Improved energy storage performance and fatigue endurance of Sr-doped $PbZrO_3$ antiferroelectric thin films. J. Am. Ceram. Soc., 2009, 92(5): 1133-1135.

[65] Zhang J, Hou Y D, Zheng M P, Jia W X, Zhu M K, Yan H. The occupation behavior of Y_2O_3 and its effect on the microstructure and electric properties in X7R dielectrics. J. Am. Ceram. Soc., 2016, 99(4): 1375-1382.

[66] Li G, Yang T Q, Wang J F, Sun Z J, Guo J Q. Effect of glass additive on electrical properties of PLZST antiferroelectric ceramics. Key Engineering Materials, 2012, 512-515: 1300-1303.

[67] Campbell C K, van Wyk J D, Chen R G. Experimental and theoretical characterization of an antiferroelectric ceramic capacitor for power electronics. IEEE. T. Compon. Pack. Technol., 2002, 25(2): 211-216.

[68] Zhang H L, Chen X F, Cao F, Wang G S, Dong X L, Hu Z Y, Du T. Charge-discharge properties of an antiferroelectric ceramics capacitor under different electric fields. J. Am. Ceram. Soc., 2010, 93(12): 4015-4017.

第 3 章　压电变压器用陶瓷掺杂改性

本章根据高品质压电变压器 (piezoelectric transformer) 对陶瓷材料的性能要求，从材料的组成设计、掺杂调控和工艺优化等方面出发进行分析与讨论，提出适用于压电变压器的多元系陶瓷材料的成分选择与设计规则。在此基础上，重点进行了 Cr，Mn，Cu，Li 等元素对于 PZN-PZT 三元系陶瓷的掺杂改性研究，包括不同电子结构的掺杂元素对陶瓷显微组织与电学性能的调控机制，烧结温度和气氛保护对掺杂陶瓷性能的影响规律，CuO 和 Li_2CO_3 的低温液相烧结机制，以及基于 PZN-PZT 三元系基础添加 $Pb(Mn_{1/3}Nb_{2/3})O_3$(PMnN) 第四组元构建 PMZN-PZT 四元系大功率压电陶瓷的结构与压电性能。最后，重点选取 Mn 掺杂 PZN-PZT 材料，应用工业技术制备压电陶瓷变压器模拟样件，并进行老化行为研究。

3.1　压电变压器用陶瓷材料的成分设计

3.1.1　压电变压器的结构与工作原理

压电陶瓷材料是指经直流高压极化后，具有宏观压电效应的铁电陶瓷材料。自从 20 世纪 40 年代发现 $BaTiO_3$ 具有压电性以来的 70 余年时间里，压电陶瓷材料及应用压电陶瓷材料制作的各类压电器件有了很大的发展 [1,2]。与压电单晶相比，压电陶瓷具有综合电学性能优异、机械力学特性好，且容易制成复杂形状、价格低廉、易于批量生产等优点 [3]，故广泛应用于制作超声换能器、压电蜂鸣器、压电马达、压电致动器和压电滤波器等各类压电器件。

变压器是电力与电子信息装备领域的重要器件。自 1884 年电磁变压器发明以来，其在交流供电方面得到了广泛的应用。随着电子信息技术的迅猛发展，各种形式的新型变压器不断涌现，其中基于压电效应原理实现变压作用的陶瓷基压电变压器也逐步发展起来 [4,5]。实际上，从 20 世纪 50 年代起，科学工作者就已经开始了压电变压器的研究，但是由于早期 $BaTiO_3$ 材料的压电性能较弱、升压比低、转换效率差，且退极化温度低，利用其制作的压电变压器实际应用价值并不大。之后，高性能 PZT 基二元系与三元系压电陶瓷体系的提出与材料改性技术的快速发展促进了压电变压器的研制与实用化。特别是近二十年来，压电变压器的设计制造与商业应用取得了长足进步，在一些低功耗电子装备领域已经取代了传统线绕电磁变压器。图 3.1 给出压电变压器与线绕变压器的工作原理对比图 [6]。可以看到，两者结构与工作原理完全不同：压电变压器是使用压电陶瓷为原材料制作的一种一体化的固体变压器，结构上通过将压电致动器与传感器整合进行机电能量的二次转换，从而实现变压作用。而线绕变压器依赖于电磁能量转换原理，由一个公共铁氧体磁芯和绕在其上的多个线圈组成，线绕变压器的电压增益可以通过次级线圈和初级线圈的匝数比 N_2/N_1 来确定。

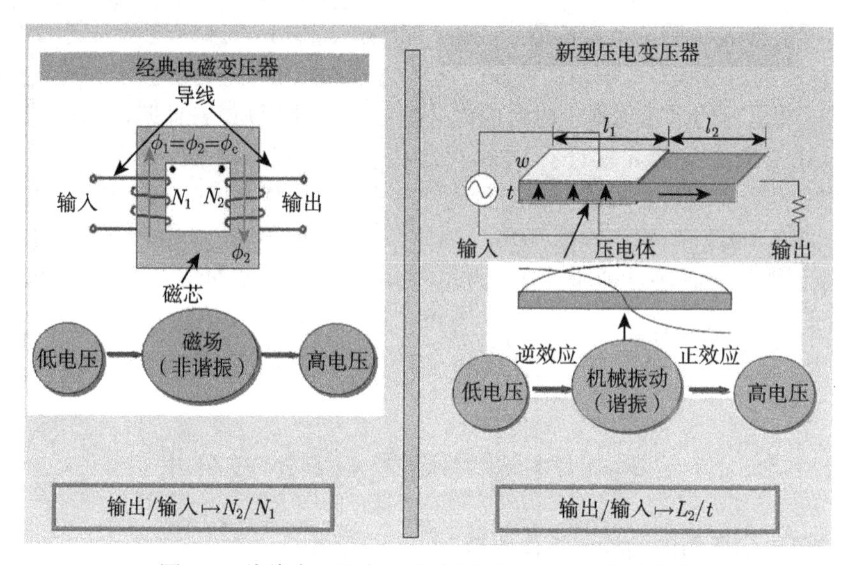

图 3.1　线绕变压器与压电变压器的工作原理对比图

表 3.1 给出压电变压器与线绕变压器的性能对比。由于压电变压器是由高绝缘的压电陶瓷制备而成，相对线绕变压器有一些无法比拟的技术优势，如转换效率高、输出波形好、耐高压高温与短路烧毁、耐潮湿、抗电磁干扰、节约有色金属，且体积小、重量轻等，因而特别适应电子电路向集成化、微型化与片式化发展的趋势 [7−10]。目前，压电变压器已广泛应用于笔记本电脑、数码相机、掌上电脑、移动电话、传真机、复印机等电子信息类产品，且随着电子产品向智能化、小型化、办公自动化和节能趋势的发展，压电变压器的应用领域还将进一步扩大。

压电变压器本质上是一种压电换能器，它的工作原理是利用压电陶瓷特有的正、逆压电效应，通过电能 → 机械能 → 电能的机电能量二次转换，依靠体内阻抗变换实现谐振频率上的变压输出。压电变压器根据其形状、电极和极化方向不同而有各种结构 (如 Rozen 型，厚度振动型，径向振动型等)，可以实现升压或降压等多种功能 [11−15]。在各类压电变压器中，长条片形结构的 Rozen 型压电变压器最为常用，它结构简单、制作容易、具有较高的升压比，且方便采用片式元件生产技术进行量产。

Rozen 型压电变压器的基本结构如图 3.2 所示。

表 3.1 压电变压器与线绕变压器的性能比较 [5]

特性	压电变压器	线绕变压器
频率特性	在谐振频率下工作	在较宽频率范围工作
升压比	高	不容易实现高升压比
输出功率	较低	较高
输出波形	正弦波	输出波形与输入波形相同
对环境的影响	产生超声波	产生电磁干扰
可燃性	使用陶瓷材料，无可燃性	使用有机材料，有燃烧危险
重量	轻	重
体积	小	大

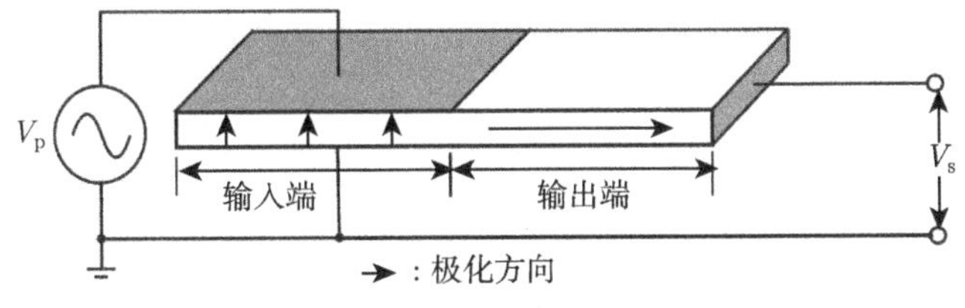

图 3.2 Rozen 型压电变压器的基本结构

从图 3.2 可以看到，整个 Rozen 型压电变压器从结构上可以分为两部分，左半部分为输入端驱动部分，上下两面有烧渗的电极，沿厚度方向极化；右半部分为输出端发电部分，最右端有烧渗的电极，沿长度方向极化。压电变压器是一种在谐振频率下工作的器件，当交变电压加到压电变压器的输入端时，通过逆压电效应，压电变压器产生沿长度方向的伸缩振动，将输入的电能转换为机械能；振动波及发电端，则通过正压电效应，将机械能转换为电能，产生电压输出。由于压电变压器的长度远大于厚度，故输入端为低阻抗，输出端为高阻抗，因而在压电变压器的谐振频率下，可输出高压。对于上述结构的片式压电变压器，因为压电片的振动方向与驱动电压方向垂直，因此也常被称作横向变压器。

压电变压器在谐振状态下工作，安装时需要根据器件具体质点位移与应力分布情况选择合理的支撑点位置 [5,16]。图 3.3 给出 Rozen 型压电变压器工作在半波谐振态与全波谐振态的质点位移和应力分布。为保证可靠性，固定压电变压器时，支撑点必须选在位移为零处。在半波谐振态时，压电陶瓷片中间位移为零 (节点)，此处应力最大，安装时选择为夹持的支撑点位置；在全波谐振态时，压电陶瓷片两端和正中位置位移最大，应力为零，而在距离两端四分之一处的位置位移为零 (节点)，应力最大，安装时可选择该处为夹持的支撑点。

对压电变压器的实验研究主要包括器件结构设计模式优化和压电陶瓷材料性能提升，以及探寻压电变压器升压比、输出功率、转换效率、器件温升与输入电压、驱动频率和负载间的关系，这些研究对于寻找最优的压电陶瓷材料、器件设计结构与匹配驱动电路至关重要。Rozen 型压电变压器的一个重要应用是驱动背光源冷阴极荧光灯 (cold cathode fluorescent lamp，CCFL)，这主要是因为 CCFL 的工作特性非常适合于压电变压器的特点，即输出阻抗高、输出电流小、输出电压随阻抗变化大等。目前，Rozen 型压电变压器在一些低功耗电子产品，如笔记本电脑、手机和个人便携电子装备中已经获得广泛应用。装配压电变压器到所需设备中，必须要有设计合理的电路与之匹配，其中最为重要的是需要一个与压电变压器的谐振频率同步，与压电片的输入阻抗匹配的交流激励电源来激励压电变压器进行稳定工作。

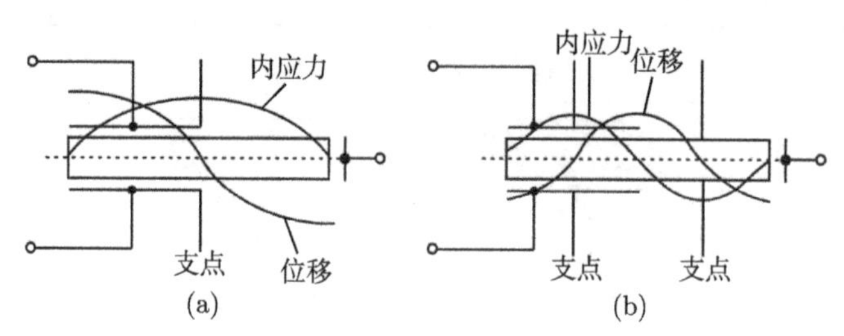

图 3.3　Rozen 型压电变压器在谐振态时应力与位移的分布

(a) 半波谐振；(b) 全波谐振

图 3.4 给出一个代表性的以 Rozen 型压电变压器为核心的 LCD 背光电源 CCFL 驱动电路 [17]。为了得到最佳输出特性，一般需要跟踪压电变压器谐振频率的变化从而对驱动电压的频率进行自动调整。

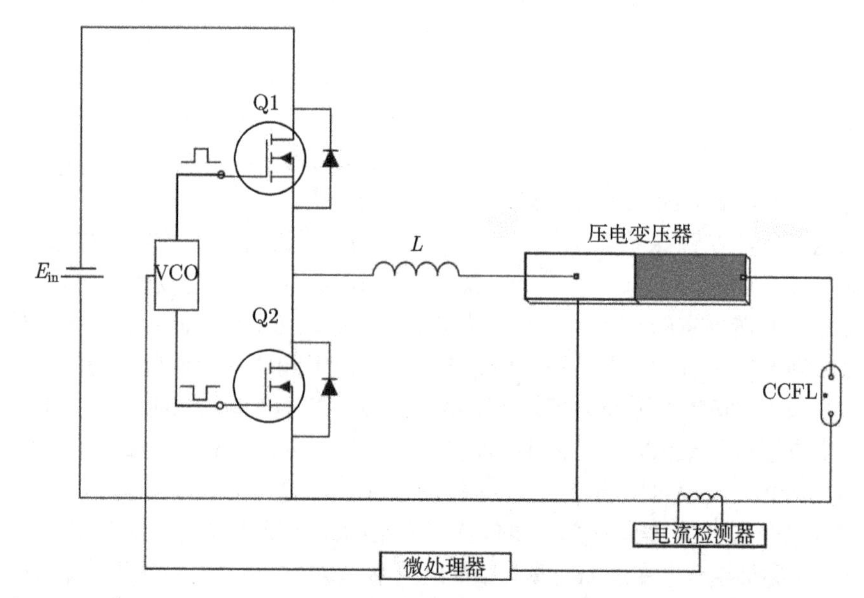

图 3.4　基于 Rozen 型压电变压器的 LCD 背光电源 CCFL 驱动电路

此外，如果将压电变压器设计成类似于多层陶瓷电容器 (MLCC) 的独石结构 (图 3.5)，则根据元件厚度一定时，升压比与电极层数成比例这一原理，多层压电变压器的升压比和输出功率还可以大大提高；同时驱动电压显著降低，这有利于满足超薄型电源的应用需求 [18−20]。

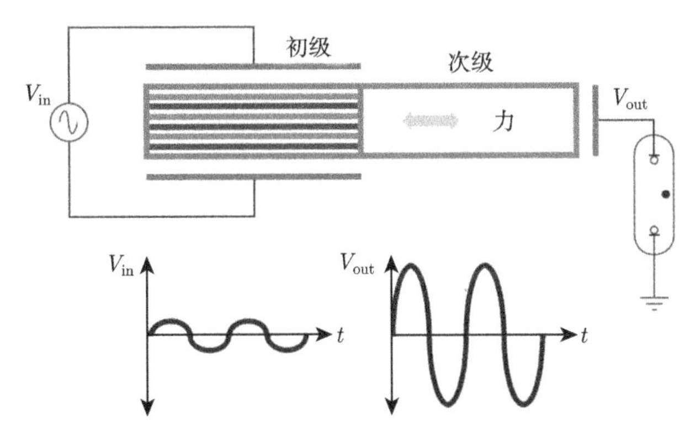

图 3.5 多层压电变压器的结构与工作示意图

图 3.6 为单层压电变压器与多层压电变压器实物 (注：多层压电变压器进行了电极结构优化)，配套驱动电源线路板及 CCFL 点灯实验照片。由于多层压电变压器在制造过程中采用陶瓷流延成型与内电极丝网印刷工艺，因而需要共烧技术实现多层器件的致密化。该过程要关注陶瓷介质层与内电极 (通常为 Ag/Pd 电极) 两类材料在共烧时的收缩匹配与界面扩散行为，防止微裂纹与缺陷的产生及电极材料的扩散，以免造成多层压电变压器工作失效。

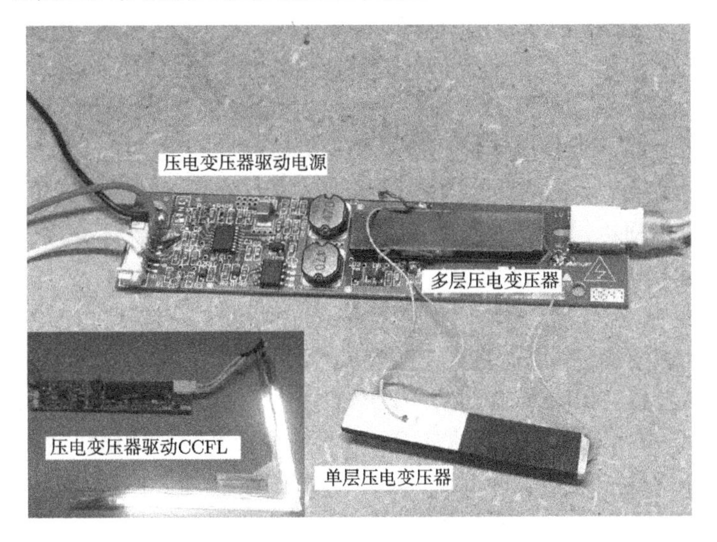

图 3.6 压电变压器实物，配套驱动电源线路板及 CCFL 点灯实验

3.1.2　压电变压器的材料成分设计准则

压电变压器是一种在谐振状态下工作的器件。以 Rozen 型压电变压器为例，空载时，其谐振状态下的升压比为 [5]

$$A_\infty \approx \frac{4}{\pi^2} Q_\mathrm{m} k_{31} k_{33} \frac{l}{t} \tag{3.1}$$

最大效率为

$$\eta_\mathrm{m} = \frac{1}{1 + (\pi^2/2k_{33}^2 Q_\mathrm{m})} \tag{3.2}$$

最大效率时的升压比为

$$A_{\eta\mathrm{m}} = A_\infty \Big/ \sqrt{2}[1 + (2k_{33}^2 Q_\mathrm{m}/\pi^2)] \tag{3.3}$$

式中，Q_m 为材料的机械品质因数；k_{31}，k_{33} 为材料的机电耦合系数；l 为压电变压器发电部分的长度；t 为压电变压器的厚度。

由式 (3.1)~(3.3) 可见，要得到高升压比和高效率的压电变压器，必须选择机电耦合系数 k_{31}，k_{33} 和机械品质因数 Q_m 均高的压电陶瓷材料。同时，介电损耗 $\tan\delta$ 要小，即电学品质因数 Q_e $(1/\tan\delta)$ 要大，以减小压电变压器因内部介电损耗而引起的发热等。此外，压电陶瓷材料的谐振频率温度稳定性要好，机械强度要高，以承受器件工作时的强振动。一些重要电学参数还应有良好的温度稳定性和经时稳定性 (老化特性)，以保证压电变压器在变化的环境温度和长期使用过程中，性能稳定 [21−23]。另外，发展高性能的多层压电变压器还要求压电陶瓷材料能够在尽可能低的烧结温度下实现致密化，以匹配低成本的 Ag/Pd 或全 Ag 内电极浆料。

根据上述压电变压器对陶瓷材料的性能要求，下面将以三元系压电陶瓷材料设计为重点，分别从准同型相界 (MPB) 组成、复相陶瓷制备技术、“硬性” 掺杂、过渡液相烧结等方面分析和讨论提高压电陶瓷机械品质因数 Q_m，电学品质因数 Q_e 和机电耦合系数 k_p，改善谐振频率温度稳定性以及降低烧结温度的可能性和途径，提出适用于压电变压器的多元系压电陶瓷成分设计规则。

1) 压电陶瓷的准同型相界

PZT 陶瓷在 Zr/Ti 比为 53/47 时存在准同型相界，相界处由于多相共存使自发极化的可能取向增多，因而在人工极化处理时极化定向排列程度增高，压电性能较好。弛豫铁电体，如 PZN，PMN，PNN 等与 PT 也可以形成类似 PZT 的准同型相界 (表 1.4)，该相界组成附近具有较大的机电耦合系数和压电应变常数，因其良好的介电和压电性能近些年也得到广泛应用 [24,25]。而将 PT，PZ 进一步与弛豫铁电体复合，可以得到如下三元复合体系相图 (图 3.7)。

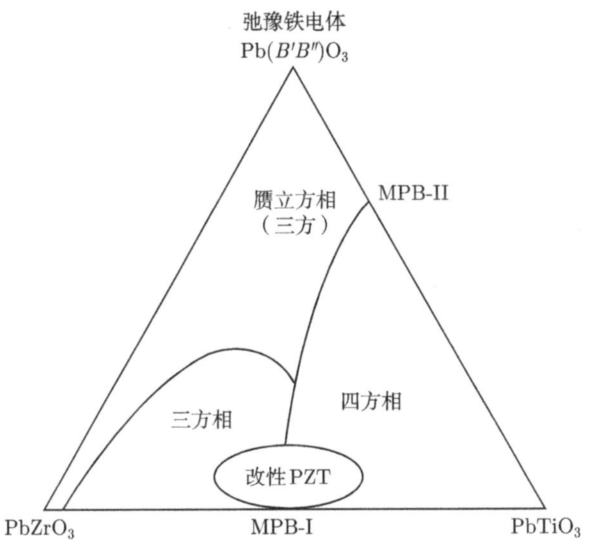

图 3.7 三元体系的准同型相界

从图 3.7 可以看到，在 PZ-PT 和弛豫铁电体 -PT 两个二元体系中的准同型相界仅有一个点 (MPB I，MPB II) 可供配方设计，而在三元体系中却有整条准同型相界线可供选择。三元体系中可供选择的组成范围更为宽广，沿着三元相图中准同型相界线附近改变组分，可以兼顾以上两类二元系材料的特点，获得几种介电和压电性能都得到满足的压电陶瓷，这非常有利于对各项物理参数要求均高的压电变压器的成分设计。此外，实用的压电变压器出于工作稳定性的要求，对材料居里温度 T_c 要求较高 (>250℃)，而弛豫铁电体 -PT 二元系铁电材料的居里温度一般较低，在 150~200℃，这样就需要三元体系配方中含有较多的 PZT 组元 (T_c~360℃) 以提高复合体系的居里温度 T_c。因此，压电变压器的材料成分选择应在靠近三元相图底线 (PZ-PT) 一侧的准同型相界附近寻找。

还需注意的是，准同型相界线处的电学性能，如压电应变常数、机电耦合系数、相对介电常数等虽然优异，但其对成分的微小变动却极为敏感，工艺重复性差。此外，由于相界处晶体结构是四方、三方两相共存 (介稳状态)，这种结构的活性大，导致了内摩擦的增加，从而造成在准同型相界线处出现机械品质因数的极小值。因此，压电变压器的主加组元设计应选择靠近准同型相界线的四方相一侧组成，这样可以确保综合压电性能的最优化。

2) 变压器用压电陶瓷的机械品质因数 Q_m

出于压电变压器高升压比和高效率的性能要求，压电陶瓷材料应具有较大的机械品质因数 Q_m。压电变压器在机械谐振状态下输出高压时，由于克服晶格形变产生的内摩擦要消耗一部分能量，因而会造成机械损耗。机械品质因数 Q_m 反映了这种损耗的程度，Q_m 越大，机械损耗越小 [23]。

Q_m 可由下式进行计算

$$Q_m \approx \frac{1}{2\pi RC^T(f_a - f_r)} \tag{3.4}$$

式中，R 为谐振电阻，f_r 为谐振频率，f_a 为反谐振频率，C^T 为 1kHz 下试样的静电容量。

由于压电变压器用陶瓷需要有较高的相对介电常数以提高其输出功率特性，即需要有较大的电容量值；此外，压电变压器用陶瓷须具有高的机电耦合系数 k_p 以确保高的转换效率，而根据式 (3.5) [26]，高 k_p 需要有高的反谐振频率 f_a 与谐振频率 f_r 差值 $(f_a - f_r)$，因此，获取高机械品质因数 Q_m 只能从减小谐振电阻入手。

$$\frac{1}{k_p^2} \approx 0.969 - 0.395\frac{f_a - f_r}{f_a} \tag{3.5}$$

谐振电阻的物理意义是样件谐振状态下的最小阻抗，其数值受压电陶瓷微观电畴运动的活性所影响，而电畴运动的活性与陶瓷的晶粒大小、致密度和微量掺杂相关。因此，谐振电阻的大小也反映了机械损耗的大小。

提高 PZT 基压电变压器陶瓷材料机械品质因数 Q_m 的方法主要有两种：掺杂改性和添加第三组元。这里所说的掺杂改性主要是指受主掺杂，也称硬性掺杂，即用低价外加离子取代钙钛矿基体结构中 B 位的 Zr^{4+} 或 Ti^{4+} 高价离子。常用的这类外加掺杂离子有 Mn^{3+}, Cr^{3+}, Fe^{2+} 等。这些低价离子的引入，导致晶格结构中出现氧空位以平衡体系电价。氧空位的出现导致钙钛矿结构的三维氧八面体族产生明显的畸变，并对畴壁运动产生“钉扎效应”，阻碍了极化翻转。因而，这类掺杂材料性能往往较“硬”，谐振电阻大幅度减小，机械品质因数 Q_m 显著上升。此外，由于氧八面体的“骨架”发生“塌陷”，晶胞尺寸缩小，电畴运动活性降低，致使这类陶瓷体难于极化和去极化，因而抗老化性特别好，适宜于作为压电变压器材料使用。M. Kobune 等研究了 MnO_2 掺杂对 PNN-PZT 三元体系压电性能的影响 [27]。表 3.2 给出 1200℃ 烧结时不同锰添加量 (0~1.0mol.%)PNN-PZT 体系的压电性能。实验结果显示锰掺杂有效地提高了三元体系的机械品质因数 Q_m 和电学品质因数 Q_e(tanδ 的倒数)。

表 3.2 Mn 掺杂 PNN-PZT 陶瓷的压电性能

Mn 添加量/mol.%	k_p	Q_m	tanδ	$\varepsilon_{33}^T/\varepsilon_0$
0	0.66	50	0.020	6300
0.4	0.62	200	0.006	4500
0.8	0.59	600	0.004	3000
1.0	0.57	1050	0.004	2800

除受主掺杂外，另一种提高压电变压器陶瓷材料机械品质因数 Q_m 的方法是在 PZT 基础上添加特殊结构的第三组元。$Pb(Mn_{1/3}Sb_{2/3})O_3$ 和 $Pb(Mn_{1/3}Nb_{2/3})O_3$ 是文献报道最多的用作提高压电陶瓷功率特性的弛豫铁电体组元，其特征是该类化合物复合钙钛矿的 B 位由受主掺杂元素 (Mn^{2+}) 和施主掺杂元素 (Sb^{5+}, Nb^{5+}) 共同构成 [28−36]。对于大功率压电变压器，少量 $Pb(Mn_{1/3}Sb_{2/3})O_3$ 或 $Pb(Mn_{1/3}Nb_{2/3})O_3$ 的加入即可获得大于 2000 的高 Q_m 值，且其他压电参数不发生劣化。$Pb(Mn_{1/3}Sb_{2/3})O_3$ 或 $Pb(Mn_{1/3}Nb_{2/3})O_3$ 作为组元加入陶瓷体中会产生数量相当大的空间电荷，如 $Pb(Mn_{1/3}Nb_{2/3})O_3$ 产生的空间电荷约是 $Pb(Mn_{1/2}Nb_{1/2})O_3$ 的 4 到 5 倍。由此可以推知该类物质的加入所带来的大量空间电荷对畴壁运动将会起到很强的抑制作用，这会显著增加材料内部各电畴转向的难度，因而提高了 Q_m 值。然而，添加 $Pb(Mn_{1/3}Sb_{2/3})O_3$ 或 $Pb(Mn_{1/3}Nb_{2/3})O_3$ 的量不能太大，合适的添加量 (摩尔分数) 一般应小于 15mol.%。这是因为 $Pb(Mn_{1/3}Sb_{2/3})O_3$ 或 $Pb(Mn_{1/3}Nb_{2/3})O_3$ 与 $PbZrO_3$，$PbTiO_3$ 组成的三元相图较为特殊，以图 3.8 所示的 $PbZrO_3$-$PbTiO_3$-$Pb(Mn_{1/3}Sb_{2/3})O_3$ 三元相图为例，在相图中很大一片区域均难以制备出纯钙钛矿相化合物，总有恶化压电和介电性能的焦绿石相出现。

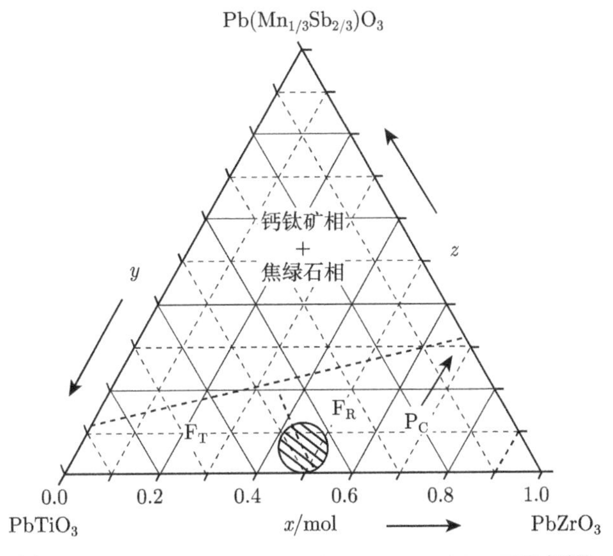

图 3.8 $PbZrO_3$-$PbTiO_3$-$Pb(Mn_{1/3}Sb_{2/3})O_3$ 三元相图

配方设计还需要注意的有以下两点：一是这类体系烧结温度一般很高 (>1200℃)，可通过加入 PNW，PZN 等具有低烧特性的弛豫铁电体复合形成四元系压电陶瓷加以改善；二是大功率压电陶瓷变压器工作时，压电体做大幅振动，因此需要机械强度很高的压电陶瓷。实践证明，陶瓷材料的破坏大多是沿晶界断裂。对于细晶陶瓷来说，晶界比例大，当沿晶界破坏时，裂纹的扩展要走迂回曲折的路程，晶粒越细，该路程就越长，机械强度也就越高 [36]。因而为了获得机械强度高的大功率压电陶瓷，可以通过加入少量 CeO_2 等添加剂形成细晶陶瓷来改善。CeO_2 是一种 “软硬兼有的添加物”，除了可以抑制晶粒生长，还可以使材料的电阻率显著提高，实现高温高电场极化，使压电性能充分被挖掘。

3) 变压器用压电陶瓷的机电耦合系数 k_p

机电耦合系数 k_p 是表征压电陶瓷材料机械能与电能之间转换能力大小的物理量。由于压电变压器的工作原理是机电能量的二次转换，因此高效率的压电变压器需要高机电耦合系数的压电陶瓷材料。

压电陶瓷在准同型相界处具有较高的机电耦合系数 k_p，因此材料成分设计原理上应选取准同型相界位置处的组成。但是，为了避免准同型相界位置组成较差的工艺重复性，实际配方要与准同型相界有所偏离，即选在附近组成。此外，提高 k_p 一般还可以采用施主掺杂的方法，即用半径与 Pb^{2+} 相近的三价离子如 La^{3+}, Nd^{3+}, Sb^{3+} 等进入 A 位，或半径与 Zr^{4+}, Ti^{4+} 相近的五价离子如 Nb^{5+}, Ta^{5+}, Sb^{5+}, 六价的 W^{6+} 进入 B 位进行取代。高价取代低价的结果是带来富余的正电荷，因而瓷体晶格中将出现大量的 Pb 缺位以平衡电价。Pb 缺位的出现，使由于逆压电效应所产生的机械应力及几何形变在一定的空间范围内得到缓冲，因而使电畴翻转时所要克服的势垒降低，畴壁易于运动，k_p 值显著增加。但是，前面提到为了提升材料的机械品质因数 Q_m 值，一般需加入受主杂质进行改性，然而受主杂质的加入由于对电畴翻转产生 “钉扎效应”，在 Q_m 值升高的同时，k_p 值又有所降低。这就要求在具体进行压电变压器陶瓷配方设计时，不能只盯着个别参数，要综合考虑各项压电参数的优劣，反复筛选出综合压电性能最优的配方。

此外，张福学等报道以 $Pb(Mn_{1/3}Sb_{2/3})O_3$ 为第三组元加入 PZT 陶瓷中可实现 k_p 值与 Q_m 值的双高 [37]，这应与该体系 B 位既有受主掺杂元素 Mn，又有施主掺杂元素 Sb 的特殊结构特征相关。

4) 变压器用压电陶瓷的谐振频率温度稳定性

压电变压器是在谐振频率驱动状态下工作，然而机械损耗、介电损耗和环境温度的变化均会造成谐振频率的漂移，不利于器件的正常工作，因此压电变压器用陶瓷材料在指定的工作温度范围内应具有良好的谐振频率温度稳定性，即谐振频率温度系数 TCf_r 应趋于 0[38]。

谐振频率温度系数 TCf_r 的表达式如下

$$TCf_r = f_r^{-1}\Delta f_r/\Delta T \tag{3.6}$$

式中，f_r 为 25℃ 谐振频率，Δf_r 为频率差，ΔT 为测试温度范围。

考虑一横向长度伸缩振动的压电振子，其谐振频率表达式如下

$$f_r = \frac{1}{2l(\rho S_{11}^{E})^{1/2}} \tag{3.7}$$

将式 (3.7) 对温度 T 求导可得

$$TCf_{\mathrm{r}}=\frac{1}{2}\left(\frac{1}{t}\frac{\mathrm{d}t}{\mathrm{d}T}-\frac{1}{l}\frac{\mathrm{d}l}{\mathrm{d}T}+\frac{1}{w}\frac{\mathrm{d}w}{\mathrm{d}T}-\frac{1}{S_{11}^{\mathrm{E}}}\frac{\mathrm{d}S_{11}^{\mathrm{E}}}{\mathrm{d}T}\right) \tag{3.8}$$

式中，l、w、t 分别为压电振子的长度、宽度和厚度，ρ 为陶瓷材料的密度，S_{11}^{E} 为陶瓷材料的弹性顺度 (弹性柔顺系数)。

因为与极化垂直的平面具有各向同性，上式括号中中间两相可以抵消，所以

$$TCf_{\mathrm{r}}=\frac{1}{2}\left(\frac{1}{t}\frac{\mathrm{d}t}{\mathrm{d}T}-\frac{1}{S_{11}^{\mathrm{E}}}\frac{\mathrm{d}S_{11}^{\mathrm{E}}}{\mathrm{d}T}\right) \tag{3.9}$$

此式表明，TCf_{r} 取决于极化方向的热膨胀系数和弹性顺度 S_{11}^{E} 的温度系数。已有实验数据表明 [24]，极化方向的热膨胀系数约在 10^{-6}℃$^{-1}$ 数量级，而 S_{11}^{E} 的温度系数约在 10^{-4}℃$^{-1}$ 数量级，因而弹性顺度 S_{11}^{E} 的温度系数是影响谐振频率温度系数 TCf_{r} 的主要因素。这一结论也适用于其他形状的压电振子。

改善压电陶瓷谐振频率温度稳定性的方法主要有调整锆钛比和添加稳定剂两大类。

钟维烈等经研究发现，压电陶瓷谐振频率温度系数 TCf_{r} 随锆钛比的变化存在一普遍规律 [24]，这可以用 $\mathrm{Pb_{0.96}Ba_{0.04}Zr_{x}Ti_{1-x}O_3}$+0.4wt.%$\mathrm{CeO_2}$+0.2wt.%$\mathrm{MnO_2}$ 体系陶瓷圆片径向振子的 TCf_{r} 与锆钛比 x 的关系为例加以说明，其他三元体系的变化规律与其类似。

图 3.9 为 Ce，Mn 掺杂改性的 PZT 基陶瓷的 TCf_{r} 随锆钛比 x 的变化关系 [23,24]。

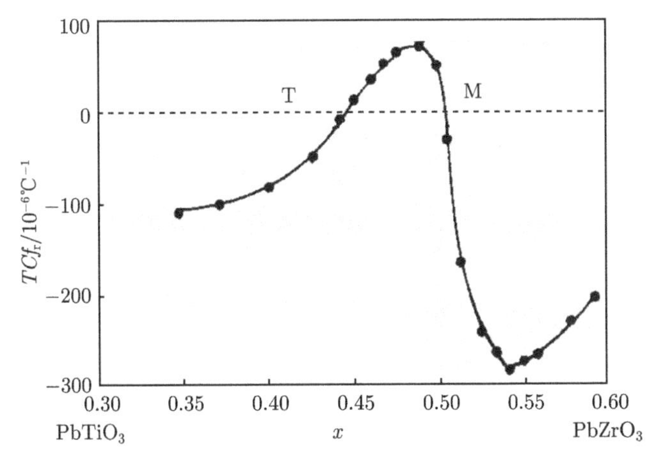

图 3.9 Ce，Mn 改性 PZT 基陶瓷的 TCf_{r} 随锆钛比 x 的变化关系

从图 3.9 可以看到，在四方相区内，随锆钛比升高，谐振频率温度系数向正方向变化；而在准同型相界附近，谐振频率温度系数又随锆钛比的升高而急剧向负方

向变化。温度系数的变化结果，使在锆钛比较低的四方相区，温度系数为负值，而在锆钛比较高的相界附近的四方相区，温度系数为正值，进一步进入三方相区，温度系数又为负值。谐振频率温度系数与锆钛比的关系可以用四方–三方相界的非垂直性加以说明。根据式 (3.9) 可知影响谐振频率温度系数 TCf_{r} 的主要因素是弹性顺度随温度的变化。在远离准同型相界的四方和三方相区内，随温度升高，热运动加剧，离子间平衡距离增大，相互作用减弱，因而只要较小的应力就可以产生较大的应变，即弹性顺度变大。根据式 (3.7)，弹性顺度增大则谐振频率降低，因此四方和三方相区内谐振频率温度系数均为负。在准同型相界附近，已有的实验证实由于两相共存将会出现弹性顺度的极大值，而在相变点以上的温度，弹性顺度随温度升高而减小。在 PZT 系统中，四方–三方相界随温度升高而偏向富锆侧 (图 1.5)，因此相界附近四方相的组分，在较低的温度就发生三方到四方的相变，因而在测试谐振频率温度系数的温度范围内 (一般为 −55~85℃)，弹性顺度随温度升高而变小，谐振频率温度系数为正。

综上所述，随锆钛比的变化存在谐振频率温度系数 TCf_{r} 为零的两个组成：一个在四方相区，以 T 表示，另一个在准同型相界附近，以 M 表示。T 点附近的特点是：温度系数随锆钛比变化平缓，容易实现温度系数为零，然而机电耦合系数一般不高 (<0.50)；M 点附近的特点是：机电耦合系数一般较高 (>0.50)，但温度系数对工艺条件敏感，不易实现零温度系数。因此，寻找综合压电性能较优的高稳定性压电变压器配方应选择 M 点附近组分。

为了改变 M 点附近工艺性差的缺点，可以通过设计复相陶瓷加以改善。钟维烈等通过复相陶瓷烧结技术制备了高品质高稳定性的硬性压电陶瓷 [39]。具体工艺如下：采用如图 3.9 所示体系，分别在 M 点两侧选择谐振频率温度系数 TCf_{r} 变化较缓的组成制备基体组元。准同型相界四方相一侧组成为 A(x=0.50)，烧结温度 T_1；准同型相界三方相一侧组成为 B(x=0.56)，烧结温度 T_2。球磨混合 A、B 基体组元，经造粒、成型后于 T_3 温度进行烧结，$T_1 < T_3 < T_2$，制备出复相陶瓷 C。

表 3.3 列出了 A、B 基体组元及其不同重量比混合烧结所得复相陶瓷 C 的压电性能。

表 3.3　A，B 和 C 成分的压电性能

组成	k_{p}	Q_{m}	$\varepsilon_{33}^{\mathrm{T}}/\varepsilon_0$	$TCf_{\mathrm{r}}/10^{-6}$℃$^{-1}$
A(x=0.50)	0.52	800	850	90
B(x=0.56)	0.50	950	750	−270
C(A/B=3/7)	0.51	900	770	−150
C(A/B=5/5)	0.51	870	780	−80
C(A/B=7/3)	0.51	860	810	−20
C(A/B=8/2)	0.52	820	830	+10

从表 3.3 可以看到，谐振频率温度系数 TCf_r 具有补偿效应，精心调整 A、B 基体组元的成分比例可以获得接近零 TCf_r 的复相陶瓷。因此，可以通过设计复相陶瓷的方法来制备具有高谐振频率温度稳定性的压电变压器用陶瓷材料。需要注意的有两点：一是两种基体组元 TCf_r 之间能够进行补偿的前提是没有发生固溶反应，因此 A 或 B 组元的烧结温度须高于复相陶瓷 C 的烧结温度，但是 A 和 B 的烧结温度不能同时都高于复相陶瓷 C 的烧结温度，否则尽管固溶反应会被很好的抑制，但是复相陶瓷 C 却很难烧结成瓷。二是基体组元 A 和 B 的组成须靠近 MPB 以保持较高的机电耦合系数，但是又不能太近以避免进入准同型相界带来工艺的不稳定性。

对于压电变压器配方的设计，还可以通过添加少量稳定剂来调节谐振频率温度系数 TCf_r。$SrCO_3$、$BaCO_3$、La_2O_3 和 Fe_2O_3 等可以使三方–四方相界发生位移，因而可使温度系数与锆钛比的关系曲线发生左右移动，从而达到调整谐振频率温度系数 TCf_r 的目的。这一作用可以用内偏场理论加以解释：在掺有稳定剂的陶瓷中，一般出现空间电荷，其电场对自发极化的排列有屏蔽效应，即使受到温度变化或电场的扰动，电畴构型仍基本保持不变，因此谐振频率温度稳定性得以提高。

表 3.4 给出了 Yoo 等研究的不同 Sr 掺杂量 PNW-PMN-PZT 四元系大功率压电变压器陶瓷材料的压电性能 [38]。PNW-PMN-PZT 四元体系的具体组成为：$Pb_{1-x}Sr_x[(Ni_{1/2}W_{1/2})_{0.02}(Mn_{1/3}Nb_{2/3})_{0.07}(Zr_{0.51}Ti_{0.49})_{0.91}]O_3$+0.5wt.%PbO+0.3wt.%$Fe_2O_3$+0.25wt.%$CeO_2$ (x=0~0.06)。从表 3.4 可以看到，添加少量 Sr，压电陶瓷的谐振频率温度稳定性显著提高，其中 Sr 含量为 0.06 的试样压电性能最优。

表 3.4 Sr 掺杂 PNW-PMN-PZT 陶瓷的压电性能

Sr 含量	k_p	Q_m	$\varepsilon_{33}^T/\varepsilon_0$	$TCf_r/10^{-6}$°C^{-1}
0	0.585	1240	1437	178
0.02	0.571	1180	1504	161
0.04	0.547	1406	1603	157
0.06	0.523	1814	1680	88

5) 变压器用压电陶瓷的介电性能

实用的压电变压器特别是大功率压电变压器需要有较高的相对介电常数 [23]。为满足高居里温度 T_c 的需要，系统中 $PbTiO_3$ 和 $PbZrO_3$ 的含量应相对较高，然而 $PbTiO_3$ 和 $PbZrO_3$ 自身的低相对介电常数 (只有数百) 又不利于系统整体相对介电常数的提高，因此在压电变压器配方设计时，就应选择高相对介电常数的弛豫铁电体作为第三、第四组元进行复合。常用的这类弛豫铁电体有 $Pb(Mg_{1/3}Nb_{2/3})O_3$，$Pb(Zn_{1/3}Nb_{2/3})O_3$，$Pb(Ni_{1/3}Nb_{2/3})O_3$，$Pb(Ni_{1/2}W_{1/2})O_3$ 等 [2]。此外，高性能压电陶瓷变压器还需要低介电损耗 $\tan\delta$(<0.01) 以降低器件工作状态下的发热量。受主掺杂由于产生氧空位抑制电畴的翻转，在提高 Q_m 的同时也能大幅降低 $\tan\delta$。

6) 变压器用压电陶瓷的低温烧结

具有独石结构的多层压电变压器具有体积小、驱动电压低和升压比高等特点，是压电变压器发展的一个重要方向。多层压电变压器的制造需要具有低烧结温度特性 (<1100℃) 的高品质压电陶瓷材料以匹配价格低廉的高银含量银钯或纯银内电极浆料。通常采用低熔点的玻璃料作为烧结助剂进行液相烧结来降低压电陶瓷的烧结温度，然而玻璃料的添加虽然可以有效地降低体系烧结温度，但是烧结完成时其一般保留在陶瓷的晶界中，由于其自身的低介电常数往往会恶化系统的介电性能。清华大学李龙土等通过对硬性 PZT 基体添加 B_2O_3-Bi_2O_3-CdO 玻璃料，成功获得了可于低温烧结，且介电、压电性能大幅提高的压电变压器陶瓷材料 [40,41] (表 3.5)。这主要是基于一类特殊的过渡液相烧结机制：在烧结的前期和中期，玻璃料形成液相促进烧结；在烧结后期，玻璃料成分回吸入基体主晶格中，材料组成变为 $[Pb_{1-x}Cd_x(Cd_{1/2}Bi_{1/2})_y][(Mn_{1/2}Bi_{1/2})_z(Zr_{0.52}Ti_{0.48})_{1-z}]O_3(x \leqslant 0.02, y \approx 0.02, z \approx 0.02)$，从而起到了改性作用。这就为我们设计低温烧结压电变压器瓷料提供了一个新思路，寻找可以进行过渡液相烧结的玻璃料或其他具有双重作用的添加剂，利用其同时降低烧结温度和提升材料的电学特性 [23]。

表 3.5　PZT 基料与添加玻璃料的 PZT 性能对比

样品	$\varepsilon_{33}^{T}/\varepsilon_0$	$\tan\delta$	k_p	Q_m	d_{33}/(pC/N)	ρ/(g/cm^3)	烧结温度/℃
PZT	750	0.0080	0.51	420	200	7.56	1250
PZT+ 玻璃料	1100	0.0036	0.57	1000	250	7.64	960

根据以上压电变压器相关文献调研与压电材料数据分析，可以得出为了获得适用于高性能压电变压器的 PZT 基多元系陶瓷材料，在配方设计时应遵守以下几条规则：

(1) 在靠近三元相图底线 ($PbZrO_3$-$PbTiO_3$) 的准同型相界四方相一侧设计三元体系主成分以确保高 k_p、高 d_{33}、高 T_c 和陶瓷工艺的可重复性；

(2) 通过受主掺杂 (Mn^{2+}/ Mn^{3+}，Cr^{3+} 等) 来增大压电陶瓷体系的机械品质因数 Q_m 和电学品质因数 Q_e，提高器件在振动状态下工作的稳定性；

(3) 通过在 PZT 二元体系中加入含锰弛豫体 $Pb(Mn_{1/3}Sb_{2/3})O_3$ 和 (或) $Pb(Mn_{1/3}Nb_{2/3})O_3$ 等组元设计可于大功率状态下工作的压电变压器陶瓷材料；

(4) 通过设计由不同谐振频率温度系数材料组合的复相陶瓷或添加稳定剂 ($SrCO_3$，$BaCO_3$ 等) 来改善压电陶瓷的谐振频率温度稳定性；

(5) 通过添加高相对介电常数的复合钙钛矿结构弛豫铁电体($Pb(Mg_{1/3}Nb_{2/3})O_3$，$Pb(Zn_{1/3}Nb_{2/3})O_3$，$Pb(Ni_{1/3}Nb_{2/3})O_3$，$Pb(Ni_{1/2}W_{1/2})O_3$ 等) 来提高压电变压器

多元系陶瓷体系的相对介电常数；

(6) 选择可以进行过渡液相烧结的玻璃料或其他具有低烧与电学改性双重作用的添加剂降低材料体系的烧结温度，满足多层压电变压器的设计要求。

尽管压电变压器用陶瓷材料的制备及应用近些年发展很快，然而由于该领域属于多学科交叉，许多理论及工艺问题还不明确，尚有待于在进一步实践中深入研究。

3.2 PZN-PZT 多元系陶瓷的 Cr 掺杂行为

3.2.1 Cr 掺杂对显微结构的影响规律

0.2PZN-0.8PZT 组成的三元体系既含有弛豫铁电体家族中介电性能与特征温度 (T_m=140℃) 均较高的 PZN 组元，而且含有高比例的 PZT(80mol.%)，有利于稳定 PZN 的复合钙钛矿相结构，并保证材料整体获得较高的居里温度。基于 0.2PZN-0.8PZT 良好的电学性能与烧结特性，可以作为压电变压器的基础材料。为了进一步提升该体系的压电性能，特别是提升材料的机电耦合系数与机械品质因数，满足压电变压器的应用需求，采用过渡系元素进行掺杂改性是一种行之有效的技术手段。已有一些研究揭示 Cr 元素能够改性 PZT 基压电陶瓷，优化电学品质。例如，Katiyar 等研究了 Cr 掺杂对准同型相界处 PZT 陶瓷介电和压电性能的影响，发现陶瓷的介电和压电性能在 Cr_2O_3 掺杂量为 0.32mol.%处表现出极大值 [42]。Cheon 和 Park 研究表明，Cr_2O_3 掺杂有利于改善 PZT 陶瓷的谐振频率温度稳定性 [43]。Lee 等的研究表明，Cr_2O_3 掺杂能使 PZT 陶瓷的温度系数从正向负转变，使热老化引起的谐振频率变化降低，从而显著改善 PZT 陶瓷的耐热振能力 [44]。Whatmore 等研究了 PMN-PZT 陶瓷的 Cr_2O_3 掺杂作用。结果表明，在 Cr_2O_3 掺杂量为 0.3mol.%附近，体系的介电损耗、热释电系数达到极值 [45]。Jung 等还研究了 Cr_2O_3 对 PMN-PMT-PT 多元体系的介电、热释电和压电性能的影响，发现少量的 Cr 掺杂能促进晶粒长大并显著改善其电学性能 [46]。此外，He 等报道了 Cr_2O_3 掺杂 PMN-PZT 三元体系结构与物性，揭示 Cr 掺杂能够有效提升 Q_m 和 k_p [47]。然而，对于 PZN-PZT 三元体系中的 Cr 掺杂效应尚无系统研究与报道。

本节选取 0.2PZN-0.8PZT 三元系为基体，以 Cr_2O_3 为掺杂物，系统研究了此类掺杂物对材料相结构、显微组织与电学性能的影响规律，并分析了掺杂作用的物理机制。采用二次合成法制备陶瓷材料，具体样品合成与测试表征见 1.3.1 节。其中，陶瓷烧结温度为 1200~1250℃，保温时间为 2h。

图 3.10 是不同 Cr_2O_3 掺杂量的 0.2PZN-0.8PZT 陶瓷样品 XRD 谱。可以观察到所有衍射峰均对应于纯钙钛矿相，在检测限内未发现有焦绿石或其他杂相的存

在。尽管 PZN 由于自身热力学不稳定而难以合成出纯钙钛矿相，但是本实验中添加的 PZT 含量高达 80mol.%，因此，这一简单钙钛矿相化合物能够很好地起到稳定剂的作用。此外，从图 3.10 可以看到，$2\theta=45^\circ$ 附近的 XRD 特征衍射峰随 Cr_2O_3 掺杂量的增大而出现劈裂增强现象，说明 Cr_2O_3 掺杂诱导体系四方相含量增加。从热力学考虑，Cr 离子进入钙钛矿晶格有利于稳定四方相，也就是说，Cr_2O_3 掺杂能够迁移三元体系室温下的准同型相界组成位置朝向低 $PbTiO_3$ 含量一侧 [48]。

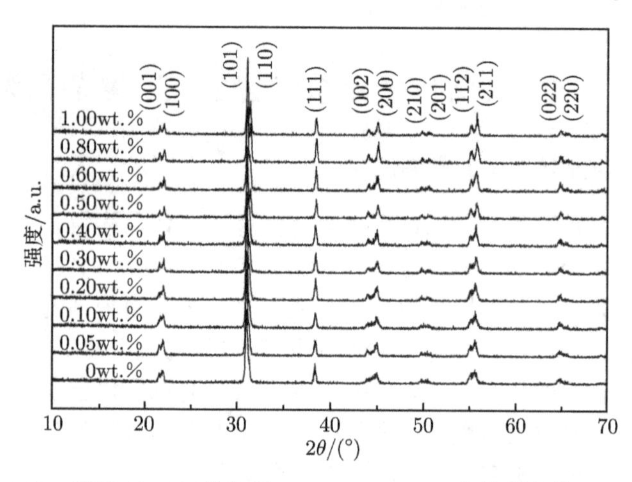

图 3.10 不同 Cr_2O_3 掺杂量 0.2PZN-0.8PZT 陶瓷样品的 XRD 谱

进一步，根据 XRD 测试数据，计算出不同 Cr_2O_3 掺杂量 0.2PZN-0.8PZT 陶瓷样品的晶格常数 c 和 a 以及四方度 c/a 数值，结果在图 3.11 中给出。从该图可以看到，随着 Cr_2O_3 掺杂量的增加，晶格常数 a 逐渐降低，同时晶格常数 c 缓慢增大。在 Cr_2O_3 掺杂量范围 0wt.%$\leqslant x \leqslant$0.3wt.%，四方度 c/a 随 Cr_2O_3 掺杂量增加而显著增大。但是，在掺杂量 0.3wt.%处出现拐点，高于该掺杂量，体系四方度 c/a 几乎不发生改变。这一变化趋势与 Cr^{3+} 在体系晶格中的状态密切相关 [49]。由于非等价掺杂通常在基体中有一定固溶限，根据 XRD 实验数据可以初步判断，Cr_2O_3 在 0.2PZN-0.8PZT 陶瓷中的固溶限约为 0.3wt.%。低于固溶限，Cr^{3+} 溶入钙钛矿晶格中，促进相结构的转变与四方度的提升；而高于固溶限，多余的 Cr^{3+} 主要富集于晶界，对晶体结构几乎不产生影响。

拉曼散射也是一类研究材料微观结构的有效手段，通过对拉曼振动模式的分析可以揭示掺杂引起的陶瓷微观结构变化 [50]。图 3.12 是不同 Cr_2O_3 掺杂量的 0.2PZN-0.8PZT 陶瓷样品拉曼谱。根据文献 [51] 中的分析方法对谱图中不同成分组成的拉曼振动峰进行了指认，结果标识于图 3.12 中，其中，位于 210cm^{-1}，260cm^{-1}，440cm^{-1}，560cm^{-1} 和 703cm^{-1} 的振动峰分别对应于 E(2TO)，E(3) + B_1，E(2LO) 与 A_1(2LO)，A_1(3TO) 和 E(3LO) 模式。众所周知，PZT 体系中三方–四方相转变在拉曼谱图低频区域 ($<180cm^{-1}$) 有明显反映。$140cm^{-1}$ 处的低频峰属于 $A_1(1TO)$ 模式，对应于铅离子相对于变形的 BO_6 八面体的振动，与四方极化特征相关，通常分析该模式特征峰的变化可用来解析材料结构相变。从图 3.12 中可以看到，对于未掺杂样品很难确定 $A_1(1TO)$ 模式的峰位，但是随着 Cr_2O_3 掺杂量的增加，$A_1(1TO)$ 模式峰强逐渐增大，说明 Cr^{3+} 溶入钙钛矿晶格中，引起体系结构畸变并导致四方相含量增加。该结论与先前 XRD 分析结果一致。

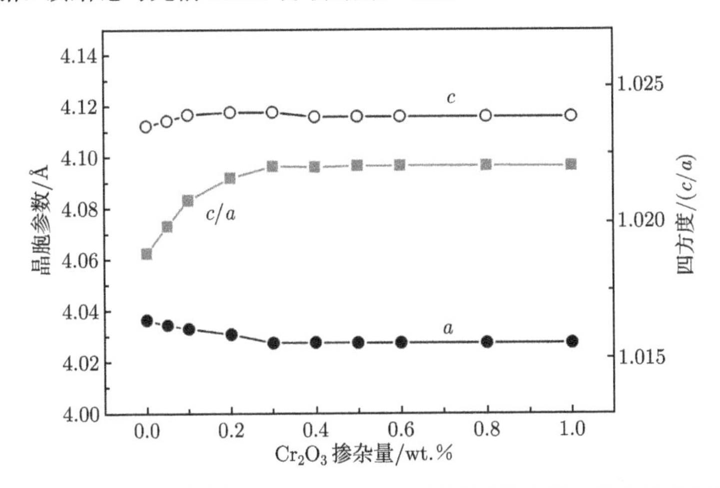

图 3.11 不同 Cr_2O_3 掺杂量 0.2PZN-0.8PZT 样品晶胞参数与四方度的变化趋势

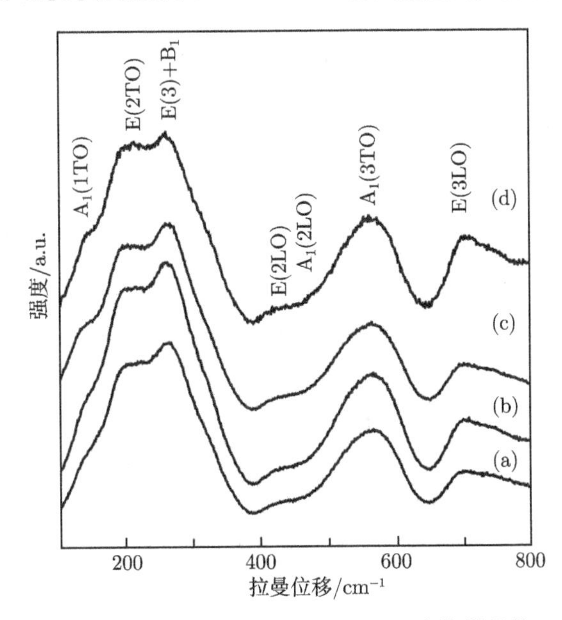

图 3.12 不同 Cr_2O_3 掺杂量 0.2PZN-0.8PZT 陶瓷样品的 Raman 谱

(a) 0wt.%；(b)0.10wt.%；(c) 0.30wt.%；(d) 0.80wt.%

图 3.13 给出不同 Cr_2O_3 掺杂量的 0.2PZN-0.8PZT 陶瓷样品断面 SEM 照片。可以看出，所有样品的晶粒发育完整，且断裂模式均以沿晶断裂为主。未掺杂样品的平均晶粒尺寸约为 2.5μm。在 Cr_2O_3 含量范围为 $0\text{wt.}\% \leqslant x \leqslant 0.3\text{wt.}\%$，随掺杂量增加，晶粒尺寸逐渐增大。$Cr_2O_3$ 掺杂量为 0.3wt.%时，样品呈现最大的平均晶粒尺寸，约为 3.8μm。然而，进一步增加 Cr_2O_3 掺杂量，晶粒尺寸又呈现出降低趋势。根据上述实验现象，可以明确判断出 Cr_2O_3 在 0.2PZN-0.8PZT 三元体系中的固溶限在 0.3wt.%附近。当 Cr_2O_3 掺杂量低于固溶限时，Cr^{3+} 能够均匀溶入钙钛矿晶格中，降低晶界移动的活化能，促进晶粒长大；但是超过固溶限，过量 Cr^{3+} 则会在晶界积聚，基于“拖拽机制”使晶界的迁移能力降低，从而抑制晶粒长大。

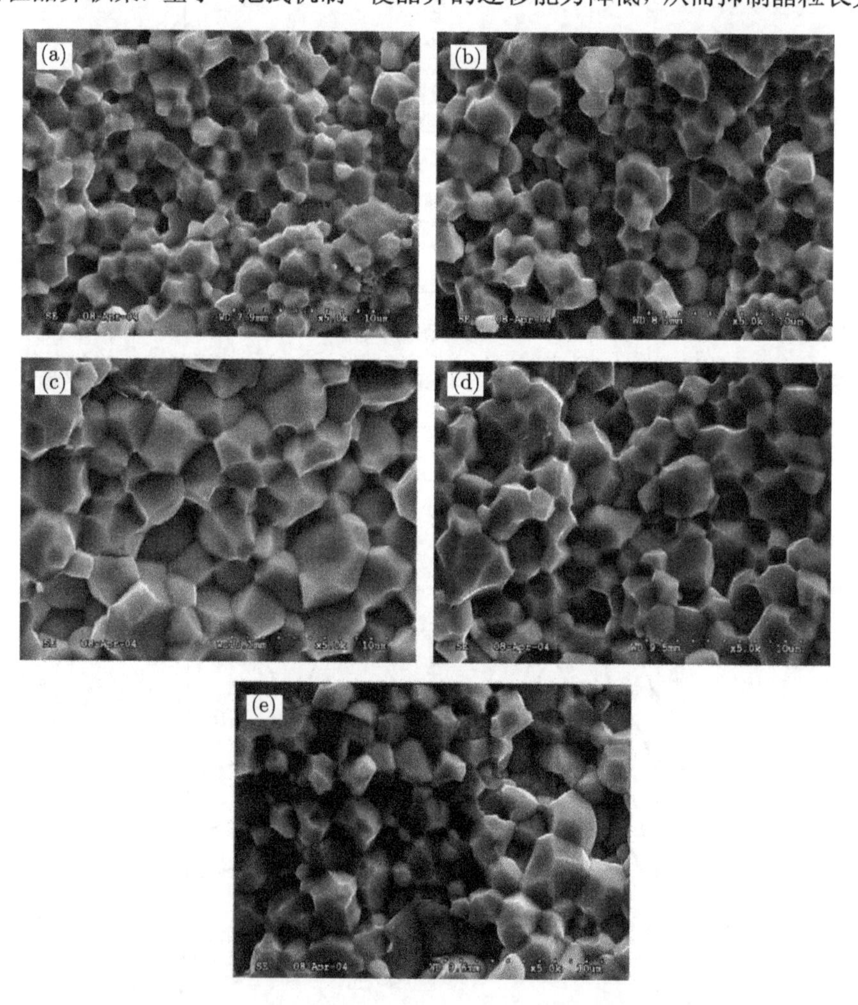

图 3.13　不同 Cr_2O_3 掺杂量 0.2PZN-0.8PZT 陶瓷样品的断面 SEM 照片

(a) 0wt.%；(b) 0.10wt.%；(c) 0.30wt.%；(d) 0.50wt.%；(e) 0.80wt.%

3.2.2 Cr 掺杂对电学性能的影响规律

Cr_2O_3 掺杂不仅改变 0.2PZN-0.8PZT 陶瓷的显微结构，对电学性能也产生重要影响。图 3.14 给出 1kHz 测试频率下掺杂样品极化前后的相对介电常数 ε_r 变化趋势。可以看到，随 Cr_2O_3 掺杂量增加，极化前后的相对介电常数均呈现出降低趋势。铬元素是以 Cr_2O_3 形式加入，在实验条件下主要呈现出 Cr^{3+} 价态，因而取代钙钛矿 B 位元素呈现出受主掺杂特性。尽管铬元素也有 Cr^{5+} 和 Cr^{6+} 等形式的高价态，但这需要极强的氧化条件 [45]，与本实验烧结条件不符。因而，在本实验中，Cr^{3+} 取代高价的 $(Ti, Zr)^{4+}$，为满足电中性条件而产生大量的氧空位。氧空位与受主离子形成具有电偶极矩的缺陷复合体，在由顺电相向铁电相转变形成电畴的过程中，铅空位被“冻结”，而缺陷复合体具有较高的可动性，它们向畴壁扩散，对畴壁起到“钉扎作用”，使畴壁稳定性增加，从而导致陶瓷相对介电常数降低。另一方面，对于 PZT 基压电陶瓷，人工极化处理后样品相对介电常数可能升高或降低，这与其相结构相关。Wang 等研究指出，极化处理后，对于四方相组成样品，相对介电常数上升，但是对于三方相组成样品，相对介电常数则降低 [52]。图 3.14 中，在 Cr_2O_3 掺杂 0.2PZN-0.8PZT 陶瓷中可以观察到极化后相对介电常数的增大现象，这种变化可归结于体系的四方相结构特征。

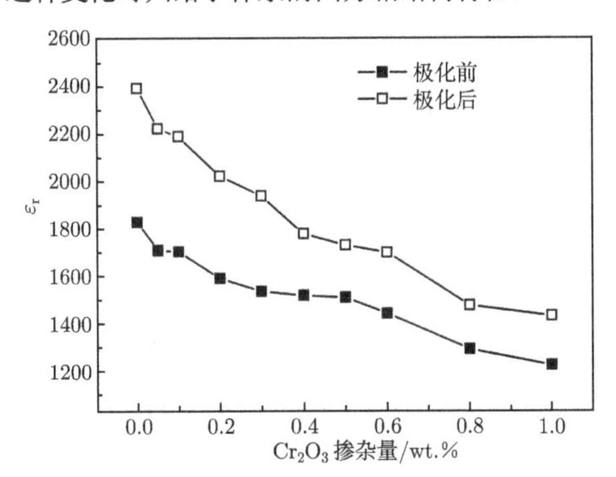

图 3.14 不同 Cr_2O_3 掺杂量 0.2PZN-0.8PZT 陶瓷极化前后的相对介电常数 (1kHz)

图 3.15 给出 Cr_2O_3 掺杂对 0.2PZN-0.8PZT 陶瓷机电耦合系数 k_p 和压电应变常数 d_{33} 的影响。从图中可以看到，k_p 和 d_{33} 随 Cr_2O_3 含量增加呈现出相同的变化趋势，均为先增后降，在固溶限 0.3wt.%处出现极大值，其中，k_p=0.70，d_{33}=491pC/N。

根据掺杂理论，Cr^{3+} 取代高价 $(Ti, Zr)^{4+}$ 的受主掺杂行为会导致材料压电活性降低，减小 k_p 和 d_{33}。但是，另一方面，晶粒尺寸效应也需要加以考虑。因为，k_p 和 d_{33} 一般会随着晶粒尺寸增大而增加。因此，对于上述实验中在 Cr_2O_3 含量

0~0.3wt.%范围内所观察到的 k_p 和 d_{33} 增长现象，可以认为是晶粒尺寸效应起了主导作用 (图 3.13)，补偿了受主掺杂的压电弱化特性。不过，当 Cr_2O_3 含量超过 0.3wt.%的固溶限后，晶粒尺寸转变为持续减小，空间电荷富集的晶界相含量增加，引起 k_p 和 d_{33} 的降低。

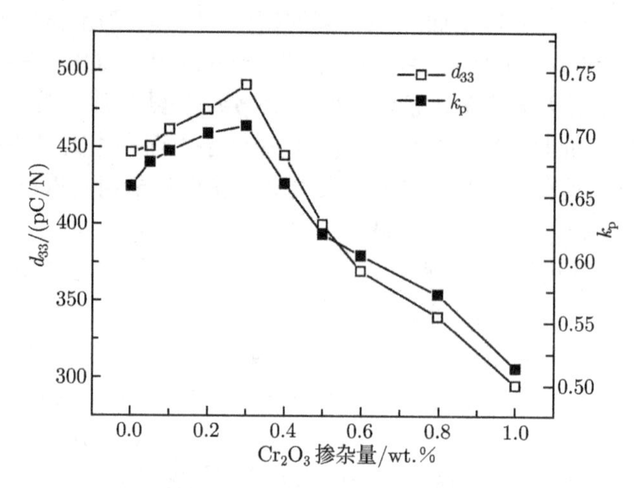

图 3.15　不同 Cr_2O_3 掺杂量 0.2PZN-0.8PZT 陶瓷 k_p 和 d_{33} 的变化趋势

机械品质因数 Q_m 和介电损耗 $\tan\delta$ 与压电变压器的工作稳定性相关，是表征压电陶瓷性能的重要参数。图 3.16 给出 Cr_2O_3 掺杂 0.2PZN-0.8PZT 体系 Q_m 和 $\tan\delta$ 的变化趋势。可以看到，$\tan\delta$ 的最小值 0.010 在 Cr_2O_3 固溶限 0.3wt.%处获得。按照“空间电荷模型”，当 Cr_2O_3 掺杂量小于 0.3wt.%时，不断增大的晶粒尺寸有利于减小空间电荷在晶界的积聚，从而降低电导率和 $\tan\delta$。但是应该注意到，固溶限处 Q_m 值虽然相对于未掺杂体系有一定提升，但是数值仍然较低，仅为 140。在 Cr_2O_3 掺杂量进一步增加到 0.8wt.%时，获得 Q_m 的最大值 280。综合以上研究结果可以看到，尽管 Cr_2O_3 掺杂可以在一定程度上改性 0.2PZN-0.8PZT 陶瓷，部分压电性能有所提升，但是重要的压电参数 Q_m 仍较低，不能满足压电变压器的应用需要。

本节主要介绍了 Cr_2O_3 掺杂对 0.2PZN-0.8PZT 陶瓷相成分、显微结构及电学性能的影响。研究揭示 Cr_2O_3 在陶瓷基体中的固溶限为 0.3wt.%，添加 Cr_2O_3 有助于稳定体系钙钛矿四方结构，提高四方度。在低于固溶限的掺杂范围内，随 Cr_2O_3 含量增加，机电耦合系数 k_p 和压电应变常数 d_{33} 同时增大，这一变化趋势与晶粒尺寸的持续增大相关，即晶粒尺寸效应补偿了受主掺杂行为。最优压电性能：k_p=0.70，d_{33}=491pC/N 均在固溶限处获得，但是该处机械品质因数 Q_m 值较低，仅为 140，尚不满足压电变压器的应用需求。

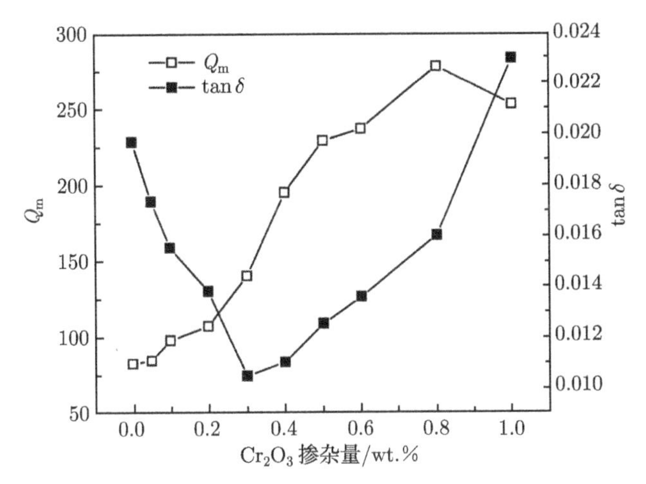

图 3.16 不同 Cr_2O_3 掺杂量 0.2PZN-0.8PZT 陶瓷 Q_m 和 $\tan\delta$ 的变化趋势

3.3 PZN-PZT 多元系陶瓷的 Mn 掺杂行为

3.3.1 Mn 掺杂对显微结构的影响规律

在上一节中，系统介绍了 Cr 掺杂对 0.2PZN-0.8PZT 陶瓷的改性研究，尽管材料机电耦合系数 k_p 和压电应变常数 d_{33} 有一定程度提升，但是机械品质因数 Q_m 值的改性增加幅度并不大，还无法满足压电变压器的应用需求。此外，Cr 掺杂材料体系的烧结温度大于 1200℃，这也不利于发展低温烧结多层压电变压器。在过渡系元素中，Mn 是一种常用的"硬性"添加元素。Kim[53] 和 He[54] 等先前分别报道了 Mn 掺杂对 $Pb(Zr,Ti)O_3$ 陶瓷压电性能的影响，发现 Mn 离子的引入可以显著提升材料的 k_p 和 Q_m。已有文献报道未掺杂改性的纯 PZN-PZT 材料仅在 MPB 附近有高的 k_p 值，但是低 Q_m 数值不能满足压电变压器的应用需求 [55]。基于以上分析，在本节中，将以发展兼具高 Q_m、高 k_p 和低 $\tan\delta$ 的高性能压电变压器材料为目标，重点介绍 Mn 掺杂对 0.2PZN-0.8PZT 陶瓷烧结特性、微结构和电学性能的影响，并深入揭示锰掺杂改性的物理作用机制。

本节选取 0.2PZN-0.8PZT 三元系为基体，以 MnO_2 为掺杂物进行改性研究。采用二次合成法制备陶瓷材料，具体样品合成与测试表征见 1.3.1 节。其中，陶瓷烧结温度为 1050℃，保温时间为 2h。

图 3.17 是不同 MnO_2 掺杂量的 0.2PZN-0.8PZT 陶瓷样品 XRD 谱。可以观察到所有衍射峰均对应于纯钙钛矿相，在检测限内没有发现杂相，如焦绿石相 $Pb_3Nb_4O_{13}$ 等的存在。掺锰体系能够保持纯钙钛矿相的原因主要有两点：一是在所研究的三元体系中离子性强与容差因子大的简单钙钛矿化合物 $PbTiO_3$ 和 $PbZrO_3$

的含量高，很好地起到稳定 PZN 钙钛矿相的作用。文献报道稳定 PZN 的 $PbTiO_3$ 和 $PbZrO_3$ 的最小添加量 (mol.%) 分别为 25~30 和 55~60[19]，而本研究中 $PbTiO_3$ 和 $PbZrO_3$ 的相对含量已高于此范围 [56]。二是 Mn 掺杂有利于 PZN 钙钛矿相的稳定。PZN 难以合成出纯钙钛矿结构，从结构上分析主要是因为 Zn^{2+} 的性质对合成钙钛矿相有阻碍作用。Zn^{2+} 是铜型离子 ($3d^{10}$)，极化能力大。根据鲍林第一规则，Zn-O 离子半径比 (0.74/1.32=0.56) 在 0.732~0.414，Zn 的配位数应为 6。但由于极化作用，配位数降为 4。在 ABO_3 型钙钛矿结构中，A 位阳离子配位数是 12，B 位阳离子配位数是 6，则能形成稳定的钙钛矿结构。在 PZN 中，由于 Zn^{2+} 的极化作用，其配位数降为 4，这是常压下用固相反应法不能合成纯钙钛矿相 PZN 的主要原因。而在本节工作中，用 MnO_2 作为添加剂进行掺杂改性。MnO_2 高温分解后主要生成 Mn^{2+} 和 Mn^{3+}(具体原因下文详述)。Mn^{2+} 离子半径 (0.067nm) 和 Mn^{3+} 离子半径 (0.058nm) 与 Zn^{2+} 离子半径 (0.074nm) 和 Nb^{5+} 离子半径 (0.069nm) 相近，易进入 PZN 晶格中，取代 B 位形成置换固溶体。由于 Mn^{2+} 和 Mn^{3+} 是过渡型金属离子，有较大的晶体场稳定能和八面体择位能，占据八面体配位的 Mn^{2+} 和 Mn^{3+}，在 O^{2-} 八面体配位场的作用下，Mn^{2+} 和 Mn^{3+} 的 3d 轨道进一步分裂，以获得更多的晶体场稳定能，使 Mn—O 间形成稳定的键，从而削减了 Zn—O 键，进而 Zn—O 键长增大，Zn^{2+} 配位数由 4 升为 6，形成稳定钙钛矿型结构的 PZN 基陶瓷。

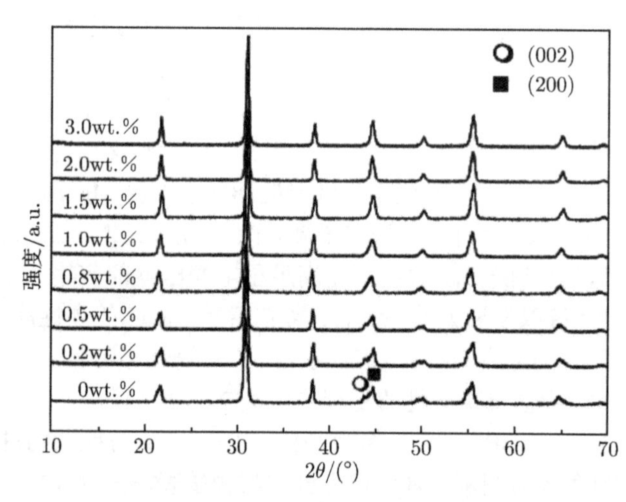

图 3.17　不同 MnO_2 掺杂量的 0.2PZN-0.8PZT 陶瓷样品 XRD 谱

此外，进一步观察图 3.17 中 45° 附近衍射峰形的劈裂程度变化可以发现，Mn 掺杂能够引起 0.2PZN-0.8PZT 陶瓷产生晶格畸变，体系呈现出四方–三方相转变趋势，四方度 c/a 降低。我们分析认为晶格畸变与体系引入 Mn 掺杂离子的姜–泰勒

效应 (Jahn-Teller effect) 相关 [57]。分析晶格畸变起因首先需要明确 Mn 离子在实验制备条件下的离子价态类型。张凤鸣在对陶瓷添加剂 MnO_2 的热分析研究中发现，MnO_2 在升温过程中发生如下两步反应 [58]：

$$4MnO_2 \xrightarrow{650℃} 2Mn_2O_3 + O_2 \uparrow \tag{3.10}$$

$$6Mn_2O_3 \xrightarrow{980℃} 4Mn_3O_4 + O_2 \uparrow \tag{3.11}$$

从以上两式可以看出，随温度上升，Mn 的价态由 +4 价向 +3 价和 +2 价共存转变。此外，李承恩等曾用电子自旋共振技术 (ESR) 确定了 Mn 在 PZT 陶瓷中的价态，结果表明，Mn 主要也是以 Mn^{2+} 和 Mn^{3+} 的方式共存 [59]。图 3.18 为 Mn—O 平衡相图 [60]。在本实验中，Mn 掺杂 0.2PZN-0.8PZT 陶瓷是在常压条件下，烧结温度为 1050℃ 完成制备。参考图 3.18 中不同区域物相与环境压力和温度的坐标关系，根据实验具体制备工艺参数，可以明确判断出 Mn 在 0.2PZN-0.8PZT 陶瓷中是以 +3 价和 +2 价形式共存的。这一结论与李承恩和张凤鸣等的研究结果一致。

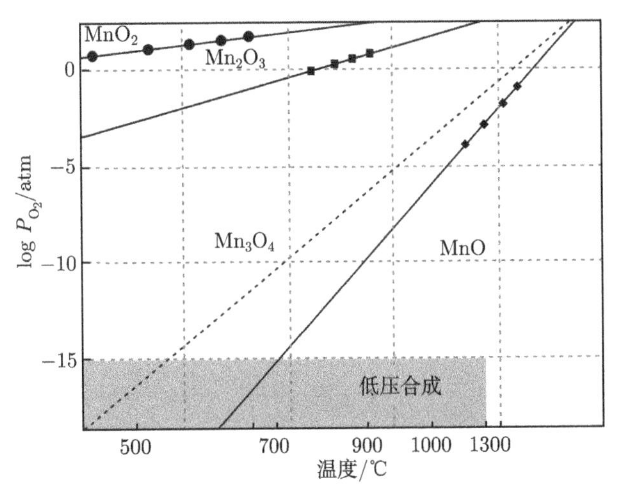

图 3.18 Mn—O 平衡相图

明确了 Mn 在陶瓷体系中的具体价态类型之后，进一步可以根据配位化学原理，分析 Mn 掺杂离子的姜–泰勒效应与 PZN-PZT 陶瓷体系晶格畸变的关系。在化学元素周期系中，Mn 元素属于过渡金属，包含有 5 个 d 轨道 (d_{z^2}，$d_{x^2-y^2}$，d_{xy}，d_{xz} 和 d_{yz})。在 0.2PZN-0.8PZT 陶瓷中，Mn 掺杂离子以 Mn^{2+} 和 Mn^{3+} 形式进入 ABO_3 钙钛矿基体，取代 BO_6 八面体中的 B 位离子。由于受配体氧的作用，本来能量简并的 5 个 d 轨道分裂成了两组：一组是能量较高的 e_g 轨道，包括 d_{z^2} 和 $d_{x^2-y^2}$；另一组是能量较低的 t_{2g} 轨道，包括 d_{xy}，d_{xz} 和 d_{yz}[61]。根据光谱化学序

(spectrochemical series)，O^{2-} 属于弱场配位体，因而 Mn^{2+} 和 Mn^{3+} 将取高自旋构型，分别为 $t_{2g}^3e_g^2(d^5)$ 和 $t_{2g}^3e_g^1(d^4)$[62]。简并轨道的不对称占据 (不对称占据是指除 t_{2g} 轨道和 e_g 轨道全空，全满或半满以外的电子排布情况) 会导致八面体构型发生畸变以获得额外的稳定化能，这被称作姜–泰勒效应 [57,63,64]。本实验中，Mn^{2+} 属于对称构型，$t_{2g}^3e_g^2$；而 Mn^{3+} 属于不对称构型，$t_{2g}^3e_g^1$，因而 Mn^{3+} 是姜–泰勒离子，其 t_{2g} 和 e_g 简并轨道进一步发生分裂。图 3.19 给出姜–泰勒效应下 Mn^{3+} 轨道的分裂图。从图中可以看到，$d_{x^2-y^2}$ 轨道上占据了 1 个未配对电子，而在 d_{z^2} 轨道上没有电子。结果，z 方向上的电子云密度小于 xy 平面，z 方向上的 2 个配体氧对来自 Mn^{3+} 的静电引力所受到的屏蔽要比 xy 平面上的 4 个配体氧小些。因此，z 方向上的 2 个配体氧比 xy 平面上的 4 个配体氧更靠近 MnO_6 八面体中的 Mn^{3+}，结果导致晶胞参数 c 值的降低和 a 值的上升。尽管取代占位的 Mn 离子数量有限，然而 1 个取代元素的离子往往会影响附近 5~10 个晶胞的畸变，对于三维空间就是近 10^3 个晶胞的畸变。因此，陶瓷宏观上四方度呈现降低趋势，这就很好地解释了实验中 0.2PZN-0.8PZT 陶瓷发生四方向三方结构转变的现象。

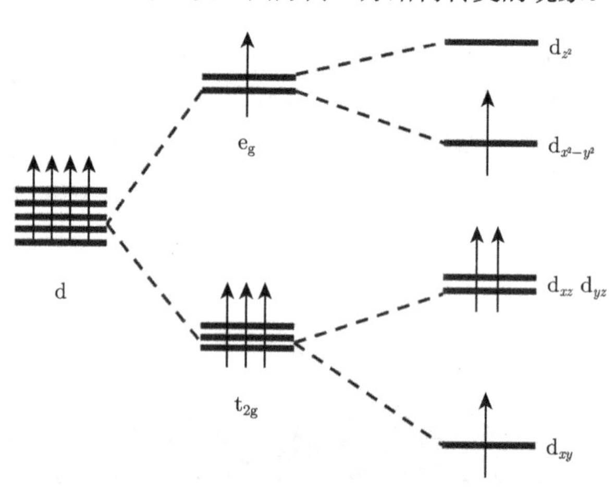

图 3.19　姜–泰勒效应下 Mn^{3+} 轨道的分裂图

图 3.20 给出不同 MnO_2 掺杂量的 0.2PZN-0.8PZT 陶瓷样品断面 SEM 照片。从图 3.20(a) 可以看出，未掺杂的样品晶粒较小，烧结不致密，有大量气孔存在于晶界处。相比较，在 MnO_2 掺杂量 0.5wt.%~1.5wt.%范围内 (图 3.20(b)~(d))，掺杂样品的微观组织结构均匀，形成有规则形状的等轴晶，晶粒发育良好，晶界清晰，气孔少，且晶粒尺寸随 MnO_2 掺杂量增加而显著增大。然而，从图 3.20(e) 可以清楚看到，当继续增大 MnO_2 掺杂量到 2.0wt.%时，陶瓷晶粒形状变得浑圆，且晶粒尺寸呈现下降趋势。这说明有过量的锰在晶界积聚，它起到抑制晶粒长大的作用。进一步增大 MnO_2 掺杂量到 3.0wt.%，陶瓷样品内部已经很难观察到清晰的晶粒

晶界结构，且有大量密闭气孔出现，说明 0.2PZN-0.8PZT 陶瓷样品在高掺锰含量下已经不能够实现有效致密化 (图 3.20(f))。

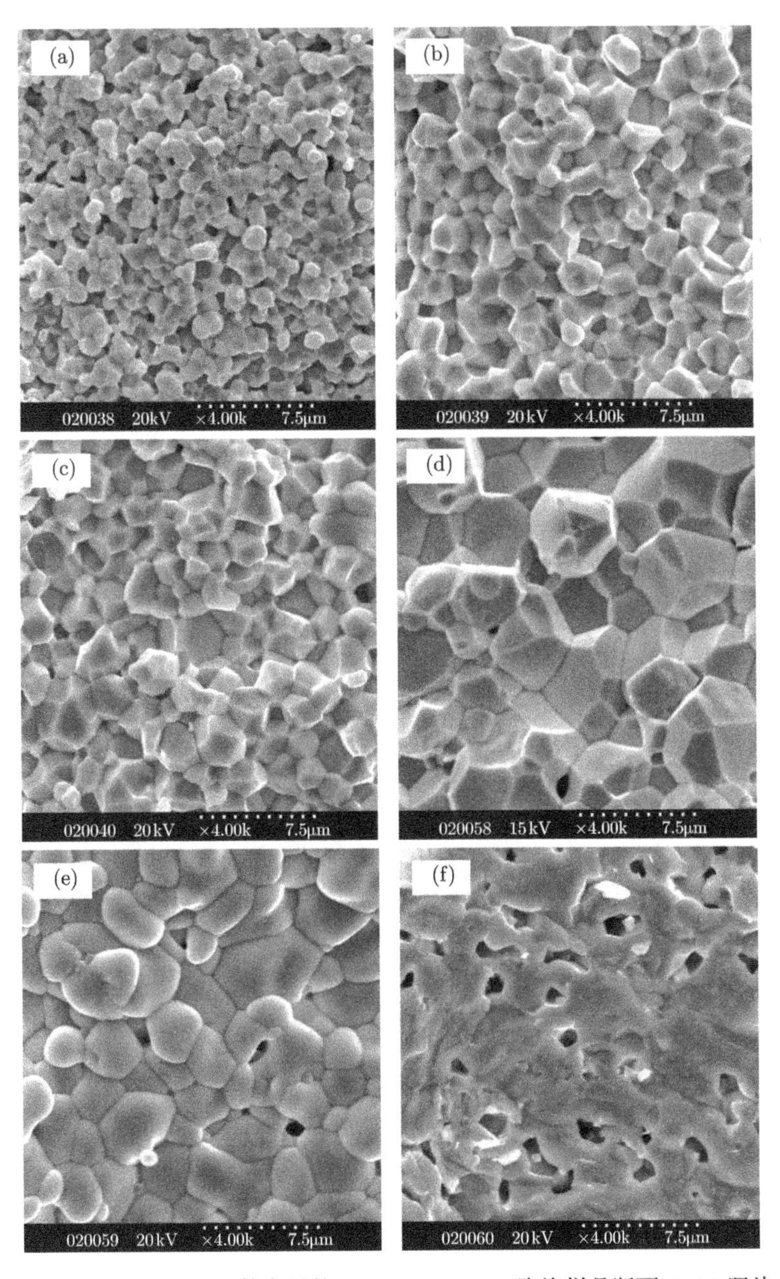

图 3.20 不同 MnO_2 掺杂量的 0.2PZN-0.8PZT 陶瓷样品断面 SEM 照片

(a) 0wt.%；(b) 0.5wt.%；(c) 1.0wt.%；(d) 1.5wt.%；(e) 2.0wt.%；(f) 3.0wt.%

图 3.21 给出不同 MnO_2 掺杂量的 0.2PZN-0.8PZT 陶瓷样品实测体密度变化趋势。可以看到，Mn 掺杂能够显著提高样品的致密性，图中陶瓷体密度与 MnO_2 掺杂量的关系变化趋势与图 3.20 中陶瓷显微组织的演变规律相一致。样品在 MnO_2 掺杂量 0.2wt.%～1.5wt.%范围内具有高密度，而未掺杂样品的体密度很低，仅为 $6.75g/cm^3$，当 MnO_2 掺杂量为 0.2wt.%时，体密度已经高达 $7.75g/cm^3$，这说明适量的添加 MnO_2 有助于改善 0.2PZN-0.8PZT 陶瓷的烧结特性。

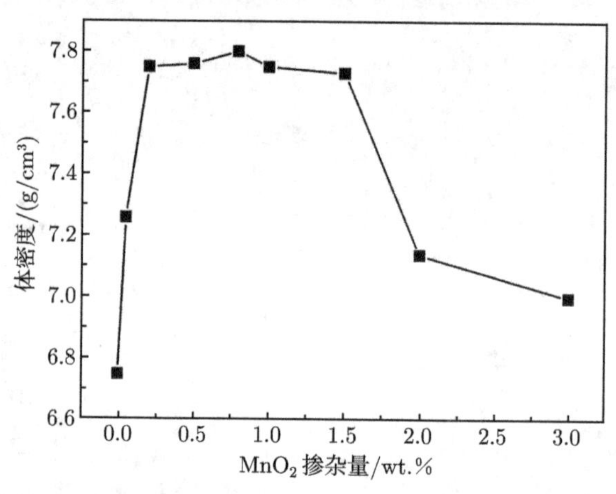

图 3.21　不同 MnO_2 掺杂量的 0.2PZN-0.8PZT 陶瓷样品实测体密度变化趋势

表 3.6 给出用激光粒度分布测试仪测得的相同预烧条件 (850℃，2h) 和球磨工艺 (乙醇介质，锆球，12h) 下，不同掺锰量预烧粉体的粒度分布。

表 3.6　不同掺锰量预烧粉体的粒度分布

MnO_2 添加量/wt.%	累积 10% 粒径/μm	累积 50% 粒径/μm	累积 90% 粒径/μm	累积 97% 粒径/μm	平均粒径 /μm
0	0.16	0.75	1.83	2.92	0.92
0.5	0.19	0.86	2.09	3.55	1.06
1.0	0.16	0.75	1.79	2.72	0.90

由表 3.6 可以看出，MnO_2 的添加并未引起相同球磨条件下，预烧粉体粒径的显著减少，三个不同掺杂量样品的平均粒径均为 (1.0±0.1)μm。这一实验结果说明锰的助烧作用并非是由于其有助于减小预烧粉体粒径、增大比表面积而促进烧结致密的。根据掺杂理论分析认为，MnO_2 添加剂的引入在晶格形成过程中大量取代了 B 位高价的 Zr^{4+}、Ti^{4+}(这里不排除部分取代 Zn^{2+} 位)，因需保持电价平衡而产生适量的氧空位。氧空位的产生可使烧结过程中的物质传递激活能大大降低，促进扩散传质，因而掺锰样品得以在相同烧结条件下较未掺锰样品烧结致密。此外，根据图 3.20 和图 3.21，可以判断出 Mn 离子在 0.2PZN-0.8PZT 基体中的固溶限接近

1.5wt.%。低于 1.5wt.%，Mn 离子可以均匀固溶入钙钛矿晶格中，促进晶粒生长；高于 1.5wt.%，过量的 Mn 离子富集于晶界，抑制晶粒长大。

3.3.2 Mn 掺杂对电学性能的影响规律

图 3.22 给出 0.2PZN-0.8PZT 陶瓷样品的居里温度 T_c 与 MnO_2 掺杂量的关系。从图中可以看到，在 MnO_2 掺杂量 0wt.%~1.5wt.%范围内，样品居里温度随 MnO_2 掺杂量增加而迅速减小。但是掺杂量 1.5wt.%是一个转折点，进一步增加 MnO_2 含量，样品居里温度下降幅度变缓。从居里温度随 MnO_2 掺杂量的变化趋势也可以得出结论，Mn 离子在基体中的固溶限接近 1.5wt.%，与前文判断一致。

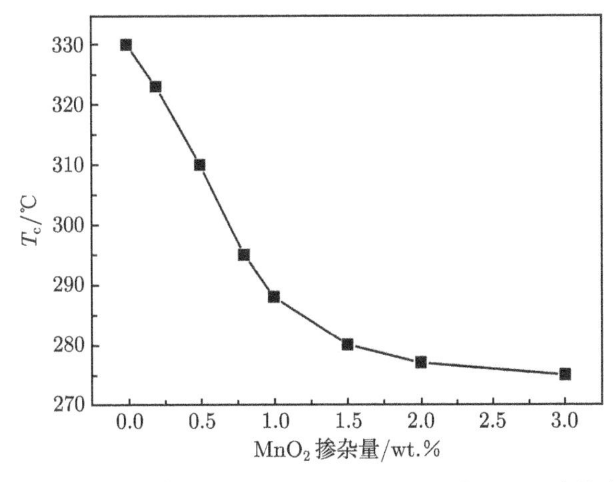

图 3.22 不同 MnO_2 掺杂量 0.2PZN-0.8PZT 陶瓷居里温度的变化趋势

在固溶限内，Mn 离子主要进入材料的钙钛矿晶格中通过占位取代起改性作用。居里温度的高低反映着铁电体材料三维氧八面体族中心的 B 位离子自发定向偏离的稳定程度。居里温度高，则相应材料的 B 位离子所处势阱较深，即处于自由能较低的状态，需要较大的热运动能才足以摧毁铁电态。而这种自由能的高低，是由八面体中 B 位离子与它紧邻的 O^{2-} 之相互作用能大小所决定的。通常情况下，熔点的高低可以反映出离子结合能的大小。MnO_2 在高温下转变为 Mn_3O_4(式(3.11))，Mn_3O_4 的熔点为 1564℃，小于 TiO_2 的 1840℃ 和 ZrO_2 的 2715℃[65]，故通过比较熔点大小说明上述三种金属与氧之间的键能是依次递增的。因而，0.2PZN-0.8PZT 材料随锰含量的增加，Mn—O 之间的弱耦合逐渐增多，致使材料铁电态的稳定性逐渐降低，仅需要相对较低的能量，就可破坏这种不对称的平衡，这就很好地解释了实验中 0.2PZN-0.8PZT 陶瓷随锰含量增加，居里点呈现出下降趋势这一现象 [66]。另外，超过固溶限 1.5wt.%，由于过量的 Mn 离子已不能溶入晶格而在晶界富集，对居里温度的影响明显减弱。

图 3.23 为不同 MnO_2 掺杂量 0.2PZN-0.8PZT 陶瓷机电耦合系数 k_p 和压电应变常数 d_{33} 的变化趋势。从图中可以看出，k_p 和 d_{33} 呈现相似的变化规律，均是先降后升再降。MnO_2 含量低于 0.2wt.%时，随掺杂量增加，k_p 和 d_{33} 快速下降。根据前文分析，Mn 离子主要以 Mn^{2+} 和 Mn^{3+} 形式进入钙钛矿晶格中取代 B 位高价的 $(Ti, Zr)^{4+}$ 形成受主掺杂，平衡电价产生的氧空位使钙钛矿结构三维氧八面体族产生明显畸变，钉扎畴壁运动，降低压电活性 [67]。但是当 MnO_2 含量进入到 0.2wt.%～0.5wt.%区域时，k_p 和 d_{33} 均呈现出随掺杂量增加而快速增大的现象。在 MnO_2 掺杂量为 0.5wt.%时，k_p 和 d_{33} 二者均获得优良数值，分别为 0.60 和 280pC/N。推断在该掺杂位置组成具有高压电活性与锰掺杂诱导体系发生四方–三方相变相关，因为根据图 3.17，可推断在 0.5wt.%MnO_2 掺杂处体系位于 MPB 过渡区域。

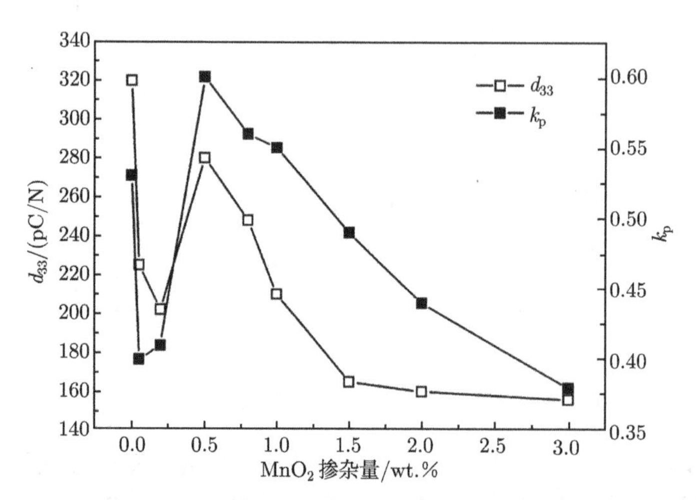

图 3.23　不同 MnO_2 掺杂量 0.2PZN-0.8PZT 陶瓷的 k_p 和 d_{33} 变化趋势

图 3.24 为不同 MnO_2 掺杂量 0.2PZN-0.8PZT 陶瓷机械品质因数 Q_m 和介电损耗 $\tan\delta$ 的变化趋势。Q_m 是衡量压电体谐振时因克服内摩擦而消耗能量大小的物理量，而 $\tan\delta$ 是指介电体在交变电场作用下，由发热而导致的能量损耗。对于实用的压电变压器材料，高 Q_m 和低 $\tan\delta$ 是极为必要的，因为这有利于降低压电变压器谐振工作状态下由发热所导致的性能劣化 [68]。从图 3.24 可以看出，MnO_2 添加物引入钙钛矿基体中带来的 Mn^{2+} 和 Mn^{3+} 起到受主掺杂作用，能够同时提升 Q_m 和降低 $\tan\delta$。$\tan\delta$ 最小值 0.2%(0.002) 和 Q_m 最大值 1040 分别在 MnO_2 掺杂量 0.5wt.%和 1.0wt.%处获得。特别是 Mn 掺杂对于提升 0.2PZN-0.8PZT 陶瓷的机械品质因数效果极为明显，1.0wt.%掺杂量样品的 Q_m 值约是未掺杂样品的 12 倍。但是，增加 MnO_2 掺杂量超过固溶限 1.5wt.%时，体系 Q_m 值则迅速降低，

这主要是由材料体密度减小，微观结构不均匀所致 (图 3.20，图 3.21)。

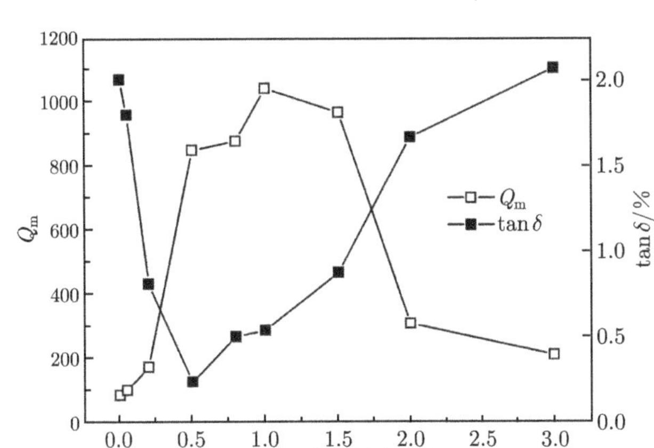

图 3.24 不同 MnO_2 掺杂量 0.2PZN-0.8PZT 陶瓷的 Q_m 和 tanδ 变化趋势

本节主要介绍了 MnO_2 掺杂对 0.2PZN-0.8PZT 陶瓷微结构与电学性能的影响规律。研究揭示添加 MnO_2 有助于陶瓷致密化与晶粒生长，并基于姜–泰勒效应诱使体系相结构由四方向三方转变。此外，MnO_2 掺杂表现出典型的受主掺杂特性，降低体系介电损耗，同时大幅提升机械品质因数，这对于压电变压器应用极为有利。最优压电性能在 MnO_2 掺杂量 0.5wt.%~1.0wt.%范围内获得。但是，高于固溶限 1.5wt.%，微观结构的不均匀与体密度的下降导致压电性能劣化。

3.4 PZN-PZT 掺杂 Mn 陶瓷体系的工艺研究

3.4.1 气氛保护与掺 Mn 体系的结构演化

上一节主要介绍了在相同烧结温度 1050℃ 条件下，不同 MnO_2 掺杂量对 0.2PZN-0.8PZT 陶瓷显微结构与电学性能的影响，并系统分析了锰掺杂作用机制。在本节中，进一步对 PZN-PZT 掺杂 Mn 陶瓷体系的工艺特性进行细化研究与分析。PZT 基压电陶瓷的主要成分是 PbO, 其熔点低 (888℃)，高温烧结时易挥发而引起材料成分波动并导致介电性能和压电性能恶化。为稳定压电陶瓷中的铅含量, 通常采用的方法是在初始粉体中加入一定量的过量 PbO 弥补高温烧结时的铅缺失, 同时在密封烧结时辅以气氛保护粉末如 $PbZrO_3$ 填料等构建烧结时陶瓷体内外的铅气氛动态平衡。有关初始粉体中不同铅含量对材料的微观结构和宏观性能的影响人们已经做了大量的工作 [55,69,70]。相比之下, 对于固定初始粉体铅含量, 变动外加铅气氛对材料的微观结构和压电性能的影响报道较少。

在本节中，目标体系选定为固定锰掺杂量的材料体系 0.2PZN-0.8PZT+0.8wt.% MnO_2+1.5wt.%PbO(以下缩写为 PZNT8)，其中过量 1.5wt.%PbO 是为了弥补高温烧结时的铅损失。为了对比不同铅气氛对材料微观结构和压电性能的影响，分析 PbO 气氛的作用机制，烧结时分别采用两种模式 (图 3.25)：第一种模式是铅气氛保护法，将圆片素坯体置于密闭的双层刚玉坩埚中并在两层坩埚间加入 $PbZrO_3$ 粉体填料以维持铅气氛平衡进行烧结；第二种模式是非铅气氛保护法，即将圆片素坯体直接置于单层坩埚中进行烧结，不添加 $PbZrO_3$ 填料。烧结温度设定为 1050℃、1100℃、1150℃、1200℃ 四个温度，保温时间均为 2h。

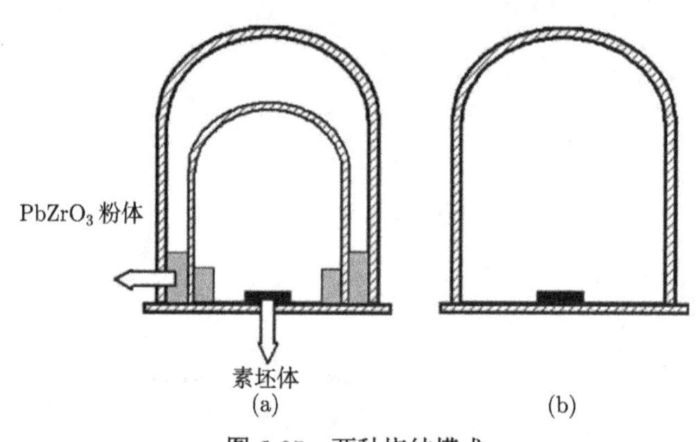

图 3.25　两种烧结模式

(a) 铅气氛保护法；(b) 非铅气氛保护法

图 3.26 给出两种烧结模式下，1200℃ 烧结 PZNT8 样品的 XRD 图。可以看到，在高烧结温度条件下，铅气氛保护烧结样品与非铅气氛保护烧结样品均呈现纯钙钛矿相，不含焦绿石第二相。这说明由于在初始粉体中加有少量的过量 PbO，即使在非铅气氛保护条件下，高温烧结时的铅挥发也并未超出化学计量比，因而获得了纯钙钛矿相陶瓷。

图 3.27 给出两种烧结模式下，1050~1200℃ 温度区间制备 PZNT8 陶瓷的 SEM 断面照片。由图可见，在 1050℃ 低温烧结，两种模式下制备的陶瓷均具有完整良好的晶形结构，晶粒大小均匀且致密。当烧结温度升高到 1100℃，非铅气氛保护模式制备的 PZNT8 陶瓷局部已出现非晶相态，而当烧结温度进一步升高到 1150℃ 及以上时，样品中已有大面积的非晶相出现，而且很难观察到完整的晶粒组织。与非铅气氛烧结试样相对照，铅气氛保护模式下于 1050~1200℃ 宽广温度范围内进行烧结制备的 PZNT8 陶瓷均呈现出良好的微观组织形貌。晶粒发育良好，晶形饱满，晶界清晰。

陶瓷的高效烧结与闭孔排气过程最为密切。对于氧化物陶瓷，实验证明：氧气氛下烧结可以获得高致密度与均匀的微观组织形貌。这是因为氧化物陶瓷中，总有氧缺位的存在，在外部氧压的作用下，氧原子将与氧缺位进行平衡互换，结果将在闭合气孔与外部气氛间形成氧浓度梯度，这有利于闭合气孔内氧高压的降低，从而形成致密化陶瓷。

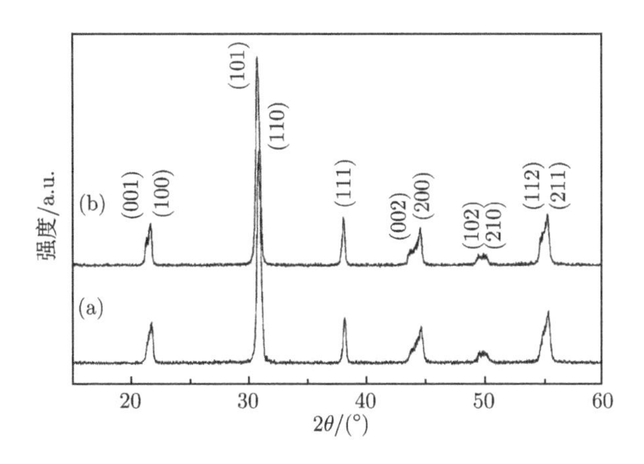

图 3.26 不同烧结模式 1200℃ 制备 PZNT8 陶瓷的 XRD 图

(a) 铅气氛保护法；(b) 非铅气氛保护法

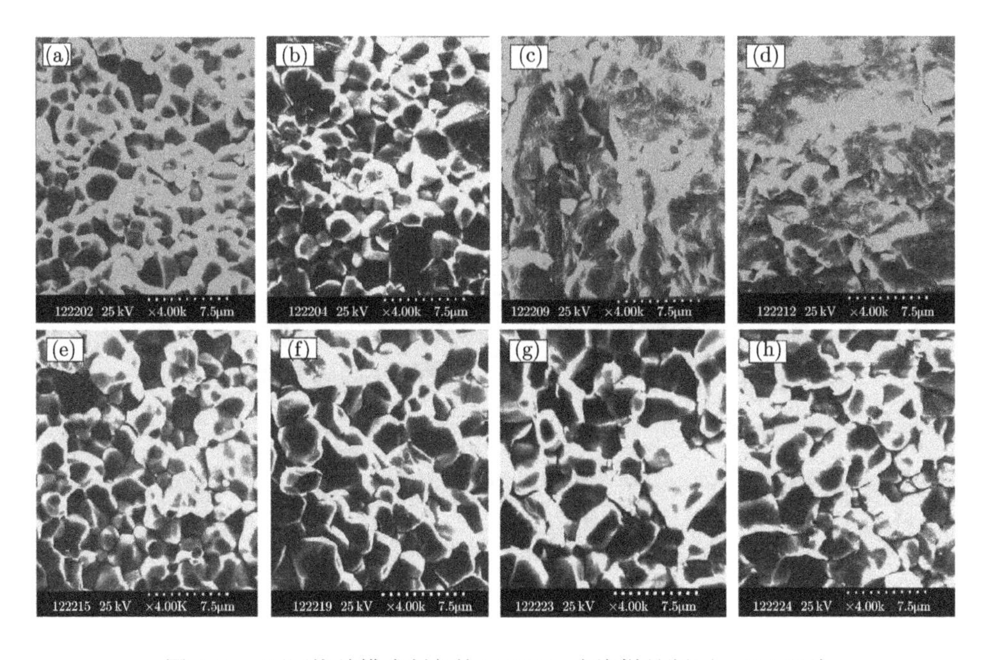

图 3.27 不同烧结模式制备的 PZNT8 陶瓷样品断面 SEM 照片

非铅气氛保护法：(a) 1050℃；(b) 1100℃；(c) 1150℃；(d) 1200℃；

铅气氛保护法：(e) 1050℃；(f) 1100℃；(g) 1150℃；(h) 1200℃

本研究中，PbO 在高温下发生如下平衡反应 [71]：

$$PbO(s) \xleftrightarrow{K_1} PbO(g) \xleftrightarrow{K_2} Pb(g) + \frac{1}{2}O_2 \uparrow \tag{3.12}$$

根据化学平衡勒夏特列原理 (Le Chatelier principle)[72]，大量 $PbZrO_3$ 填料的加入将有利于反应向右进行，生成更多的氧分子，因而铅气氛保护试样实际上是在相对富氧条件下进行烧结的，从而获得了较非铅气氛烧结试样更高的致密度。

已有文献揭示含过量 PbO(>1wt.%) 的铅基陶瓷在烧结过程中存在液相烧结机制，这主要与 PbO 自身的低熔点——888℃ 相关 [70,73]。本研究配方中 PbO 已过量 1.5wt.%，因而肯定存在与溶入–析出过程相关的液相烧结机制 [74]。根据以上 SEM 实验结果与文献分析，可以建立铅气氛作用下的液相烧结机制模型，如图 3.28 所示。高温下，PbO 基于自身的低熔点形成液相，很好地润湿固相物质并

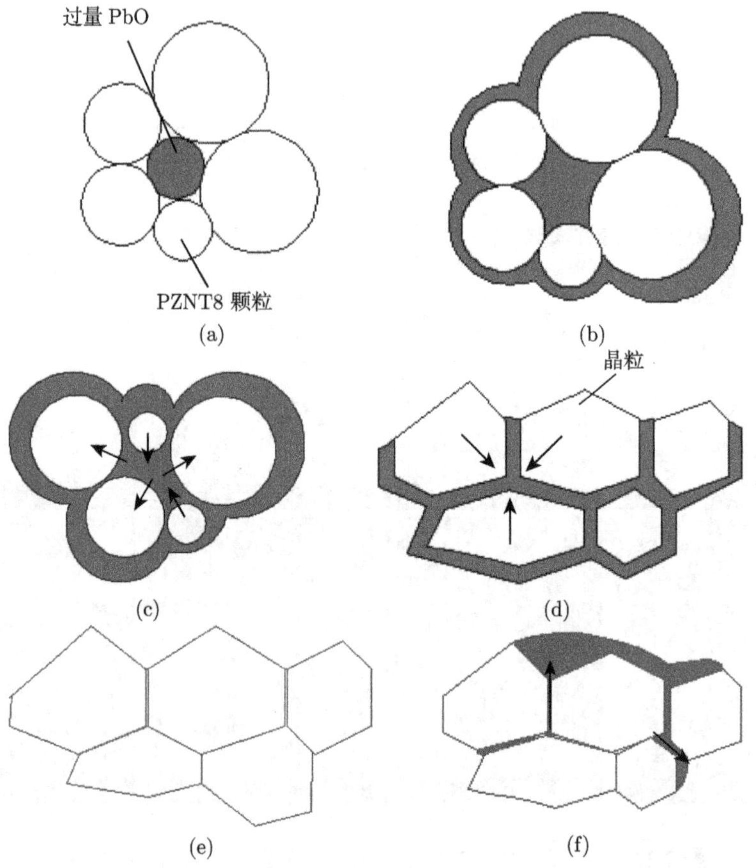

图 3.28 两种铅气氛条件下 PZNT8 陶瓷的液相烧结机制模型

(a) 素坯体；(b) 液相生成；(c) 溶入–析出；(d) 致密化；(e) 铅气氛烧结体；(f) 非铅气氛烧结体

增大颗粒堆积密度 (a), (b)；固态颗粒在液相中的溶解度随表面状态不同而异，通常小颗粒、曲率半径特别小的凸沿或尖角溶解度大，而与此相对应的粗颗粒、平表面或凹表面处溶解度小，因而液相体系中出现浓度梯度，促进物质输运。溶入–析出过程中，小颗粒逐渐变小甚至消失，大颗粒则逐渐长大 (c), (d)；液相烧结进行到后期，液态 PbO 回吸入主晶格，各晶粒彼此接壤形成晶粒间界 (e)。需要说明的是，以上液相烧结过程的完成与外加富铅气氛的营建密切相关。铅气氛保护法中密封填料 $PbZrO_3$ 形成的富 PbO 气氛与瓷体内的 PbO 分压形成一种动态平衡，可以有效地抑制瓷体内 PbO 通过晶界向外界的扩散作用，因而很好地促进了液相烧结的有效进行。烧结得到的瓷体结构致密均匀，晶粒发育良好。而非铅气氛条件下，由于瓷体外部是空气气氛，液相烧结时瓷体内的 PbO 将与外界形成浓度梯度，结果包裹颗粒的 PbO 液膜向外界流动从而破坏均匀晶粒与晶界组织结构的形成。陶瓷体内部存在缺陷和局部应力较小的区域，导致大量的 PbO 液膜驻留该处并在烧结结束时以非晶相的形态留在陶瓷体内 (f)。非铅气氛烧结的结果是液相烧结没有有效进行，陶瓷体微观组织不均匀且有非晶相存在。

铅保护气氛的施加与否除了影响材料的显微结构之外，对陶瓷样品的介电与压电性能也有重要作用。图 3.29~ 图 3.31 分别示出两种气氛条件下 PZNT8 陶瓷的室温相对介电常数 ε_r，介电损耗 $\tan\delta$ 和机械品质因数 Q_m 与烧结温度的关系。由图可见，在 1050℃，两种气氛烧结的样品具有相近的电学参数，这主要是因为在较低烧结温度下，两者均得到致密均匀的晶粒形貌，显微结构差异不大 (图 3.27)。但是，当烧结温度进入 1100~1200℃ 温度区间时，可以看到铅气氛保护烧结的 PZNT8 陶瓷相对于非铅气氛保护烧结的样品具有更为优异的 ε_r，Q_m 和 $\tan\delta$。例

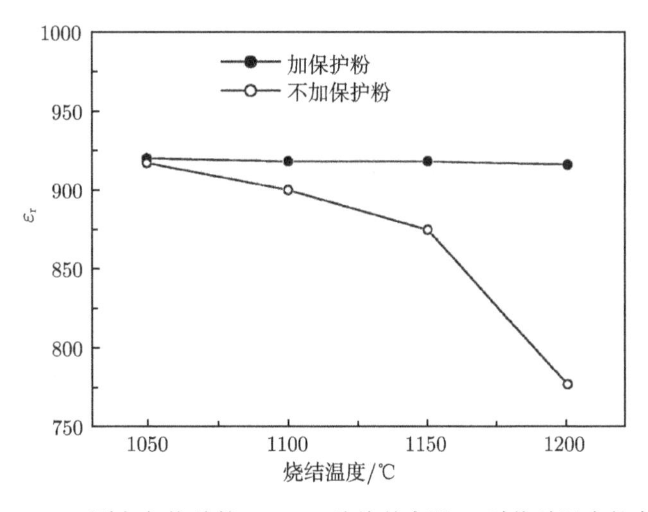

图 3.29 两种气氛烧结的 PZNT8 陶瓷的室温 ε_r 随烧结温度的变化

如，烧结温度同为 1200℃，铅气氛保护烧结的 PZNT8 陶瓷 ε_r，Q_m 和 $\tan\delta$ 分别为 920，1160 和 0.005，而非铅气氛保护烧结的 PZNT8 陶瓷 ε_r，Q_m 和 $\tan\delta$ 分别为 780，950 和 0.007。以上电学性能测试结果的差异主要源于在 1100℃ 以上烧结温度下，两种烧结模式制备样品的显微组织结构明显不同，特别是非铅气氛烧结模式制备的样品中出现了大量低介电的非晶相，对陶瓷 ε_r，Q_m 和 $\tan\delta$ 有重要影响。

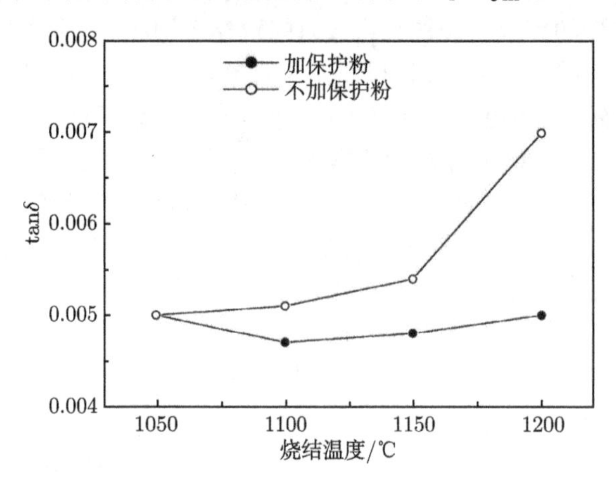

图 3.30　两种气氛烧结的 PZNT8 陶瓷的 $\tan\delta$ 随烧结温度的变化

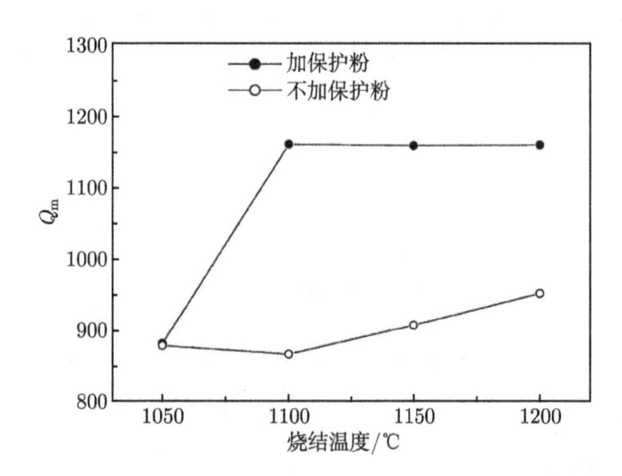

图 3.31　两种气氛烧结的 PZNT8 陶瓷的 Q_m 随烧结温度的变化

然而，有趣的是从图 3.32 可以看到，非铅气氛保护烧结的 PZNT8 陶瓷相对于铅气氛保护烧结的样品具有更为优异的机电耦合系数 k_p。推测该现象与非铅气氛保护烧结样品中出现的非晶相相关。正是非晶相态的出现，缓冲了晶界和畴壁处的“钉扎效应”，有利于电畴的极化翻转，使陶瓷体系相对“变软”，k_p 升高 [75]。

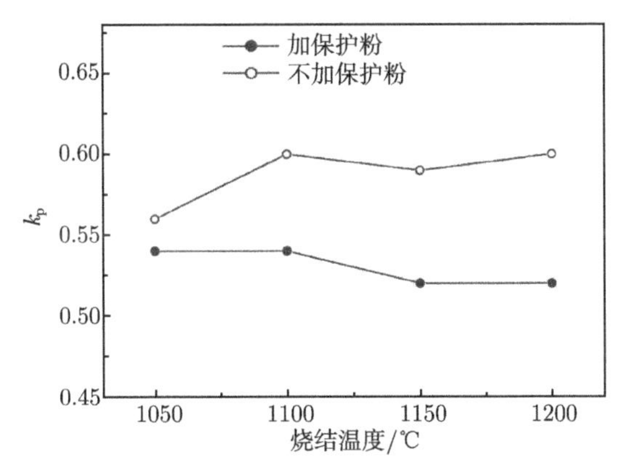

图 3.32 两种气氛烧结的 PZNT8 陶瓷的 k_p 随烧结温度的变化

3.4.2 烧结温度与掺 Mn 体系的性能优化

在前文中重点分析了不同铅气氛保护模式与掺 Mn 体系结构演化的关系，结果揭示在高温烧结条件下 (≥1100℃)，铅气氛保护烧结试样的微观组织形貌与电学性能均优于非铅气氛保护烧结试样。究其原因，主要是在非铅气氛条件下，烧结过程中陶瓷体内外存在 PbO 分压梯度，陶瓷体内 PbO 向外界的流动扩散导致高温下液相烧结的溶入–析出机制不能有效进行，结果在晶界处产生大量非晶相，破坏了瓷体的微观结构，并恶化了介电和压电性能。但是，应该看到在较低烧结温度 1050℃，两种烧结模式制备的样品显微组织形貌差异不大，电学性能相近，该结果说明陶瓷制备时若采用低温烧结，可以省去铅气氛保护模式设置，这对于工业生产很有意义，可以减少因大量 $PbZrO_3$ 填料使用所造成的环境污染。另一方面，综合前文的锰掺杂研究结果，可以看到，虽然 0.8wt.%MnO_2 掺杂量的 0.2PZN-0.8PZT 样品 (PZNT8) 具有高 Q_m，但是 0.5wt.%MnO_2 掺杂量的 0.2PZN-0.8PZT 样品具有综合优异的压电品质，尽管 Q_m 略低，但是 k_p 高，$\tan\delta$ 低，特别是 T_c 高有利于提升压电器件的工作温度稳定性，因而该体系具备进一步优化结构、发展高性能压电变压器材料的潜力。

在本节中，主要通过改变不同烧结温度来调整掺杂体系显微结构与电学性能，从而寻找最优工艺条件。目标体系选定为固定锰掺杂量的材料体系 0.2PZN-0.8PZT+0.5wt.%MnO_2(以下缩写为 PZNT5)，此外配方中添加少量 Sr 用于调整谐振频率温度稳定性。样品烧结采用非铅气氛保护法，烧结温度设定为 900℃，950℃、1000℃、1050℃、1100℃五个温度，保温时间均为 2h。

图 3.33 为不同烧结温度制备 PZNT5 样品的 XRD 图。所有样品均呈现纯钙钛矿相，在检测限内未发现焦绿石等杂相。此外，不同温度烧结样品均处于 MPB 过渡区域四方相一侧。

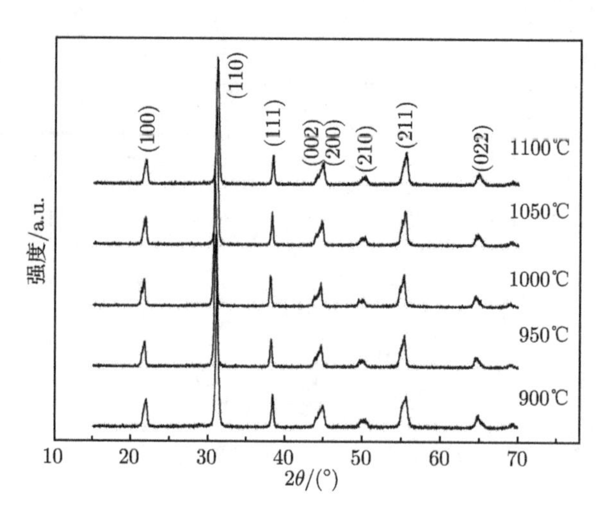

图 3.33　不同烧结温度制备 PZNT5 样品的 XRD 图

图 3.34 给出不同烧结温度制备 PZNT5 样品的体密度。可以看到，在整个烧结温区，陶瓷体密度呈现先增后减的趋势，最大体密度 7.78g/cm^3 在烧结温度 1000℃获得。进一步升高烧结温度，体密度降低，分析原因主要是 PbO 挥发增强。

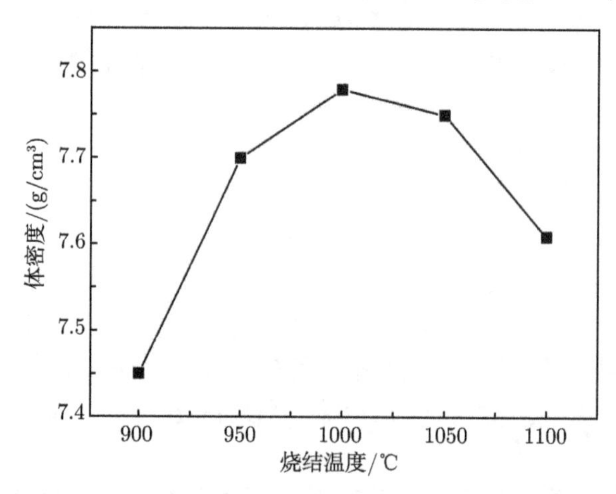

图 3.34　不同烧结温度制备 PZNT5 样品的体密度

图 3.35 给出不同烧结温度制备 PZNT5 样品的微观形貌演化照片。由图可见，随着烧结温度的升高，晶粒逐渐长大，晶粒之间的堆积变得紧密，气孔明显减少，陶瓷的致密性大大提高。1000℃ 烧结的试样具有最优的微观组织结构，晶粒大小均匀，晶形饱满，晶界平直，说明晶粒已得到充分发育。进一步升高烧结温度，出现一定程度的二次晶粒长大，微观形貌的均匀性有所降低。但是，由于本实验整体烧结温度设置较低，所有样品均未出现非晶相。

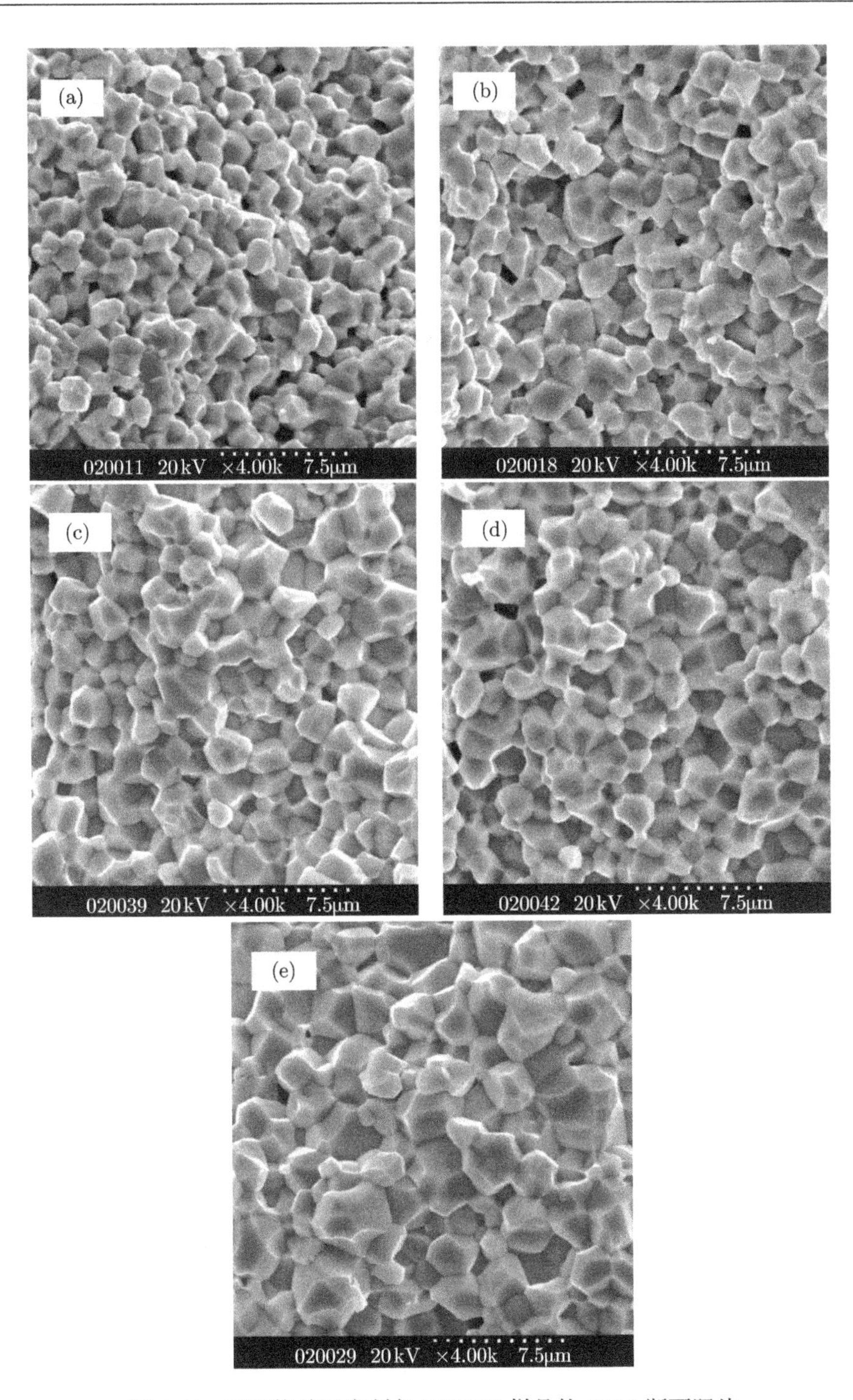

图 3.35 不同烧结温度制备 PZNT5 样品的 SEM 断面照片

(a) 900℃; (b) 950℃; (c) 1000℃; (d) 1050℃; (e) 1100℃

为了进一步明确最优烧结条件，测量了不同烧结温度制备 PZNT5 样品的介电与压电性能，结果分别在图 3.36 和图 3.37 中给出。因为压电变压器是在谐振频率下进行机电能量的转换，所以满足器件应用需求的压电陶瓷必须同时具备高机械品质因数 Q_m、高机电耦合系数 k_p 和低介电损耗 $\tan\delta$。从图 3.36 和图 3.37 可以看出，各电学参数随烧结温度的变化趋势相似，均在 1000℃ 获得最优值。1000℃ 烧结的 PZNT5 各项电学性能指标分别为：ε_r=1240，$\tan\delta$=0.002，k_p=0.62，Q_m=1360，d_{33} = 325pC/N。以上实验结果可以通过晶粒增大，致密度提高，铁电性和压电性增强加以解释。提高陶瓷体密度可以增大体积电阻率与击穿场强，有利于保证陶瓷极化更为充分。此外，晶粒越大越均匀，则谐振时机械损耗越小，这些都有利于压电陶瓷电性能的提升。但是，本实验最佳烧结温度有一定范围，过烧则会引起晶粒的二次长大，破坏微观结构的均匀性，从而恶化介电和压电性能。

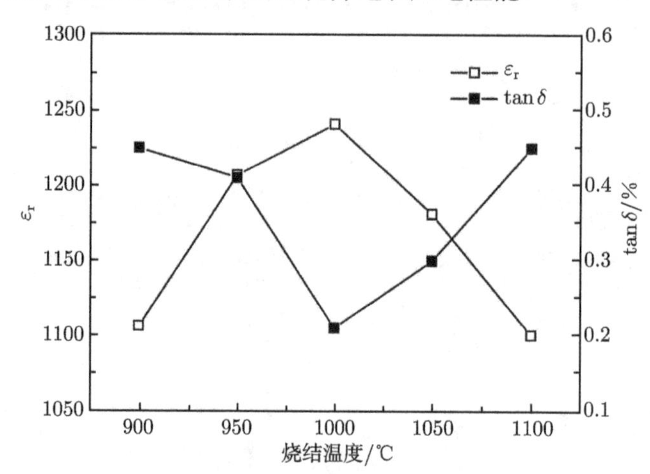

图 3.36 不同烧结温度制备 PZNT5 样品的室温 ε_r 和 $\tan\delta$

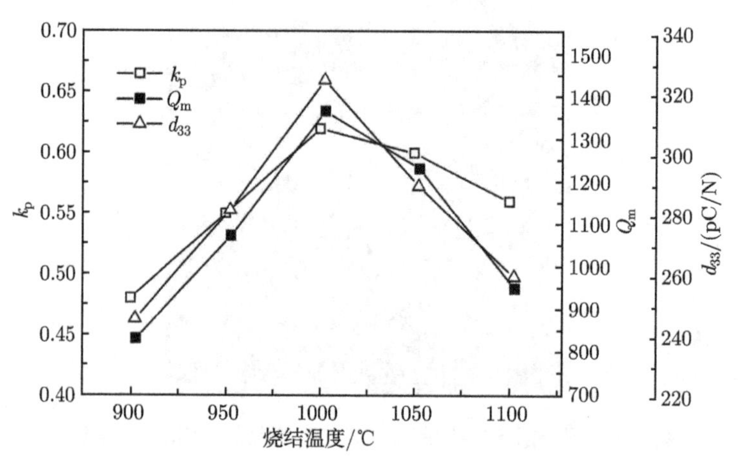

图 3.37 不同烧结温度制备 PZNT5 样品的 k_p，Q_m 和 d_{33}

为了避免由环境温度变化所导致的压电变压器性能劣化，压电变压器材料还应具有高居里温度 (一般要求大于 250℃)[76]。图 3.38 示出 1kHz 频率测试条件下 1000℃ 烧结 PZNT5 样品的相对介电常数与介电损耗随温度的变化关系。根据介温谱中的极值位置，可以确定样品具有高达 320℃ 的居里温度，满足压电变压器的应用需求。

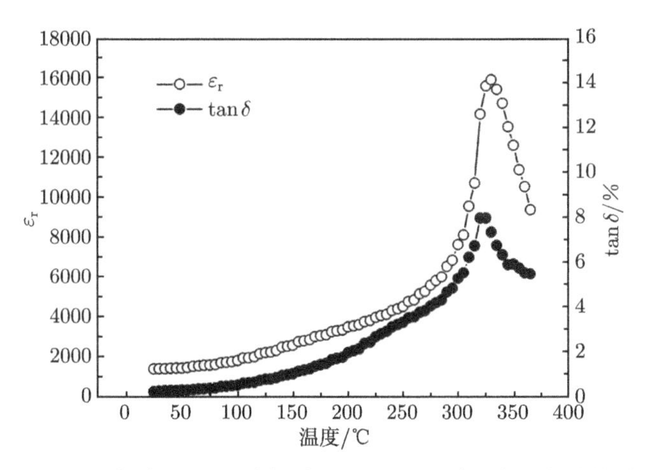

图 3.38 1000℃ 烧结 PZNT5 样品的 ε_r 和 $\tan\delta$ 随温度的变化关系 (1kHz)

本节主要通过改变铅气氛保护条件与烧结温度，细化研究了掺锰0.2PZN-0.8PZT 体系的工艺特性。研究揭示，在较高烧结温度范围 (≥1100℃)，使用 $PbZrO_3$ 填料的铅气氛保护烧结模式设置十分必要，有利于保证材料液相烧结的有效进行，避免非晶相的出现，获得均匀的微观组织结构与优良的电学品质。此外，MnO_2 掺杂量 0.5wt.%的 0.2PZN-0.8PZT 陶瓷不仅具有优良的低温烧结特性，在非铅气氛保护模式下可于 1000℃ 烧结致密，而且具有综合优良的压电性能与高居里温度，能够满足多层压电变压器的制造需要。

3.5 PZN-PZT 多元系陶瓷的 Cu 掺杂行为

3.5.1 Cu 掺杂对显微结构的影响规律

在前文中，研究揭示 MnO_2 掺杂量 0.5wt.%的 0.2PZN-0.8PZT 陶瓷具有优良的压电品质，且可以在 1000℃ 实现高致密度烧结制备。但是，考虑到进一步降低制造成本，设计代替银钯内电极而使用全银内电极的多层结构压电变压器的需要，发展 950℃ 甚至更低温度烧结的高性能压电陶瓷十分必要 (Ag 熔点 961℃)。CuO 作为重要的低烧助剂在不同陶瓷体系制备中已有广泛应用。例如，Kim 等发现将 CuO 加入 $ZnNb_2O_6$ 体系中可以将陶瓷烧结温度从 1150℃ 降到 900℃，同时掺杂 5wt.%CuO 的 $ZnNb_2O_6$ 仍然表现出优异的微波介电品质 ($Q \times f$=59500，ε_r=22.1，τ_f = −66ppm/℃)[77]。此外，Wang 等也报道含有 CuO 和 $LiBiO_2$ 助剂的 $Pb(Zr_{0.53}Ti_{0.47})O_3$ 陶瓷可以在低至 800℃ 实现致密化烧结，同时低烧掺杂样品压电性能优于未掺杂样品 [78]。

基于上述文献报道与工作基础，本节选取 CuO 为烧结助剂，针对 0.5wt.%MnO_2 掺杂 0.2PZN-0.8PZT 陶瓷 (PZNT5) 进行低烧改性研究。采用二次合成法制备陶瓷材料，具体样品合成与测试表征见 1.3.1 节。其中，陶瓷烧结温度范围为 800~1050℃，保温时间为 2h。

图 3.39 为不同 CuO 添加量陶瓷体密度随烧结温度的变化关系。结果显示 CuO 的添加导致陶瓷致密化起始温度向低温方向迁移。未添加 CuO 的陶瓷样品在 1000~1050℃ 完成致密化，而引入少量 0.5wt.%的 CuO 就可以显著提升陶瓷的烧结特性，降低烧结温度 100℃ 左右。在实验研究掺杂量范围内，添加 CuO 助剂的样品于 900℃ 烧结的陶瓷体密度均大于 7.7g/cm^3，相对密度高于 97%。这一实验结果证明 CuO 掺杂对于 0.2PZN-0.8PZT 陶瓷确实有降低烧结温度，增加致密性的作用。

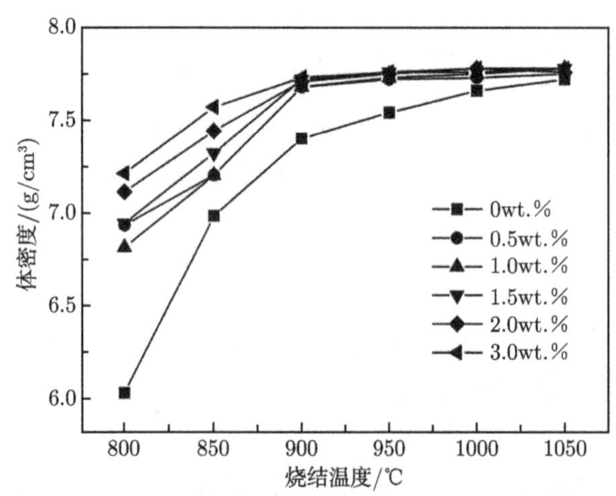

图 3.39　不同 CuO 添加量陶瓷体密度随烧结温度的变化关系

图 3.40 给出 900℃ 烧结不同 CuO 含量陶瓷样品的显微组织形貌。从图 3.40(a) 可以看出，未掺杂 CuO 的陶瓷晶粒粗大，气孔较多，烧结尚未成瓷。相比较，掺杂 0.5wt.%~3.0wt.%CuO 的陶瓷晶粒发育良好，颗粒细小均匀，形成致密的细晶结构 (图 3.40(b)~(d))。由于 0.2PZN-0.8PZT 钙钛矿晶格中同时存在 MnO_2 和 CuO 的掺杂占位竞争，可以推断出 CuO 在陶瓷体系中的溶解度较低 (<0.5wt.%)。超过溶解限度的 CuO 富集于晶界，抑制晶粒生长，从而导致细晶陶瓷形成。通常固相烧结降低陶瓷烧结温度的幅度不大，从本实验中较低的烧结温度 900℃ 来看，烧结过

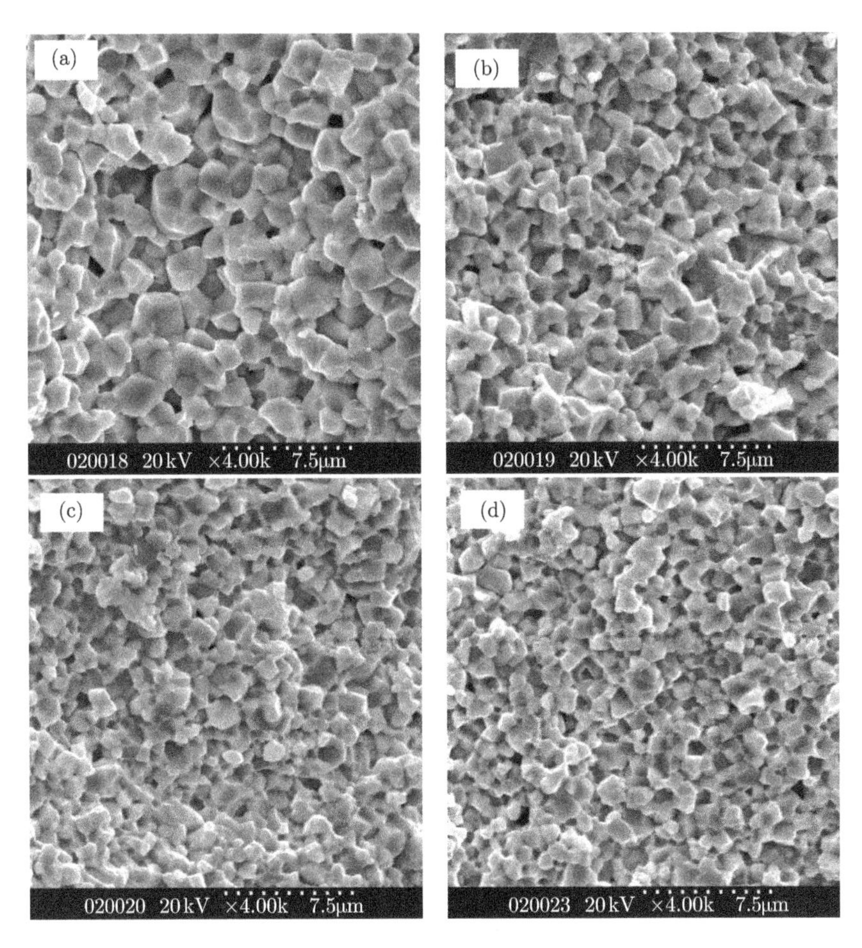

图 3.40 不同 CuO 添加量低温烧结陶瓷的断面 SEM 照片

(a) 0wt.%CuO；(b) 0.5wt.%CuO；(c) 1.5wt.%CuO；(d) 3.0wt.%CuO

程中应有液相烧结机制存在。CuO 本身熔点很高 (1326℃)[79]，而实验中掺铜陶瓷体系的致密化烧结温度仅为 900℃，因此 CuO 不可能以自身熔解所形成的液相促进烧结。先前 Murakami 等曾研究 CuO 掺杂 PZT 陶瓷的低温烧结机制，通过纳米尺度上的微观结构分析证明 CuO 与 PbO 在低温下可产生协同作用，形成富 PbO 液膜促进烧结，与此形成对比的是低温下未掺 CuO 的 PZT 陶瓷并未观察到类似液膜的存在，晶界与晶粒处的 PbO 含量相同，陶瓷仍需在 1250℃ 高温下烧结致密 [80]。本实验进一步对 CuO 掺杂量 3wt.%的陶瓷样品进行了纳米尺度的微区组成分析，结果显示晶界位置与靠近晶界的区域中 Pb 与 Cu 的摩尔比明显不同，分别为 100:74 和 100:30。根据该结果，可以推断富集 PbO 与 CuO 的低熔点晶界相是促进陶瓷于 900℃ 实现低温致密化的主要因素。此外，少量 Cu^{2+} 溶入晶格中取

代高价的离子 Zr^{4+}, Ti^{4+} 会伴随有氧空位的产生，这也会降低物质的传递激活能，促进瓷体的烧结致密化。

图 3.41 为 900℃ 烧结不同 CuO 添加量陶瓷样品的 XRD 图。可以看到，所有样品均为纯钙钛矿相，未检测到焦绿石等杂相。由于 CuO 添加量较少，很难从衍射图中观察到其峰值，仅在 CuO 添加量 3.0wt.%时，才能在 $2\theta=35.4°$ 附近观察到微弱的 (111) 主峰。此外，通过精细结构解析，可以发现由于 CuO 的引入，晶体结构出现畸变。未掺杂 CuO 的样品位于 MPB 过渡区四方相一侧，添加 CuO 导致低烧陶瓷晶体结构向三方相转变。

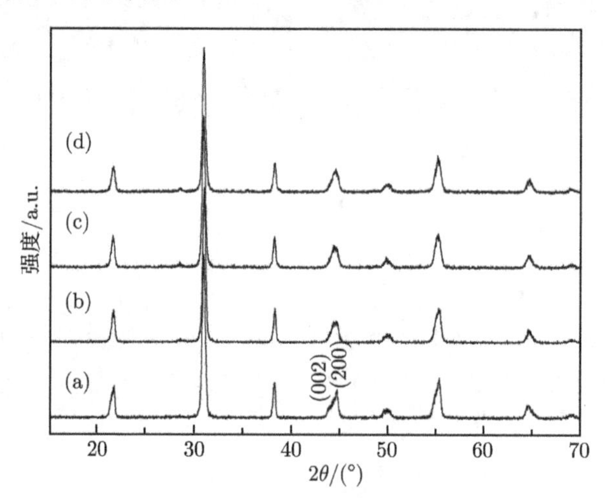

图 3.41 不同 CuO 添加量低温烧结陶瓷的 XRD 图

(a) 0wt.%CuO; (b) 0.5wt.%CuO; (c) 1.5wt.%CuO; (d) 3.0wt.%CuO

表 3.7 为 900℃ 烧结陶瓷样品的晶格常数与 CuO 添加量的变化关系。可以看出，随 CuO 含量的增大，晶格常数 a 略有增加，c 降低，晶格对称性出现四方–三方演变，这与 MnO_2 掺杂对 0.2PZN-0.8PZT 体系的结构影响相似。

表 3.7 PZNT5 体系晶格常数随不同 CuO 含量的变化关系

CuO 含量/wt.%	0	0.5	1.5	2.0	3
晶格常数/Å	a =4.052 c =4.108	a =4.060	a = 4.061	a =4.062	a =4.062

Cu 离子在陶瓷烧结体内主要以 Cu^{2+} 形式存在，能够进入钙钛矿晶格结构取代 B 位离子 (Zr^{4+}，Ti^{4+}) 占据八面体中心位。由于 Cu^{2+} 的外层电子构型为 $3d^9$，属于化学不对称构型，因而也会发生如前文中 Mn^{3+} 在八面体配位环境下所产生的姜–泰勒效应来获得额外的稳定化能。图 3.42 给出姜–泰勒效应下 Cu^{2+} 轨道的分裂图。从图中可以看到，$d_{x^2-y^2}$ 轨道上占据了 2 个配对电子，而 d_{z^2} 轨道仅占据

了 1 个未配对电子。因而，z 方向上的电子云密度小于 xy 平面，z 方向上的 2 个配体氧对来自 Cu^{2+} 的静电引力所受到的屏蔽要比 xy 平面上的 4 个配体氧小些。因此，z 方向上的 2 个配体氧比 xy 平面上的 4 个配体氧更靠近 CuO_6 八面体中的 Cu^{2+}，结果导致晶胞参数 c 值的降低和 a 值的上升 [81]。然而，CuO 在陶瓷体系钙钛矿晶格中的溶解度小于 0.5wt.%，超过溶解限度的 CuO 富集于晶界，对低温烧结陶瓷体系的晶格畸变影响力减弱。

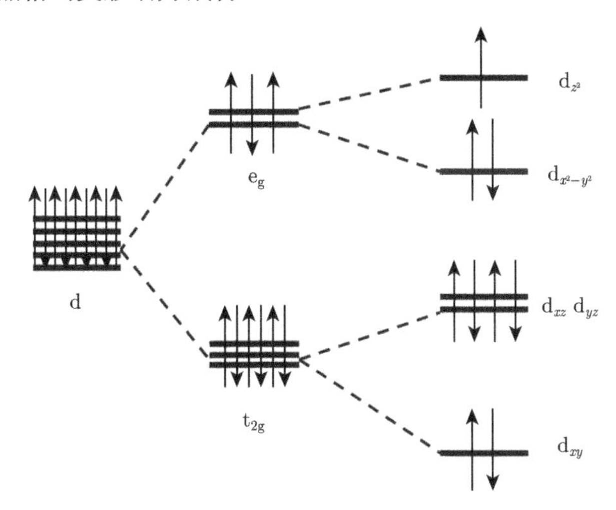

图 3.42 姜–泰勒效应下 Cu^{2+} 轨道的分裂图

3.5.2 Cu 掺杂对电学性能的影响规律

CuO 掺杂不仅对材料相结构与显微形貌产生重要影响，对低温烧结陶瓷的电学性能也有重要作用。图 3.43 给出 900°C 低温烧结陶瓷样品极化前后相对介电常数随 CuO 含量的变化关系。从图中可以发现，未掺 CuO 的试样极化后相对介电常数高于极化前，而掺杂 CuO 的试样则恰恰相反，极化后相对介电常数小于极化前。依据四方相结构试样极化后相对介电常数高于极化前，而三方相结构相反这一规律 [82]，可以判断未掺 CuO 的试样是四方相结构，而掺杂 CuO 的试样为三方相结构。这与前文 XRD 实验的观察结果一致。此外，从图中还可以看到，极化前后的相对介电常数均随 CuO 含量的增加而降低，呈现出相似的变化趋势。Yang 等曾系统研究了陶瓷中晶界相的作用，并提出了如下公式 [83]：

$$\varepsilon = \frac{d\varepsilon_1\varepsilon_2}{\varepsilon_1 d_2 + \varepsilon_2 d_1} \tag{3.13}$$

式中，ε 为系统的相对介电常数，ε_1 和 ε_2 分别为晶粒和晶界相的相对介电常数，d_1 和 d_2 分别为晶粒和和晶界相的厚度，d 为 d_1 与 d_2 之和。本实验中，由于 CuO 在晶粒中的溶解度很小，主要富集在晶界上，因此可将系统理想地看作由以 PZNT5 为主的晶粒和以 CuO 为主的晶界相所构成。随 CuO 含量的增加，晶界相厚度在不断增大，而晶粒相尺寸则变化不大。PZNT5 本身有较大的相对介电常数，1100~1200，而 CuO 的相对介电常数较低，仅为 13[84]，因此根据式 (3.13)，可推测出系统的相对介电常数随 CuO 含量的增加而不断降低。

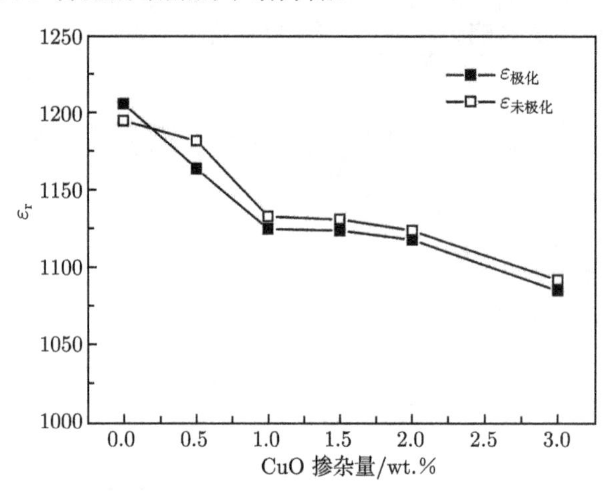

图 3.43 低温烧结陶瓷极化前后相对介电常数随 CuO 含量的变化关系

图 3.44 所示为低温烧结陶瓷机电耦合系数 k_p，压电应变常数 d_{33}，介电损耗 $\tan\delta$ 和机械品质因数 Q_m 随 CuO 含量的变化关系。图中 k_p 和 d_{33} 随 CuO 含量增加均呈现降低趋势。Q_m 和 $\tan\delta$ 在 CuO 掺杂量 1.5wt.%组成处取得最优值，分别为 1050 和 0.4%。以上 CuO 掺杂低温烧结陶瓷体系压电性能的变化可以归结为 Cu^{2+} 的受主掺杂与晶粒尺寸细化的双重作用机制。由于 CuO 在晶格中的溶解度较小，主要存在于晶界中，因此晶粒尺寸对 k_p 和 d_{33} 的影响是主要原因。添加 0.5wt.%CuO 的试样晶粒尺寸明显小于未掺 CuO 的试样 (图 3.40)，因而 k_p 和 d_{33} 下降幅度较大。随着 CuO 含量的进一步增大，晶粒尺寸减小趋势变缓，k_p 和 d_{33} 值下降幅度也就相应减弱。机械品质因数 Q_m 在 CuO 含量为 1.5wt.%时达到最高，随 CuO 含量的进一步增加又有所降低。电畴翻转困难，体系“变硬”一般会增大 Q_m 值。然而为什么大于 1.5wt.%的添加量，Q_m 值又会显著降低？这应与介电损耗 $\tan\delta$ 变化趋势有关。钟维烈等认为 Q_m 值与 $\tan\delta$ 的倒数成正比关系 [24]，随 $\tan\delta$ 的增大而减小。对于本实验体系，CuO 含量大于 1.5wt.%时，这种效应可能更显著些，然而具体微观机制尚有待进一步研究。

本节主要介绍了 CuO 掺杂对 0.2PZN-0.8PZT 基陶瓷烧结特性、微结构与电学性能的影响规律。研究揭示掺入 CuO 可与 PbO 形成低熔点晶界相促进 0.2PZN-0.8PZT 基陶瓷于 900℃ 实现低温致密化。基于姜–泰勒效应，CuO 掺杂诱使体系相结构由四方向三方一侧转变。最优压电性能在 CuO 掺杂量 1.5wt.%位置获得，其中 Q_m=1050，k_p=0.52，d_{33}=238pC/N，tanδ=0.4%。该材料极低的烧结温度与相对较好的压电性能满足与全银内电极匹配的多层压电变压器的制造需要。

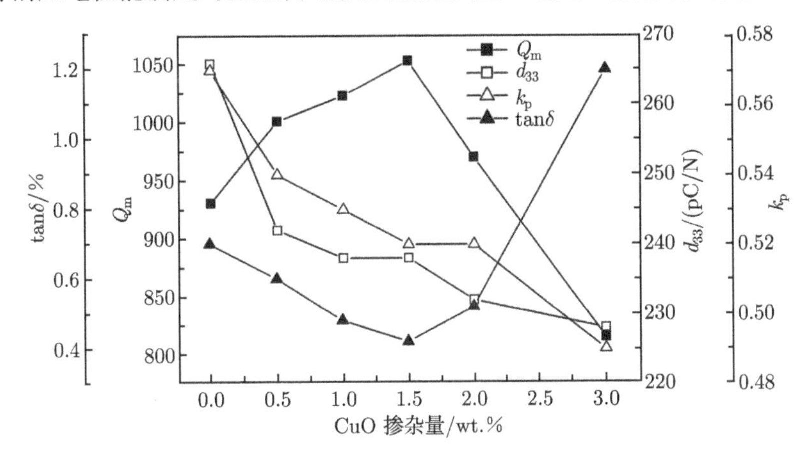

图 3.44 低温烧结陶瓷 k_p，d_{33}，tanδ 和 Q_m 随 CuO 含量的变化关系

3.6 PZN-PZT 多元系陶瓷的 Li 掺杂行为

3.6.1 Li 掺杂对显微结构的影响规律

在前节中，重点介绍了 0.2PZN-0.8PZT 压电陶瓷的过渡系元素掺杂改性。$0.5Pb(Zn_{1/3}Nb_{2/3})O_3$-$0.5Pb(Zr_{0.47}Ti_{0.53})O_3$ (缩写为 0.5PZN-0.5PZT) 是另一组成比例的重要 PZN-PZT 三元系陶瓷，相结构靠近 MPB，具有优良的压电性能 [85]。但是，该体系也存在烧结温度高 (1100~1150℃)，不利于发展低成本全银或低钯高银内电极结构多层压电器件的问题。Li_2CO_3 是一种重要的低烧助剂，在电子陶瓷改性中有广泛应用。You 等研究发现，添加 Li_2CO_3 到 $(Ba,Sr)TiO_3$ 体系中，可以将烧结温度由 1350℃ 降低到 900℃，同时 3wt.%Li_2CO_3 掺杂的材料在 1kHz 具有较优的相对介电常数 (1451) 和极低的漏电流密度 [86]。Yoo 等研究了 Li_2CO_3 掺杂 $0.07Pb(Mn_{1/3}Nb_{2/3})O_3$-$0.93Pb(Zr_{0.48}Ti_{0.52})O_3$ 体系，实现材料在 940℃ 低温致密化，且掺杂样品压电性能优于未掺杂样品 [87]。尽管已有一些很好的工作报道，但是 PZT 基陶瓷中与微观组织演化和缺陷结构变化相关的 Li 掺杂机理仍然缺乏系统研究与分析。

本节以 0.5PZN-0.5PZT 陶瓷为目标体系，Li_2CO_3 为掺杂助剂，系统进行了添加 Li_2CO_3 对材料低烧特性、微观结构与电学性能变化的影响规律研究。采用常规固相法制备陶瓷材料，具体样品合成与测试表征见 1.3.1 节。其中，陶瓷烧结温度设定为 950℃，保温时间为 2h。

图 3.45 为 950℃ 烧结陶瓷的体密度随不同 Li_2CO_3 添加量的变化关系。可以看到，未掺杂 Li_2CO_3 的纯 0.5PZN-0.5PZT 体系不能在 950℃ 低温下实现致密烧结，样品体密度仅为 6.87g/cm^3。根据先前的工作报道，纯 0.5PZN-0.5PZT 体系的合理烧结温区在 1100~1150℃ [85,88,89]，因而 950℃ 低温无法实现材料致密化。但是，Li_2CO_3 的添加可以有效提升 0.5PZN-0.5PZT 体系的烧结特性，降低致密化温度大于 150℃。图 3.45 中，950℃ 烧结的 0.5wt.%Li_2CO_3 掺杂 0.5PZN-0.5PZT 陶瓷的体密度为 8.05g/cm^3，相对密度高达 98%。

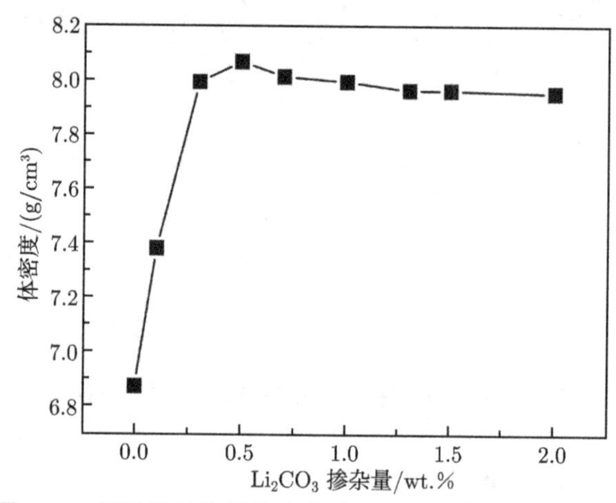

图 3.45　低温烧结陶瓷体密度随 Li_2CO_3 含量的变化关系

图 3.46 给出不同 Li_2CO_3 添加量低温烧结陶瓷的断面 SEM 照片。从图 3.46(a) 可以看到，未掺杂的样品显微组织结构不均匀，有许多气孔存在于晶界，说明陶瓷没有实现有效烧结。相比较，从图 3.46(b) 和图 3.46(c) 可以看出，添加 Li_2CO_3 的 0.5PZN-0.5PZT 陶瓷均呈现出均匀致密的显微组织结构。对于本实验中掺杂 Li_2CO_3 的 0.5PZN-0.5PZT 体系，低温烧结机理主要来源于过渡液相烧结机制。在烧结初期与中期，具有 723℃ 低熔点的 Li_2CO_3 可以形成液相，润湿和包覆颗粒表面，加速物质的溶解与迁移。基于液相的毛细管作用，陶瓷致密化在低温下被显著提升 [90]。到了烧结后期，部分 Li^+ 回吸入钙钛矿主晶格，以掺杂取代形式进行材料改性。通常，液相烧结的发生可以显著促进晶粒长大，正如图 3.46(b) 所示。但是，掺杂的 Li^+ 在 0.5PZN-0.5PZT 基体中存在固溶限。根据电镜结果分析固溶限应靠近 0.5wt.%。当添加量超过固溶限，过量的 Li^+ 富集于晶界，并基于杂质拖拽机理抑制晶粒生长，这一现象可以从图 3.46(c) 中看出来。

图 3.47 为 950℃ 烧结不同 Li_2CO_3 添加量陶瓷样品的 XRD 图。很明显，Li_2CO_3 含量低于 0.5wt.%的样品呈现纯钙钛矿相，但是当 Li_2CO_3 含量增加到 1.0wt.%及以

图 3.46 不同 Li_2CO_3 添加量低温烧结陶瓷的断面 SEM 照片

(a) 0wt.%Li_2CO_3；(b) 0.5wt.%Li_2CO_3；(c) 1.0wt.%Li_2CO_3

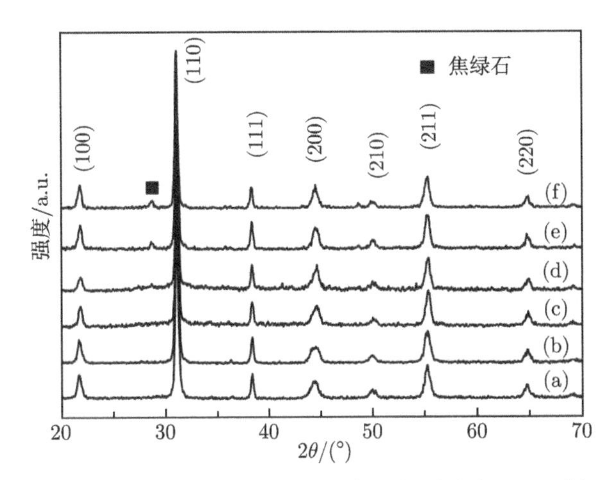

图 3.47 不同 Li_2CO_3 添加量低温烧结陶瓷 XRD 图

(a) 0wt.%Li_2CO_3；(b) 0.3wt.%Li_2CO_3；(c) 0.5wt.%Li_2CO_3；(d) 1.0wt.%Li_2CO_3；

(e) 1.5wt.%Li_2CO_3；(f) 2.0wt.%Li_2CO_3

上时，体系出现焦绿石相。结合图 3.46 扫描电镜照片观测结果，可以确定 Li^+ 在钙钛矿晶格中的溶解限以 Li_2CO_3 形式计算应在 0.5wt.%。低于溶解限 0.5wt.%，Li^+

均匀溶入 0.5PZN-0.5PZT 晶格中，钙钛矿结构可以被稳定住；但是高于溶解限，不能溶入基体晶格的过量 Li^+ 富集于晶界，不仅抑制陶瓷晶粒生长，也对钙钛矿相的稳定性有一定负作用。此外，与先前讨论过的过渡系离子掺杂引起钙钛矿相晶格畸变规律不同，本实验中 Li^+ 对 0.5PZN-0.5PZT 钙钛矿相对称性的影响极其微弱，特别是难以在 45° 特征峰位置观察到明显的分峰劈裂与重合转变过程，这说明在研究的掺杂浓度范围内，体系均靠近准同型相界。类似现象在 Li_2CO_3 掺杂的 $0.07Pb(Mn_{1/3}Nb_{2/3})O_3$-$0.93Pb(Zr_{0.48}Ti_{0.52})O_3$ 体系中也被观察到，该体系中所有掺杂样品均保持着相似的四方度 [87]。

3.6.2 Li 掺杂对电学性能的影响规律

图 3.48 给出不同 Li_2CO_3 添加量低温烧结陶瓷的相对介电常数温度谱图。可以看到，居里峰处的介电常数峰值 ε_m 随 Li_2CO_3 含量增加而增大。在 0.5wt.%Li_2CO_3 掺杂量位置，ε_m 呈现出最大值 8800。根据介电理论，陶瓷体非致密结构中孔洞的存在会损耗能量，恶化陶瓷的介电性能。添加 Li_2CO_3 能够显著增加陶瓷的致密度并增大晶粒尺寸 (图 3.46)，因而有利于 0.5PZN-0.5PZT 陶瓷介电性能的提升。

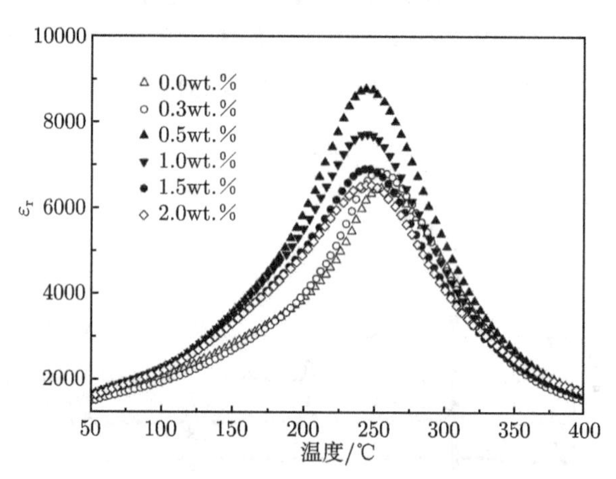

图 3.48 不同 Li_2CO_3 添加量低温烧结陶瓷的相对介电常数温度谱图 (测试频率 1kHz)

图 3.49 给出低温烧结 0.5PZN-0.5PZT 陶瓷的居里温度 T_c 与 Li_2CO_3 添加量的变化关系。可以看出，T_c 的变化趋势以 Li_2CO_3 添加量 0.5wt.%为界划分为两个区域：Li_2CO_3 含量从 0 增加到 0.5wt.%，T_c 快速下降；进一步增加 Li_2CO_3 含量，T_c 下降趋势则趋于平缓。居里温度 T_c 反映了钙钛矿晶格中氧八面体畸变的稳定程度，而这种稳定性受掺杂行为的影响 [68]。在化学元素周期表中，Li，Na 和 K 同属于碱金属元素，其离子形式具有稳定的 +1 价态。在以往的报道中，关注铅基弛豫体中 Na 和 K 掺杂的工作居多，Li 掺杂的研究相对较少 [91]。钙钛矿化合物的

化学式为 ABO_3，其中 A 位一般为 12 配位的大尺寸离子占据，B 位为 6 配位的小尺寸离子占据。PZN-PZT 三元体系根据 A 位和 B 位的占位情况，可以写成 Pb(Zn, Nb, Zr, Ti)O_3 的表达式，即 A 位仅有 Pb^{2+} 占据，而 B 位存在 Zn^{2+}，Nb^{5+}，Zr^{4+} 和 Ti^{4+} 的混合占据情况。依据离子掺杂取代的相似相容原理，碱金属离子 Na^+ 和 K^+ 进行掺杂应优先取代 A 位的 Pb^{2+}。这主要是因为 Na^+ 和 K^+ 的离子半径分别为 1.02Å和 1.38Å，接近于 Pb^{2+} 的离子半径 1.49Å，但是远大于 B 位的 Ti^{4+} 离子半径 0.61Å，Zr^{4+} 离子半径 0.72Å，Zn^{2+} 离子半径 0.74Å和 Nb^{5+} 离子半径 0.64Å[92]。尽管 Li^+ 也属于碱金属元素，Li^+ 离子掺杂占位情况却与同族的 Na^+ 和 K^+ 完全不同，这主要是因为 Li^+ 的离子半径 0.74Å远小于 Pb^{2+}，更接近于 Zr^{4+} 和 Zn^{2+} 等 B 位元素的离子半径。因而，有理由推测 Li^+ 掺杂进入钙钛矿晶格主要取代 6 配位的 B 位元素。由于 Li—O 键的键能 333.5kJ/mol 远小于 Zr—O 键的键能 776.1kJ/mol，Nb—O 键的键能 771.5kJ/mol 和 Ti—O 键的键能 672.4kJ/mol，因而在 0.5wt.% 的掺杂固溶限内，Li^+ 取代 B 位的结果一定是引起居里温度的持续下降 [93]。然而，当 Li_2CO_3 掺杂量超过固溶限时，富集于晶界的多余 Li^+ 对钙钛矿 BO_6 八面体稳定性的影响减弱，因而在高掺杂浓度范围居里温度下降趋势变缓。

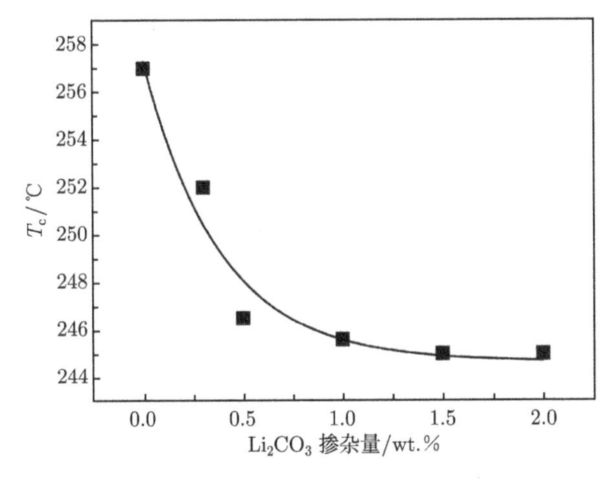

图 3.49 低温烧结 0.5PZN-0.5PZT 陶瓷的居里温度 T_c 与 Li_2CO_3 添加量的变化关系

此外，在第 2 章曾讨论过，对于弛豫铁电体，相对介电常数倒数与温度的关系遵循修正的居里–外斯定律 ——UN 方程 (式 (2.5))[94]。根据 UN 方程拟合出的弥散因子 γ 可以用来判断材料的弥散程度强弱，其取值 1 时为正常铁电体，取值 2 时为完全弛豫体。为了进一步研究 Li_2CO_3 添加量对 0.5PZN-0.5PZT 低烧陶瓷弥散相变行为的影响，对介温谱实验数据按 UN 方程进行拟合。图 3.50 给出不同掺杂样品的 $\ln(1/\varepsilon_r-1/\varepsilon_{max})$ 与 $\ln(T-T_{max})$ 关系曲线。

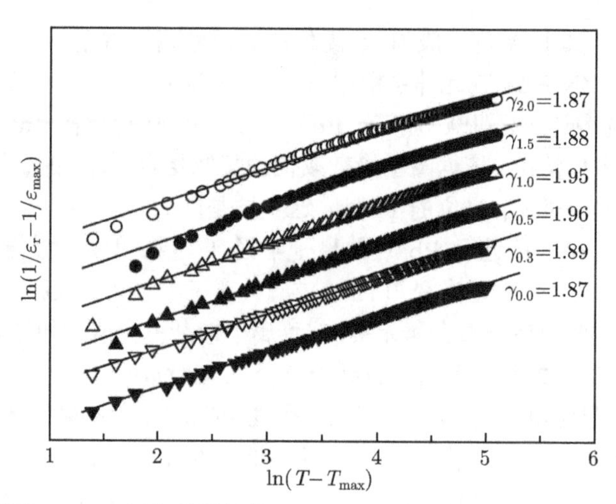

图 3.50　不同 Li_2CO_3 添加量样品的 $\ln(1/\varepsilon_r-1/\varepsilon_{max})$ 与 $\ln(T-T_{max})$ 关系曲线

散点：实验数据；实线：UN 方程拟合结果

由图 3.50 可见，所有样品的数据拟合均呈现线性关系，由直线斜率可以得到弥散因子 γ。结果显示，γ 值随 Li_2CO_3 添加量的变化趋势以固溶限 0.5wt.%为拐点。低于 0.5wt.%的掺杂浓度范围，随 Li_2CO_3 添加量的增加，γ 值从 1.87 增大到 1.96；高于 0.5wt.%，γ 值又呈现出降低趋势。根据经典的弛豫铁电理论 [95]，对于铅基复合钙钛矿型弛豫铁电体，如 $Pb(Zn_{1/3}Nb_{2/3})O_3$，$Pb(Mg_{1/3}Nb_{2/3})O_3$ 和 $Pb(Ni_{1/3}Nb_{2/3})O_3$ 等，弛豫行为的出现主要源于钙钛矿八面体中心等同晶格的 B 位同时占据两种以上不同电价的离子，这种特殊的离子占位能够增强随机场从而破坏铁电长程有序性。本实验中，固溶限内掺杂的 Li^+ 进入钙钛矿 B 位，导致 0.5PZN-0.5PZT 基体中 B 位不同电价的离子类型增多，显著影响原有基体中离子排布的有序–无序结构，从而促进弛豫性提升。然而，超过固溶限，富余的 Li^+ 主要驻留于晶界位置，引起晶粒尺寸减小和第二相生成，结果导致弛豫性降低。

图 3.51 为低温烧结陶瓷机电耦合系数 k_p 和压电应变常数 d_{33} 随 Li_2CO_3 含量的变化关系。

从图 3.51 可以看到，k_p 和 d_{33} 的变化趋势相似，均是先高后低。在 Li_2CO_3 低掺杂量范围以内，k_p 和 d_{33} 随 Li_2CO_3 含量增加而快速增大，二者均在固溶限 0.5wt.%位置取得极值，分别为 0.50 和 278pC/N。依据先前的讨论与分析，Li^+ 主要进入钙钛矿晶格 B 位进行离子取代。由于 0.5PZN-0.5PZT 基体中原有 B 位离子的电价均高于 +1 价的锂离子，因而这类低价离子取代高价离子的结果将形成受主掺杂类型。受主掺杂一般会削弱电畴运动活性，导致压电陶瓷性能变“硬”，k_p 和 d_{33} 降低。然而，应注意到 k_p 和 d_{33} 的变化还受晶粒尺寸效应影响，一般会随着晶粒尺寸增加而增大。根据 Okazaki 等提出的晶粒尺寸效应模型 [96]，晶粒尺寸减小，与空间电荷体积相关的晶界相含量将增多，其对电畴运动的“夹持作用”也将增强，导致压电性能降低。这也就是说，如果掺杂能够引起晶粒尺寸增大，将有利于减少此类“夹持作用”，提升压电性能。在本实验中，可以看到在低于固溶限 0.5wt.% 的 Li_2CO_3 掺杂浓度范围内，晶粒尺寸效应与受主掺杂效应并存，其中晶粒尺寸增大所带来的压电活性提升作用可以补偿受主掺杂引起的弱化作用，综合结果是 Li_2CO_3 添加量从 0wt.% 到 0.5wt.%，k_p 和 d_{33} 逐渐增大，并在固溶限位置获得极值。而高于固溶限，晶粒尺寸的持续减少又导致 k_p 和 d_{33} 的降低。

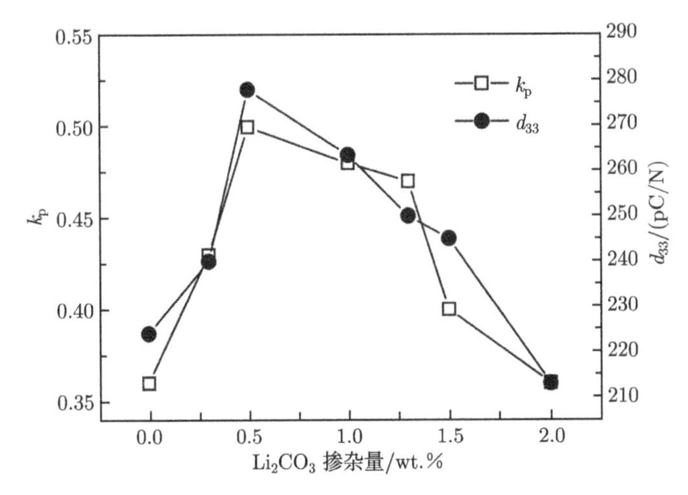

图 3.51 低温烧结陶瓷 k_p 和 d_{33} 随 Li_2CO_3 含量的变化关系

此外，掺杂样品在直流强场下如果容易极化反转和定向将有利于压电性能的提升 [97,98]。直接证据就是测量不同掺杂量样品的 P-E 电滞回线，分析剩余极化强度 P_r 和矫顽场 E_c 的变化规律。图 3.52 给出不同 Li_2CO_3 掺杂量样品的 P-E 电滞回线。很明显，掺杂 0.5wt.%Li_2CO_3 的陶瓷样品显示最大的 P_r 值 22.1μC/cm^2 和最小的 E_c 值 12.8kV/cm，即说明该样品易于极化和具有较优的压电性能。比较而言，对于掺杂 1.0wt.%Li_2CO_3 的样品，由于晶粒尺寸减小所导致的抑制电畴运动作用增强，E_c 值增至 12.9kV/cm，同时 P_r 值快速降低到 16.7μC/cm^2。再者，高掺杂量诱导非铁电的焦绿石相出现，也不利于样品铁电与压电性能的提升。

本节主要介绍了 Li_2CO_3 掺杂对 0.5PZN-0.5PZT 陶瓷烧结特性、微结构与电学性能的影响规律。研究揭示掺入 Li_2CO_3 可以有效提升样品的烧结特性与电学性能。基于过渡液相烧结机制，样品的致密化温度相对于常规工艺降低 150℃，Li_2CO_3 掺杂样品可于 950℃ 烧结致密。微观结构演化分析证明 Li_2CO_3 的固溶限在 0.5wt.% 附近。低于固溶限，Li^+ 进入晶格占据 B 位，引起纳米尺度离子排布的无序性增强，从而引起弛豫性升高。同时，掺杂材料晶粒尺寸增大对压电活性的提升作用可以补偿受主掺杂的负影响，从而导致样品压电性能的提升。最优压电性能在 Li_2CO_3 掺杂量 0.5wt.%处获得，k_p 和 d_{33} 分别为 0.50pC/N 和 278pC/N。本工作对于以 Li_2CO_3 为烧结助剂的压铁电陶瓷掺杂改性有很好的指导意义与借鉴价值。

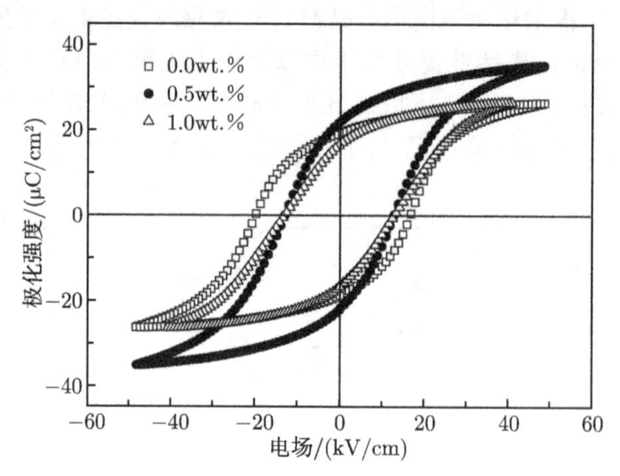

图 3.52 不同 Li_2CO_3 掺杂量低温烧结陶瓷的 P-E 电滞回线

3.7 PMZN-PZT 超大功率陶瓷的结构与性能

3.7.1 PMnN 对显微结构的影响规律

此前章节中重点对 PZN-PZT 三元系陶瓷的掺杂改性进行了研究与分析，在一些特定组分获得了综合优良的压电性能，如高机电耦合系数 k_p、高机械品质因数 Q_m 和低介电损耗 $\tan\delta$，可以满足普通商用片式压电变压器的制造需求。但是，这些材料的 Q_m 最优值仍不足 2000，无法进一步用于超大功率的压电陶瓷变压器。Q_m 值反映了压电陶瓷振动时机械损耗的大小，材料体系不高的 Q_m 值将会显著增大压电器件在超大功率工作状态下的发热量，由于热破坏而导致器件失效。此外，压电变压器在超大功率工作状态下，大幅振动产生的应力破坏也较为突出，这就要求超大功率压电陶瓷变压器材料还须具有高机械强度。高机械强度可通过对陶瓷进行选择性掺杂，细化晶粒而实现。因而，发展超大功率的压电陶瓷变压器需要设计和制备出能够在保持高 k_p 和低 $\tan\delta$ 的同时，具有极高 Q_m(>2000) 的细晶压电陶瓷材料。考虑到 $Pb(Mn_{1/3}Nb_{2/3})O_3$-PZT 三元体系具有较高的机械品质因数 [99] 和 $Pb(Zn_{1/3}Nb_{2/3})O_3$-PZT 三元体系具有较高的机电耦合系数 [100]，本节中材料设计将结合二者的优点，构建添加 CeO_2 细化晶粒的 $Pb(Mn_{1/3}Nb_{2/3})O_3$-$Pb(Zn_{1/3}Nb_{2/3})O_3$-PZT 四元体系，期望制备出大功率高 Q_m 值的细晶压电变压器陶瓷材料。

在先前工作中已经证实 0.2PZN-0.8PZT 组成比例的压电陶瓷具有综合优良的电学品质，本节中将以该组成为基体，固定 CeO_2 添加量 0.25wt.%细化晶粒，进一步对其添加 $Pb(Mn_{1/3}Nb_{2/3})O_3$(缩写为 PMnN)，重点研究 PMnN 含量变化对四元体系微观结构与电学性能的影响规律。具体配方组成为 xPMnN-$(0.2-x)$PZN-0.8PZT+0.25wt.%CeO_2 (缩写为 PMZN-PZT)，固定 PZT 的摩尔比恒为 0.8，PMnN 与 PZN 的摩尔比之和为 0.2。四个实验的配方分别为：x=0.05 (5mol.%PMnN)，x=0.10(10mol.%PMnN)，x=0.15 (15mol.%PMnN) 和 x=0.20 (20mol.%PMnN)。采用二次合成法制备陶瓷材料，样品合成与测试表征见 1.3.1 节。其中，陶瓷烧结温度为 1050~1300℃，保温时间为 2h。

图 3.53 为不同烧结温度 PMZN-PZT 样品体密度与线性收缩率的变化曲线。由图中可以看到，体密度与烧结温度的变化趋势和线性收缩率与烧结温度的变化趋势二者是相同的。两条曲线均呈现 “S” 形，可以被划分为三个区域：低温初始收缩区、中温快速收缩区和高温饱和收缩区。在低温初始收缩区 (1050~1150℃)，样品体密度和线性收缩率增长缓慢；在中温快速收缩区 (1150~1250℃)，样品体密度和线性收缩率迅速增大，说明 PMZN-PZT 样品的致密化过程主要发生在该区域；进一步升高烧结温度到高温饱和收缩区 (1250~1300℃)，样品体密度和线性收缩率的变化趋于稳定。根据上述实验结果，可以判断出当烧结温度达到 1250℃ 时，陶瓷的致密化过程已基本完成。因而，本实验 PMZN-PZT 样品的最佳烧结温度范围是 1250~1300℃。

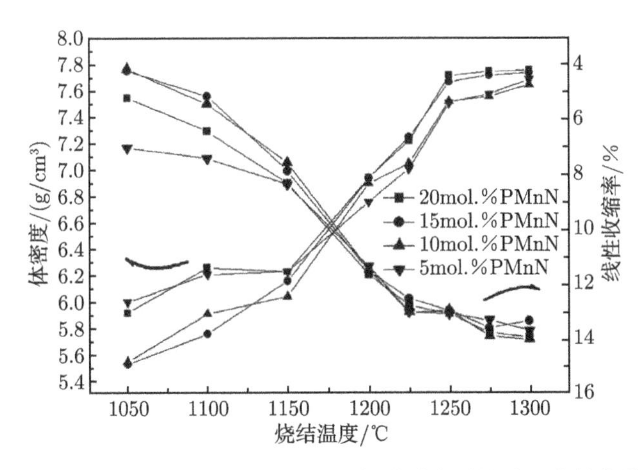

图 3.53 PMZN-PZT 样品体密度和线性收缩率随烧结温度的变化关系

图 3.54 给出 850℃ 煅烧 PMZN-PZT 粉体的 XRD 图。

从图 3.54 可以看出，所有煅烧粉体在形成钙钛矿主相的同时，均含有焦绿石第二相，且焦绿石相含量随 $Pb(Mn_{1/3}Nb_{2/3})O_3$ 比例增大而增多。这主要是因为与

$Pb(Mg_{1/3}Nb_{2/3})O_3$ 和 $Pb(Ni_{1/3}Nb_{2/3})O_3$ 等弛豫铁电体相比较，$Pb(Mn_{1/3}Nb_{2/3})O_3$ 的钙钛矿相结构极不稳定，因而在 PMZN-PZT 四元系中 $Pb(Mn_{1/3}Nb_{2/3})O_3$ 的比例越大，越容易出现焦绿石第二相。

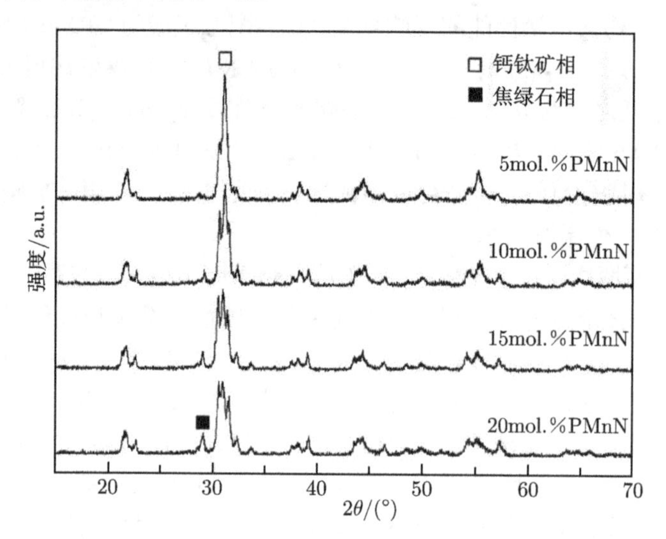

图 3.54　850℃ 煅烧 PMZN-PZT 粉体的 XRD 图

图 3.55 为 1275℃ 烧结 PMZN-PZT 陶瓷的 XRD 图。

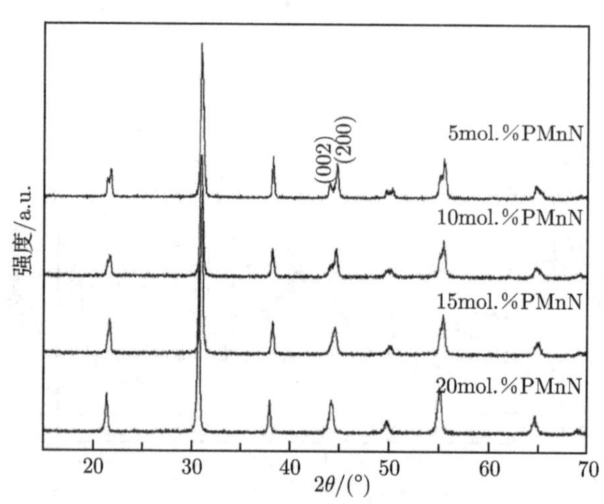

图 3.55　1275℃ 烧结 PMZN-PZT 陶瓷的 XRD 图

根据弛豫铁电体反应动力学研究，焦绿石相作为一类稳定的非铁电相结构通常会先于钙钛矿相生成。在 850℃ 的较低煅烧温度，物质扩散能力差且不充分，很容易生成焦绿石相。随着热处理温度升高，焦绿石相含量逐渐减少，这主要是由于高温能够提升物质扩散能力，加速传质，促进相结构由焦绿石相向钙钛矿相转变。从图 3.55 可以看出，1275℃ 烧结的 PMZN-PZT 陶瓷具有纯钙钛矿相结构，没有检测到焦绿石相。此外，从 45° 附近 (002) 和 (200) 特征衍射峰的峰形变化可以判断出随 $Pb(Mn_{1/3}Nb_{2/3})O_3$ 含量增加，PMZN-PZT 相结构从四方向赝立方转变。

根据衍射数据进一步计算出不同 $Pb(Mn_{1/3}Nb_{2/3})O_3$ 含量的 PMZN-PZT 样品晶胞参数 a 和 c，结果在图 3.56 中给出。根据标准衍射数据，$Pb(Zr_{0.52}Ti_{0.48})O_3$ 具有四方结构 (PDF No.33-0784)，$Pb(Mn_{1/3}Nb_{2/3})O_3$ 具有赝立方结构 (PDF No.39-1007)，因而实验中 $Pb(Mn_{1/3}Nb_{2/3})O_3$ 含量的增加能够引起 PMZN-PZT 体系晶格对称性的变化，即发生四方–赝立方转变。在本实验中，含有 5mol.%和 10mol.% $Pb(Mn_{1/3}Nb_{2/3})O_3$ 的 PMZN-PZT 样品为四方结构，而含有 15mol.%和 20mol.% $Pb(Mn_{1/3}Nb_{2/3})O_3$ 的 PMZN-PZT 样品为赝立方结构。

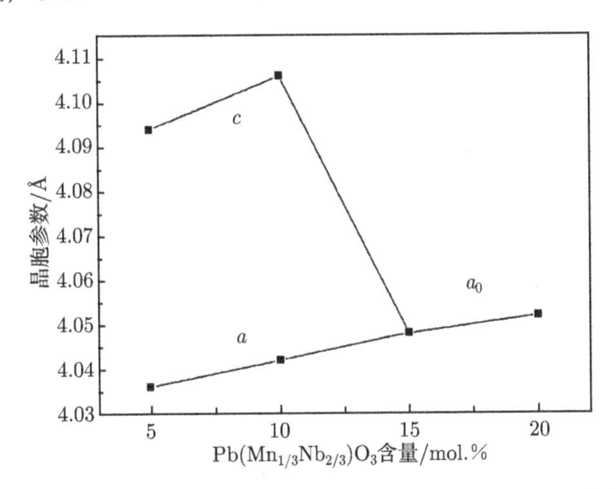

图 3.56 PMZN-PZT 样品晶胞参数 a 和 c 随 $Pb(Mn_{1/3}Nb_{2/3})O_3$ 含量的变化关系

超大功率压电变压器在高振动速率下工作，需要压电陶瓷具有细晶结构以保持优良的力学特性。图 3.57 为 1275℃ 烧结不同 $Pb(Mn_{1/3}Nb_{2/3})O_3$ 含量的 PMZN-PZT 陶瓷 SEM 照片。所有样品均呈现均匀致密的细晶结构，最大晶粒尺寸小于 1.70μm。细晶结构的获得与 CeO_2 的添加有关，因为文献报道添加的 Ce 离子易富集于晶界，抑制陶瓷晶粒的快速生长 [23,29]。此外，从图 3.57 中还可以看到，$Pb(Mn_{1/3}Nb_{2/3})O_3$ 含量的不同对 PMZN-PZT 样品晶粒尺寸影响很小，这一现象不同于 Chen 等对于 $Pb(Mg_{1/3}Nb_{2/3})O_3$-$Pb(Mn_{1/3}Nb_{2/3})O_3$-PZT 四元体系 (PMMN-PZT) 的形貌观察报道 [99]。这一区别说明在本实验中，CeO_2 添加剂细化陶瓷晶粒的作用超过 $Pb(Mn_{1/3}Nb_{2/3})O_3$ 含量变化对晶粒生长的影响。

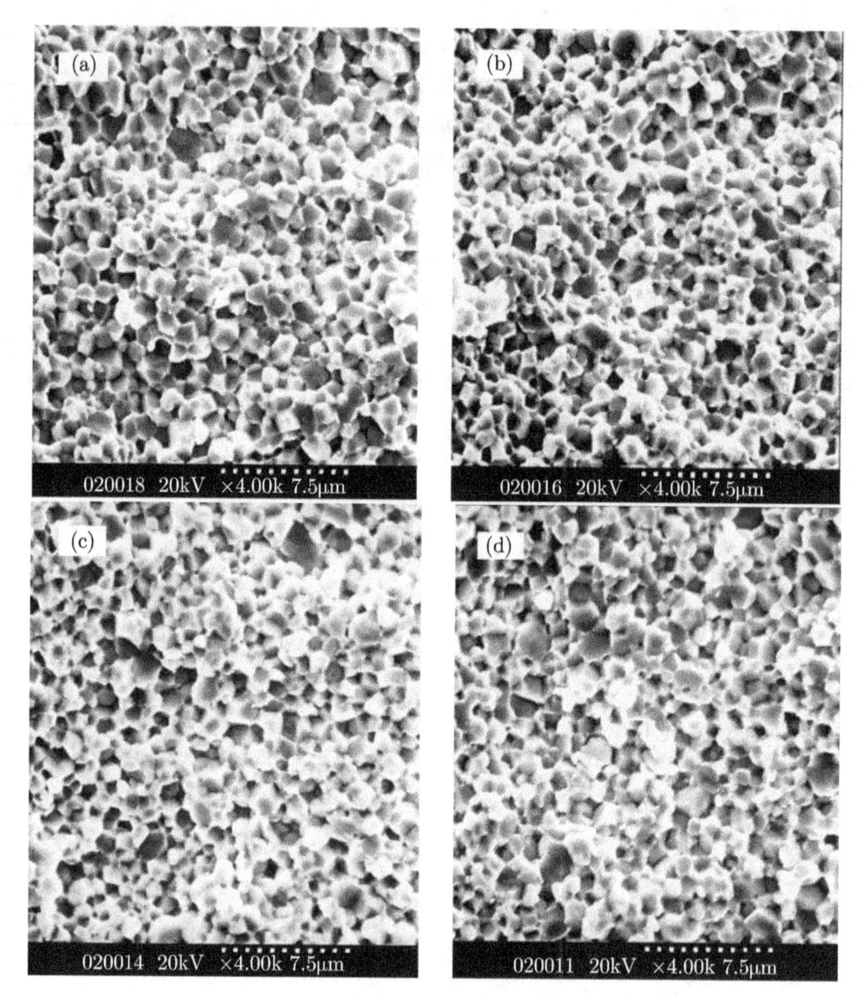

图 3.57　1275°C 烧结 PMZN-PZT 陶瓷的 SEM 照片

(a) 5mol.%$Pb(Mn_{1/3}Nb_{2/3})O_3$; (b) 10mol.%$Pb(Mn_{1/3}Nb_{2/3})O_3$;

(c) 15mol.%$Pb(Mn_{1/3}Nb_{2/3})O_3$; (d) 20mol.%$Pb(Mn_{1/3}Nb_{2/3})O_3$

3.7.2　PMnN 对电学性能的影响规律

图 3.58 给出极化前后 PMZN-PZT 陶瓷室温相对介电常数与$Pb(Mn_{1/3}Nb_{2/3})O_3$含量的关系曲线。极化前后样品相对介电常数均随 $Pb(Mn_{1/3}Nb_{2/3})O_3$ 含量的增加而单调降低。$Pb(Mn_{1/3}Nb_{2/3})O_3$ 在 PZT 基体中的固溶度极低 ($<$5mol.%)，过量的 $Pb(Mn_{1/3}Nb_{2/3})O_3$ 在晶界处驻留，束缚畴壁运动并降低材料相对介电常数 [38]。此外，从图 3.58 可以看出，极化前后样品相对介电常数差值 $\Delta\varepsilon_r(\varepsilon_{极化}-\varepsilon_{未极化})$ 与 $Pb(Mn_{1/3}Nb_{2/3})O_3$ 含量相关。$Pb(Mn_{1/3}Nb_{2/3})O_3$ 含量小于 10mol.%时，$\Delta\varepsilon_r$ 为

正；$Pb(Mn_{1/3}Nb_{2/3})O_3$ 含量大于 15mol.%时，$\Delta\varepsilon_r$ 为负。本实验中体系从四方相的正 $\Delta\varepsilon_r$ 值转变为赝立方相的负 $\Delta\varepsilon_r$ 值，这一变化规律在 $Pb(Mg_{1/3}Nb_{2/3})O_3$-PZT 体系中也被报道过 [82]。

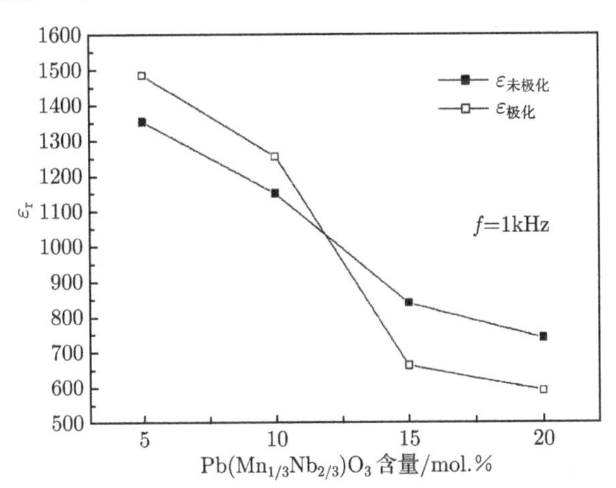

图 3.58 极化前后样品室温相对介电常数与 $Pb(Mn_{1/3}Nb_{2/3})O_3$ 含量的关系（测试频率 1kHz）

图 3.59 为 $Pb(Mn_{1/3}Nb_{2/3})O_3$ 含量分别为 10mol.%和 20mol.%时 PMZN-PZT 陶瓷的相对介电常数温度谱图。与 $Pb(Zn_{1/3}Nb_{2/3})O_3$ 的高居里温度 140℃ 相比，$Pb(Mn_{1/3}Nb_{2/3})O_3$ 的居里温度只有 20℃[99]。因此，随着 $Pb(Mn_{1/3}Nb_{2/3})O_3$ 含量增加，PMZN-PZT 的居里温度呈现出下降趋势。

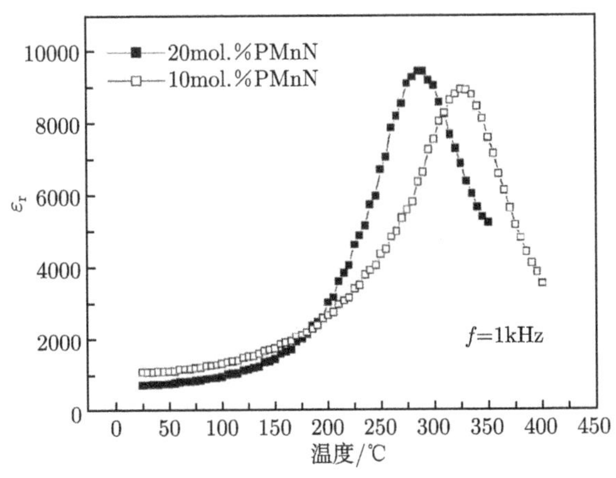

图 3.59 不同 $Pb(Mn_{1/3}Nb_{2/3})O_3$ 含量 PMZN-PZT 陶瓷的相对介电常数温度谱图

图 3.60 为 PMZN-PZT 陶瓷机电耦合系数 k_p、压电应变常数 d_{33}、介电损耗 $\tan\delta$ 和机械品质因数 Q_m 随 $Pb(Mn_{1/3}Nb_{2/3})O_3$ 含量的变化关系。

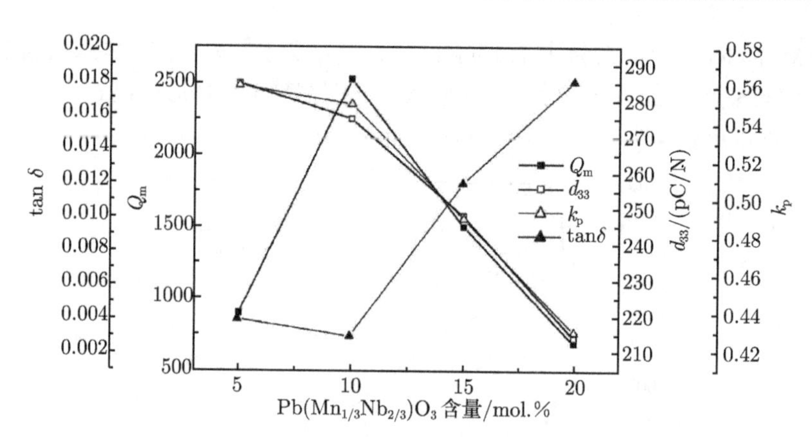

图 3.60 PMZN-PZT 陶瓷 k_p，d_{33}，tanδ 和 Q_m 随 Pb($Mn_{1/3}Nb_{2/3}$)O_3 含量的变化关系

从图 3.60 可以看到，Q_m 在 Pb($Mn_{1/3}Nb_{2/3}$)O_3 含量为 10mol.%时获得极大值 2528；同时，随 Pb($Mn_{1/3}Nb_{2/3}$)O_3 含量增加，k_p 和 d_{33} 降低。以上变化规律主要来源于两种机制 [101]：一种机制是部分锰离子以掺杂形式进入钙钛矿 B 位所引起的受主掺杂行为，另一种机制是聚集于晶界的过量 Pb($Mn_{1/3}Nb_{2/3}$)O_3 抑制畴壁运动降低压电活性。值得注意的是，尽管 10mol.%Pb($Mn_{1/3}Nb_{2/3}$)O_3 含量样品的 k_p 和 d_{33} 略低于 5mol.%Pb($Mn_{1/3}Nb_{2/3}$)O_3 含量样品的 k_p 和 d_{33} 数值，但是前者具有极高的 Q_m 和极低的 tanδ，因而该组成体系极适合于作为超大功率压电变压器陶瓷材料使用。

本节主要系统介绍了 PMZN-PZT 超大功率压电陶瓷材料的构建与物性。材料设计上通过在 PZN-PZT 体系中引入 Pb($Mn_{1/3}Nb_{2/3}$)O_3 组元，优化结构，大幅提升了压电陶瓷的功率特性。研究揭示，复合钙钛矿相型 PMZN-PZT 陶瓷需要在 1250~1300℃ 温度范围烧结致密，随 Pb($Mn_{1/3}Nb_{2/3}$)O_3 含量增加，体系结构由四方相向赝立方相转变。此外，CeO_2 添加剂的引入能够显著细化晶粒，在研究组成范围内，所有 PMZN-PZT 样品均获得细晶组织结构，这对于提升陶瓷力学特性极为有利。添加 10mol.%Pb($Mn_{1/3}Nb_{2/3}$)O_3 含量的 PMZN-PZT 样品具有综合优良的电学品质，k_p=0.55，d_{33}=275pC/N，tanδ=0.003 (0.3%)，特别是 Q_m 高达 2528，适合于作为超大功率压电陶瓷变压器材料使用。

3.8 PZN-PZT 基压电变压器的构建与分析

3.8.1 Rosen 型压电变压器的制备工艺

压电变压器是利用压电陶瓷特有的正、逆压电效应，在机电能量的二次转换过程中，通过体内阻抗来实现变压作用。压电变压器所用陶瓷材料需要具备高的机电

耦合系数 k_p(对于长条片状结构为 k_{31} 和 k_{33})，高的机械品质因素 Q_m 和电学品质因素 Q_e(介电损耗 $\tan\delta$ 的倒数)，以获得高的升压比、小的机械损耗和介电损耗。此外，陶瓷材料还应具备良好的烧结特性，特别是烧结窗口要宽，以满足工业化生产的需求。在前述章节中，已经介绍 MnO_2 掺杂的 0.2PZN-0.8PZT 体系兼具优良的电学品质与良好的烧结特性，有利于发展商用压电变压器材料。在本节中，选用不同 MnO_2 掺杂量 0.2wt.%，0.5wt.%和 0.8wt.%的 0.2PZN-0.8PZT 瓷粉为原料(分别记作 P1，P2，P3，所制得的压电变压器模拟件也分别用其表示)，采用工业干压成型技术与空气高温极化的方法制作 Rosen 型压电变压器模拟件，并测试了各项压电参数。此外，由于压电性能的老化问题决定着整个器件是否具有实用价值，本节还系统介绍了压电变压器模拟件的室温老化行为并进行了相关机理分析。

Rosen 型压电变压器模拟件的具体制作工艺如下：将不同掺锰量的瓷粉添加 PVA 甘油黏合剂进行二次造粒，即瓷粉加入黏合剂压块后打碎过筛，再二次压块打碎过筛。然后，将造粒好的瓷粉置于工业模具中干压成长条片状结构，成型压力控制在 30MPa。成型的长条模拟件尺寸如图 3.61 所示。最后，将干压成型的工件素坯体置于工业电炉中，进行排胶和烧结。烧结好的工件经打磨抛光后，按 Rosen 型结构印刷三端电极并烧银，之后进入极化程序。

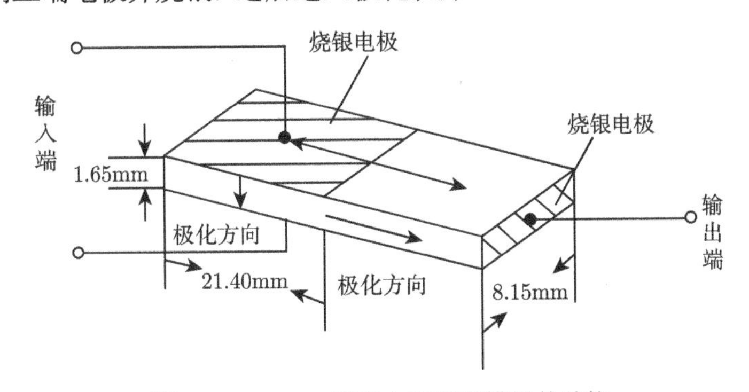

图 3.61 Rosen 型压电变压器模拟件结构

压电变压器瓷片的极化采用空气高温极化的方法，这是因为压电变压器瓷片需要在两个不同方向上极化，即驱动部分需要沿厚度方向极化，而发电部分需要沿长度方向极化。压电变压器的长度一般为厘米数量级，按通常的低温硅油极化工艺则需要数万伏的高压。这种高压电源不仅设备复杂，且操作不安全，故目前一般采用空气中高温极化的方法 [5]。但需要注意的是，在高温空气环境下完成自发极化的定向过程，铁电陶瓷材料首先必须要具有良好的高温电阻特性，以防止电击穿现象发生。

压电陶瓷在居里温度以上是顺电相，当温度降到居里点时由于材料对称性降低，发生顺电–铁电相变，产生自发极化。高温极化就是在铁电相形成之前对样品施加外电场，使顺电–铁电相变在外加电场定向作用下进行，这样可以使电畴一出现就沿极化电场方向取向。同时，由于高温下陶瓷结晶各向异性小，畴壁运动比较容易，电畴作 180° 和 90° 转向受到的阻力小，材料矫顽场较低。由于极化场强一般为矫顽场的 2~3 倍，故高温下只需要很低的电场就可以得到在低温时很高电场才能达到的极化效果。而且，在高温下由于电畴转向时造成的应力和应变较小，因而样品极化过程中发生碎裂的可能性也较小，成品率高。此外，在空气高温极化过程中，一般采用带电冷却的方法，这样可以有效防止在高温下已经定向排列的电畴取向因降温过程中的热运动扰动而转向。

本实验中对于压电变压器模拟件进行空气高温极化的具体工艺如下：在空气气氛环境中，将长条形工件夹持在特制夹具上，放置于控温箱中升温。升温至 100℃起，对输入端、输出端同时加电压，其中输入端 900V，输出端 10kV。升温至最高温度 330℃ (高于样品居里温度 T_c) 保温 10min 后降温，至 100℃ 撤去极化电压，整个极化过程约 30min。极化好的压电变压器模拟件静置 24h 后上引线测试压电性能。电学性能测试表征方法见 1.3.1 节。由于老化现象与压电陶瓷所处状态和热历史密切相关，因此实验中选取模拟件极化后室温 (25℃) 静置 24h 后的时刻为老化时间零点。室温老化过程中，定期测试压电变压器模拟件输入端电容量 C、介电损耗 $\tan\delta$ 和压电应变常数 d_{33}，分析老化机制。

3.8.2　Rosen 型压电变压器的性能分析

单片压电变压器模拟件实物照片如图 3.62 所示。压电变压器的输入阻抗绝对值随频率变化而变化，根据输入端阻抗频率谱图可以确定半波谐振频率 $f_{\lambda/2}$ 和全波谐振频率 f_λ 以及相应谐振电阻 $R_{\lambda/2}$、R_λ。表 3.8 列出三种压电变压器材料配方 (P1、P2、P3) 的各项电学性能测试参数。其中，C_i 和 C_o 分别为输入端和输出端于 1kHz 频率测试的电容量，d_{33}^{i} 和 d_{33}^{o} 分别为输入端和输出端测试的压电应变常数。

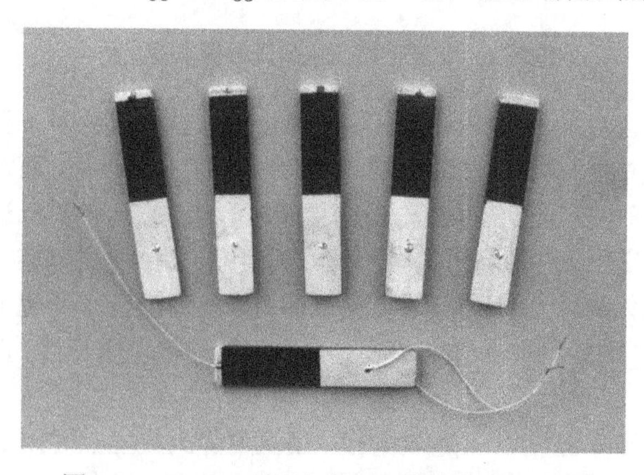

图 3.62　Rosen 型压电变压器模拟件实物照片

表 3.8 三种压电变压器样件的电学性能参数

样品	C_i/pF	C_o/pF	$\tan\delta/10^{-4}$	d_{33}^i/(pC/N)	d_{33}^o/(pC/N)	$f_{\lambda/2}$/kHz	$R_{\lambda/2}/\Omega$	f_λ /kHz	R_λ/Ω
P1	1911	10.1	65	293	345	38	292	78	169
P2	1370	8.9	40	270	298	39	255	78	56
P3	1043	6.6	72	250	251	40	273	81	85

从表 3.8 可以看到，压电变压器模拟件的电容 C 和压电应变常数 d_{33} 均随锰含量的增加，呈现出下降趋势，这与锰的受主掺杂作用相关。但是，受主掺杂抑制电畴运动活性，降低 C 和 d_{33} 的同时，也有利于机械品质因数 Q_m 的提升与介电损耗 $\tan\delta$ 的降低，这对于压电变压器应用极为重要。综合比较模拟样件的各项电学性能，掺锰 0.5wt.%的 P2 试样最优，在全波谐振状态下具有较低的谐振电阻 56Ω，说明机械损耗很小，此外，介电损耗也最低，仅为 40×10^{-4}，因而适合在全波谐振频率驱动状态下工作。

3.8.3 Rosen 型压电变压器的老化行为

老化是压铁电陶瓷中普遍存在的现象，是材料微观状态自发改变过程的宏观表现，对于老化现象的研究具有重要的理论与实用价值 [102–105]。压电陶瓷高压极化时，外加电场迫使晶胞内无序排列的 90° 畴和 180° 畴转向，成为有序排列。90° 畴的转向，使晶体 c 轴方向改变，伴随有较大的应变。极化之后，在内应力的作用下，已转向的 90° 畴有部分复原而释放应力，但尚有一定数量的剩余应力使陶瓷体仍处于不平衡的状态。电畴在剩余应力的作用下，随时间的延长复原部分逐渐增多，因此剩余极化强度不断下降，压电性能减弱。180° 畴的转向，虽然不产生应力，但转向后处于势能较高的状态，因此仍趋于重新分裂成 180° 畴壁，这也是引起老化的因素 [24,106]。此外，压电陶瓷中一般还存在较多的空间电荷 (如不等价掺杂引起的内部空间电荷)，这些空间电荷在高压极化前便限制了畴壁的运动。因此，在极化时就需要较高的电场强度，才能促使电畴转向。极化后，随时间推移，空间电荷又会逐步重新积聚在有序排列电畴的两端。电畴两端等量的异性空间电荷起着屏蔽作用，因此，剩余极化强度逐渐减少，压电性能逐渐减弱 [107–109]。

总之，老化的本质是极化后压电陶瓷的电畴由能量较高的状态自发地转变到能量较低的状态，这是一个不可逆过程。

在本节中，重点选取压电性能最优的 P2 压电变压器模拟件进行室温老化行为研究。图 3.63~ 图 3.65 分别为器件输入端压电应变常数 d_{33}、电容 C 和介电损耗 $\tan\delta$ 随时间 t(min) 变化的老化关系曲线。

压电陶瓷在极化后一段时间内，压电参数的老化行为一般服从对数定律 [108]。该定律的数学表达式如下：

$$Y = Y_0(1 + A\lg(t/\mathrm{min})) \tag{3.14}$$

式中，Y_0 为老化基准时刻试样的电学参数；Y 为基准点后 t 时刻试样的电学参数；t 为上述两点间的老化时间间隔；A 为 10 倍时间老化率。

从图 3.63~ 图 3.65 可以看到，各电学参数在常温条件下均在 39 天左右趋于稳定，之前变动较大。这是因为压电陶瓷在极化后撤除电场的一段较短时间内，保留大部分转向的 90° 畴，因此它的剩余极化强度最大。在这种状态下，较多的 90° 新畴将恢复到极化前的无序状态，所以压电陶瓷的电性能参数的老化幅度较大。此后，随着时间的推移，内应力不断释放，电性能参数的老化幅度也就显著地减慢并逐渐趋于一个稳定值。

根据图 3.63 和图 3.64 中随时间推移压电应变常数 d_{33} 和电容 C 的数据变化

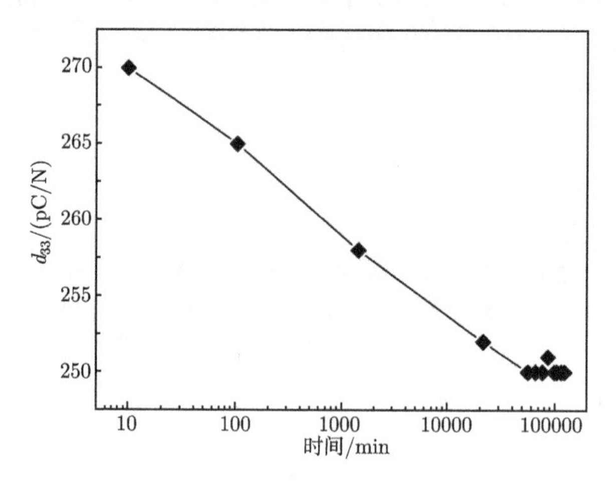

图 3.63　P2 样件输入端压电应变常数随老化时间的变化

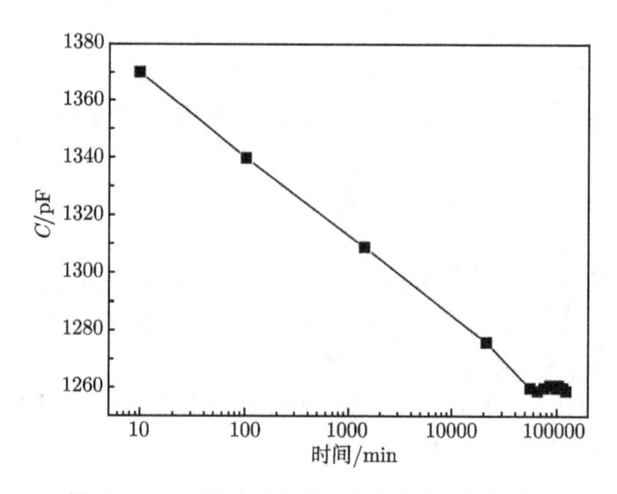

图 3.64　P2 样件输入端电容随老化时间的变化

情况，可以看到在老化前期 (<39 天) 两者基本遵从对数定律。应用函数拟合方法，分别得到压电应变常数 d_{33} 和电容 C 的老化方程如下：

$$d_{33} = 275.52 - 5.41\lg(t/\min) \tag{3.15}$$

$$C = 1398.88 - 28.80\lg(t/\min) \tag{3.16}$$

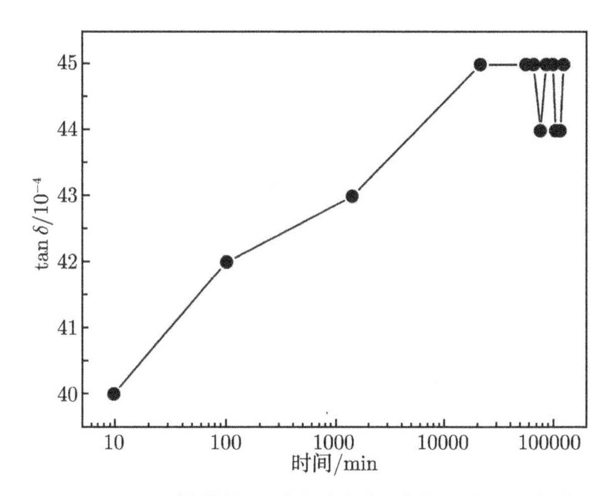

图 3.65 P2 样件输入端介电损耗随老化时间的变化

此外，已有研究指出介电损耗 tanδ 一般随老化时间的推移而减小，且满足对数定律。但是从图 3.65 可以看出，老化前期模拟样件的 tanδ 却随老化时间的延长而有所增大，且并不完全满足对数定律。tanδ 的增大估计与内应力释放过程中电畴的转向有关，此外由于样品 tanδ 数值很小 (10^{-3} 数量级)，仪器测量相对误差较大，因而难于用线性函数进行可靠拟合。

从以上实验结果还可以看到，存放时间较长的老化稳定值相对于初始值变动并不大，这主要是基于以下两个因素：其一，极化时 90° 畴转向产生的内应力，有一部分能通过试样整体尺寸的形变来释放。极化后试样在极化电场方向的尺寸略为伸长，这就可以松弛一部分内应力，不会使所有转向的 90° 畴都恢复到极化前的无序状态。其二，在压电陶瓷的组织结构中，掺杂离子 (如锰离子) 形成的缺陷也能够松弛部分内应力。压电陶瓷经过长时间的老化，内应力得到充分释放，所以最后会有大部分有序排列的 180° 畴和一部分有序排列的 90° 畴，它们所提供的剩余极化强度与时间的推移无关。需要说明的是，由于自然老化时间较长，工业上可以通过把极化好的压电陶瓷进行“人工老化”处理，如加交变电场，或作温度循环等加速自然老化过程，以便在尽量短的时间内，达到足够的相对稳定阶段。

本节主要系统介绍了掺锰 PZN-PZT 基压电陶瓷变压器的制作与老化行为。应用工业干压成型技术制作了压电变压器模拟件，并采用空气高温极化的方法，对压电变压器三端电极同时加压进行极化。压电性能测试结果表明，P2 样件具有最优的电学性能，适合在全波谐振频率驱动状态下工作。对 P2 样件老化行为的进一步研究表明，输入端电容 C 和压电应变常数 d_{33} 的老化行为服从对数定律。在常温条件下，电学参数均在 39 天左右趋于稳定。

3.9 本 章 小 结

本章主要围绕压电变压器用 PZN-PZT 陶瓷掺杂改性这一主题，分别介绍压电变压器用陶瓷材料的成分设计，Cr、Mn、Cu 和 Li 等元素掺杂对 PZN-PZT 陶瓷显微结构与电学性能的影响规律以及 PMZN-PZT 超大功率压电陶瓷的结构与性能，最后应用优选材料体系试制了压电变压器模拟样件并分析其老化行为。小结如下：

(1) 压电变压器用陶瓷材料的成分设计。根据压电变压器的结构、工作原理与文献数据分析，从基于 MPB 组成的多元系材料复合组元选择、提升综合压电品质的元素掺杂改性和满足低温共烧需求的液相助剂添加等几方面探讨了压电变压器材料的成分设计准则。

(2) PZN-PZT 多元系陶瓷的 Cr 掺杂行为。Cr_2O_3 在多元系陶瓷基体中的固溶限为 0.3wt.%，添加 Cr_2O_3 有助于稳定体系钙钛矿四方结构，提高四方度。在低于固溶限的掺杂范围内，随 Cr_2O_3 含量增加，机电耦合系数 k_p 和压电应变常数 d_{33} 同时增大，这一变化趋势与晶粒尺寸的持续增大相关，即晶粒尺寸效应补偿了受主掺杂行为的负影响。

(3) PZN-PZT 多元系陶瓷的 Mn 掺杂行为。MnO_2 掺杂有助于陶瓷致密化与晶粒生长，并基于姜–泰勒效应诱使体系相结构由四方向三方转变。此外，MnO_2 掺杂表现出典型的受主掺杂特性，降低体系的介电损耗 $\tan\delta$，同时大幅提升机械品质因数 Q_m。但是，高于固溶限 1.5wt.%，由于微观结构的不均匀与体密度的下降导致压电性能恶化。

(4) PZN-PZT 掺杂 Mn 陶瓷体系工艺研究。通过对比不同气氛保护条件的影响，细化研究了掺锰陶瓷体系的工艺特性。在高烧结温度范围 (⩾1100℃)，使用 $PbZrO_3$ 填料的铅气氛保护有利于液相烧结的有效进行，避免非晶相出现。低温 1000℃ 烧结的 0.5wt.% MnO_2 掺杂 0.2PZN-0.8PZT 陶瓷具有优良的电学性能，满足多层压电变压器的制造需要。

(5) PZN-PZT 多元系陶瓷的 Cu 掺杂行为。掺入 CuO 可与 PbO 形成低熔点晶界相促进 PZN-PZT 陶瓷于 900℃ 实现低温致密化。基于姜–泰勒效应，CuO 掺杂诱使体系相结构由四方向三方一侧转变。最优压电性能在 CuO 掺杂量 1.5wt.% 位置获得，该材料极低的烧结温度与相对较好的压电性能满足与全银内电极匹配的多层压电变压器的制造需要。

(6) PZN-PZT 多元系陶瓷的 Li 掺杂行为。掺入 Li_2CO_3 基于过渡液相烧结机制，可以显著提升样品的烧结特性与电学性能。Li_2CO_3 掺杂陶瓷可于 950℃ 烧结致密，低于 0.5wt.%固溶限，Li^+ 进入晶格占据 B 位，引起弛豫性升高，同时，掺杂材料晶粒尺寸增大对压电活性的提升作用可以补偿受主掺杂的负影响，从而促进压电性能的提升。

(7) PMZN-PZT 超大功率陶瓷的结构与性能。在 PZN-PZT 体系中加入 $Pb(Mn_{1/3}Nb_{2/3})O_3$ 组元，设计 PMZN-PZT 四元体系。随 $Pb(Mn_{1/3}Nb_{2/3})O_3$ 含量增加，体系结构由四方向赝立方转变，同时 CeO_2 的引入能够细化晶粒，获得细晶陶瓷。添加 10mol.%$Pb(Mn_{1/3}Nb_{2/3})O_3$ 的样品具有综合优良的电学品质，特别是 Q_m 高达 2528，适合超大功率压电陶瓷变压器使用。

(8) PZN-PZT 基压电变压器的构建与分析。选用掺锰 PZN-PZT 瓷料，应用工业干压成型技术制作压电变压器模拟件，并采用空气高温极化方法，对压电变压器三端电极同时加压进行极化。0.5wt.%MnO_2 掺杂陶瓷制作的工件性能优异。老化行为研究表明，电容 C 和压电应变常数 d_{33} 的老化行为服从对数定律，常温条件下，电学参数在 39 天左右趋于稳定。

参 考 文 献

[1] 电子信息材料咨询研究组. 电子信息材料咨询报告. 北京: 电子工业出版社, 2000.

[2] Ye Z G. Handbook of dielectric, piezoelectric and ferroelectric materials. Woodhead Publishing Limited and CRC Press LLC, 2008.

[3] 李标荣, 王筱珍, 张绪礼. 无机电介质. 武汉: 华中理工大学出版社, 1995.

[4] 周桃生. 压电陶瓷变压器材料的研究与发展. 材料导报, 1994, 4: 39-42.

[5] 张福学, 王丽坤. 现代压电学 (下册). 北京: 科学出版社, 2002.

[6] Uchino K, Laoratanakul P, Manuspiya S, Vázquez-Carazo A. High power piezoelectric transformer. www.psu.edu/dept/ICAT, 2004.

[7] 白辰阳, 桂治轮, 李龙土. 压电变压器的研究和开发进展. 压电与声光, 1998, 20(3): 175-179.

[8] 柴荔英, 邝安祥. 压电陶瓷变压器与线绕电子变压器的比较. 电子变压器技术, 1990, 1: 2-5.

[9] 于凌宇. 世界片式元器件产业发展走势. 世界产品与技术, 2000, 5: 12-14.

[10] 向勇, 谢道华, 张昊. 片式元器件与 SMT 技术新进展. 电子工艺技术, 2001, 22(3): 93-95.

[11] Teranishi K, Suzuki S, Itoh H. A novel generation method of dielectric barrier discharge and ozone production using a piezoelectric transformer. Jpn. J. Appl. Phys., 2004, 43(9B): 6733-6739.

[12] Hu J H, Li H L, Chan H L W, Choy C L. A ring-shaped piezoelectric transformer operating in the third symmetric extensional vibration mode. Sens. Actuators A, 2001,

88: 79-86.

[13] Yoo J, Yoon K, Hwang S, Suh S, Kim J, Yoo C. Electrical characteristics of high power piezoelectric transformer for 28 W fluorescent lamp. Sens. Actuators A, 2001, 90: 132-137.

[14] Manuspiya S, Laoratanakul P, Uchino K. Integration of a piezoelectric transformer and an ultrasonic motor. Ultrasonics, 2003, 41: 83-87.

[15] Shin H, Ahn H, Han D Y. Modeling and analysis of multilayer piezoelectric transformer. Mater. Chem. Phys., 2005, 92: 616-620.

[16] 傅应泉, 黄富钊. 特种压电陶瓷变压器的研制. 电子科技大学学报, 1995, 24(5): 490-494.

[17] Hwang L, Yoo J, Jang E, Oh D, Jeong Y, Ahn I, Cho M. Fabrication and characteristics of PDA LCD backlight driving circuits using piezoelectric transformer. Sens. Actuators A, 2004, 115: 73-78.

[18] Li L T, Zhang N X, Bai C Y, Chu X C, Gui Z L. Multilayer piezoelectric ceramic transformer with low temperature sintering. J. Mater. Sci., 2006, 41: 155-161.

[19] Yang Z P, Yang L L, Chao X L, Zhang R, Chen Y Q. Electrical characteristics of central driving type piezoelectric transformers with different electrode distributing. Sens. Actuators A, 2007, 136: 341-346.

[20] Yang Z P, Chao X L, Yang L L, Chen Y Q. Effect of sintering process on characteristics of multilayer piezoelectric $Pb(Mg_{1/3}Nb_{2/3})O_3$-$Pb(Zn_{1/3}Nb_{2/3})O_3$-$Pb(Zr,Ti)O_3$ ceramic transformers. Jpn. J. Appl. Phys., 2007, 46(10A): 6746-6750.

[21] 赵鸣, 侯育冬, 田长生. 大功率压电变压器用压电陶瓷材料发展现状. 材料导报, 2003, 17(9): 42-44.

[22] 金浩, 董树荣, 王德苗. 压电变压器的研究现状. 电子元件与材料, 2002, 21(9): 28-31.

[23] 侯育冬, 高峰, 朱满康, 王波, 田长生, 严辉. 压电变压器用陶瓷材料的成分设计. 电子元件与材料, 2003, 22(11): 16-20.

[24] 钟维烈. 铁电体物理学. 北京: 科学出版社, 1996.

[25] 夏峰, 姚熹. 弛豫铁电体在准同型相界的压电性能. 功能材料, 1999, 30(6): 582-584.

[26] 电子工业生产技术手册编委会. 电子工业生产技术手册 —(2) 电子元件卷. 北京: 国防工业出版社, 1991.

[27] Kobune M, Tomoyoshi Y, Mineshige A, Fujii S. Effects of MnO_2 addition on piezoelectric and ferroelectric properties of $PbNi_{1/3}Nb_{2/3}O_3$-$PbTiO_3$-$PbZrO_3$ceramics. J. Ceram. Soc. Jpn., 2000, 108: 633-637.

[28] Nadoliisky M M, Vassileva T K, Vitkov P B. Dielectric, piezoelectric and pyroelectric properties of $PbZrO_3$-$PbTiO_3$-$Pb(Mn_{1/3}Sb_{2/3})O_3$ ferroelectric system. Ferroelectrics, 1992, 129(1): 141-146.

[29] Li L T, Yao Y J, Mu Z H. Piezoelectric ceramic transformer. Ferroelectrics, 1980, 28(1): 403-406.

[30] Takahashi S, Sasaki Y, Hirose S, Uchino K. Stability of $PbZrO_3$-$PbTiO_3$-$Pb(Mn_{1/3}Sb_{2/3})O_3$ piezoelectric ceramics under vibration-level change. Jpn. J. Appl. Phys., 1995, 34(9B), Part1: 5328-5331.

[31] Fuda Y, Kumasaka K, Katsuno M, Sato H, Ino Y. Piezoelectric transformer for cold cathode fluorescent lamp inverter. Jpn. J. Appl. Phys., 1997, 36(5B), Part1: 3050-3052.

[32] Gao Y, Chen Y H, Ryu J, Uchino K, Viehland D. Eu and Yb substituent effects on the properties of $Pb(Zr_{0.52}Ti_{0.48})O_3$-$Pb(Mn_{1/3}Sb_{2/3})O_3$ ceramics: Development of a new high-power piezoelectric with enhanced vibrational velocity. Jpn. J. Appl. Phys., 2001, 40(2A), Part1: 687-693.

[33] 周桃生, 邝安祥. 一种大功率压电陶瓷变压器材料的研究. 硅酸盐学报, 1992, 20(4): 332-337.

[34] 邝安祥, 周桃生, 何昌鑫, 柴荔英. 大功率压电陶瓷变压器的研究. 科学通报, 1989, 34(11): 811-813.

[35] 秦天, 李龙土, 桂治轮. 低损耗、高 Q_m 值 $Pb(Nb_{2/3}Mn_{1/3})O_3$-$Pb(Sb_{2/3}Mn_{1/3})O_3$-PZT 材料. 压电与声光, 2001, 23(4): 296-298.

[36] 李世普. 特种陶瓷工艺学. 武汉: 武汉工业大学出版社, 1990.

[37] 张福学, 王丽坤. 现代压电学 (中册). 北京: 科学出版社, 2002.

[38] Yoo J, Lee Y, Yoon K, Hwang S, Suh S, Kim J, Yoo C. Microstructual, electrical properties and temperature stability of resonant frequency in $Pb(Ni_{1/2}W_{1/2})O_3$-$Pb(Mn_{1/3}Nb_{2/3})O_3$-$Pb(Zr,Ti)O_3$ ceramics for high-power piezoelectric transformer. Jpn. J. Appl. Phys., 2001, 40(5A), Part1: 3256-3259.

[39] Zhong W L, Zhang P L, Liu S D. Piezoelectric ceramics with high coupling and high temperature stability. Ferroelectrics, 1990, 101(1): 173-177.

[40] Gui Z L, Li L T, Gao S H, Zhang X W. Low-temperature sintering of lead-based piezoelectric ceramics. J. Am. Ceram. Soc., 1989, 72(3): 486-491.

[41] Li L T, Gui Z L. Fabrication of low firing piezoelectric ceramics and their applications. Ferroelectrics, 2001, 262: 3-10.

[42] Katiyar V K, Srivastava S L. Dielectric and piezoelectric properties of lead zirconate titanate doped with chromium oxide. J. Appl. Phys., 1994, 76(1): 455-465.

[43] Cheon C, Park J S. Temperature stability of the resonant frequency in Cr_2O_3-doped $Pb(Zr, Ti)O_3$ ceramics. J. Mater. Sci. Lett., 1997, 16(24): 2043-2046.

[44] Lee G M, Kim B H. Effects of thermal aging on temperature stability of $Pb(Zr_yTi_{1-y})O_3 + x(wt.\%)Cr_2O_3$ ceramics. Mater. Chem. Phys., 2005, 91: 233-236.

[45] Whatmore R W, Molter O, Shaw C P. Electrical properties of Sb and Cr-doped $PbZrO_3$-$PbTiO_3$-$Pb(Mg_{1/3}Nb_{2/3})O_3$ ceramics. J. Eur. Ceram. Soc., 2003, 23: 721-728.

[46] Jung J M, Choi S C. Dielectric, pyroelectric and piezoelectric properties of $0.4Pb(Mg_{1/3}Nb_{2/3})O_3$-$0.3Pb(Mg_{1/3}Ta_{2/3})O_3$-$0.3PbTiO_3$ ceramics modified with Cr_2O_3. Jpn. J. Appl. Phys., 1998, 37(9B), Part1: 5261-5264.

[47] He L X, Gao M, Li C E, Zhu W M, Yan H X. Effects of Cr_2O_3 addition on the piezoelectric properties and microstructure of $PbZr_xTi_y(Mn_{1/3}Nb_{2/3})_{1-x-y}O_3$ ceramics. J. Eur. Ceram. Soc., 2001, 21: 703-709.

[48] Hou Y D, Lu P X, Zhu M K, Song X M, Tang J L, Wang B, Yan H. Effect of Cr_2O_3 addition on the structure and electrical properties of $Pb((Zn_{1/3}Nb_{2/3})_{0.20}(Zr_{0.50}Ti_{0.50})_{0.80})O_3$ ceramics. Mater. Sci. Eng. B, 2005, 116: 104-108.

[49] 路朋献, 侯育冬, 朱满康, 严辉. 铬掺杂对 PZN-PZT 陶瓷微观结构和电学性能的影响. 功能材料与器件学报, 2005, 11(3): 3030-307.

[50] 路朋献, 朱满康, 侯育冬, 宋雪梅, 汪浩, 严辉. 铁掺杂 0.2PZN-0.8PZT 铁电陶瓷 Raman 散射研究. 无机材料学报, 2006, 21(3): 633-639.

[51] Zhang H, Uusimaki A, Leppavuori S, Karjalainen P. Phase transition revealed by Raman spectroscopy in screen-printed lead zirconate titanate thick films. J. Appl. Phys., 1994, 76(7): 4294-4300.

[52] Wang C H. Diffuse transition and piezoelectric properties of Pb $[(Zr_{1-x}Ti_x)_{0.74}(Mg_{1/3}Nb_{2/3})_{0.20}(Zn_{1/3}Nb_{2/3})_{0.06}]O_3$ ceramics. Mater. Res. Bull., 2004, 39(6): 851-858.

[53] Kim J S, Yoon K H, Choi B H, Park J O, Lee J M. Effects of MnO_2 on the dielectric and piezoelectric properties of $Pb(Zr_{0.52}Ti_{0.48})O_3$. J. Korean Ceram. Soc., 1990, 27(2): 187-194.

[54] He L X, Li C E. Effects of addition of MnO on piezoelectric properties of lead zirconate titanate. J. Mater. Sci., 2000, 35: 2477-2480.

[55] Fan H Q, Kim H E. Effect of lead content on the structure and electrical properties of $Pb((Zn_{1/3}Nb_{2/3})_{0.5}(Zr_{0.47}Ti_{0.53})_{0.5})O_3$ ceramics. J. Am. Ceram. Soc., 2001, 84(3): 636-638.

[56] 李振荣, 王晓莉, 张良莹, 姚熹. 铅基弛豫型铁电体钙钛矿结构的稳定性. 压电与声光, 1998, 20(2): 135-139.

[57] Harvey K B, Porter G B. Introduction to Physical Inorganic Chemistry. 3rd. MA: Addison-Wesley, Reading, 1972.

[58] 张凤鸣. 陶瓷添加剂 MnO_2、Fe_2O_3、Li_2CO_3 的热分析. 压电与声光，1998，20(5): 358-360.

[59] 贺连星, 李承恩. 锰掺杂对硬性 PZT 材料压电性能的影响. 无机材料学报，2000，15(2): 293-298.

[60] Kirianov A, Ozaki N, Ohsato H, Kohzu N, Kishi H. Studies on the solid solution of Mn in $BaTiO_3$. Jpn. J. Appl. Phys., 2001, 40(9B), Part1: 5619-5623.

[61] 唐宗薰. 中级无机化学. 2 版. 北京: 高等教育出版社, 2009.

[62] 唐宗薰. 无机化学热力学. 北京: 科学出版社, 2010.

[63] 潘道皑, 赵成大, 郑载兴. 物质结构. 2 版. 北京: 高等教育出版社, 1989.

[64] 周公度. 大学化学词典. 北京: 化学工业出版社，1992.

[65] 马世昌. 无机化合物辞典. 西安: 陕西科学技术出版社，1998.

[66] 侯育冬, 杨祖培, 高峰, 屈绍波, 田长生. 锰掺杂对 0.2PZN-0.8PZT 陶瓷压电性能的影响. 无机材料学报, 2003, 18(3): 590-594.

[67] Yoon J, Joshi A, Uchino K. Effect of additives on the electromechanical properties of $Pb(Zr,Ti)O_3$-$Pb(Y_{2/3}W_{1/3})O_3$ ceramics. J. Am. Ceram. Soc., 1997, 80(4): 1035-1039.

[68] Hou Y D, Zhu M K, Gao F, Wang H, Wang B, Yan H, Tian C S. Effect of MnO_2 addition on the microstructure and electrical properties of $Pb(Zn_{1/3}Nb_{2/3})_{0.20}(Zr_{0.50}Ti_{0.50})_{0.80}O_3$ ceramics. J. Am. Ceram. Soc., 2004, 87(5): 847-850.

[69] Wang M C, Huang M S, Wu N C. Effect of PbO excess on sintering and piezoelectric properties of $12Pb(Ni_{1/3}Sb_{2/3})O_3$-$40PbZrO_3$-$48PbTiO_3$ ceramics. Mater. Chem. Phys., 2002, 77(1): 103-109.

[70] Guha J P, Hong D J, Anderson H U. Effect of excess PbO on the sintering characteristics and dielectric properties of $Pb(Mg_{1/3}Nb_{2/3})O_3$-$PbTiO_3$-based ceramics. J. Am. Ceram. Soc., 1988, 71(3): C152-C154.

[71] Jong H M, Hyun M J. Effects of sintering atmosphere on densification behavior and piezoelectric properties of $Pb(Ni_{1/3}Nb_{2/3})O_3$-$PbTiO_3$-$PbZrO_3$ ceramics. J. Am. Ceram. Soc., 1993, 76(2): 549-552.

[72] 史启祯. 无机化学与化学分析. 北京: 高等教育出版社, 1998.

[73] Masao K, Kazuaki K. Sintering behavior and surface microstructure of PbO-rich $PbNi_{1/3}Nb_{2/3}O_3$-$PbTiO_3$-$PbZrO_3$ ceramics. J. Am. Ceram. Soc., 2001, 84(11): 2469-2474.

[74] 李标荣, 张绪礼. 电子陶瓷物理. 武汉: 华中理工大学出版社, 1991.

[75] Hou Y D, Cui B, Zhu M K, Wang H, Wang B, Yan H, Tian C S. Structure and electrical properties of Mn-modified $Pb((Zn_{1/3}Nb_{2/3})_{0.20}(Zr_{0.50}Ti_{0.50})_{0.80})O_3$ ceramics sintered in a protective powder atmosphere. Mater. Sci. Eng. B, 2004, 111: 77-81.

[76] Hou Y D, Zhu M K, Wang H, Wang B, Yan H, Tian C S. Piezoelectric properties of new MnO_2-added 0.2PZN-0.8PZT ceramic. Mater. Lett., 2004, 58: 1508-1512.

[77] Kim D W, Ko K H, Hong K S. Influence of copper (II) oxides additions to zinc niobate microwave ceramics on sintering temperature and dielectric properties. J. Am. Ceram. Soc., 2001, 84(6): 1286-1290.

[78] Wang X X, Murakami K, Sugiyama O, Kaneko S. Piezoelectric properties, densification behavior and microstructural evolution of low temperature sintered PZT ceramics with sintering aids. J. Eur. Ceram. Soc., 2001, 21(10-11): 1367-1370.

[79] Katarina C, Anthony P. Periodic table of the oxides. Am. Ceram. Soc. Bull., 2000, 79(4): 65-69.

[80] Murakami K, Dong D, Suzuki H, Kaneko S. Microanalysis of grain boundary on low-temperature sintered $Pb(Zr,Ti)O_3$ ceramics with complex oxide additives. Jpn. J. Appl. Phys., 1995, 34(9B), Part1: 5457-5461.

[81] Hou Y D, Zhu M K, Wang H, Wang B, Yan H, Tian C S. Effects of CuO addition on the structure and electrical properties of low temperature sintered $Pb((Zn_{1/3}Nb_{2/3})_{0.20}$

$(Zr_{0.50}Ti_{0.50})_{0.80})O_3$ ceramics. Mater. Sci. Eng. B, 2004, 110: 27-31.

[82] Shaw J C, Liu K S, Lin I N. Modification of piezoelectric characteristics of the Pb(Mg, Nb)O_3-$PbZrO_3$-$PbTiO_3$ ternary system by aliovalent additives. J. Am. Ceram. Soc., 1995, 78(1): 178-182.

[83] Yang C F, Wu L, Wu T S. Effect of CuO on the sintering and dielectric characteristics of $(Ba_{1-x}Sr_x)(Ti_{0.9}Zr_{0.1})O_3$ ceramics. J. Mater. Sci., 1992, 27: 6573-6578.

[84] Kim D W, Park B, Chung J H, Hong K S. Mixture behavior and microwave dielectric properties in the low-fired TiO_2-CuO system. Jpn. J. Appl. Phys., 2000, 39(5A), Part1: 2696-2700.

[85] Zhao L Y, Hou Y D, Chang L M, Zhu M K, Yan H. Microstructure and electrical properties of 0.5PZN-0.5PZT relaxor ferroelectrics close to the morphotropic phase boundary. J. Mater. Res., 2009, 24(6): 2029-2034.

[86] You H W, Koh J H. Low temperature sintering of Li_2CO_3 added (Ba,Sr)TiO_3 ceramics. Integr. Ferroelectr., 2006, 86(1): 59-65.

[87] Yoo J H, Lee C B, Jeong Y H, Chung K H, Lee D C, Paik D S. Microstructural and piezoelectric properties of low temperature sintering PMN-PZT ceramics with the amount of Li_2CO_3 addition. Mater. Chem. Phys., 2005, 90: 386-390.

[88] Chang L M, Hou Y D, Zhu M K, Yan H. Effect of sintering temperature on the phase transition and dielectrical response in the relaxor-ferroelectric-system 0.5PZN-0.5PZT. J. Appl. Phys., 2007, 101: 034101.

[89] Fan H Q, Park G T, Choi J J, Kim H E. Effect of annealing atmosphere on domain structures and electromechanical properties of $Pb(Zn_{1/3}Nb_{2/3})O_3$-based ceramics. Appl. Phys. Lett., 2001, 79(11): 1658-1660.

[90] Hou Y D, Zhu M K, Wang H, Wang B, Tian C S, Yan H. Effects of atmospheric powder on microstructure and piezoelectric properties of PMZN-PZT quaternary ceramics. J. Eur. Ceram. Soc., 2004, 24: 3731-3737.

[91] Chen Y H, Uchino K, Viehland D. Substituent effects in $0.65Pb(Mg_{1/3}Nb_{2/3})O_3 0.35Pb TiO_3$ piezoelectric ceramics. J. Electroceram., 2001, 6(1): 13-19.

[92] Shannon R D, Prewitt C T. Effective ionic radii in oxides and fluorides. Acta Crystallogr. Sect. B, 1969, 25(5): 925-946.

[93] Zhu M K, Lu P X, Hou Y D, Wang H, Yan H. Effects of Fe_2O_3 addition on microstructure and piezoelectric properties of 0.2PZN-0.8PZT ceramics. J. Mater. Res., 2005, 20(10): 2670-2675.

[94] Uchino K, Nomura S. Critical exponents of the dielectric constants in diffused-phase-transition crystals. Ferroelectr., Lett. Sect., 1982, 44: 55-61.

[95] Cross L E. Relaxor ferroelectrics: An overview. Ferroelectrics, 1994, 151: 305-320.

[96] Okazaki K, Nagata K. Effects of grain size and porosity on electrical and optical properties of PLZT ceramics. J. Am. Ceram. Soc., 1973, 56(2): 82-86.

[97] Xia F, Yao X. Postsintering annealing induced extrinsic dielectric and piezoelectric responses in lead-zinc-niobate-based ferroelectric ceramics. J. Appl. Phys., 2002, 92(5): 2709-2716.

[98] Hou Y D, Chang L M, Zhu M K, Song X M, Yan H. Effect of Li_2CO_3 addition on the dielectric and piezoelectric responses in the low-temperature sintered 0.5PZN-0.5PZT systems. J. Appl. Phys., 2007, 102: 084507.

[99] Chen H Y, Guo X B, Meng Z Y. Processing and properties of PMMN-PZT quaternary piezoelectric ceramics for ultrasonic motors. Mater. Chem. Phys., 2002, 75: 202-206.

[100] 郑木鹏, 侯育冬, 朱满康, 严辉. PZN-PZT 多元系压电陶瓷的研究进展. 真空电子技术, 2013, 4: 13-18.

[101] Hou Y D, Zhu M K, Tian C S, Yan H. Structure and electrical properties of PMZN-PZT quaternary ceramics for piezoelectric transformers. Sens. Actuators A, 2004, 116: 455-460.

[102] 王雨, 桂治轮, 李龙土, 张孝文. 低温烧结 PMZN 陶瓷老化行为的初步研究. 硅酸盐学报, 1995, 23(2): 164-169.

[103] 岳振星, 王晓莉, 张良莹, 姚熹. $Pb(Zn_{1/3}Nb_{2/3})O_3$ 基复相陶瓷的室温介电老化行为. 硅酸盐学报, 1998, 26(2): 223-229.

[104] Walter A S, Kiyoshi O. Review of literature on aging of dielectrics. Ferroelectrics, 1988, 87: 361-377.

[105] Shrout T R, Huebner W, Randall C A, Hilton A D. Aging mechanisms in $Pb(Mg_{1/3}Nb_{2/3})O_3$-based relaxor ferroelectrics. Ferroelectrics, 1989, 93: 361-372.

[106] 关振铎, 张中太, 焦金生. 无机材料物理性能. 北京: 清华大学出版社, 1992.

[107] 叶正芳, 李彦锋, 贾付云, 卓仁禧, 苏致兴. 压电陶瓷电性能老化问题的研究. 兰州大学学报 (自然科学版), 2001, 37(3): 45-51.

[108] 侯育冬, 朱满康, 王波, 田长生, 严辉. 压电陶瓷变压器的试制及其老化行为研究. 电子元件与材料, 2003, 22(8): 15-22.

[109] Zhang Q M, Zhao J, Cross L E. Aging of the dielectric and piezoelectric properties of relaxor ferroelectric lead magnesium niobate-lead titanate in the electric field biased state. J. Appl. Phys., 1996, 79(6): 3181-3187.

第4章　能量收集器用陶瓷掺杂改性

构建以压电陶瓷为核心的压电能量收集器可用于捕获环境中普遍存在的振动能，通过机电转换进行清洁发电，是当前新能源和物联网领域的国际研究前沿。而在我国，与光伏发电、风能发电和热电发电等新能源技术相比，压电发电技术起步晚，研究极为薄弱。为了应对压电能量收集技术面临的挑战，制备具有优异机电转换性能的压电材料是压电能量收集器的研究关键。探索材料改性的核心技术、了解微结构与性能间的关系对于压电能量收集材料的发展具有重要意义。本章详细介绍了 PZN-PZT 体系力电性能的掺杂调控方法，发展了具有优异的能量转换和能量存储性能材料的关键技术，相关内容有利于加深人们对能量收集用压电材料的力电性能变化机制的理解。

4.1　能量收集器用压电陶瓷的成分设计

4.1.1　压电能量收集器的结构与原理

在过去的十余年时间里，科研人员对压电能量收集技术进行了大量研究，包括能量转换机制分析、机械结构设计与优化、微电子电路控制理论等诸多方面[1−33]。图 4.1 所示为压电能量收集器的工作过程[23]：过程 1，通过特殊的机械装置将环境中无序的机械振动转换成周期性振荡的机械能。在这个过程中，部分能量由于机械阻抗失配、能量衰减等因素而损失掉。过程 2，利用压电材料的正压电效应将周期性振动的机械能转换为电能。在这个过程中，由于压电材料的机电转换效率问题，部分能量损失掉。过程 3，转换得到的电能经过整流、AC/DC 和 DC/DC 转换，成为可以使用的电能。在这一过程中，由于电路损耗，部分能量损失掉。解决压电能量收集器工作过程中的能量损失问题进而提升效率，对于过程 1 和过程 3 可以通过改进机械结构与电路设计优化，而过程 2 必须通过材料改性与制备加以提升。

目前，压电能量收集器的设计结构通常分为悬臂梁结构和多层叠堆结构。图 4.2 (a) 和 (b) 分别为压电双晶片和压电单晶片悬臂梁结构示意图[23]。在这类悬臂梁结构中，悬臂梁一端固定，另一端随环境中的机械振动做周期运动。环境中的振动能首先转换成图 4.2 中质量块 M 的动能，然后质量块 M 的动能转变成悬臂梁结构的弹性势能，压电层中变化的应变产生交变电压，并通过压电层的电极输出。这种悬臂梁结构的压电能量收集器一般为 31-模式，外加应力沿轴向，产生电压的方向与其垂直。需要说明的是，当前的微加工技术很难在 MEMS 尺度制作压电双晶片结构，因此，MEMS 悬臂梁压电能量收集器通常设计并制作成单晶片结构。图 4.3 为另一类压电叠堆能量收集器结构示意图 [13]。压电叠堆结构与多层陶瓷电容器 (MLCC) 类似，内电极交替排列。这种压电能量收集器为 33-模式，即外加应力的方向与产生电压的方向一致。两种工作模式 (31-模式和 33-模式) 中压电材料都可以产生电能。由于 31-模式在较小的输入力作用下可以产生较大的应变，且共振频率也比较低，因此，31-模式更适合低频机电能量转换。

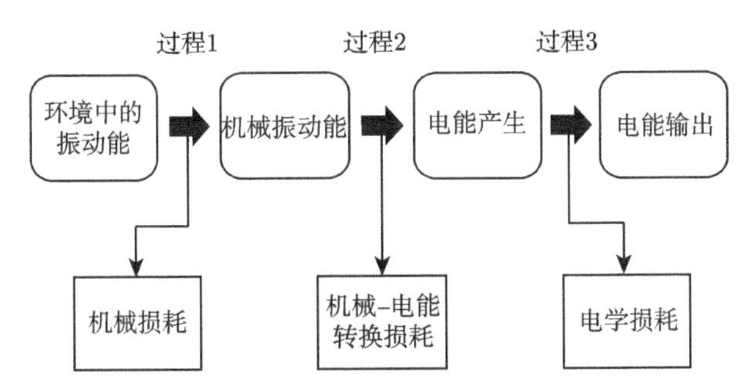

图 4.1 压电能量收集器的工作过程

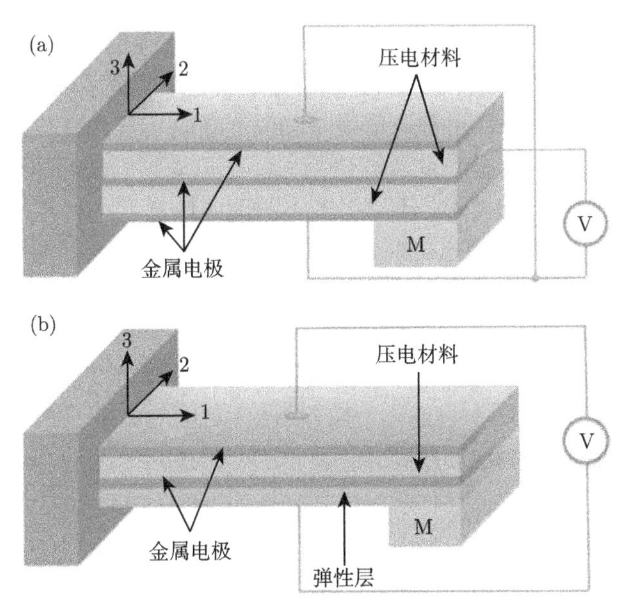

图 4.2 压电能量收集器基本结构示意图

(a) 双晶片结构；(b) 单晶片结构

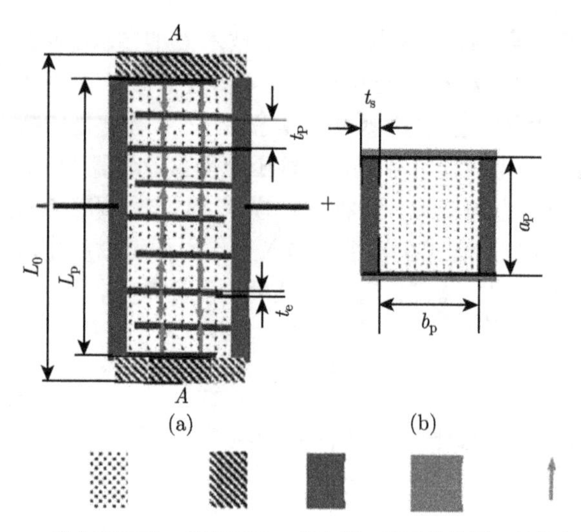

图 4.3　压电陶瓷叠堆

(a) 长度方向横截面示意图；(b) 中部横截面示意图

4.1.2　能量收集用压电陶瓷的性能要求

1996 年，英国科学家 Williams 和 Yates[34] 等提出使用压电材料将环境中的机械能转换为电能的技术方案。此后，各国科学家 [21,35] 研究了各种类型的压电能量收集器件，这些设计的器件中普遍使用 PZT、PVDF 等压电材料。2006 年，Priya 等 [36,37] 率先开展了针对能量收集器应用的压电陶瓷材料改性研究。但当时对能量收集用压电材料性能的要求，还有很多不明确的地方。2010 年，Priya[5] 进一步从材料理论上对能量收集用压电陶瓷的选择与设计标准进行了总结，阐述了压电能量收集器在非谐振状态和谐振状态下，对压电陶瓷材料性能的要求。

1) 非谐振状态

非谐振状态下，根据线性压电方程，可以推出在外加应力 X 作用下的压电陶瓷能量密度与机电转换系数 $d \cdot g$(或称为换能系数) 之间的关系。在外力 $F(F=XA$，A 为受力面积) 作用下，陶瓷的开路电压可以定义为

$$V = Et = -gXt = -\frac{gFt}{A} \tag{4.1}$$

式中，t 为陶瓷厚度，E 为电场，g 为压电电压常数。

又因为

$$g = \frac{d}{\varepsilon_0 \varepsilon^X} \tag{4.2}$$

式中，ε_0 为真空介电常数，ε^X 为应力作用下的介电常数。

压电陶瓷产生的电量可以用下面的关系式表示：

$$D=\frac{Q}{A}=\frac{E}{\beta^X}=\frac{V\varepsilon_0\varepsilon^X}{t} \tag{4.3}$$

或者

$$\frac{Q}{V}=\frac{\varepsilon^X\varepsilon_0 A}{t}=C \tag{4.4}$$

式中，D 为电位移，C 是电容，β^X 为恒定应力条件下材料的介电极化率。介电极化率等于介电常数张量分量的倒数。可用本构方程来定义线性压电材料：

$$E=-gX+\beta^X D \tag{4.5}$$

式 (4.4) 表明，在低频下 (远低于谐振频率)，一个压电平行板可以等效为一个电容平行板。因此，在交变应力作用下，有效电能定义为

$$U=\frac{1}{2}CV^2 \tag{4.6}$$

或者单位体积内的能量，即能量密度为

$$u=\frac{1}{2}(d\cdot g)\left(\frac{F}{A}\right)^2 \tag{4.7}$$

式中，d 为压电应变常数，g 为压电电压常数，F 为所受外力，A 为受力面积。

将式 (4.2) 代入式 (4.7) 可得

$$u=\frac{1}{2}\left(\frac{d^2}{\varepsilon_0\varepsilon^X}\right)\left(\frac{F}{A}\right)^2 \tag{4.8}$$

式 (4.1) 和 (4.7) 表明，将一个固定电极面积和厚度的压电材料应用到能量收集器件，高的机电转换系数 $d\cdot g$ 和压电电压常数 g 能产生高的功率和电压。表 4.1 为不同商用压电陶瓷材料的压电性能参数和机电转换系数 [38]。

根据式 (4.8) 可以得出结论，要获得高的能量密度，材料必须同时具备高压电应变常数 d 和低介电常数 ε。此外，电致阻尼对压电能量收集器工作特性也有一定影响，在评价能量收集用压电陶瓷时，介电损耗必须被考虑。因而，能量收集用压电陶瓷非谐振状态下的品质因数 ($\mathrm{FOM_{off}}$) 可以用下式表示：

$$\mathrm{FOM_{off}}=\frac{d\cdot g}{\tan\delta} \tag{4.9}$$

2) 谐振状态

谐振状态下，压电陶瓷的能量转换效率定义为 [39]

$$\eta=\frac{\frac{1}{2}\cdot\frac{k^2}{1-k^2}}{\frac{1}{Q_\mathrm{m}}+\frac{1}{2}\cdot\frac{k^2}{1-k^2}} \tag{4.10}$$

式中，k 为压电陶瓷的机电耦合系数，Q_m 为机械品质因数。

表 4.1　不同商用压电陶瓷材料的压电性能参数和机电转换系数

生产企业	产品标号	d_{33}/(pC/N)	g_{33}/(V·m/N)	$d_{33}\cdot g_{33}$/(m^2/N)
Morgan Electroceramics	PZT701	153	41.0×10^{-3}	6273×10^{-15}
	PZT703	340	30.0×10^{-3}	10200×10^{-15}
	PZT502	450	25.0×10^{-3}	11250×10^{-15}
	PZT507	700	20.0×10^{-3}	14000×10^{-15}
American Piezoelectric Ceramics International	APC840	290	26.5×10^{-3}	7685×10^{-15}
	APC841	300	25.5×10^{-3}	7650×10^{-15}
	APC850	400	26.0×10^{-3}	10400×10^{-15}
	APC855	620	21.0×10^{-3}	12600×10^{-15}
Ferroperm Piezoceramic	Pz24	190	54.0×10^{-3}	10260×10^{-15}
	Pz26	300	28.0×10^{-3}	8400×10^{-15}
	Pz39	480	30.0×10^{-3}	14400×10^{-15}
	Pz29	575	23.0×10^{-3}	13225×10^{-15}
EDO	EC-63	295	24.1×10^{-3}	7109×10^{-15}
	EC-65	380	25.0×10^{-3}	9500×10^{-15}
	EC-70	490	20.9×10^{-3}	10241×10^{-15}
	EC-76	583	19.1×10^{-3}	11135×10^{-15}

因此，压电陶瓷材料在谐振状态下要获得大的能量转换效率，需要有大的 k 和 Q_m。

能量收集用压电陶瓷谐振状态下的品质因数 ($\mathrm{FOM_{on}}$) 可以用下式表示：

$$\mathrm{FOM_{on}} = \frac{k^2\cdot Q_\mathrm{m}}{S^E} \tag{4.11}$$

式中，S^E 为压电陶瓷的弹性模量。

根据式 (4.9) 和 (4.11)，可以进一步得出评价能量收集用压陶瓷性能的无量纲品质因数 (DFOM)，定义为

$$\mathrm{DFOM} = \left(\frac{d\cdot g}{\tan\delta}\right)_{\mathrm{off}} \times \left(\frac{k^2\cdot Q_\mathrm{m}}{S^E}\right)_{\mathrm{on}} \tag{4.12}$$

3) 能量收集用压电陶瓷的材料设计

由于环境中绝大多数的机械振动都是低频振动，因此，低频能量收集是目前压电能量收集材料的研究重点。由前文分析可知，在非谐振状态下能量收集用压电陶瓷材料的性能要求主要是高压电应变常数 d 和低介电常数 ε。根据 Landau-Devonshire 公式: $d_{33}=2\varepsilon_\mathrm{r}\varepsilon_0 Q_{11}P_\mathrm{r}$，通常情况下，压电应变常数和相对介电常数呈正相关的变化趋势，即获得高压电应变常数的同时，相对介电常数也较大，导致机电转换系数较小。为解决这一难题，科学家从材料设计角度出发初步提出了一些方案。

首先，Ahn 等 [40] 研究发现，高的 $d\cdot g$ 值可以通过调节 ABO_3 钙钛矿结构中的 A/B 位离子的质量比 ($R_W=W_A/W_B$) 来实现。研究表明对于 A 位离子较重的材料体系 (如 PZT 基材料)，其压电应变常数 d 和介电常数 ε 具有类似的变化趋势。由于 $g=d/\varepsilon^T$，其压电电压常数 g 值没有明显变化。因此，在 A 位离子较重的材料体系中，$d\cdot g$ 值主要由压电应变常数 d 来决定。而对于 B 位离子较重的材料 (如铌酸盐系材料、NBT 基材料)，随着 $1/R_W$ 的增大，压电应变常数 d 逐渐增大，介电常数 ε 逐渐减小，呈现相反的变化趋势，导致压电电压常数 g 迅速增大。因此，在 B 位离子较重的材料体系中，$d\cdot g$ 值的大小主要由 g 值的变化来决定。对比研究发现，通过设计适宜的 R_W 值，有助于获得高的 $d\cdot g$ 值。但是该研究仅属于唯象理论分析，深层次的物理机制仍不清晰，如为什么 A 位离子较重材料的介电常数变化和 B 位离子较重材料的介电常数变化趋势不一致等，还需要进一步研究。此外，该工作采集的数据仍然有限，其规律性还需要进行大量的实验论证。

PZT 压电材料在准同型相界 (MPB) 附近获得压电性能和介电性能的最优值，且 d 和 ε 在 MPB 附近具有相同的变化趋势 (见图 4.4)，即随组成变化同时增加或同时减小 [41]，导致 $d\cdot g$ 值的提升变得困难。Nahm 等 [36,37,42] 在研究 $Pb(Zr_xTi_{1-x})O_3$-$Pb(Zn_{1/3}Nb_{2/3})O_3$-$Pb(Ni_{1/3}Nb_{2/3})O_3$(PZT-PZN-PNN) 体系时发现，通过改变体系中 PNN、PZN、PZT 成分组成比例，可以调控其相结构，发生 MPB 向四方相或三方相的定向转变。尤其是在 MPB 向三方相一侧转变的过程中，d 与 ε 表现出不一致的变化速率，d 减小的速率明显低于 ε 减小的速率，利用这一变化速率的差异，有助于在特定组成获得高的 $d\cdot g$ 值。

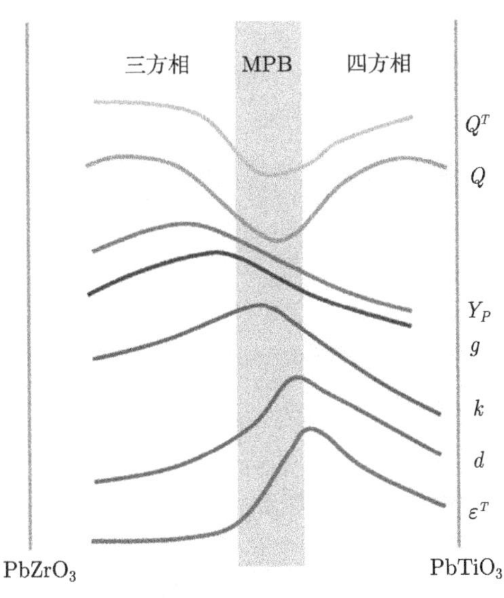

图 4.4 PZT 陶瓷在准同型相界附近的电性能

掺杂改性是调控压电陶瓷材料性能的有效技术手段。根据对材料结构和性能的影响，掺杂类型主要分为两大类：第 1 类是受主掺杂，即用低价正离子取代高价正离子，如外加 Li^{+}、Cr^{3+}、Fe^{3+} 等取代基体钙钛矿 B 位的 Zr^{4+}、Ti^{4+} 等离子，离子置换后在晶格中形成一定量的负离子缺位 (氧空位)，因而导致晶胞收缩，抑制畴壁运动，增加矫顽电场，从而使极化变得困难，压电性能降低，Q_{m} 变大，同时介电损耗减小；第 2 类是施主掺杂，即用高价正离子取代低价正离子，如以外加 La^{3+}、Bi^{3+}、Nb^{5+}、W^{6+} 等高价离子分别置换基体钙钛矿 A 位的 Pb^{2+} 或 B 位的 Zr^{4+}、Ti^{4+} 等离子，施主掺杂可以促使在晶格中形成一定量的正离子缺位 (主要是铅空位)，由此导致晶粒内畴壁容易移动，矫顽场降低，使陶瓷的极化变得容易，压电性能提高。但空位的存在增加了陶瓷内部弹性波的衰减，引起 Q_{m} 降低，介电损耗增大。侯育冬等 [43−45] 系统研究了第一过渡系金属离子掺杂 PZN-PZT 陶瓷体系，发现对基体引入不同电子结构的掺杂离子能极大地影响陶瓷组织结构与电畴类型，并可以根据目标器件应用的不同要求调整相关电学性能，这为能量收集器用压电材料设计提供新的技术途径。

总之，地球上化石能源的日益枯竭迫切需要发展新的清洁能源采集技术。压电能量收集器基于压电材料的正压电效应，可以将环境中的振动能转化为电能，经进一步调制与储存，能够实现为低功耗电子器件供电的目的。这方面的应用特别是对于物联网中微型传感器实现自供电意义重大。随着近年来压电能量收集器的快速发展，其核心压电陶瓷材料的机电转换性能亟待提高，因而对相关材料设计与制备进行深入研究具有重要的科学意义与工程应用价值。

本节针对能量收集器用压电陶瓷的成分设计主题，首先介绍了压电能量收集器的基本结构与工作原理，在此基础上，解析了非谐振状态和谐振状态下，能量收集器件对压电陶瓷材料的性能要求。最后，在现有文献基础上，对压电能量收集材料设计研究进行了评述。

4.2　PZN-PZT 多元系陶瓷的 Sr 掺杂行为

4.2.1　Sr 掺杂对显微结构的影响规律

掺杂是调控陶瓷微结构和电性能的一种有效技术手段，通过添加不同的掺杂剂，可以在很大范围内调控压电材料的压电和介电性能 [46,47]。考虑到材料整体的电中性要求，较高电价的掺杂剂 (例如，La^{3+} [48]，Nb^{5+} [49]，W^{6+} [50] 等) 取代较低电价的离子，需要产生阳离子空位来补偿；而较低电价的掺杂剂 (例如，Fe^{3+} [51]，Cr^{3+} [43]，Li^{+} [52]，Mn^{3+}/Mn^{2+} [44]) 取代较高电价的离子，则需要产生氧空位来补偿。这两种掺杂机制，分别产生 “软” 性和 “硬” 性掺杂效果。“等价取代”机制是有别于上述两种常用掺杂模式的一种特殊掺杂机制。通过将与钙钛矿取代位置相同电价的离子引入，能够有效提升畴壁运动的能力，改善陶瓷的压电性能 [53]。本节研究中，选取 $0.2Pb(Zn_{1/3}Nb_{2/3})O_3$-$0.8Pb(Zr_{0.5}Ti_{0.5})O_3$(0.2PZN-0.8PZT) 为研究目标，采用与 Pb^{2+} 具有相同电价和相近离子半径的 Sr^{2+} 进行等价掺杂取代研究，详细解析了 Sr^{2+} 的引入对陶瓷材料微结构的影响规律，调控陶瓷的电学性能，以满足压电能量收集器件的应用要求。设计实验材料体系为 $Pb_{1-x}Sr_x(Zn_{1/3}Nb_{2/3})_{0.2}(Zr_{0.5}Ti_{0.5})_{0.8}O_3$ ($P_{1-x}S_x$ZNZT, $0.00 \leqslant x \leqslant 0.10$)。采用二次合成法制备陶瓷材料，具体样品合成与测试表征见 1.3.1 节。

图 4.5 给出 1000℃烧结 2h 的 $P_{1-x}S_x$ZNZT 陶瓷的热腐蚀断面 SEM 照片。表 4.2 列出分析得到的 $P_{1-x}S_x$ZNZT 陶瓷的平均晶粒尺寸、相对密度和四方相含量。可以看到，所有陶瓷样品均呈现出较高的相对密度 (>95%) 和均匀的显微组织形貌。随着 Sr^{2+} 含量的增加，陶瓷的平均晶粒尺寸迅速从 2.46μm 降低为 1.14μm。其原因可以归结为，Sr^{2+} 引入 $P_{1-x}S_x$ZNZT 体系引起钙钛矿结构微小的化学不

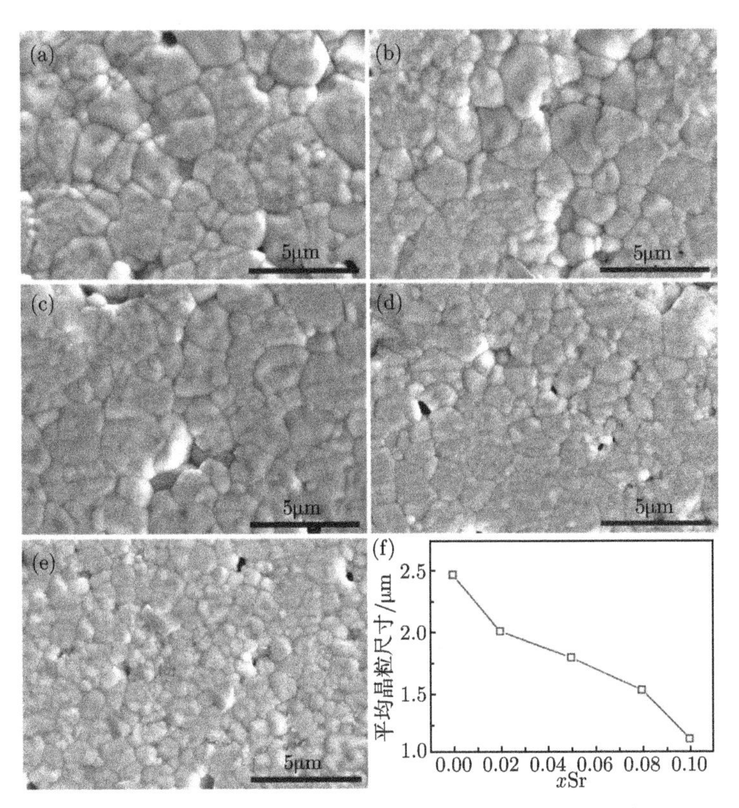

图 4.5 $P_{1-x}S_x$ZNZT 陶瓷的热腐蚀断面 SEM 照片

(a) 0.00; (b) 0.02; (c) 0.05; (d) 0.08; (e) 0.10; (f) 不同 Sr^{2+} 含量样品的平均晶粒尺寸

表 4.2　$P_{1-x}S_xZNZT$ 陶瓷的平均晶粒尺寸、相对密度和四方相含量

组成 (xSr^{2+})	平均晶粒尺寸/μm	相对密度/%	四方相含量/%
0.00	2.46 (±0.75)	95	75
0.02	2.00 (±0.72)	96	81
0.05	1.79 (±0.67)	98	80
0.08	1.53 (±0.58)	97	86
0.10	1.14 (±0.47)	96	90

均匀性，阻碍致密化烧结过程中晶粒的生长，引起晶粒尺寸的细化。类似的实验现象也在 La^{3+} 和 Mn^{2+} 掺杂的 PZT 基材料体系中观察到 [54,55]。

图 4.6 (a) 所示为 $P_{1-x}S_xZNZT$ 陶瓷在 $2\theta=20°\sim60°$ 的 XRD 图谱。从图中可以清楚地看到，随着 Sr^{2+} 含量的增加，在研究组成范围内，所有的样品均表现为纯钙钛矿结构，没有观察到焦绿石或其他杂相的衍射峰。为了更直观地研究相结构演变，对 2θ 为 $43°\sim46°$ 处衍射峰进行了精细扫描解析，分析结果如图 4.6 (b) 所示。研究表明不掺杂样品的四方相含量为 75%，而随着 Sr^{2+} 含量的增加，四方相含量显著提升 (表 4.2)。对于 $P_{0.90}S_{0.10}ZNZT$ 样品，其四方相含量高达 90%，表明获得了一种稳定的四方钙钛矿相结构。之前，Wagner 等 [56] 发现在 PNN-PZT 材料中晶粒尺寸增大能诱使相结构从三方相向四方相转变，与晶粒尺寸增大相关的应力松弛机制被提出来解释这一现象。随后，类似的实验现象也在 PZN-PZT 和 PMN-PT 体系中被观察到，与之相关的应力松弛机制被进一步研究与发展 [57,58]。

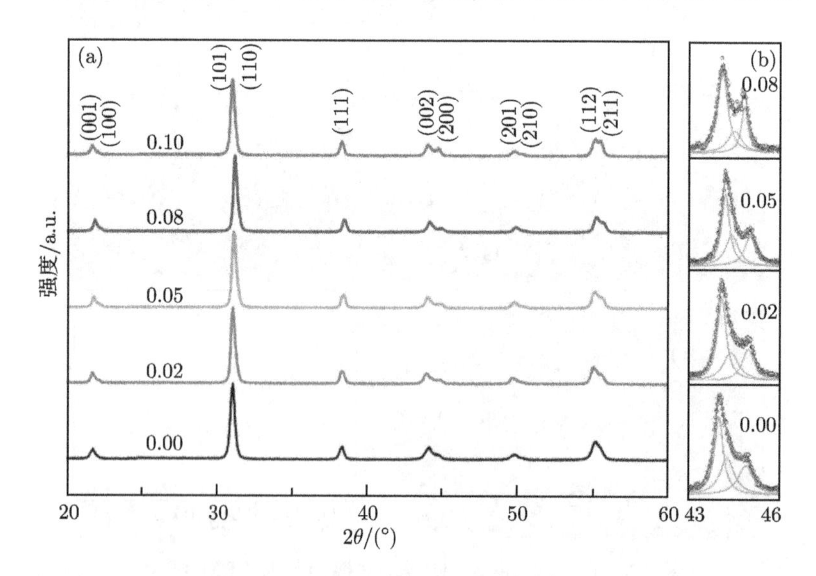

图 4.6　$P_{1-x}S_xZNZT$ 陶瓷的 XRD 图谱 (a)；从左到右依次为 $(002)_T$，$(200)_R$ 和 $(200)_T$ 衍射峰峰形对比图 (b)

然而，在本工作中，观察到相反的实验结果：随着晶粒尺寸的降低，四方相含量持续地增加。这里，我们认为与晶粒尺寸相关的应力松弛机制不能简单地推广到本研究中的 $P_{1-x}S_xZNZT$ 体系。在上述报道的研究工作中，烧结温度是调控晶粒尺寸变化的动力，而在本工作中，晶粒尺寸的变化是通过调控 Sr^{2+} 的含量来实现的。因此，可以推测体系引入与 Pb^{2+} 具有不同电子结构的 Sr^{2+} 有可能引起应力的释放，起到稳定四方钙钛矿相的作用。然而，清晰论证该相转变机制还需要更深入的实验研究与理论分析。

4.2.2 Sr 掺杂对电学性能的影响规律

图 4.7 所示为 $P_{1-x}S_xZNZT$ 陶瓷的介电温谱。如图所示，最大介电常数 ε_m 和其所对应的温度 T_m 随着 Sr^{2+} 含量的增加，均表现为下降的趋势。对于 PZNZT(x=0.00) 样品，其 T_m=312℃，ε_m=25900。然而，当 x 增加到 0.10 时，T_m=212℃，ε_m=8750。此外，随着 Sr^{2+} 含量的增加，弥散相变现象显著增强，而频率色散特征变化并不明显。

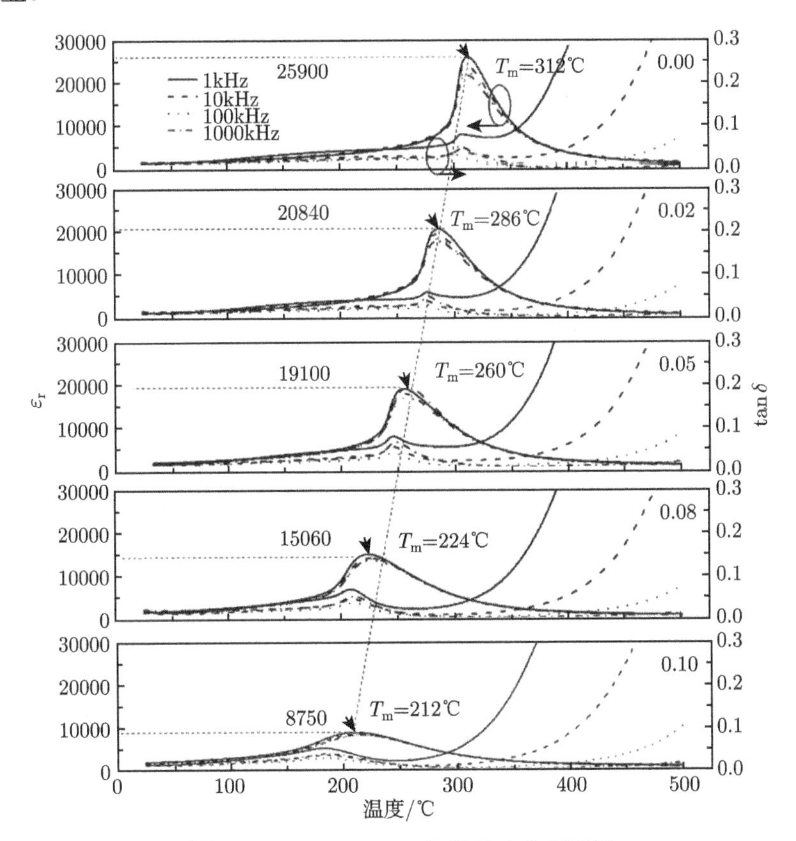

图 4.7 $P_{1-x}S_xZNZT$ 陶瓷的介电温谱图

此外，对于弛豫铁电体，已有研究揭示介电常数倒数与温度的关系遵循一类修正的居里–外斯定律 [59] (式 (2.5))。根据介温谱数据拟合出弥散因子 γ，可以用于分析材料的弥散性强弱。图 4.8 给出不同样品的 $\ln(1/\varepsilon_r - 1/\varepsilon_{max})$ 与 $\ln(T - T_{max})$ 关系曲线。可以看到，所有样品关系曲线均呈现线性关系，拟合直线斜率可以得到弥散因子 γ 值。结果显示，随着 Sr^{2+} 含量的增加，样品 γ 值呈现出一种单调增大的现象，表明弥散相变行为增强。通常情况下，当两种以上离子同时占据钙钛矿晶体结构的 A 位或者 B 位时，容易诱导体系出现弛豫特征 [60]。本工作中，由于 Sr^{2+} 与 Pb^{2+} 的电子结构差异较大，其对 Pb^{2+} 的部分取代引起 A 位离子排布无序度的增加，这有可能是导致体系弥散相变增强的主要原因。

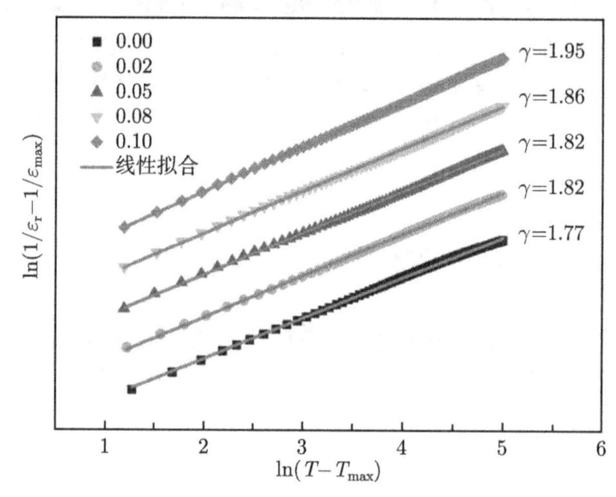

图 4.8 $P_{1-x}S_xZNZT$ 陶瓷 $\ln(1/\varepsilon_r - 1/\varepsilon_{max})$ 与 $\ln(T - T_{max})$ 的关系图

为了进一步研究 $P_{1-x}S_xZNZT$ 陶瓷的介电弛豫行为，对介电常数的倒数与温度的关系曲线进行了拟合分析，结果显示在图 4.9 (a) 中。

对于 x=0.00 的样品，计算其 ΔT_{cm} ($\Delta T_{cm} = T_{cw} - T_m$) 值为 66°C。随着 Sr^{2+} 含量的增加，样品的 ΔT_{cm} 值显著增加，当 x=0.10 时，其 ΔT_{cm} 值为 100°C，表明弥散相变增强。同时，陶瓷的居里温度 T_c 以 −10°C/at.%Sr 的变化速率，从 325°C降低到 226°C，如图 4.9 (b) 所示。有一种观点认为掺杂对居里温度的影响可以归结为离子的尺寸效应及其对容差因子的影响 [61,62]。前人研究发现 [61]，在 $(Ba,Sr)TiO_3$ 体系中，较小离子半径的 Sr^{2+} 取代 Ba^{2+} 引起 A 位平均离子半径的下降，立方钙钛矿相在更低的温度下稳定存在，使居里温度显著降低。本工作中，根据 Shannon 的有效离子半径表 [63]，Sr^{2+} (1.44 Å, CN = 12) 与 Pb^{2+} (1.49 Å, CN = 12) 相比具有更小的离子半径，其发生取代关系时，$P_{1-x}S_xZNZT$ 钙钛矿相居里温度呈现降低趋势。

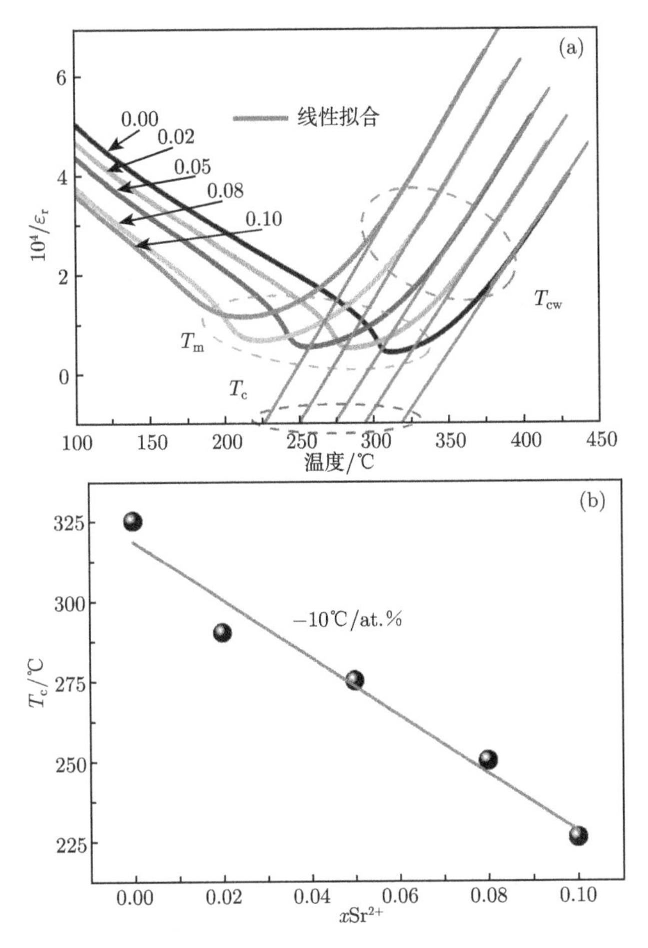

图 4.9 $P_{1-x}S_xZNZT$ 陶瓷的相对介电常数倒数与温度的关系图 (a)；居里温度与 Sr^{2+} 含量的关系 (b)

图 4.10 (a) 给出了 $P_{1-x}S_xZNZT$ 陶瓷室温下测量的电滞回线。如图 4.10 (a) 所示，所有的电滞回线均表现为饱和特征，但是回线的形状存在显著差异。图 4.10 (b) 进一步给出了剩余极化 P_r 和矫顽场 E_c 随 Sr^{2+} 含量变化的关系。随着 Sr^{2+} 含量的增加，P_r 从 35μC/cm^2 减小为 21μC/cm^2。与此同时，E_c 呈现出先缓慢变化，后迅速增大的变化趋势。众所周知，在 PZT 钙钛矿体系中，Pb 6s 与 O 2p 轨道之间的杂化作用已经被证明是铁电性增强的重要原因 [64−66]。在本工作中，钙钛矿结构中的 Pb^{2+} 被 Sr^{2+} 取代导致 Pb—O 共价键的稀释，使铁电性能弱化，P_r 减小。此外，晶粒尺寸是影响本工作中样品铁电性的另一重要因素。通常情况下，晶粒尺寸越小，晶界越多，晶界对畴壁运动的夹持作用就越强，导致畴壁运动困难，引起 E_c 增大 [67,68]。因此，本工作中，导致 E_c 增大、P_r 减小的机制，可以归结为

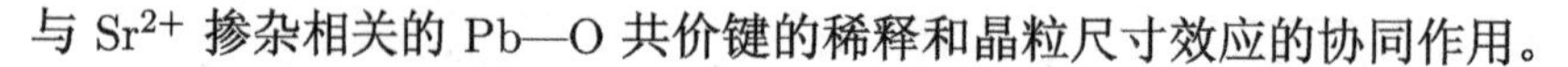

与 Sr^{2+} 掺杂相关的 Pb—O 共价键的稀释和晶粒尺寸效应的协同作用。

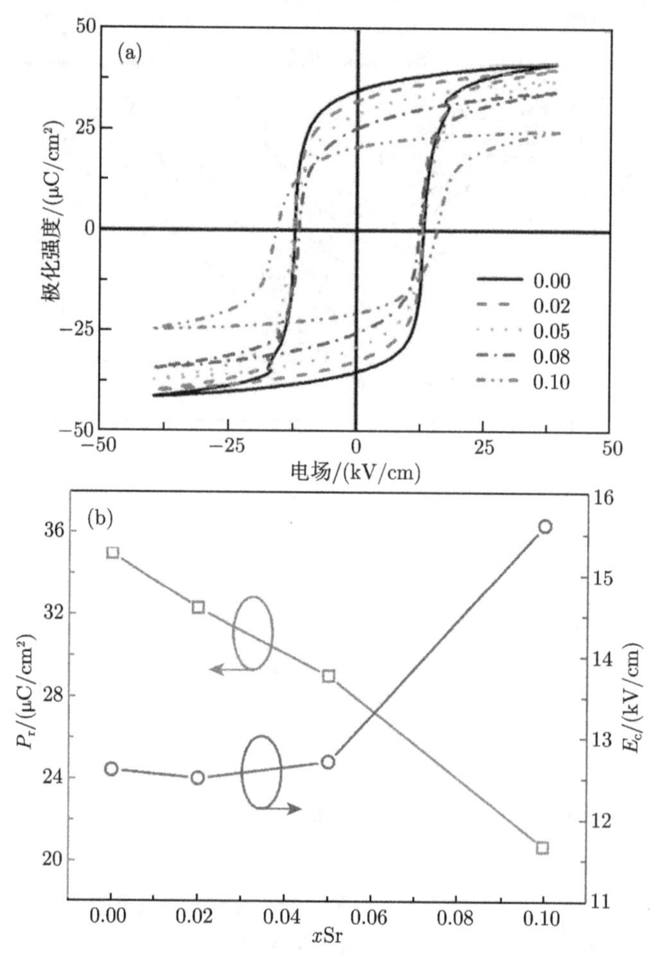

图 4.10　$P_{1-x}S_xZNZT$ 陶瓷室温下的电滞回线 (a)；P_r、E_c 随 Sr^{2+} 含量变化的依赖关系 (b)

图 4.11 所示为压电应变常数 d_{33}、相对介电常数 ε_r、压电电压常数 g_{33} 和机电转换系数 $d_{33}\cdot g_{33}$ 随 Sr^{2+} 含量变化的关系。

如图所示，d_{33} 在低掺杂量时表现出缓慢增长的趋势，其中 $P_{0.95}S_{0.05}ZNZT$ 样品表现出最大的 d_{33}，其值为 465pC/N，进一步增加 Sr^{2+} 的含量引起 d_{33} 迅速减小。另一方面，对于没有 Sr^{2+} 掺杂的样品，其 ε_r 为 1553，当 Sr^{2+} 掺杂量为 0.05 时，其 ε_r 增大到 2200。进一步增加 Sr^{2+} 掺杂量到 0.10，ε_r 减小为 1832。通常情况下，多晶铁电陶瓷的晶粒尺寸效应对压电和介电性能的影响尤其显著 [69−71]。对于 $BaTiO_3$ 铁电体，当晶粒尺寸在 1~10μm 时，广泛接受的观点是 ε_r 随着晶粒尺寸的减小而增加，当晶粒尺寸接近 1μm 时达到最大值 [72]。此外，对 $BaTiO_3$

和 PZT 体系也有研究报道在中间晶粒尺寸接近 1~2μm 时，获得压电性能的最优值 [73−75]。Ghosh 等 [76] 研究揭示在中间晶粒尺寸 (1~2μm) 时，不论在强电场 (超过矫顽场) 还是弱电场 (低于矫顽场) 作用下，90° 畴壁的运动能力均最强，这与介电性能和压电性能的增大具有重要的关系。根据以上的研究结果，可以推测本工作中介电性能和压电性能均在中间晶粒尺寸 (1~2μm) 获得最优的主要原因是 90° 畴壁的位移能力增强。此外，本研究中还发现，g_{33} 和 $d_{33} \cdot g_{33}$ 值在 x=0.00 样品中最大，分别为 32×10^{-3}V·m/N 和 $14084\times10^{-15}\mathrm{m}^2$/N。之后，随着 Sr^{2+} 含量的增加逐渐减小，当 x=0.10 时，g_{33} 和 $d_{33} \cdot g_{33}$ 值分别降低为 15.2×10^{-3}V·m/N 和 $3732\times10^{-15}\mathrm{m}^2$/N。综合考虑到小的晶粒尺寸 (~1.79μm) 和相对高的机电转换系数 ($d_{33} \cdot g_{33}$=$11047\times10^{-15}\mathrm{m}^2$/N)，我们认为 $P_{0.95}S_{0.05}$ZNZT 样品有望应用于下一代多层压电能量收集器件。

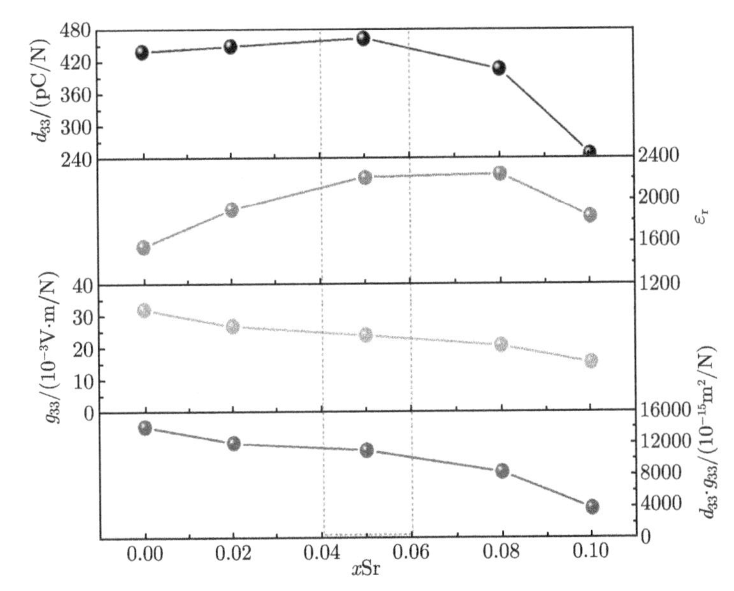

图 4.11 压电应变常数 d_{33}、相对介电常数 ε_r、压电电压常数 g_{33} 和机电转换系数 $d_{33} \times g_{33}$ 随 Sr^{2+} 含量变化的关系图

本节主要介绍了 Sr^{2+} 掺杂对 0.2PZN-0.8PZT 陶瓷相成分、显微结构及电学性能的影响。研究揭示 Sr^{2+} 掺杂引起陶瓷平均晶粒尺度持续降低，同时四方相含量增加。由于 Sr^{2+} 与 Pb^{2+} 的电子结构和半径均存在差异，Sr^{2+} 对 Pb^{2+} 的部分取代导致体系弥散相变增强和居里温度降低。此外，研究揭示，Sr^{2+} 掺杂能够同时提升体系的压电与介电性能，这与铁电材料中的晶粒尺寸效应机制相关。在所研究的掺杂样品中，$P_{0.95}S_{0.05}$ZNZT 同时具备细晶结构与较优的机电转换性能，可用于构建多层压电能量收集器。

4.3　PZN-PZT 多元系陶瓷的 Co 掺杂行为

4.3.1　Co 掺杂体系的微结构与液相烧结

本节中，为了进一步研究压电能量收集陶瓷的掺杂行为，选择 $CoCO_3$ 作为一种典型的掺杂剂，来调控 $0.2Pb(Zn_{1/3}Nb_{2/3})O_3$-$0.8Pb(Zr_{0.5}Ti_{0.5})O_3$(0.2PZN-0.8PZT) 体系的微结构与电性能。众所周知，Co 离子在高温下变价活跃，表现出 +2 与 +3 共存的混合价态，丰富的离子价态类型使 Co 离子在掺杂调控 0.2PZN-0.8PZT 陶瓷时，能够呈现出多种形式的占位取代关系，具有重要的研究价值，为获得优异的能量收集性能提供了可能。本节采用常规固相法制备 Co 离子掺杂改性 0.2PZN-0.8PZT 陶瓷材料，具体样品合成与测试表征见 1.3.1 节。

图 4.12 (a) 所示为不同 $CoCO_3$ 含量 0.2PZN-0.8PZT 陶瓷的 XRD 图谱，2θ 角度范围在 20° ~60°。从图中可以看出，所有样品均表现出纯的钙钛矿结构，没有焦绿石或其他杂质出现。由于在 0.2PZN-0.8PZT 体系中三方和四方相结构共存，45° 附近的衍射峰可以拆分为三个峰：四方相的 (002) 和 (200) 衍射峰，三方相的 (200) 衍射峰。为了获得更详细的相分析结果，使用高斯–洛伦兹曲线对精细扫描的 43° ~46° 衍射图进行了拟合，结果如图 4.12 (b) 所示。可以看到，随着 $CoCO_3$ 含量的增加，三方结构的 (200) 衍射峰强度降低，四方结构的 (002) 和 (200) 衍射峰强度升高。

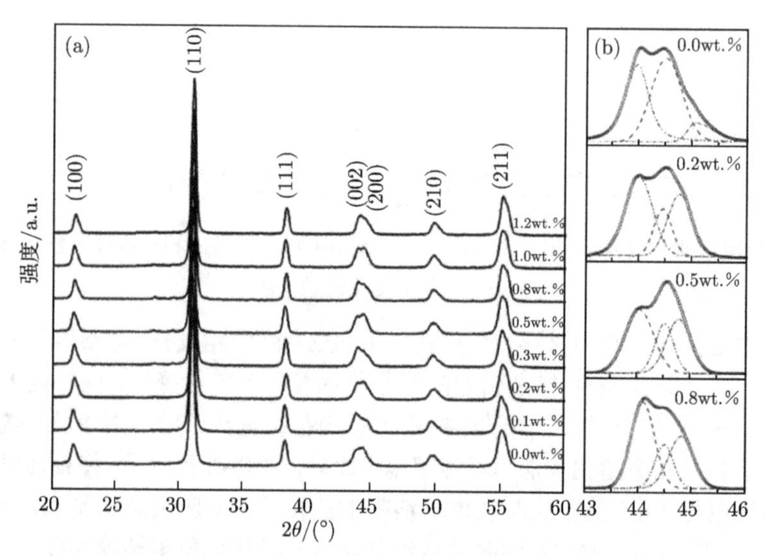

图 4.12　不同 $CoCO_3$ 含量 0.2PZN-0.8PZT 陶瓷的 XRD 图谱 (a)；$(002)_T$, $(200)_R$ 和 $(200)_T$ (从左到右) 衍射峰的对比 (b)

为了定量研究 $CoCO_3$ 含量对相转变的影响，根据拟合后 X 射线衍射峰的强度，依据式 (2.1)，计算了四方相 (T.P.) 的相对含量 [77]，结果如图 4.13 所示。不掺杂样品的四方相含量约为 55%，非常靠近 MPB 相区。随着 $CoCO_3$ 含量的增加，四方相含量迅速增多。当 $CoCO_3$ 含量超过 0.2wt.%时，四方相含量维持在 75%左右，基本不再变化。此外，不同 $CoCO_3$ 含量样品的晶胞参数和四方度 c/a 的计算结果如图 4.13 和表 4.3 所示。从图 4.13 可以看出，四方相含量和四方度数值呈现出相似的变化趋势，转变点均出现在 $CoCO_3$ 含量 0.2wt.%的位置，表明在 $CoCO_3$ 掺杂 0.2PZN-0.8PZT 体系中，掺杂离子的固溶限应该在 0.2wt.%附近。

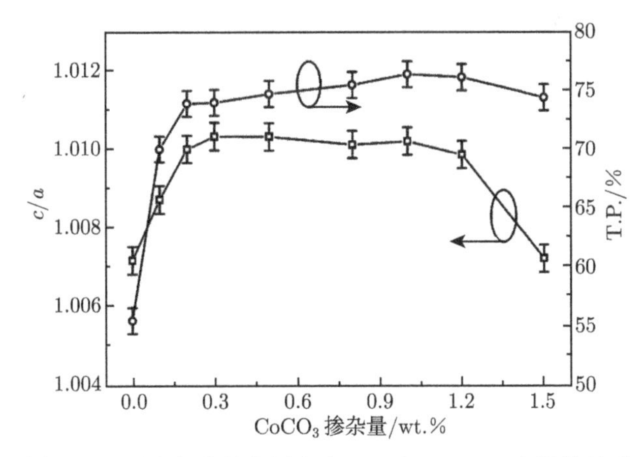

图 4.13 四方相含量和四方度 c/a 与 $CoCO_3$ 含量的关系

表 4.3 不同 $CoCO_3$ 含量 0.2PZN-0.8PZT 陶瓷的四方相含量和四方度 c/a

$CoCO_3$ 含量/wt.%	晶胞参数		四方度 (c/a)	四方相含量 T.P./%
	a/Å	c/Å		
0.0	3.9873	4.0156	1.0071	55.46
0.1	3.9961	4.0333	1.0093	70.03
0.2	3.9976	4.0392	1.0104	73.87
0.3	4.0015	4.0427	1.0103	73.95
0.5	4.0091	4.0512	1.0105	74.68
0.8	3.9954	4.0366	1.0103	75.44
1.0	3.9938	4.0345	1.0102	76.33
1.2	3.9978	4.0394	1.0104	76.08
1.5	4.0178	4.0471	1.0073	74.43

众所周知，相结构的转变与铁电畴结构的变化密切相关。图 4.14 (a) 和 (b) 所示为不掺杂和 1.2wt.%$CoCO_3$ 掺杂 0.2PZN-0.8PZT 陶瓷的明场 TEM 照片。根据电畴结构的经典理论，在三方结构的 PZT 陶瓷中，具有贯穿 71° 和 109° 畴壁的

极化矢量，该极化矢量的存在导致畴壁沿 $(110)_p$ 和 $(100)_p$ 排列；而在四方结构的 PZT 中，只有贯穿 90° 畴壁的极化矢量，导致该畴壁沿 $(110)_p$ 排列 [78]。在图 4.14 (a) 中，薄片状的四方畴和“豌豆”状的三方畴均可以被清楚地观察到，而且三方畴结构呈现出与四方畴结构相伴而生的特点，从微结构本质上证明了不掺杂 0.2PZN-0.8PZT 样品处在两相共存的 MPB 相区 [79]。然而，对比可见，在图 4.14 (b) 中，仅仅薄片状的四方畴被观察到，而且畴的尺寸显著增大，表明 Co 离子的加入诱使相结构向四方一侧转变，这与前面 XRD 的分析结论是一致的。

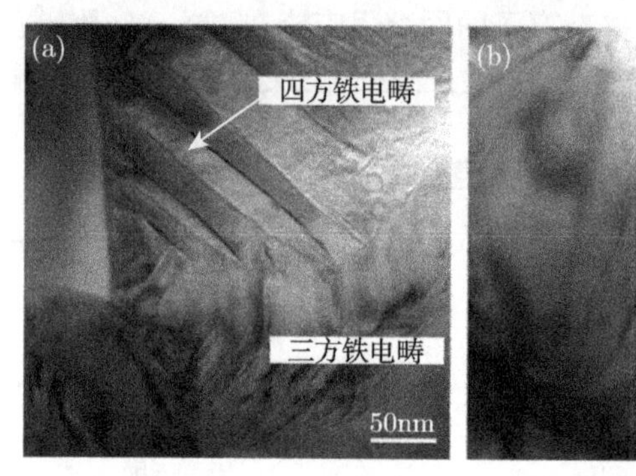

图 4.14　不同 $CoCO_3$ 含量 0.2PZN-0.8PZT 陶瓷的明场 TEM 照片

(a) 0.0wt.%；(b) 1.2wt.%

图 4.15 所示为不同 $CoCO_3$ 含量 0.2PZN-0.8PZT 陶瓷的体密度和相对密度变化曲线。可以清楚地看到，当 $CoCO_3$ 掺杂量低于 0.2wt.%时，随着 $CoCO_3$ 掺杂量增加，陶瓷密度迅速增大，并在掺杂量为 0.2wt.%时，获得最大值。继续增加 $CoCO_3$ 掺杂量引起密度的明显下降。密度的变化规律表明，合适的 $CoCO_3$ 掺杂量有利于烧结过程中陶瓷的致密化。

图 4.16 为不同 $CoCO_3$ 含量 0.2PZN-0.8PZT 陶瓷断面的热腐蚀 SEM 照片。由图可见，随着 $CoCO_3$ 含量的增加，晶粒尺寸显著增大。在低于固溶限 0.2wt.%时，Co 离子 (+2/+3 价态) 进入钙钛矿晶格取代 Ti^{4+} 或 Zr^{4+} 位，为了保持电中性，导致氧空位的产生。氧空位的出现，能够促进反应物之间的物质输运与能量转移，改善陶瓷烧结行为，诱使晶粒尺寸显著增大。但是，需要值得注意的是，当掺杂量超过固溶限时，所研究材料体系的晶粒尺寸仍然呈现出持续增大的趋势。这与前一章节中其他过渡系金属离子 (如 Cr^{3+}，Mn^{2+}/ Mn^{3+}) 掺杂 0.2PZN-0.8PZT 陶瓷时观察到的实验现象并不一致 [43,44]。在这些工作中，当掺杂离子的加入量超过固溶限后，多余的掺杂离子聚集在晶界处，在陶瓷烧结过程中，这些离子起到抑制晶界迁移的作用，导致晶粒尺度减小。对于本工作中出现的陶瓷晶粒尺寸在 Co 离子掺杂量超过固溶限后仍持续增长现象，需要深入研究，下文将做进一步分析。

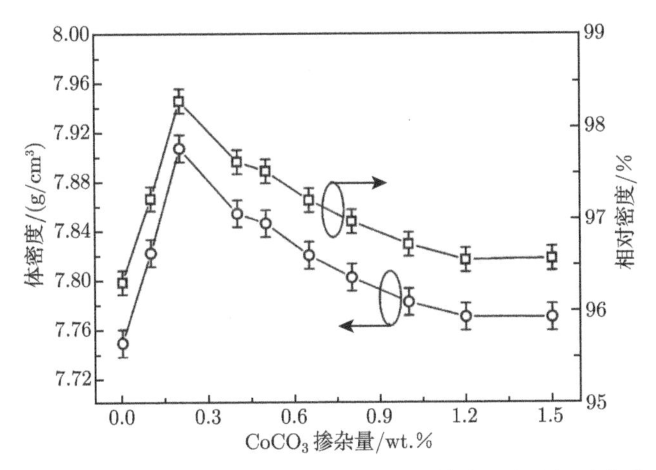

图 4.15 不同 $CoCO_3$ 含量 0.2PZN-0.8PZT 陶瓷的体密度和相对密度变化曲线

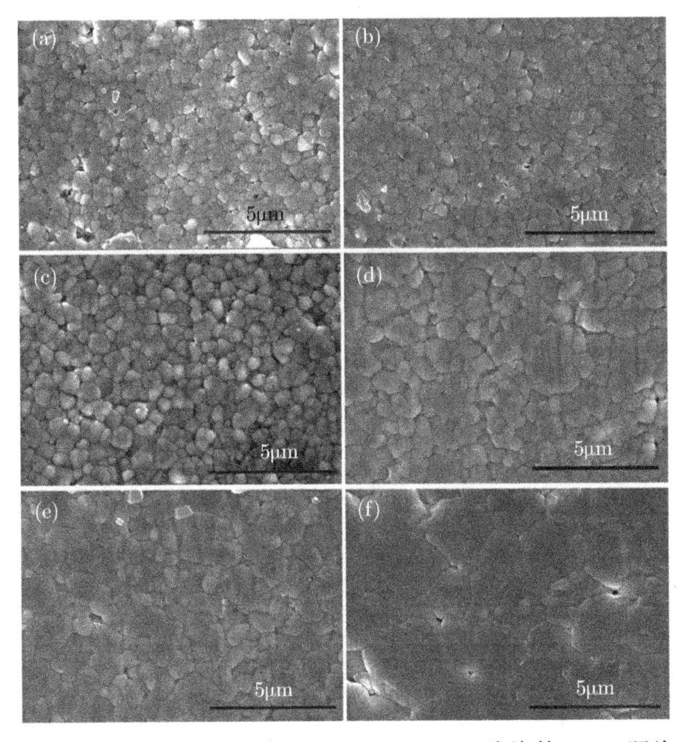

图 4.16 不同 $CoCO_3$ 含量 0.2PZN-0.8PZT 陶瓷的 SEM 照片

(a) 0.0wt.%; (b) 0.2wt.%; (c) 0.5wt.%; (d) 0.8wt.%; (e) 1.0wt.%; (f) 1.5wt.%

为了在纳米尺度获得掺杂引起晶粒尺寸变化的显微学直接证据，使用 TEM 技术对 1.2wt.%$CoCO_3$ 掺杂的 0.2PZN-0.8PZT 陶瓷进行了系统的显微组织研究。图 4.17 (a) 所示为晶界三角区的明场 TEM 照片，三角区呈现轻微凹陷的形状，表明存在晶界的液相润湿。图 4.17 (b) 给出两个 PZN-PZT 晶粒之间晶界结构的 HRTEM 照片。清楚的晶格条纹表明 PZN-PZT 晶粒结晶性良好，条纹之间的间距 0.401nm 与 (100) 晶面间距吻合。此外，两个晶粒之间出现一条宽度为 2~3nm 的无定形相，这是液相烧结的直接证据。图 4.17 (c) 和 (d) 所示分别为晶界三角区和晶粒内部的 EDX 图谱。由于晶粒内部 Co 离子的含量低于 EDX 的检测限，所以在晶粒内部没有 Co 离子被检测到。相比较，晶界三角区的主要成分为 Pb、Zn，以及微量的 Co 离子。在烧结过程中，烧结保护粉 $PbZrO_3$ 中的 PbO 可能转移到 PZN-PZT 晶粒间界 [80]，Co 离子的存在促使富 PbO 液相的形成。图 4.18 所示为液相烧结过程中，晶界移动的机理模型。富 PbO 液相会润湿和覆盖在晶粒表面，这种具有液相层的晶界在三角区具有丰富的二面角，而晶粒之间的晶界能与二面角直接相关 [81]。与没有液相层的晶界相比，含有液相层的晶界在烧结过程中更容易发生移动。此外，

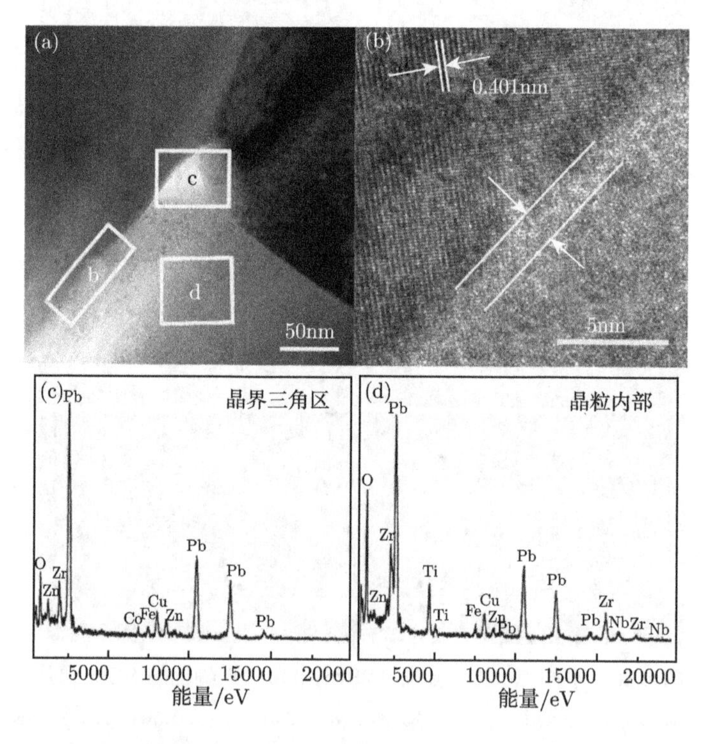

图 4.17　1.2wt.%$CoCO_3$ 掺杂 0.2PZN-0.8PZT 样品的 TEM 照片 (a)；PZN-PZT 晶粒间界面区域的 HRTEM(b)；EDX 图谱：晶界三角区 (c)，晶粒内部 (d) (检测到的 Cu 和 Fe 的峰来自样品支架)

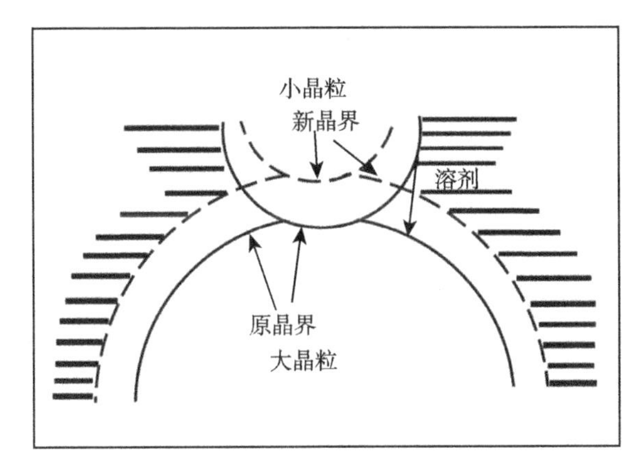

图 4.18 晶界移动和大小晶粒间的溶解–沉积模型

在液相烧结过程中，小晶粒逐渐溶解在液相中，然后再沉积析出在更大的晶粒上，导致出现这种基于液相烧结的晶粒生长机制。

4.3.2 Co 掺杂体系的溶解度阻抗谱分析

交流阻抗谱是一种十分有效的研究固体材料微结构和电性能的非破坏性方法。通过阻抗谱的解析，可以拆分陶瓷内部晶粒和晶界对电性能的贡献。图 4.19 所示为不同 $CoCO_3$ 含量 0.2PZN-0.8PZT 陶瓷的复合阻抗图谱。从图中可以看到，所有的半圆均表现出扁平状 (圆心在实轴以下)，可以拆分为两个半圆，分别代表晶粒与晶界对电性能的贡献 [82−87]。一般情况下，高频一侧的半圆代表晶粒的贡献，而低频一侧的半圆代表晶界的贡献。通常用简单串联 RC 等效电路模型来描述晶粒和晶界的贡献。晶粒、晶界的电阻和电容 (R_g，R_{gb}，C_g 和 C_{gb}) 可以通过相应半圆的 X 轴截距和相应半圆弧顶最大值 ($\omega RC = 1$) 计算得出。不同 $CoCO_3$ 含量 0.2PZN-0.8PZT 陶瓷晶粒、晶界的电阻和电容的拟合结果如表 4.4 所示。从表中可以观察到，随着 $CoCO_3$ 含量增加，样品的 R_g、R_{gb} 减小，C_g、C_{gb} 增大；当 $CoCO_3$ 含量超过 0.2wt.%，R_g 基本保持不变。以上阻抗谱研究结果再次证明，在 $CoCO_3$ 掺杂 0.2PZN-0.8PZT 体系中，固溶限在 0.2wt.%附近。超过固溶限，Co 离子主要进入晶界区域，有利于晶界电容的提升，对晶粒电阻、电容的影响明显弱化。

在弛豫系统中，可以基于 Z''-log$f$ 图谱，根据如下关系计算得到弛豫时间 τ，

$$\tau = 1/\omega = 1/2\pi f \tag{4.13}$$

式中，f 代表弛豫频率。

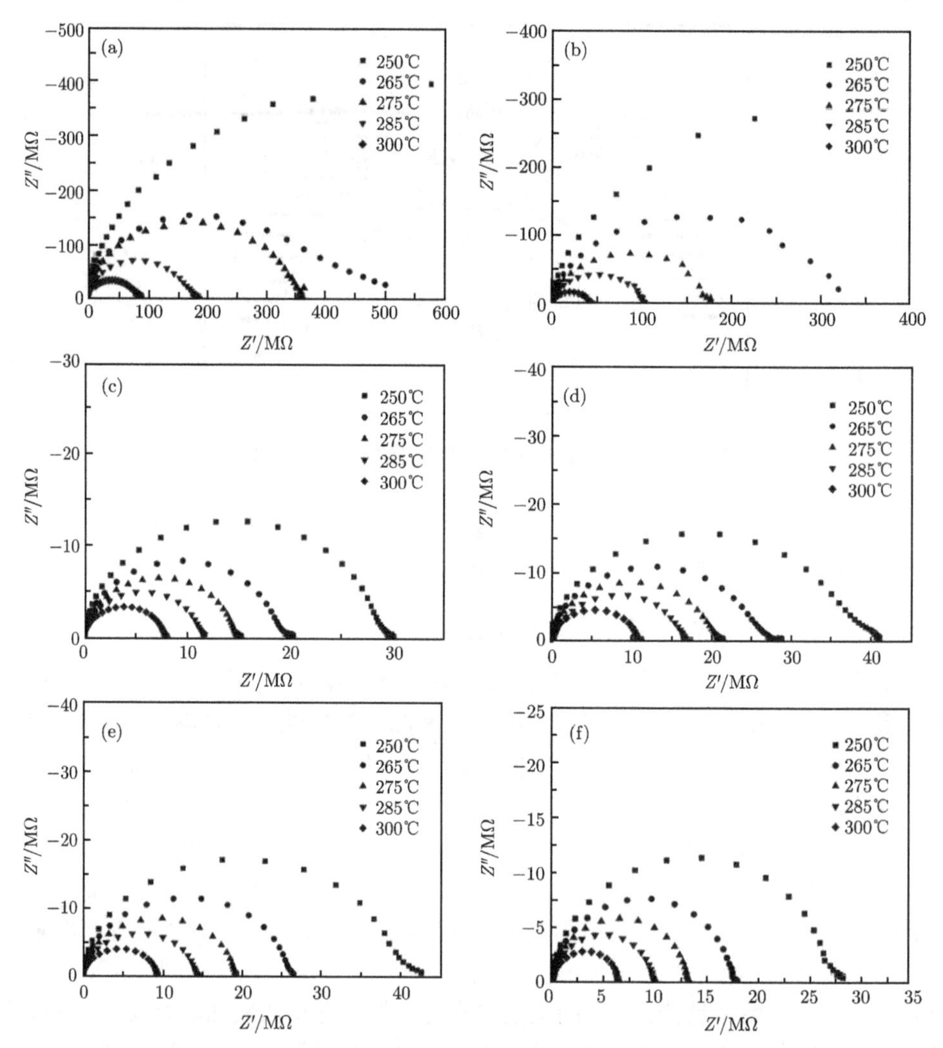

图 4.19　不同 $CoCO_3$ 含量 0.2PZN-0.8PZT 陶瓷的复合阻抗图谱

(a) 0.0wt.%；(b) 0.1wt%；(c) 0.2wt.%；(d) 0.3wt.%；(e) 0.4wt.%；(f) 0.5wt.%

研究中还发现，弛豫时间与温度服从 Arrhenius 关系：

$$\tau = \tau_0 \exp(-E_a/kT) \tag{4.14}$$

式中，τ_0 代表指前因子，E_a 代表激活能，k 代表玻尔兹曼常数，T 代表绝对温度。

图 4.20 所示为不同 $CoCO_3$ 含量 0.2PZN-0.8PZT 陶瓷的 Arrhenius 拟合图谱。不掺杂 0.2PZN-0.8PZT 陶瓷的激活能数值与 Waser 和 Raymond 等报道的钙钛矿铁电体中双电离氧空位 ($V_O^{\cdot\cdot}$) 跃迁需要的能量 (1~1.1eV) 接近 [88,89]。氧空位

是目前已知的钙钛矿晶格中最容易发生移动的带电缺陷之一。因此，可以判定在 250~300℃，对于不掺杂样品的导电载流子为 $V_O^{\cdot\cdot}$。此外，对于 $CoCO_3$ 掺杂量为 0.1wt.%~0.5wt.%的样品，其具有较低的激活能数值，为 0.4~0.9eV，表明其电导过程受形成二次电离氧空位时产生的电子控制：$V_O^{\cdot} = V_O^{\cdot\cdot} + e'$，其激活能为 $E_a = 0.8\text{eV}$ ($E_a = E_d/2$, $E_d = 1.6\text{eV}$)[90]。

表 4.4 不同 $CoCO_3$ 含量 0.2PZN-0.8PZT 样品晶粒和晶界电阻、电容随温度的变化关系

成分组成/wt.%	温度 T/℃	晶粒		晶界	
		R_g/MΩ	C_g/pF	R_{gb}/MΩ	C_{gb}/pF
0.0	250	475	49.3	275	700
	265	180	43.2	60	1400
	275	153	51.9	27	3100
	285	76	52.2	14	3000
	300	33.5	67.6	10	2000
0.1	250	400	74.7	140	1000
	265	173	63.1	107	1500
	275	93	83.6	65	600
	285	60	92.6	14	3000
	300	23	123.3	9	2400
0.2	250	12	62.4	2.5	1900
	265	8.5	78.1	0.75	9300
	275	6.9	83.4	0.6	13200
	285	5.3	89.5	0.5	19600
	300	3.6	123.0	0.3	34400
0.3	250	17	57.6	3.5	5800
	265	11	63.6	2	5200
	275	9	77.8	1.5	6900
	285	7.4	94.6	1	7400
	300	4.9	200.0	0.6	12300
0.4	250	17.5	59.0	3	3600
	265	11.3	65.3	2	2800
	275	8.7	84.8	1.1	5100
	285	6.3	83.7	0.85	4700
	300	4.1	128.6	0.7	5700
0.5	250	11	47.9	2.5	1600
	265	8	47.1	1	2800
	275	6	62.7	0.5	7900
	285	4.2	64.0	0.75	2700
	300	2.7	99.6	0.5	5700

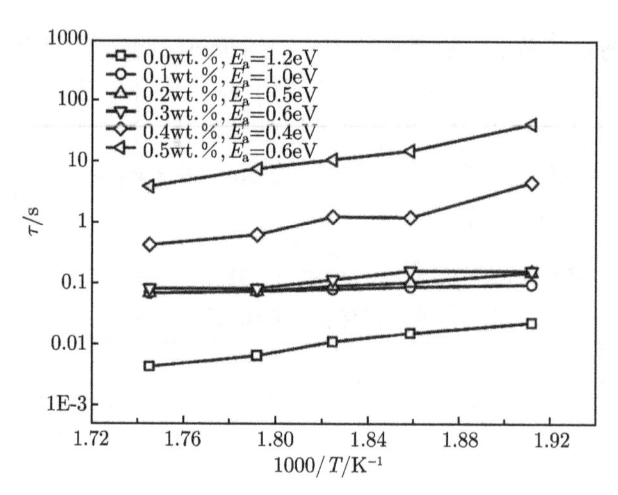

图 4.20　不同 $CoCO_3$ 含量 0.2PZN-0.8PZT 样品的 τ 与 $10^3/T$ 的关系图谱

4.3.3　Co 掺杂对电学性能的影响规律

图 4.21 (a) 所示为不同 $CoCO_3$ 含量 0.2PZN-0.8PZT 陶瓷的 P-E 电滞回线。从图中可以看出，所有的电滞回线均表现出饱和的特征。随着 $CoCO_3$ 含量的增加，剩余极化强度 P_r 增大，而矫顽场 E_c 降低，如图 4.21 (b) 所示。通常情况下认为，过渡系金属离子掺杂是一种硬性掺杂 (剩余极化强度 P_r 减小，而矫顽场 E_c 增大)，而本工作中观察到的实验现象与 Co 离子单纯硬性掺杂预期的电学行为变化是相违背的。众所周知，大晶粒尺寸有利于改善材料的介电和铁电性能，究其原因是晶粒尺寸增大，空间电荷富集的晶界减少，晶界对畴壁翻转的阻碍作用减小，这种与晶粒尺寸相关的机制称为尺寸效应。在本工作中，随着 $CoCO_3$ 含量的增加，晶粒尺寸呈现显著的增大 (如图 4.16 所示)，尺寸效应在与硬性掺杂效应的博弈中占据主导地位，铁电性能得到极大改善。

图 4.22 所示为不同 $CoCO_3$ 含量 0.2PZN-0.8PZT 陶瓷的压电应变常数 d_{33}、机电耦合系数 k_p 和相对介电常数 ε_r。由图可见，随着 $CoCO_3$ 含量的增加，d_{33} 和 k_p 呈现出相似的变化趋势，在 $CoCO_3$ 含量为 0.8wt.%时，获得最大值，而 ε_r 呈现近似线性降低的趋势。压电性能的变化可以根据 Landau-Devonshire 关系解释：

$$d_{33} = 2\varepsilon_r\varepsilon_0 Q_{11} P_r \tag{4.15}$$

式中，ε_0 代表真空介电常数，Q_{11} 代表电致伸缩系数。显然，P_r 的增大导致压电应变常数的增加。值得注意的是，压电性能的最优值并没有出现在固溶限附近，这与一些报道的过渡系金属离子掺杂 PZN-PZT 体系的实验结果是不同的 [43−45,51]。

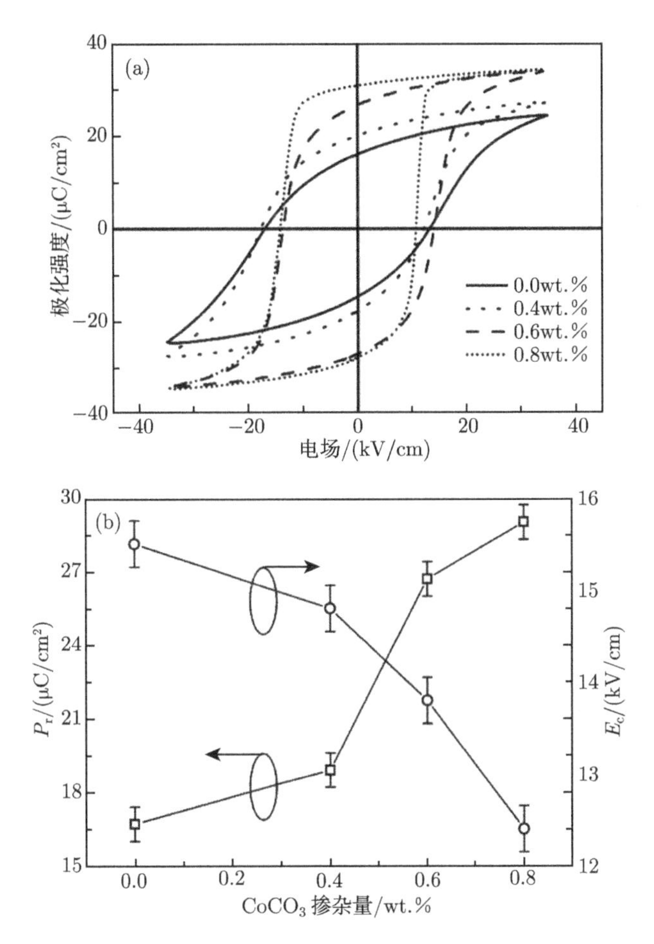

图 4.21 $CoCO_3$ 掺杂 0.2PZN-0.8PZT 陶瓷的 P-E 电滞回线 (a)；剩余极化强度 P_r 和矫顽场 E_c 与 $CoCO_3$ 含量的依赖关系 (b)

从图 4.22 可以看出，当 $CoCO_3$ 含量为 0.8wt.%时，d_{33} 获得最大值，而 ε_r 已经明显劣化，这一实验现象，符合能量收集用压电材料的性能要求 (高 d_{33}，低 ε_r)。关于 $CoCO_3$ 改性 0.2PZN-0.8PZT 材料的优化及其压电能量收集特性评价，将在后文中详述。

本节主要介绍了 $CoCO_3$ 掺杂对 0.2PZN-0.8PZT 陶瓷相结构、显微组织及电学性能的影响。研究揭示，Co 离子在陶瓷体内主要以 +2 和 +3 混合价态共存，其掺杂引起体系相结构向四方相一侧转变，并导致畴尺寸增大。阻抗谱解析证实 Co 离子在陶瓷基体中的固溶限约为 0.2wt.%$CoCO_3$。低于固溶限，Co 离子进入钙钛矿晶格 B 位，以非等价掺杂模式诱导氧空位出现并加速物质输运，提升样品致密度。高于固溶限，过量的 Co 离子富集于晶界与三角区，与 PbO 相互作用形成低熔点液相，并以液相烧结机制进一步促进晶粒持续长大。电学性能研究揭示，Co 离子掺杂促进晶粒尺寸增大对于体系压电性能的贡献起主导作用，超过受主掺杂所引起的压电弱化效应。在所研究的样品中，$CoCO_3$ 含量为 0.8wt.%时，压电应变常数和机电耦合系数获得最大值，且相对介电常数较低，具备发展高品质压电能量收集材料的潜力。

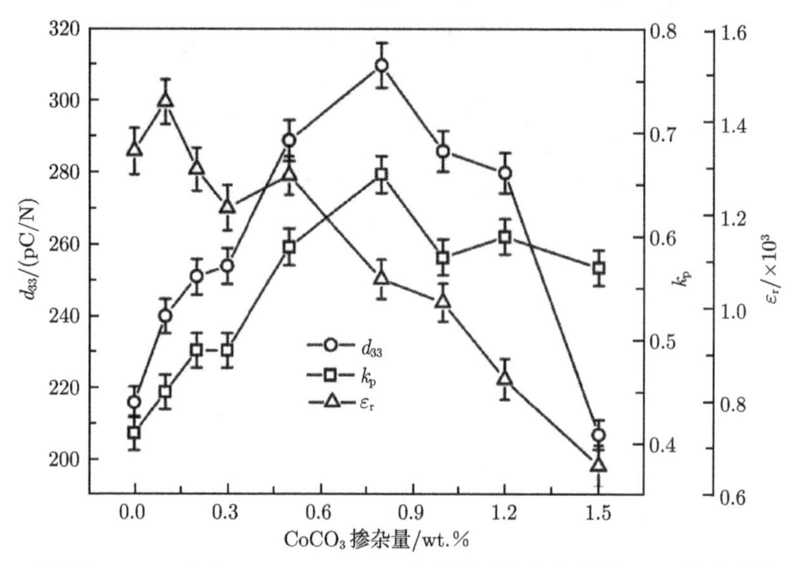

图 4.22 不同 $CoCO_3$ 含量 0.2PZN-0.8PZT 陶瓷的压电应变常数 d_{33}、机电耦合系数 k_p 和相对介电常数 ε_r

4.4 PZN-PZT 多元系陶瓷的 Ni 掺杂行为

4.4.1 Ni 掺杂对显微结构的影响规律

为了进一步研究过渡系金属离子掺杂的作用机制，本节选用与 Co 离子同处第Ⅷ族的 Ni 离子作为研究对象，系统分析 Ni 离子掺杂对 $0.2Pb(Zn_{1/3}Nb_{2/3})O_3$-$0.8Pb(Zr_{0.5}Ti_{0.5})O_3$(0.2PZN-0.8PZT) 陶瓷的微结构、力学和电学性能的影响。采用常规固相法制备 0.2PZN-0.8PZT+x wt.%NiO 陶瓷材料，具体样品合成与测试表征见 1.3.1 节。

图 4.23 为不同 NiO 含量 0.2PZN-0.8PZT 陶瓷的 XRD 图谱。NiO 含量低于 0.8wt.%为纯钙钛矿结构，当 NiO 含量达到 1.0wt.%，出现未知杂相。此外，NiO 的加入促使相结构从 MPB 向四方一侧转变，如图 4.24 所示，具体分析方法与 4.3.1 节相同，此处不再复述。

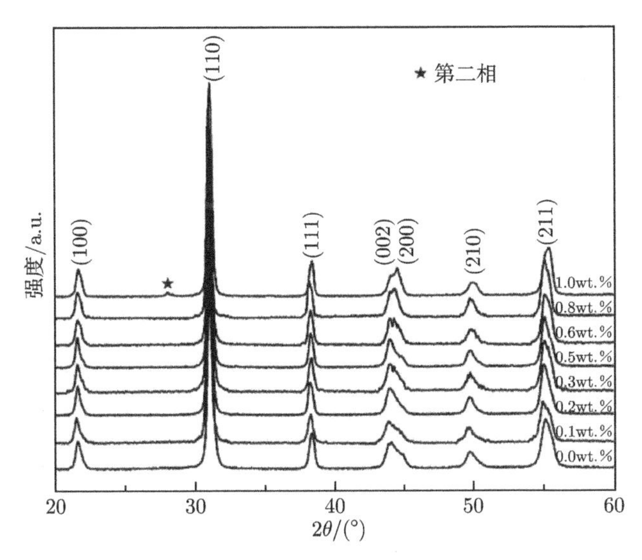

图 4.23 不同 NiO 含量 0.2PZN-0.8PZT 陶瓷的 XRD 图谱

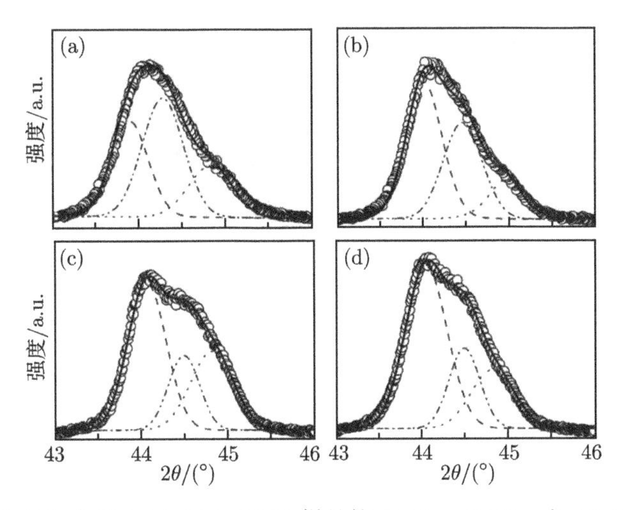

图 4.24 不同 NiO 含量 0.2PZN-0.8PZT 样品的 $(002)_T$, $(200)_R$ 和 $(200)_T$ (从左到右)衍射峰的对比

(a) 0.0wt.%; (b) 0.2wt.%; (c) 0.3wt.%; (d) 0.5wt.%

为了进一步研究陶瓷材料微观结构演化规律及相关机制，对不掺杂 0.2PZN-0.8PZT 陶瓷和 1.0wt.%NiO 掺杂陶瓷进行了详细的 TEM 分析，结果如图 4.25 所示。研究中发现，过量掺杂的 Ni^{2+} 大量聚集在晶界处，引起晶界和晶界三角区微观结构发生显著变化。对比不掺杂样品的晶界结构 (图 4.25 (a) 和 (b))，1.0wt.%NiO 掺杂 0.2PZN-0.8PZT 陶瓷的晶界三角区 (图 4.25 (c)) 出现明显向内凹陷的特征，

表明存在液相润湿现象。进一步对图中 “d” 区域进行了 HRTEM 研究，结果如图 4.25 (d) 所示。研究中发现，两晶粒之间存在一个厚度约为 2nm 的晶界层，该现象确定无疑地表明在掺杂体系中存在液相烧结现象。图 4.25 (e) 所示为晶界三角区的 EDX 能谱分析，从中可以看到，晶界的主要成分是 Pb^{2+}、Zn^{2+}、Ni^{2+} 等离子。烧结过程中，气氛保护粉末 $PbZrO_3$ 中的 PbO 可能转移到 PZN-PZT 晶粒间 [80]，微量 Ni 离子有利于富 PbO 液相的形成。图 4.25 (f) 所示为 PbO-NiO 系统的

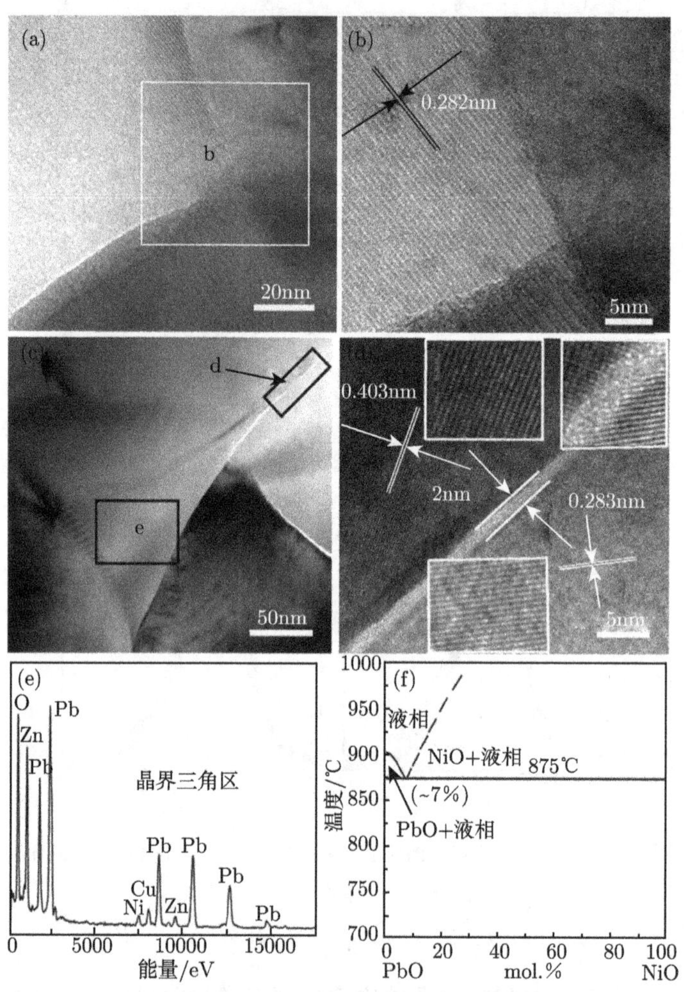

图 4.25　不掺杂 0.2PZN-0.8PZT 陶瓷的 TEM 照片 (a)；不掺杂陶瓷晶界区的 HRTEM 照片(b)；1.0wt.%NiO 掺杂 0.2PZN-0.8PZT 陶瓷的 TEM 照片 (c)；1.0wt.%NiO 掺杂陶瓷晶界区域的 HRTEM 照片 (d)；1.0wt.%NiO 掺杂陶瓷晶界三角区的 EDX 谱 (e)(Cu 峰来自样品支架)；PbO-NiO 二元相图 (f)

二元相图 [91]，二者在 875℃形成低共熔点，低于 PbO 的熔点。经过液相润湿的晶界与普通晶界相比，具有较低的晶界迁移能 [81]，在烧结过程中有利于引起晶粒的显著增大。

图 4.26 所示为不同 NiO 含量 0.2PZN-0.8PZT 陶瓷的断面热腐蚀 SEM 照片，所有样品均表现为致密的陶瓷体。随着 NiO 含量的增加，陶瓷的晶粒尺寸从不掺杂时的 0.42μm 增大到 2.10μm，这与前面晶界结构分析中的预期是一致的。

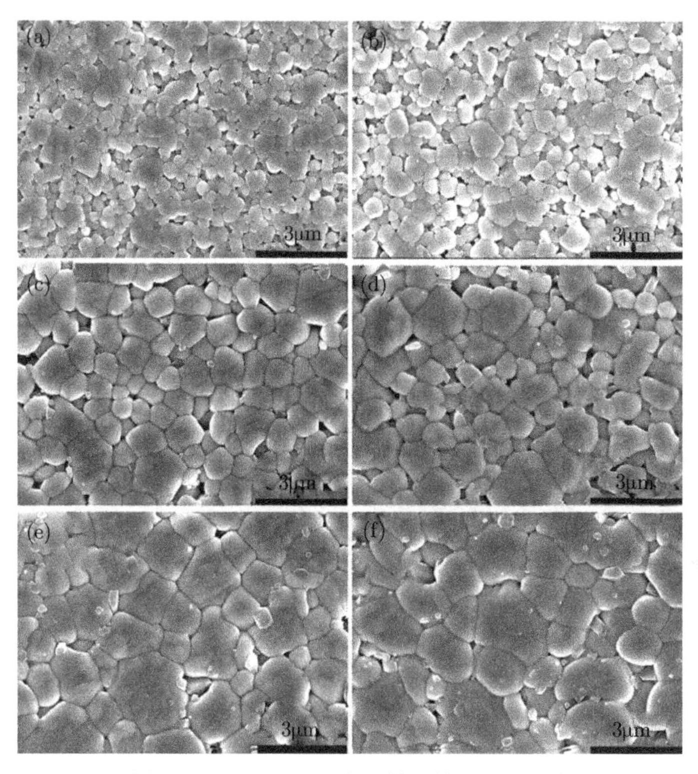

图 4.26 不同 NiO 含量样品的 SEM 照片

(a) 0.0wt.%；(b) 0.2wt.%；(c) 0.3wt.%；(d) 0.5wt.%；(e) 0.8wt.%；(f) 1.0wt.%

4.4.2 Ni 重掺杂诱导钛铁相的形成机制

为了精确分析图 4.23 中出现的杂相结构与类型，采用 TEM 对 0.2PZN-0.8PZT +1.0wt.%NiO 陶瓷进行详细的微结构解析，结果如图 4.27 所示。图 4.27 (a) 呈现出第二相的典型形貌，可以看到第二相表现为规则的六边形，各边之间夹角接近 120°。图 4.27 (b) 和 (c) 所示为第二相和 0.2PZN-0.8PZT 晶粒的 EDX 谱。对比发现，第二相的主要成分是 Ni、Zn、Ti 和 O 元素，几乎不含有 Pb 元素，而 0.2PZN-0.8PZT 晶粒的成分与原始设计成分保持一致。图 4.27 (d) 所示为第二相的 SAED

图，通过衍射斑点的标定发现，该第二相为六方结构。结合 EDX 成分分析，最终确定第二相为具有六方钛铁矿结构的 (Zn,Ni)TiO_3。为了更深入地认知第二相的结构特点，对 PZN-PZT 晶粒与第二相的界面区域进行 HRTEM 分析，结果如图 4.27 (e) 所示。图 4.27 (f) 给出六方钛铁矿结构示意图便于参考。从图 4.27 (e) 中可

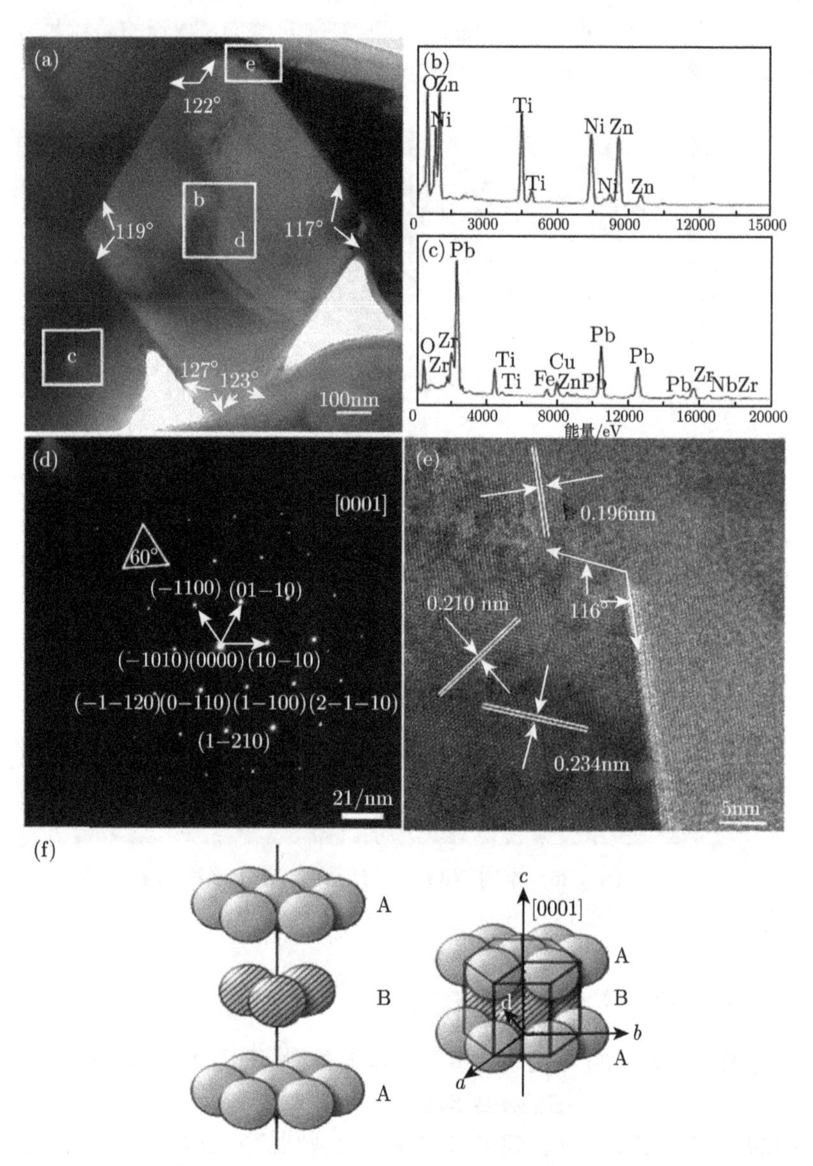

图 4.27 第二相 TEM 照片 (a)；第二相 EDX 谱 (b)；晶粒 EDX 谱 (c) (Cu 峰来自样品支架)；第二相 “d” 区域 SAED 图 (d)；PZN-PZT 晶粒与第二相界面区域的 HRTEM (e)；六方钛铁矿结构示意图 (f)

以看到，明显的晶格条纹表明第二相与 PZN-PZT 晶粒均具有良好的结晶性。PZN-PZT 晶粒的晶面间距为 0.196nm，这与 (200) 晶面的间距相吻合；第二相的晶面间距为 0.210nm 和 0.234nm，与 $(Zn,Ni)TiO_3$ 的 (400) 和 (320) 晶面间距一致。

根据弛豫铁电体稳定性序列 [92]，$Pb(Ni_{1/3}Nb_{2/3})O_3$(PNN) 比 $Pb(Zn_{1/3}Nb_{2/3})O_3$ (PZN) 更稳定。因此，当 NiO 掺杂 PZN-PZT 陶瓷时，发生如下化学反应：$3Pb(Zn_{1/3}Nb_{2/3})O_3+NiO \longrightarrow 3Pb(Ni_{1/3}Nb_{2/3})O_3+ZnO$，为钛铁矿相生成反应提供 ZnO。另一方面，高温烧结时，PbO 的挥发不可避免：$PbTiO_3 \longrightarrow V_O^{\cdot\cdot} + V_{Pb}''+ PbO(gas)\uparrow+TiO_2$，为钛铁矿相生成反应提供 TiO_2。同时，由于存在固溶限，仅有少量 Ni^{2+} 可以进入钙钛矿晶格取代 Zn^{2+}，过量的 NiO 则会在晶界区聚集 [93]。由于晶界区富含 Zn^{2+}、Ni^{2+}、Ti^{4+} 等离子，为 $(Zn,Ni)TiO_3$ 第二相的生成提供了可能。通常情况下，六方钛铁矿相 $ZnTiO_3$ 结构不稳定难以合成 [94]，本工作中，NiO 的加入起到稳定剂的作用。$NiTiO_3$ 与 $ZnTiO_3$ 固溶形成的 $(Zn,Ni)TiO_3$ 结构稳定，易于合成。在研究 $(1-x)K_{0.5}Bi_{0.5}TiO_3$-$x$$BiAlO_3$ 体系时，类似的第二相生成实验现象也被观察到：$BiAlO_3$ 钙钛矿相不稳定，$K_{0.5}Bi_{0.5}TiO_3$ 的加入起到了稳定 $BiAlO_3$ 的作用，但当 $BiAlO_3$ 相对含量高到一定程度时，富 Bi 的第二相 $K_{0.5}Bi_{4.5}Ti_4O_{15}$ 生成 [95]。

4.4.3 Ni 掺杂对力电性能的影响规律

陶瓷的微结构，如微裂纹、晶粒尺寸和晶界结构等均对力学性能有较大影响。对于压电能量收集器等在振动环境下工作的压电器件，优良的力学性能有利于保证器件稳定工作。本节中，介绍 NiO 含量对 0.2PZN-0.8PZT 陶瓷力学特性的影响。研究中，维氏硬度 H_v 值在 9.8N 保压 20s 下测试。同时，断裂韧性 K_{IC} 使用式 (2.10) 计算。

从图 4.28 可以看出，断裂韧性 K_{IC} 随着 NiO 含量的增加而增大，而维氏硬度 H_v 呈现相反的变化趋势，相应的 H_v 在 4.0~5.0GPa 范围内，而 K_{IC} 在 1.25~1.6MPa·m$^{1/2}$ 范围内。对比其他铅基弛豫铁电体的断裂韧性报道可以发现，本工作实验样品的断裂韧性比较优异。Kanai 等详细研究了化学计量比对 $(Pb_{0.875}Ba_{0.125})_A[(Mg_{1/3}Nb_{2/3})_{0.5}(Zn_{1/3}Nb_{2/3})_{0.3}Ti_{0.2}]_BO_3$ 陶瓷的力学性能影响，最优断裂韧性在 A/B = 1.01 时获得，但是仅为 K_{IC} = 0.98MPa·m$^{1/2}$[96]。由于 NiO 改性 0.2PZN-0.8PZT 陶瓷具有优异的断裂韧性，可以保证能量收集器件的稳定工作。

图 4.29 所示为不掺杂和 1.0wt.%NiO 掺杂 0.2PZN-0.8PZT 陶瓷的维氏压痕导致裂纹扩展的 SEM 照片。SEM 测试之前，所有样品经过酸腐蚀 15s，腐蚀液的组成为 H_2O:HCl:HF = 100:5:0.4(体积比)。从图 4.29 (a) 和 (b) 中可以清楚地看到，不掺杂样品裂纹穿过晶粒内部，而 1.0wt.%NiO 掺杂样品的裂纹主要沿晶界扩展。断裂方式改变的主要原因可能是在晶界区存在富 PbO 第二相，这与前面分析中发

现的 NiO 掺杂引起晶界结构的显著变化是一致的 (图 4.25)。

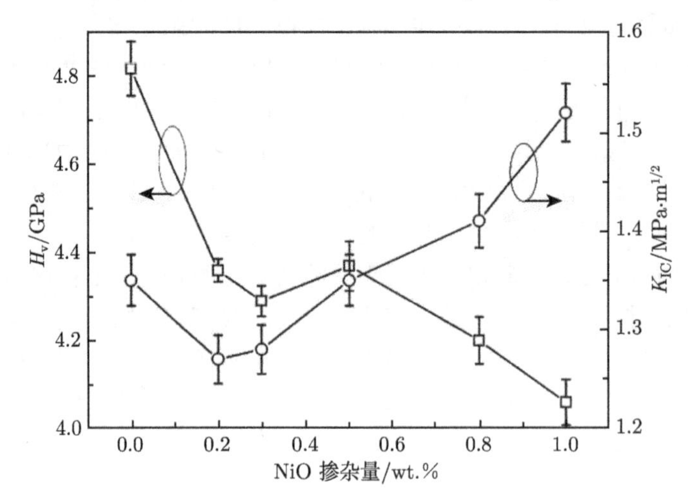

图 4.28 不同 NiO 含量 0.2PZN-0.8PZT 陶瓷的维氏硬度和断裂韧性

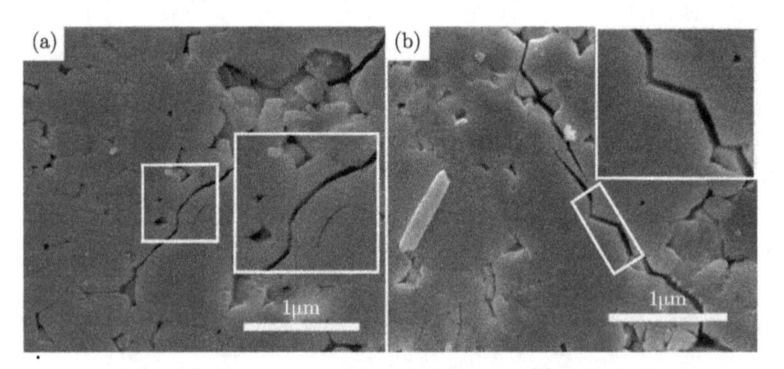

图 4.29 不同 NiO 含量 0.2PZN-0.8PZT 样品维氏压痕导致的裂纹 SEM 照片

(a) 0.0wt.%；(b) 1.0wt.%

图 4.30 所示为不同 NiO 含量 0.2PZN-0.8PZT 陶瓷的压电应变常数 d_{33}、相对介电常数 ε_r、压电电压常数 g_{33}、机电转换系数 $d_{33}\cdot g_{33}$ 和机电耦合系数 k_p。

从图中可以看出，在掺杂量低于 0.3wt.%时，d_{33}，ε_r 和 k_p 呈现出相似的快速增加趋势，并在 NiO 掺杂量为 0.3wt.%时 (固溶限)，获得最优性能：$d_{33}=342$ pC/N，$\varepsilon_r=1250$，$k_p=0.57$。然而，机电转换系数的最大值 ($d_{33}\cdot g_{33}=10050\times 10^{-15}\text{m}^2/\text{N}$) 在 NiO 含量为 0.5wt.%时获得。这种差异出现的主要原因是在高掺杂区 d_{33} 和 ε_r 的变化规律不一致。从图中可以看出，NiO 掺杂量超过 0.3wt.%以后，d_{33} 下降比较缓慢，而 ε_r 则迅速降低，NiO 掺杂量为 0.5wt.%时，$d_{33}=322$pC/N，$\varepsilon_r=1075$，导致在该位置获得 $g_{33}(g_{33}=d_{33}/\varepsilon^T$，$\varepsilon^T=\varepsilon_r\cdot\varepsilon_0)$ 和 $d_{33}\cdot g_{33}$

的最大值。此外，前面研究中发现 0.5wt.%NiO 掺杂样品力学性能也较为优异，这种力电均衡的材料体系，有望应用于压电能量收集器。

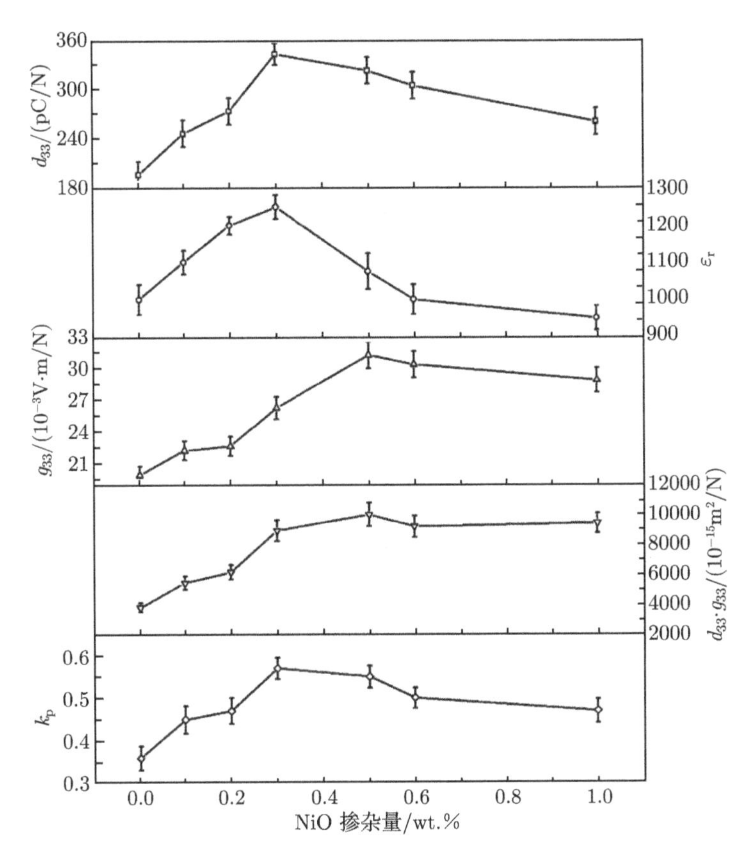

图 4.30 不同 NiO 含量 0.2PZN-0.8PZT 陶瓷的 d_{33}，ε_r，g_{33}，$d_{33}\cdot g_{33}$ 和 k_p

本节主要介绍了 NiO 掺杂对 0.2PZN-0.8PZT 陶瓷相结构、显微组织及力电性能的影响。研究揭示，Ni 掺杂引起体系相结构由准同型相界向四方相一侧转变。高于固溶限 0.3wt.%NiO，过量的 Ni 离子富集于晶界与三角区，与 PbO 形成液相促进晶粒持续长大。微结构精细分析揭示过量 NiO 掺杂能够诱导体系中出现新颖的 $(Zn,Ni)TiO_3$ 钛铁矿相，分析该异相产生的原因与 Ni^{2+} 等价置换 0.2PZN-0.8PZT 基体中的 Zn^{2+} 相关。力学性能测试表明 NiO 掺杂能够调节材料的维氏硬度 H_v 与断裂韧性 K_{IC}，同时断裂模式由未掺杂样品的穿晶断裂转变为掺杂样品的沿晶断裂。此外，电学性能研究表明，0.5wt.%NiO 掺杂样品能够在保持高断裂韧性的同时，具有优异的机电转换系数，因而适合作为在强振动状态下工作的压电能量收集器材料。

4.5 PZN-PZT 陶瓷第Ⅷ族离子掺杂行为

4.5.1 第Ⅷ族离子取代机制的分析

目前，对于掺杂类型的研究主要集中于施主掺杂和受主掺杂两大类。施主掺杂指高价离子取代低价离子，产生阳离子空位，有利于压电性能的提升；而受主掺杂指低价离子取代高价离子，产生氧空位，有利于机械品质因数的提升。在本章前面的工作中，发现对于一些复杂组成的压电材料体系使用已有的基于 PZT 二元系的经典掺杂机制已经很难完整地解释整个实验现象。因此，为了进一步完善和发展复杂组成压电陶瓷的掺杂理论，在本节中设计如下对比实验对掺杂取代机制进行深入解析：系统对比研究二次合成法制备的不掺杂和 0.3mol.%第八族元素三类离子($M_{Ⅷ}$: Fe，Co，Ni) 分别掺杂的 $0.2Pb(Zn_{1/3}Nb_{2/3})O_3$-$0.8Pb(Zr_{0.5}Ti_{0.5})O_3$(0.2PZN-0.8PZT) 陶瓷的相结构和电性能，寻找取代规律，对现有掺杂机制进行补充完善。图 4.31 所示分别为不掺杂和 Fe/Co/Ni 离子掺杂 0.2PZN-0.8PZT 陶瓷的 XRD 图谱。从图中可以看到，所有组成均表现为纯钙钛矿结构，没有明显的第二相出现。进一步观察发现，与未掺杂样品相比，掺杂样品在 $2\theta = 45°$ 附近衍射峰发生明显变化，表明 Fe/Co/Ni 等离子的加入引起相结构的转变。计算得到的晶胞参数如表 4.5 所示。对比不掺杂样品，Fe/Co/Ni 离子掺杂样品的四方度 c/a 显著增大，且晶格畸变主要沿 c 方向。

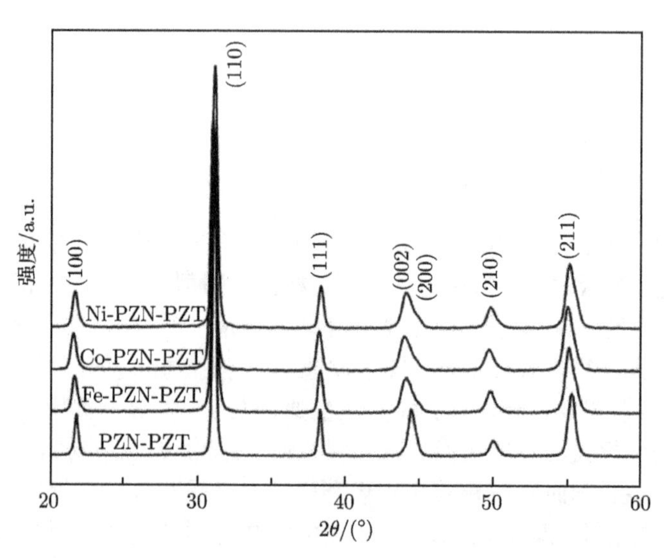

图 4.31 不掺杂和 Fe/Co/Ni 离子掺杂 0.2PZN-0.8PZT 陶瓷的 XRD 图谱

表 4.5 不掺杂和 Fe/Co/Ni 离子掺杂 0.2PZN-0.8PZT 陶瓷的晶胞参数和相结构

成分组成	晶胞参数		四方度	四方相含量 I_{tetra}
	a/Å	c/Å	c/a	$I_{tetra}(\%)=\frac{I_{E(4TO)}+I_{A_1(3TO)}+I_{E(4LO)}+I_{A_1(3LO)}}{I_{E(4TO)}+I_{A_1(3TO)}+I_{E(4LO)}+I_{A_1(3LO)}+I_{R_1}+I_{R_h}}\times100\%$
不掺杂	4.064	4.081	1.0043	60.1%
Fe 掺杂	4.066	4.096	1.0073	65.3%
Co 掺杂	4.064	4.110	1.0114	70.1%
Ni 掺杂	4.065	4.093	1.0070	64.8%

为了进一步研究掺杂对相结构演化的影响，对不掺杂和 Fe/Co/Ni 离子掺杂样品进行了室温拉曼散射光谱测试，结果如图 4.32 所示。在拉曼散射光谱中，不同的拉曼振动模式和拉曼频移与 PZT 基陶瓷中不同的相结构有关。其中，代表四方结构的 E(4TO)，A_1(3TO)，A_1(3LO)，E(4LO) 位于 530cm^{-1}，600cm^{-1}，825cm^{-1}，700cm^{-1}；代表三方结构的 R_1，R_h，位于 560cm^{-1}，765cm^{-1} [97]。因此，四方和三方振动模式强度的变化，可以明确地反映出钙钛矿结构中的四方和三方两相共存现象。通过拉曼峰的拟合，分析这些振动模式的强度变化，四方相含量 I_{tetra} (%) 可以通过如下公式计算得到，结果列于表 4.5 中 [97]：

$$I_{tetra}(\%)=\frac{I_{E(4TO)}+I_{A_1(3TO)}+I_{E(4LO)}+I_{A_1(3LO)}}{I_{E(4TO)}+I_{A_1(3TO)}+I_{E(4LO)}+I_{A_1(3LO)}+I_{R_1}+I_{R_h}}\times 100\% \quad (4.16)$$

其中，$I_{A_1(3TO)}$，$I_{A_1(3LO)}$，$I_{E(4TO)}$，$I_{E(4LO)}$ 分别代表 A_1(3TO)，A_1(3LO)，E(4TO)，

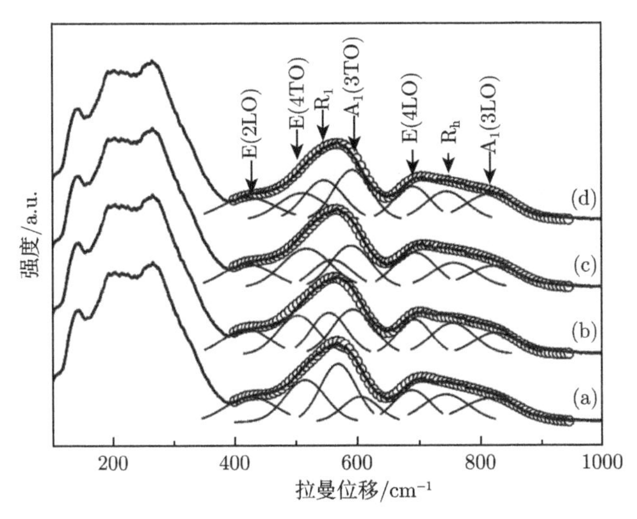

图 4.32 0.2PZN-0.8PZT 陶瓷的拉曼散射光谱

(a) 不掺杂；(b) Fe 离子掺杂；(c) Co 离子掺杂；(d) Ni 离子掺杂

E(4LO) 振动模式的强度；I_{R_1}，I_{R_h} 分别代表 R_1，R_h 振动模式的强度。从表 4.5 中计算结果可以清楚地看到，四方相含量的变化趋势与从 XRD 计算得到的四方度 c/a 变化趋势一致。因此推测，Ⅷ金属氧化物掺杂 0.2PZN-0.8PZT 体系诱使相结构从 MPB 向四方相一侧转变。

图 4.33 所示为不掺杂和 Fe/Co/Ni 离子掺杂 0.2PZN-0.8PZT 陶瓷的断面热腐蚀 SEM 照片。所有的样品均表现为致密的烧结体，而且晶粒尺寸从不掺杂样品的 0.40μm 增大到 Fe/Co/Ni 离子掺杂样品的 0.64μm，0.60μm 和 0.65μm。根据文献报道，在掺杂过程中，存在两种促进晶粒生长的可能机制。一种可能机制是低价过渡系金属离子取代高价的 Ti^{4+}、Zr^{4+} 和 Nb^{5+} 等离子产生氧空位，而氧空位的生成有利于反应物之间的物质和能量传递，促进烧结，引起晶粒尺寸的增大 [98]。另一种可能机制是二价的过渡系金属离子优先占据 Zn 位，多余的 ZnO 在晶界聚集，降低晶界迁移能，引起晶粒尺寸的增大 [99]。

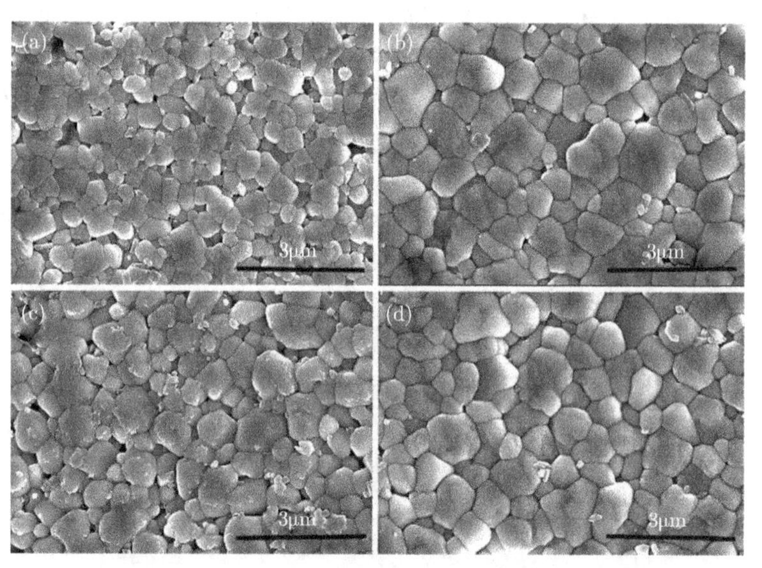

图 4.33　0.2PZN-0.8PZT 陶瓷的 SEM 照片

(a) 不掺杂；(b) Fe 离子掺杂；(c) Co 离子掺杂；(d) Ni 离子掺杂

众所周知，第Ⅷ族 Fe、Co、Ni 金属离子在高温烧结过程中主要表现为 +2 和 +3 两种价态 [100,101]。根据光谱化学序，由于氧离子是一种弱的配位体，第Ⅷ族金属离子在氧八面体中表现为高自旋态 (HS)。在同样的六配位情况下，Fe_{HS}^{3+}，Co_{HS}^{3+}，Ni_{HS}^{3+} 的离子半径分别为 0.645Å，0.610Å，0.600Å，这些值与 PZN-PZT 基体中 B 位 Ti^{4+}(0.605Å)，Zr^{4+}(0.720Å)，Nb^{5+}(0.640Å) 的离子半径接近。因此，高价态第Ⅷ族离子优先取代 Ti^{4+}，Zr^{4+}，Nb^{5+} 表现为受主掺杂，需要大量的氧空位来维持电中性。另一方面，Fe^{2+}_{HS}，Co^{2+}_{HS}，Ni^{2+}_{HS} 的离子半径分别为 0.770Å，0.745Å，0.700Å，远大于高价态的离子半径，却与 B 位 Zn^{2+}(0.750Å) 的半径接近。考虑到离子半径和离子价态的差异，低价态 Fe、Co、Ni 离子优先取代 PZN-PZT 陶瓷中的 Zn^{2+} 是合理的。

为了进一步明确取代机制，我们对不掺杂和 Fe/Co/Ni 离子掺杂 0.2PZN-0.8PZT 陶瓷进行了介电温谱研究，结果如图 4.34 所示。所有的样品均表现出明显的弥散相变特征。介电常数最大值对应的温度 T_m 从不掺杂样品的 323℃，降低到 Fe/Co/Ni 离子掺杂样品的 317℃，315℃和 311℃。为了解释这一实验现象，进行了大量的文献调研。根据铅基弛豫铁电体的稳定性序列 [102,103]，$Pb(Fe_{1/3}Nb_{2/3})O_3$(PFN)，$Pb(Co_{1/3}Nb_{2/3})O_3$(PCN) 和 $Pb(Ni_{1/3}Nb_{2/3})O_3$(PNN) 均比 $Pb(Zn_{1/3}Nb_{2/3})O_3$(PZN) 稳定。因此，在烧结过程中推断发生如下化学反应：

$$3Pb(Zn_{1/3}Nb_{2/3})O_3+FeO \longrightarrow 3Pb(Fe_{1/3}Nb_{2/3})O_3+ZnO \tag{4.17}$$

$$3Pb(Zn_{1/3}Nb_{2/3})O_3+CoO \longrightarrow 3Pb(Co_{1/3}Nb_{2/3})O_3+ZnO \tag{4.18}$$

$$3Pb(Zn_{1/3}Nb_{2/3})O_3+NiO \longrightarrow 3Pb(Ni_{1/3}Nb_{2/3})O_3+ZnO \tag{4.19}$$

从而生成更稳定的弛豫铁电体，起到稳定钙钛矿结构的作用。Gao 等在此前的研究中认为在 PZN-PZT-$Pb(Mn_{1/3}Nb_{2/3})O_3$ 体系中，随 $Pb(Mn_{1/3}Nb_{2/3})O_3$ 含量增加，体系居里温度 T_c 降低，主要原因是 $Pb(Mn_{1/3}Nb_{2/3})O_3$ 较 PZN 具有更低的 T_c [104]。考虑到铅基弛豫铁电体 T_c 的顺序：PZN(140℃)>PFN(114℃)>PCN(−70℃)>PNN(−120℃)[103]，可以推断出在 Fe/Co/Ni 离子掺杂 0.2PZN-0.8PZT 陶瓷中，T_m 将呈现递减的变化趋势，这与我们观察到的实验现象是一致的。

为了进一步从缺陷化学的角度解析本工作中的取代机制，我们对不掺杂和 Fe/Co/Ni 离子掺杂 0.2PZN-0.8PZT 陶瓷进行了交流阻抗谱测试与分析，结果如图 4.35 所示。从图 4.35 (a)~(d) 中可以看到，所有的半圆均表现出扁平的特征(圆心在实轴以下)，这种现象被认为是存在晶粒和晶界共同贡献所致 [83,85]。此外，研究发现 Fe/Co/Ni 离子掺杂 0.2PZN-0.8PZT 陶瓷的阻抗谱在低频区域出现一个明显上翘的“小尾巴”，这种异常变化与微结构的不均匀性相关。在前面研究中发现，加入掺杂离子后，有 ZnO 生成并分布在晶界区域。陶瓷的体积电阻可以从半圆与 Z' 轴的截距读出，研究发现 Fe/Co/Ni 离子掺杂降低了体系的电阻值，原因可能是带正电的氧空位增多。而要在 0.2PZN-0.8PZT 陶瓷中生成带正电的氧空位，一种可能就是低价离子取代高价离子后带负电，为维持电中性，需要产生带等量正电荷的氧空位来补偿。以上结果表明在本工作中，可能存在部分第Ⅷ族金属离子取代 Ti^{4+}、Zr^{4+} 和 Nb^{5+}，产生氧空位的现象。图 4.35 (e)~(h) 所示为弛豫时间与温度的 Arrhenius 拟合关系，拟合结果显示不掺杂 0.2PZN-0.8PZT 陶瓷

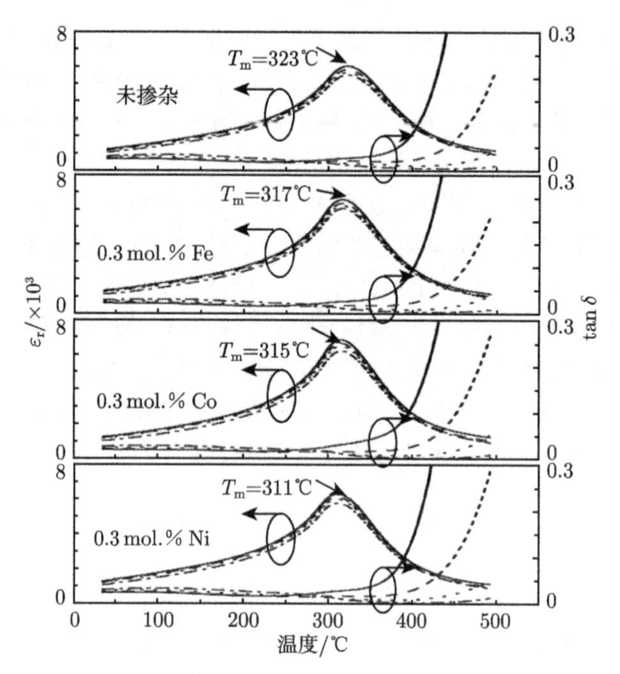

图 4.34　不掺杂和 Fe/Co/Ni 离子掺杂 0.2PZN-0.8PZT 陶瓷的介电性能与温度的依赖关系

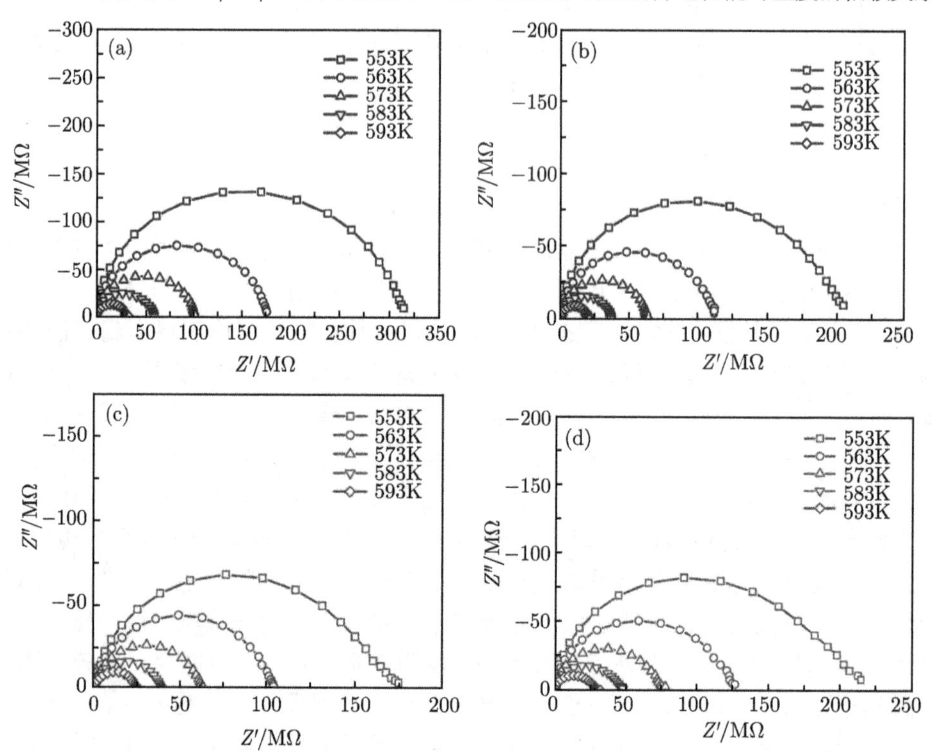

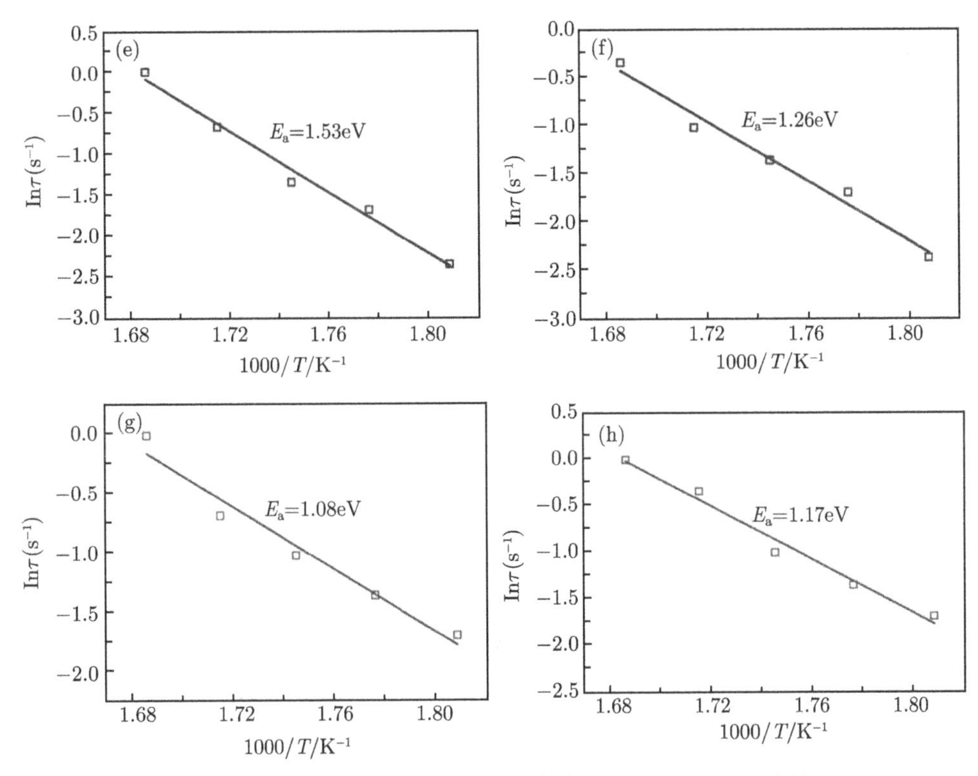

图 4.35 不掺杂和 Fe/Co/Ni 离子掺杂 0.2PZN-0.8PZT 陶瓷

(a)~(d) 复合阻抗谱; (e)~(h) $\ln\tau$ 与 $10^3/T$ 关系图

的激活能为 1.53eV，明显大于 Fe/Co/Ni 离子掺杂 0.2PZN-0.8PZT 陶瓷的激活能 1.26eV，1.08eV，1.17eV。

表 4.6 所示为文献报道的多晶和单晶材料的激活能数值和相应的导电机制。从表中可以看出，文献报道的激活能数值存在很大差异，多种导电机制被提出。在本工作中，不掺杂 0.2PZN-0.8PZT 陶瓷的激活能为 1.53eV，与文献报道的 PZT 陶瓷中双电离氧空位的激活能 1.61eV 接近 [105]。实验中氧空位的来源为高温下不可避免的 PbO 挥发。Steinsvik 等基于能量损失谱 (EELS) 的研究，揭示高激活能数值表示样品中低的氧空位浓度 [114]。因此，本工作中第Ⅷ族金属离子掺杂 0.2PZN-0.8PZT 陶瓷的激活能显著下降，推断主要是由氧空位浓度增加所致。在这些掺杂体系中，除了 PbO 挥发产生氧空位之外，Fe^{3+}、Co^{3+}、Ni^{3+} 取代 Ti^{4+}、Zr^{4+}、Nb^{5+} 发生受主掺杂，同样会产生氧空位。同时，低价态的 Fe^{2+}、Co^{2+}、Ni^{2+} 取代 Zn^{2+} 导致 ZnO 相分布在陶瓷体中，引起微结构的不均一性，也对材料的激活能产生较大影响 [115]。

表 4.6　铅基钙钛矿激活能数值与相应导电机制

成分组成	测试方法	激活能/eV	导电机制	文献
0.2PZN-0.8PZT 陶瓷	IS	1.53	$V_{\text{O}}^{\cdot\cdot}$	本工作
Fe/Co/Ni+0.2PZN-0.8PZT 陶瓷	IS	1.26/1.08/1.17	$V_{\text{O}}^{\cdot\cdot}$	本工作
$\text{PbZr}_{0.52}\text{Ti}_{0.48}\text{O}_3$ 陶瓷	IS	1.61	$V_{\text{O}}^{\cdot\cdot}$	[105]
0.5PZN-0.5PZT 陶瓷	I-V-T	1.04	$V_{\text{O}}^{\cdot\cdot}$	[77]
		0.09	$V_{\text{O}} \longrightarrow V_{\text{O}}^{\cdot}+\text{e}'$	
$\text{PbZr}_{0.53}\text{Ti}_{0.47}\text{O}_3$ 陶瓷	IS	0.8	$V_{\text{O}}^{\cdot\cdot}$	[106]
PMN-PT 单晶体	IS	0.6	$V_{\text{O}}^{\cdot\cdot}$	[107]
$\text{Pb(Zr}_{1-x}\text{Ti}_x\text{)O}_3$ 陶瓷	I-V-T	1.1	$V_{\text{O}}^{\cdot\cdot}$	[108]
PZN-4.5PT 陶瓷	IS	0.59	$V_{\text{O}}^{\cdot\cdot}$	[109]
PZT-0.75%Nb 陶瓷	IS	1.00	$V_{\text{O}}^{\cdot\cdot}$	[110]
PZT 薄膜电容器	I-V-T	1.3	V_{Pb}'' 迁移: $p \sim 2[V_{\text{Pb}}'']$	[111]
$\text{Pb(Zr}_{1-x}\text{Ti}_x\text{)O}_3$ 薄膜	示踪 O^{18}	2.7	$V_{\text{O}}^{\cdot\cdot}$ 表面扩散	[112]
$\text{Pb(Zr}_{1-x}\text{Ti}_x\text{)O}_3$ 陶瓷	EPR	0.26	Pb^{3+} 与 Pb^{2+} 跃迁	[113]

4.5.2　第Ⅷ族离子取代机制的验证

为了验证 4.5.1 节中提出的等价取代机制，本节进一步设计了如下对比实验，采用传统固相法制备了如下三个组分：① $0.2\text{Pb(Zn}_{1/3}\text{Nb}_{2/3}\text{)O}_3$-$0.4\text{PbZrO}_3$-$0.4\text{PbTiO}_3$ (PZN-PZT)，② 4mol.%NiO-掺杂 $0.2\text{Pb(Zn}_{1/3}\text{Nb}_{2/3}\text{)O}_3$-$0.4\text{PbZrO}_3$-$0.4\text{PbTiO}_3$ (PZN-PZT+NiO)，③ $0.12\text{Pb(Ni}_{1/3}\text{Nb}_{2/3}\text{)O}_3$-$0.08\text{Pb(Zn}_{1/3}\text{Nb}_{2/3}\text{)O}_3$-$0.4\text{PbZrO}_3$-$0.4\text{PbTiO}_3$(PNN-PZN-PZT)，其中组成②和③中，Ni 离子的摩尔数相同。通过对比三个不同组成的微结构、交流电导、介电和铁电性能，进一步明确等价取代的作用机理。

图 4.36 (a) 所示为 PZN-PZT，PZN-PZT+NiO 和 PNN-PZN-PZT 样品的 XRD 图谱。从图中可以看出，三个组成的样品均表现为纯钙钛矿结构，没有明显的杂相出现。众所周知，PZT 基压电陶瓷的压电性能对相结构十分敏感，而其相结构可以通过对 (002) 和 (200) 衍射峰的分峰拟合进行定量分析。为详细分析相结构的演化，对三个样品在 $2\theta = 43° \sim 46°$ 范围进行了精细 XRD 扫描，并通过高斯–洛伦兹曲线对衍射峰进行了分峰拟合，结果如图 4.36 (b) 所示。通常情况下，45° 衍射峰被分为三个小峰，分别为四方 (002)、三方 (200) 和四方 (200)。根据式 (2.1) 计算发现，PZN-PZT 和 PNN-PZN-PZT 样品的四方相含量 (T.P.) 分别为：56%和 58%，三方相和四方相含量非常接近，表明处于 MPB 相区 [77]。对于 PZN-PZT+NiO 样品四方相含量接近 74%，表明 NiO 掺杂诱使相结构从 MPB 向四方相一侧转变。

图 4.37 所示为 PZN-PZT，PZN-PZT+NiO 和 PNN-PZN-PZT 陶瓷的断面热腐蚀 SEM 照片。所有样品均为致密的陶瓷体，其中，PZN-PZT 陶瓷的平均晶粒尺寸为 0.45μm，而 PNN-PZN-PZT 和 PZN-PZT+NiO 陶瓷的晶粒尺寸分别为 0.63μm

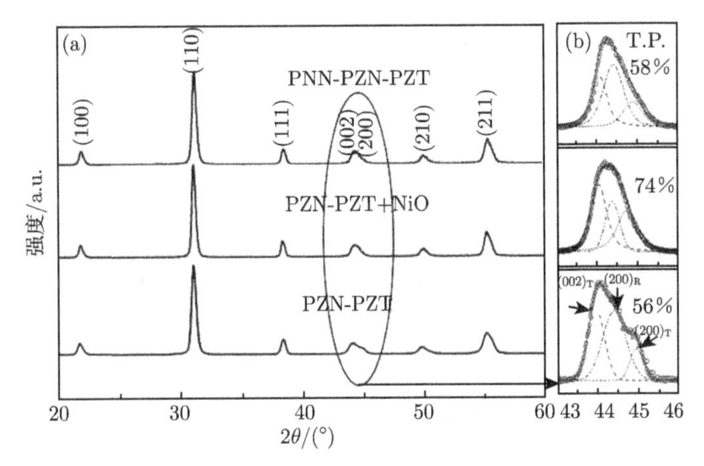

图 4.36 PZN-PZT，PZN-PZT+NiO 和 PNN-PZN-PZT 样品的 XRD 图谱 (a)；$(002)_T$，$(200)_R$，$(200)_T$(从左到右) 衍射峰的对比 (b)

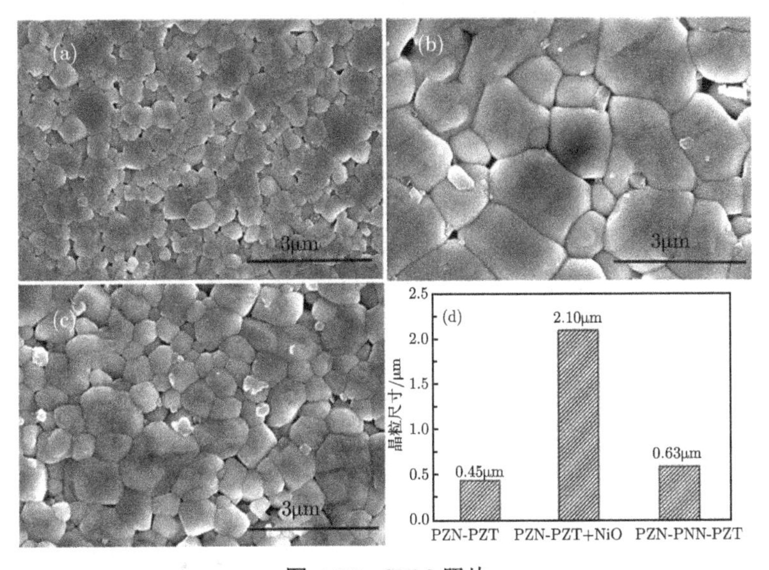

图 4.37 SEM 照片

(a) PZN-PZT；(b) PZN-PZT+NiO；(c) PNN-PZN-PZT；(d) 三个不同组分样品的晶粒尺寸

和 2.10μm，表明 NiO 掺杂在促进晶粒生长方面效果更明显。这种现象与我们前面 Co 离子改性 PZN-PZT 体系的实验现象类似。

为了进一步研究 NiO 掺杂引起晶粒生长的确切机制，HRTEM 技术被用来从纳米尺度研究晶界结构特点。图 4.38 (a)~(d) 为 PZN-PZT 和 PZN-PZT+NiO 样品晶界区域的 TEM 照片。从图中可以看出 PZN-PZT 陶瓷的晶界呈光滑弯曲的形态，而 PZN-PZT+NiO 陶瓷的晶界呈现粗糙的形貌特征。从图 4.38 (d) 可以看到粗糙晶界中含有一个厚度为 2~3nm 的薄膜，并且凹凸不平。这种特殊结构有助于改善晶界环境，增加晶界迁移能力，促进晶粒生长 [116,117]。

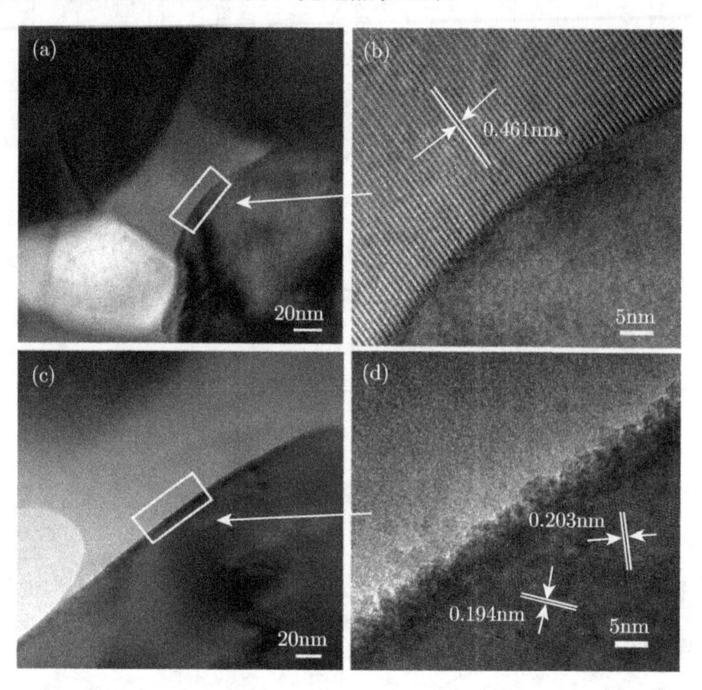

图 4.38　PZN-PZT 样品的 TEM 照片 (a)；PZN-PZT 晶粒界面区域的 HRTEM 照片 (b)；PZN-PZT+NiO 样品的 TEM 照片 (c)；PZN-PZT+NiO 晶粒界面区域的 HRTEM 照片 (d)

图 4.39 所示为 PZN-PZT，PZN-PZT+NiO，PNN-PZN-PZT 陶瓷的介电性能与温度的依赖关系。从图中可以看出，所有样品均表现为弥散相变特征。对比 PZN-PZT 样品，PZN-PZT+NiO 样品的相对介电常数最大值增大了两倍，而 PNN-PZN-PZT 样品的相对介电常数最大值几乎没有变化。推测 NiO 掺杂引起的晶粒尺寸长大是 PZN-PZT+NiO 样品相对介电常数最大值增大的主要原因，因为晶粒长大后，晶界含量降低，晶界对畴壁运动的抑制作用减弱 [118]。此外，从图中还可以看到，相对介电常数最大值对应的温度 T_{m} 向低温方向移动：PZN-PZT(318℃)，PZN-PZT+NiO(298℃)，PNN-PZN-PZT(302℃)。根据铅基弛豫铁电体的稳定性序列：$\mathrm{Pb(Ni_{1/3}Nb_{2/3})O_3}$(PNN) 比 $\mathrm{Pb(Zn_{1/3}Nb_{2/3})O_3}$(PZN) 更稳定 [103]，因此化学反应 $\mathrm{Pb(Zn_{1/3}Nb_{2/3})O_3+NiO \longrightarrow Pb(Ni_{1/3}Nb_{2/3})O_3+ZnO}$ 在高温烧结时容易发生。PNN(−120℃) 的居里温度低于 PZN(140℃)[103]，毫无疑问，NiO 或 PNN 加入 PZN-PZT 会导致 T_{m} 的显著下降。另一方面，对比 PNN-PZN-PZT 体系的 T_{m}(302℃)，PZN-PZT+NiO 体系的 T_{m}(298℃) 更低，原因可能是非铁电第二相在

钙钛矿中聚集。我们前面的工作已经证实，当过量 NiO 掺杂时，有非铁电结构的 (Zn,Ni)TiO_3 第二相生成。由于仍然可能有部分 Ni^{2+} 取代 Ti^{4+}、Zr^{4+}、Nb^{5+}，所以受主掺杂效应仍不可忽略，由此产生的氧空位也可能导致 T_m 降低。

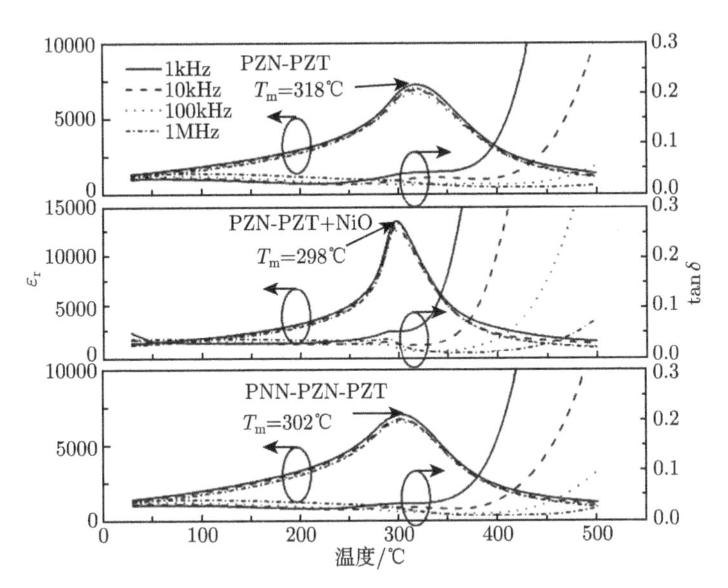

图 4.39 PZN-PZT，PZN-PZT+NiO，PNN-PZN-PZT 陶瓷的介电性能与温度的依赖关系

图 4.40 (a)~(c) 所示为 PZN-PZT，PZN-PZT+NiO，PNN-PZN-PZT 陶瓷在不同温度下的交流电导与频率的关系。对比 PZN-PZT 和 PNN-PZN-PZT 的电导率，PZN-PZT+NiO 的电导率增大了 10 倍，分析原因可能是 NiO 掺杂产生大量带正电的氧空位。因此可以判定，在本工作中，必然存在低价 Ni 离子取代高价 Ti、Zr、Nb 离子的受主掺杂，导致氧空位的形成。

交流电导率 σ_{ac} 与频率的关系可以用幂函数来表示，给定温度的交流电导可以用下列公式表示：

$$\sigma_{ac} = \sigma_{dc}\left[1 + \frac{\omega}{\omega_H}\right]^S \tag{4.20}$$

σ_{dc} 代表交流电导率在低频区的极限值 (直流电导)，ω 代表施加电场的频率，ω_H 代表载流子的跳跃频率，S 代表 Jonscher 常数 ($0 \leqslant S \leqslant 1$)。图 4.40 (d) 所示为 σ_{dc} 与温度的 Arrhenius 拟合关系，结果显示 PZN-PZT 和 PNN-PZN-PZT 样品的激活能 (1.58eV，1.46eV) 均大于 PZN-PZT+NiO 样品的激活能 (1.31eV)。对于 PZN-PZT 和 PNN-PZN-PZT 样品，其激活能数值与文献报道的双电离氧空位的激活能 (1.61eV) 接近 [105]，其氧空位的来源主要是不可避免的 PbO 挥发。然而，PZN-PZT+NiO 样品的激活能显著降低，表明其氧空位浓度增大。因此，该体系中氧空位的来源除了 PbO 挥发之外，还来源于受主掺杂产生的氧空位，二者共同作用导致激活能降低 [114]。

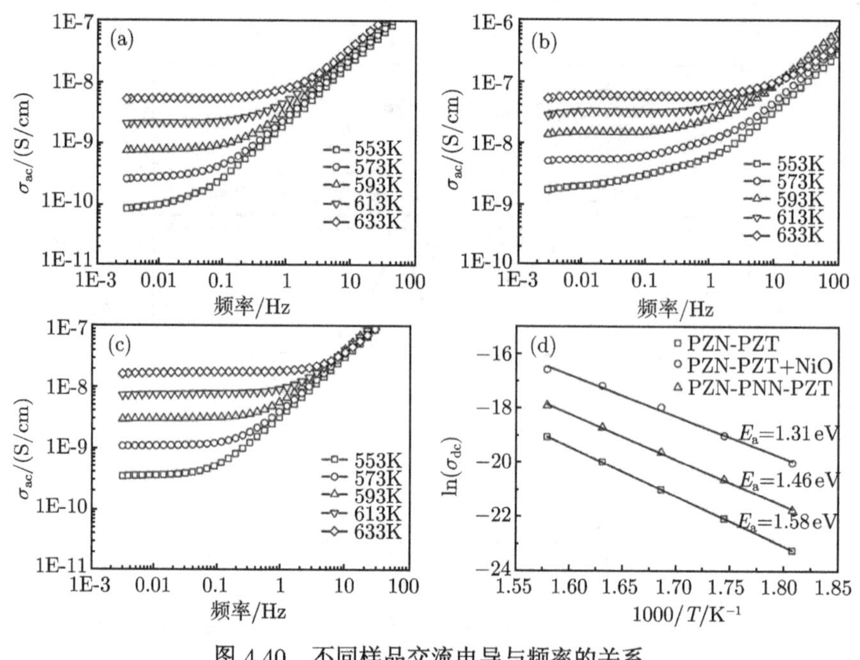

图 4.40　不同样品交流电导与频率的关系

(a) PZN-PZT; (b) PZN-PZT+NiO; (c) PNN-PZN-PZT; (d) ln(σ_{dc}) 与 $10^3/T$ 关系图

基于以上分析，在 PZN-PZT+NiO 体系中，存在两种可能的取代机制：一种是受主掺杂机制，即低价态的 Ni 离子取代高价态的 Ti、Zr、Nb 离子，由于价态不平衡，这种取代机制导致氧空位的产生；另一种是等价取代机制，即 Ni 离子取代同价态的 Zn 离子，价态平衡不产生空位缺陷。为了进一步阐明掺杂离子的作用，我们对 PZN-PZT，PZN-PZT+NiO，PNN-PZN-PZT 陶瓷进行了铁电和电致应变分析，结果如图 4.41 (a) 和 (b) 所示。对比 PZN-PZT 体系，PZN-PZT+NiO 和 PNN-PZN-PZT 体系的铁电性能均大幅度提升。通常情况下，受主掺杂伴随着大量氧空位的产生，氧空位对畴壁具有钉扎作用，抑制畴壁运动，导致剩余极化强度减小，矫顽场增大 [119]。然而这与我们观察到的实验现象不一致，表明在本工作中受主掺杂机制不是唯一的作用机制。综合对比 PZN-PZT 和 PZN-PZT+NiO 体系的晶粒尺寸和铁电行为，我们认为存在两种可能的机制作用导致后者的铁电性能改善。一种是晶粒尺寸效应 (图 4.37)，晶粒尺寸增大有利于降低晶界相含量，弱化晶界对畴壁运动的夹持作用；另一种是等价取代机制，二价的 Ni 离子取代二价的 Zn 离子，生成具有较强铁电性能的 PNN，通过对比具有相似晶粒尺寸的 PNN-PZN-PZT

与 PZN-PZT 体系可以发现前者的铁电性能更为优异，从而证明了这种观点。

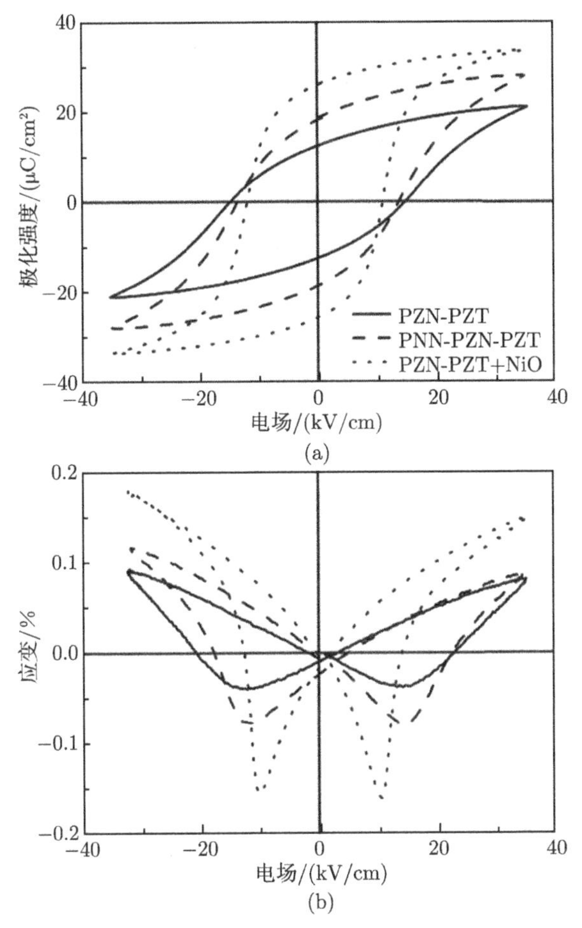

图 4.41 PZN-PZT，PZN-PZT+NiO，PNN-PZN-PZT 陶瓷

(a) *P-E* 回线；(b) *S-E* 回线

本节系统介绍了第八族元素 ($M_{Ⅷ}$: Fe，Co，Ni) 在 0.2PZN-0.8PZT 基体中的取代机理。通过各类先进材料表征技术手段，包括 XRD、拉曼光谱、SEM、TEM、介电温谱、复合阻抗谱、交流电导率与铁电性能测试，解析了与掺杂相关的复杂体系压电陶瓷物性变化，证实第八族元素 $M_{Ⅷ}$ 在 0.2PZN-0.8PZT 基体中以 +2 和 +3 价混合价态共存，并明确提出两类取代机制：一类是受主掺杂机制，即低价 $M_{Ⅷ}$ 离子取代钙钛矿晶格 B 位的高价离子，如 Ti^{4+}，Zr^{4+} 和 Nb^{5+}；另一类是等价掺杂机制，即二价的 $M_{Ⅷ}$ 离子取代钙钛矿晶格 B 位的同价离子 Zn^{2+}。通过复合取代机制可以很好地解释实验中出现的显微结构与电学性能变化。

4.6　PZN-PZT/Ag 复合材料结构与电学行为

4.6.1　低 Ag 含量复合材料的力电性能

在前面的章节中详细介绍了通过第八族 (Ⅷ) 离子掺杂可以显著提升 PZN-PZT 陶瓷的机电转换系数，设计满足压电能量收集器件应用需求的高性能材料。由于压电能量收集器件的一个重要应用领域是为低功耗微电子器件 (如微型传感器) 进行供电，因而实际工程化的压电自发电模块是一个集成系统，既包含能量收集单元，也包含储能单元。为了降低生产制造成本，提高 PZN-PZT 材料的兼容性，本节以 PZN-PZT/Ag 渗流型复合材料为对象进行结构解析与力电性能研究，目的是实现与 PZN-PZT 基压电能量收集单元匹配的 PZN-PZT 基储能单元材料制备。设计目标体系为 $Pb(Zn_{1/3}Nb_{2/3})_{0.20}(Zr_{0.50}Ti_{0.50})_{0.80}O_3 + x$Ag(PZN-PZT/Ag，$x =$ 0vol.%～20vol.%)。采用常规固相法合成 PZN-PZT/Ag 复合体系，具体样品合成与测试表征见 1.3.1 节。需要说明的是，本实验中选用 Ag_2O 作为初始银源，主要是因为 Ag_2O 活性高，分散性好，在升温过程中可于 250～300℃温度范围分解成单质纳米 Ag 颗粒，有利于与 PZN-PZT 形成微纳复相结构。本节详细介绍了不同 Ag 含量对复合材料微结构、电学性能和力学特性的影响，给出了提高相对介电常数同时抑制介电损耗增大的有效技术手段。研究结果显示渗流阈值附近样品表现出高的相对介电常数和低的介电损耗，满足能量存储器件的性能要求。

图 4.42 所示为 $Pb(Zn_{1/3}Nb_{2/3})_{0.20}(Zr_{0.50}Ti_{0.50})_{0.80}O_3 + x$Ag(PZN-PZT/Ag，$x$ = 0vol.%～20vol.%) 样品的 XRD 图谱。图中所有衍射峰均可归属于 PZN-PZT 陶瓷和金属 Ag，没有其余任何杂相存在。进一步观察图 4.42 可以看到，随着 Ag 含量的增加，$2\theta = 38°$、45° 和 65° 衍射峰出现明显的变化。根据 Ag 单质的标准 PDF 卡片 (JCPDS No. 04-0783) 可以推断，Ag 单质的 (111) (38.20°)，(200) (44.28°) 和 (220) (64.42°) 衍射峰与 PZN-PZT 的特征衍射峰重合。根据高斯–洛伦兹曲线的拟合结果如图 4.43 所示，可以清楚地看到，Ag 单质和 PZN-PZT 陶瓷 (111) 和 (200) 衍射峰存在叠加现象。

图 4.44 给出 PZN-PZT/Ag 样品微观组织中 Ag 颗粒的线扫描结果。可以看到，Ag 以单质的形式存在于 PZN-PZT 基体中，这与 XRD 的分析结论是一致的；而且从图 4.44 (a) 中可以清楚地看到，Ag 与 PZN-PZT 基体的界面结合牢固，无明显的裂缝、夹杂等缺陷存在。进一步通过 SEM 研究了随着 Ag 含量的增加，PZN-PZT 基体微结构的演变，结果如图 4.45 所示。从图中可以清楚地看到，没有 Ag 添加的 PZN-PZT 陶瓷，烧结不致密、存在明显的气孔，而且晶粒尺寸较小、不均匀。随着 Ag 含量的增加，晶粒尺寸显著增大，并且在 Ag 含量为 6.0vol.%时，获得晶粒尺寸的最大值，继续增加 Ag 含量晶粒尺寸开始减小。由于样品原料中使用有

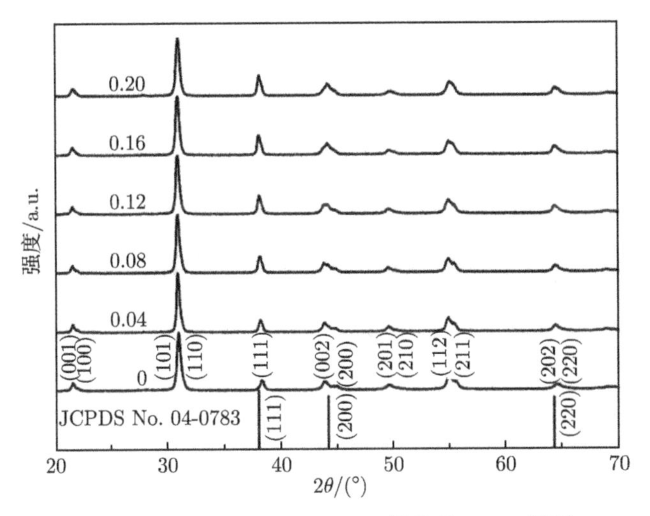

图 4.42 不同 PZN-PZT/Ag 样品的 XRD 图谱

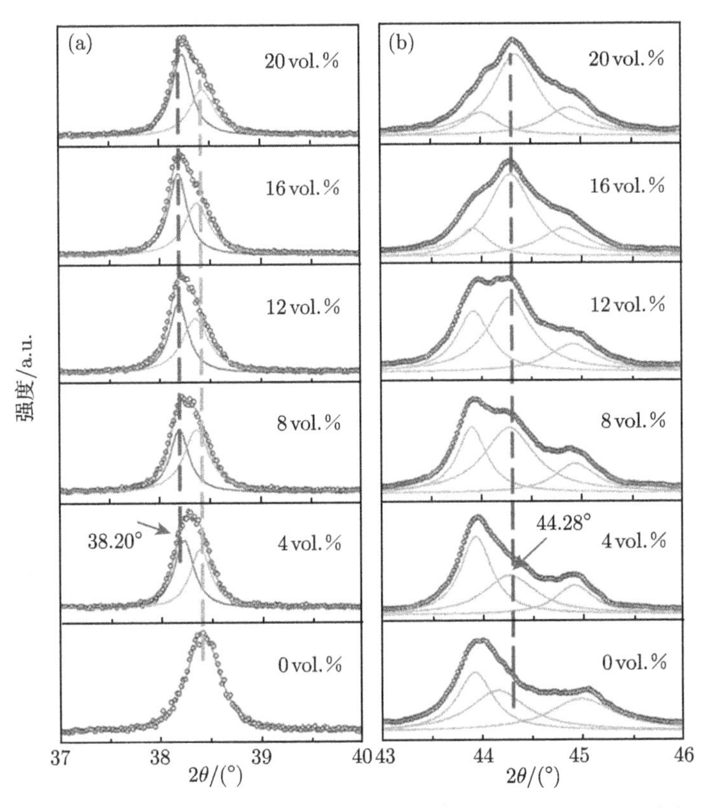

图 4.43 对比不同 PZN-PZT/Ag 样品的 (111) 和 (200) 衍射峰

(a) (111) 衍射峰; (b) (200) 衍射峰

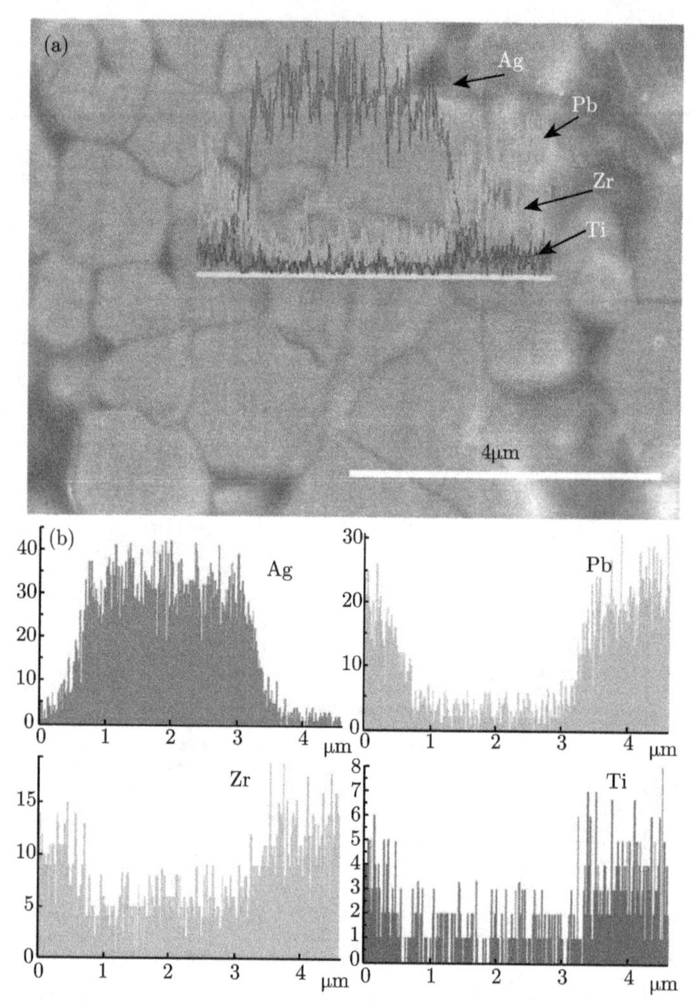

图 4.44　PZN-PZT 基体中 Ag 颗粒的线扫描 (a)；EDS 能谱中 Ag，Pb，Zr，Ti 元素的含量分布 (b) (扫描封底二维码可看彩图)

Ag_2O，在实验中存在极少量 Ag^+ 进入 PZN-PZT 晶格中的情况。Ag^+ 半径 (1.26Å) 和 Pb^{2+}(1.20 Å) 非常接近 [120]，因而 Ag^+ 很容易在复合钙钛矿结构的 A 位取代 Pb^{2+}，产生氧空位平衡电价。氧空位的出现，会促进物质传输和能量转移，改善烧结行为，导致晶粒尺寸增大。但是，已有研究发现 [121]，Ag^+ 掺杂 PZN-PZT 的固溶限非常低，约 0.1wt.%，远低于本工作中最大晶粒尺寸所对应的 Ag 含量 6.0vol.%(约等于 5wt.%)。因此，引起晶粒尺寸变化的因素不仅是掺杂改性，还应该有其他机制，需要进一步深入研究。

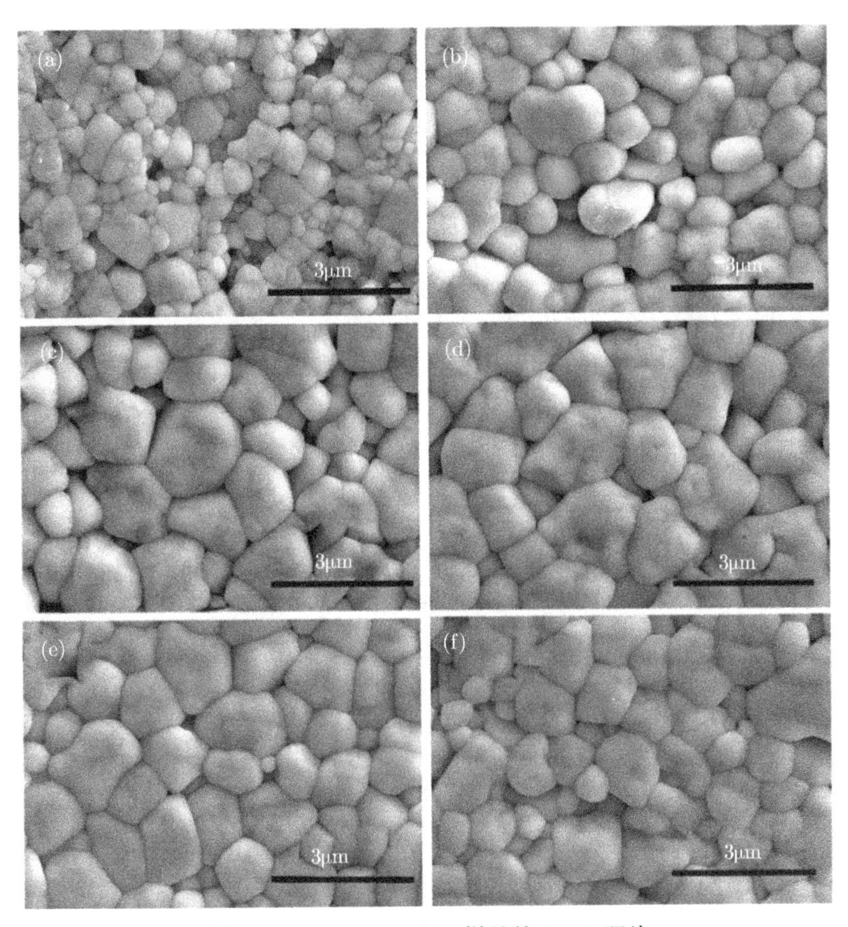

图 4.45 PZN-PZT/Ag 样品的 SEM 照片

(a) 0.0vol.%；(b) 2.0vol.%；(c) 6.0vol.%；(d) 8.0vol.%；(e) 10.0vol.%；(f) 12.0vol.%

图 4.46 给出 PZN-PZT 陶瓷和 PZN-PZT/6.0vol.%Ag 复合材料的 TEM 对比照片。研究中发现，纯 PZN-PZT 陶瓷的晶界光滑、清晰，如图 4.46 (a) 和 (b) 所示。而 PZN-PZT/6.0vol.%Ag 复合材料存在明显的晶界三角区 (图 4.46 (c))，并表现为向内凹陷的特征，表明存在液相润湿现象。进一步从图 4.46 (d) 中观察发现，两晶粒之间存在一个厚度约为 5nm 的晶界层，该现象确定无疑地表明在研究体系中存在液相烧结现象；而且在晶界区域，局部存在明显的晶格条纹，面间距为 0.235nm，与 Ag 的 (111) 面的面间距相同，表明在晶界区域存在单质 Ag 颗粒。图 4.46 (e) 所示为 PbO-Ag 系统的二元相图，当 Ag 含量比较低时 (~8.3%)，二者在 825°C形成低共熔点，低于 PbO 的熔点。经过液相润湿的晶界与普通晶界相比，具有较低的晶界迁移能 [81]，在烧结过程中引起晶粒的显著增大。从相图中还可以看出，当 Ag 含量继续增大，PbO-Ag 二元体系的熔点向高温方向移动，晶界润湿效果减弱，

相反 Ag 颗粒对晶界移动的拖拽效应增强，引起晶粒尺寸的减小。

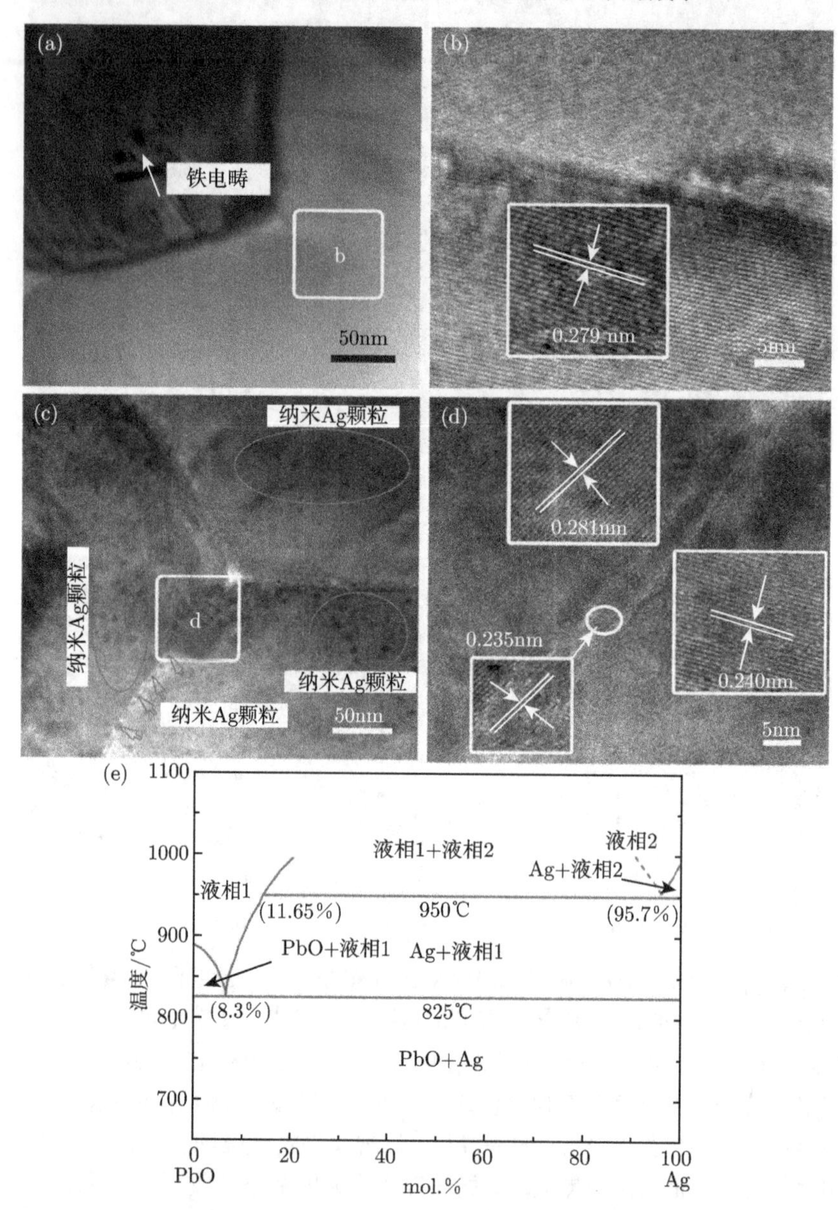

图 4.46　PZN-PZT 陶瓷的 TEM 照片 (a)；PZN-PZT 陶瓷晶界区的 HRTEM 照片 (b)；PZN-PZT/6.0vol.%Ag 陶瓷的 TEM 照片 (c)；PZN-PZT/6.0vol.%Ag 陶瓷晶界区域的 HRTEM 照片 (d)；PbO-Ag 二元相图 (e)

图 4.47 所示为不同 Ag 含量 PZN-PZT/Ag 样品的相对介电常数和介电损耗。

从图中可以看到，纯 PZN-PZT 陶瓷的相对介电常数较小，介电损耗较大，分析其原因是纯 PZN-PZT 陶瓷烧结不致密，晶粒尺寸较小。随着 Ag 含量的增加，由于存在液相烧结现象，陶瓷烧结致密，介电损耗逐渐减小。继续增加 Ag 的含量，相对介电常数和介电损耗均逐渐增大。众所周知，第二相金属的弥散分布引起界面极化增强和渗流效应，导致复合材料的相对介电常数和介电损耗增大 [122−125]。

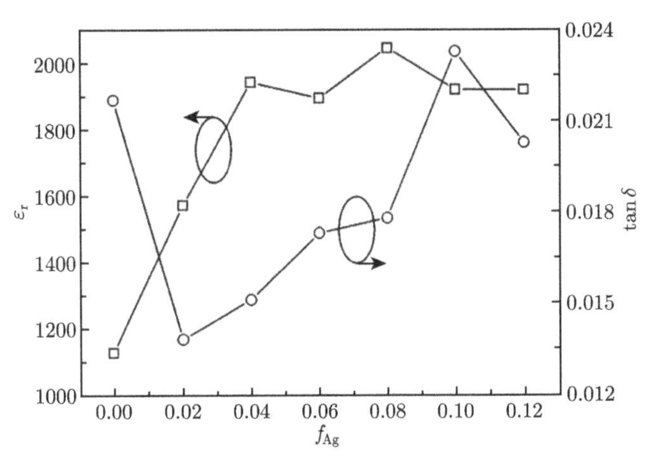

图 4.47 不同 Ag 含量 PZN-PZT/Ag 样品的相对介电常数和介电损耗

图 4.48 所示为不同 Ag 含量 PZN-PZT/Ag 样品的 P-E 电滞回线。从图中可以看出，所有样品的 P-E 电滞回线均表现出饱和的特征。随着 Ag 含量的增加，剩余极化强度 P_r 先增大后减小，而矫顽场 E_c 先减小后增大。通常情况下认为，由于 Ag^+ 半径 (1.26 Å) 和 Pb^{2+}(1.20 Å) 非常接近，因而 Ag^+ 很容易在复合钙钛矿结构的 A 位取代 Pb^{2+}，发生硬性掺杂，导致剩余极化强度 P_r 减小，矫顽场 E_c 增大等现象。而本工作中观察到的实验现象与单纯硬性掺杂解析预测是相违背的。根据铁电体中晶粒尺寸与电性能的关系，大的晶粒尺寸有利于改善铁电性能，究其原因是晶粒尺寸增大，空间电荷富集的晶界含量降低，晶界对畴壁翻转的阻碍作用减小。本工作中，随着 Ag 含量的增加，晶粒尺寸呈现出先增大后减小的趋势 (如图 4.45 所示)，与观察到的铁电性能变化规律一致。因此，可以得出结论：在 PZN-PZT/Ag 体系中，晶粒尺寸效应在与硬性掺杂效应的博弈中占据主导地位。

图 4.49 所示为不同 Ag 含量 PZN-PZT/Ag 样品的压电应变常数 d_{33} 和机电耦合系数 k_p 变化曲线。从图中可以看到，随着 Ag 含量增加，d_{33} 和 k_p 呈现类似的变化趋势。在 Ag 含量为 6vol.%时，获得优良数值：$d_{33} = 305$pC/N 和 $k_p = 0.435$。压电性能的变化趋势可以使用 $d_{33} = 2\varepsilon_r\varepsilon_0 Q_{11} P_r$ (式 (4.15)) 来分析。根据该式，可以发现随 Ag 含量增加，P_r 和 ε_r 逐渐增大是导致 d_{33} 增大的重要原因。前人在研究掺杂改性时发现，压电性能的最优值往往在固溶限附近取得 [43−45,51]。然而，本

工作中，压电性能的最优值出现在 Ag 含量为 6vol.%时 (~5wt.%)，远高于 Ag^+ 在 PZN-PZT 陶瓷中的固溶限 (~0.1wt.%)[121]。在 Ag 含量为 6vol.%时获得压电性能最优值的原因是：Ag 添加引起的晶粒尺寸效应对压电性能的调控起到主导作用。当 Ag 含量超过 6vol.%以后，压电性能的劣化是由大量 Ag 颗粒在晶界富集所致。

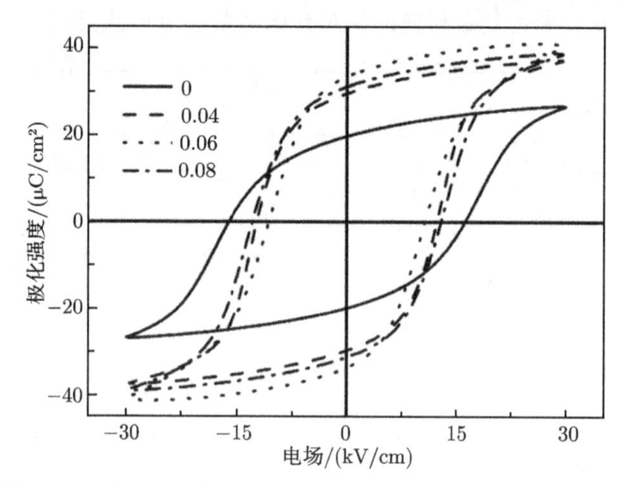

图 4.48　不同 Ag 含量 PZN-PZT/Ag 样品的 P-E 电滞回线

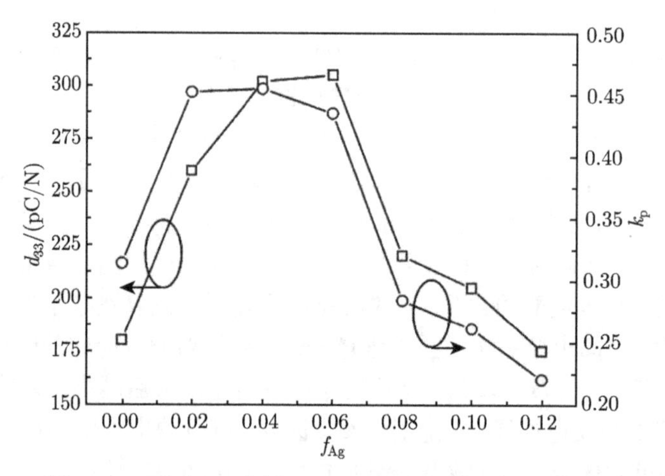

图 4.49　不同 Ag 含量 PZN-PZT/Ag 样品的 d_{33} 和 k_p

图 4.50 (a) 所示为 PZN-PZT/12vol.%Ag 陶瓷的维氏压痕图，通过测量压痕长度来评价断裂韧性。图 4.50 (b) 和 (c) 所示为压痕导致裂纹的扩展路径。裂纹在扩展中，遇到纳米 Ag 簇颗粒，裂纹将穿过 Ag 颗粒内部；继续扩展，再次遇到 Ag 颗粒，由于裂纹能量的损失，裂纹将沿 PZN-PZT 与 Ag 的界面扩展；最终由于 Ag 颗粒的阻挡，裂纹在 Ag 颗粒处停止扩展，如图 4.50 (f) 所示。

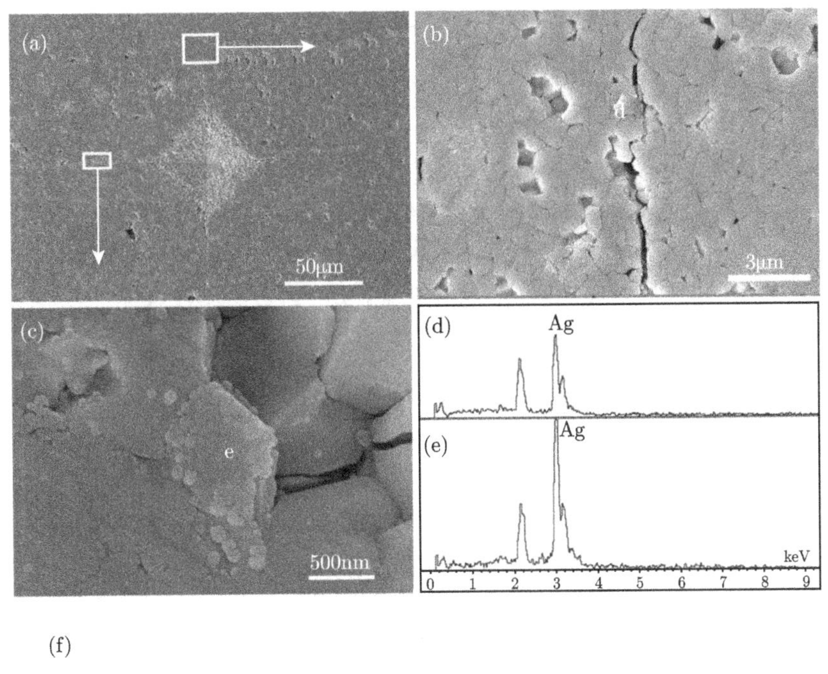

(f)

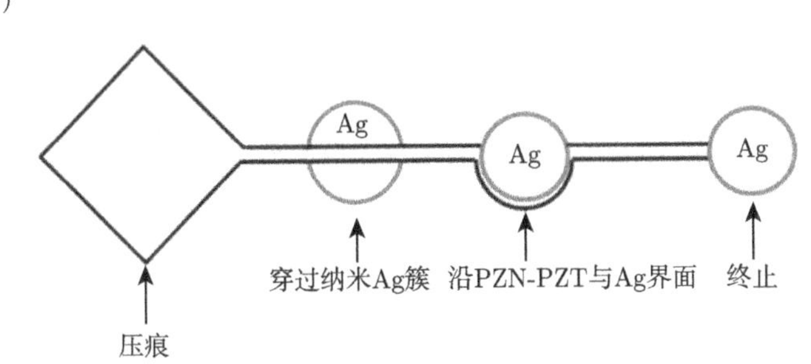

图 4.50 PZN-PZT/12vol.%Ag 陶瓷的维氏压痕 (a)；裂纹的扩展路径 (b) 和 (c)；“d” 和 “e” 区域的 EDS 能谱 (d) 和 (e)；Ag 颗粒增韧 PZN-PZT 陶瓷的机制原理图 (f)

本工作中，维氏硬度 H_v 值在 9.8N 下保压 20s 测试，断裂韧性 K_{IC} 使用式 (2.10) 计算得到。图 4.51 所示为测量的 PZN-PZT/Ag 样品的维氏硬度。从图中可以看到，随着 Ag 含量的增加，H_v 值显著降低。本工作中，维氏硬度测试在抛光表面随机选取位置，由于 Ag 的硬度较低，因此随着 Ag 含量的增加，压痕打在 Ag 颗粒上的概率增大，导致硬度显著下降。此外，从图中可以看到，随着 Ag 含量的增加，K_{IC} 值逐渐增大，这与文献报道的 PZT/Ag 的变化规律一致 [126]。Ag 颗粒的弥散分布，对裂纹的扩展起到了阻碍作用。对比图 4.45 和图 4.51 可以看出，当 Ag 含量低于 6.0vol.%时，随着 Ag 含量的增大，晶粒尺寸显著增大，但断裂韧性变化并不明显，这与 Zhang 等在研究 PZT/Ag 时发现的实验现象是一致的 [127]。晶粒尺寸增大，材料的断裂韧性降低，与 Ag 颗粒引起的增韧现象相互抵消，导致断裂韧性变化不明显。

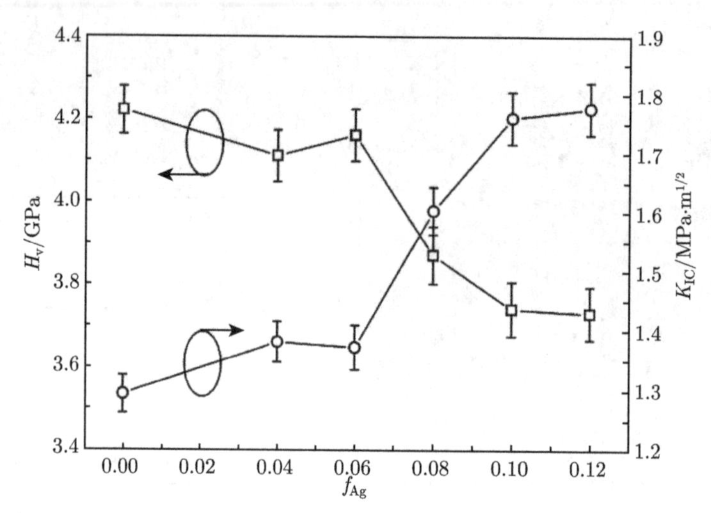

图 4.51 不同 Ag 含量 PZN-PZT/Ag 陶瓷的维氏硬度和断裂韧性

4.6.2 高 Ag 含量复合材料的储能特性

图 4.52 所示为 PZN-PZT/16vol.%Ag 样品的明场 TEM 和 HRTEM 照片。

从图 4.52 (a) 可以看到，在晶粒内部存在明显的第二相纳米颗粒 (白色箭头所示)，分散在条状铁电畴中。进一步从更大倍数的 TEM 照片中证实 (如图 4.52 (b))，在第二相纳米颗粒与基体陶瓷之间存在一个薄薄的壳层。图 4.52 (c)~(f) 所示为纳米核壳结构的 HRTEM 照片。从图中可以看到，壳层的厚度约为 5nm。核芯部分能够看到清楚的晶格条纹，经标定，面间距为 0.235nm，与 Ag 单质的 (111) 面间距相同 (图 4.52 (c))。

为了进一步明确纳米核壳结构的特征，对样品进行了更为详细的微结构分析，结果如图 4.53 所示。图 4.53 (a) 和 (b) 为 PZN-PZT/16vol.%Ag 样品的明场 TEM 和对应的 HAADF 照片，从图中可以清楚地看到纳米核壳结构。图 4.53 (c) 和 (d) 所示为陶瓷基体和核芯的 EDX 能谱，结果表明陶瓷基体中主要含有 Pb、Zr、Ti、Zn、Nb 和 O 等元素，与原始的成分设计相同；而核芯区域的成分主要是 Ag，其他弱的干扰信号来自周围的陶瓷基体 (电子束光斑较大所致)。图 4.53 (e) 所示为图 4.53 (a) 中 “C” 区域的 HRTEM 照片，从图中可以清楚地看到，整个核芯区域的面间距均为 0.236nm，与 Ag 单质 (111) 晶面的间距相同。以上结果直接证明，在纳米核壳结构中，核芯的成分是 Ag 单质，而不是合金。

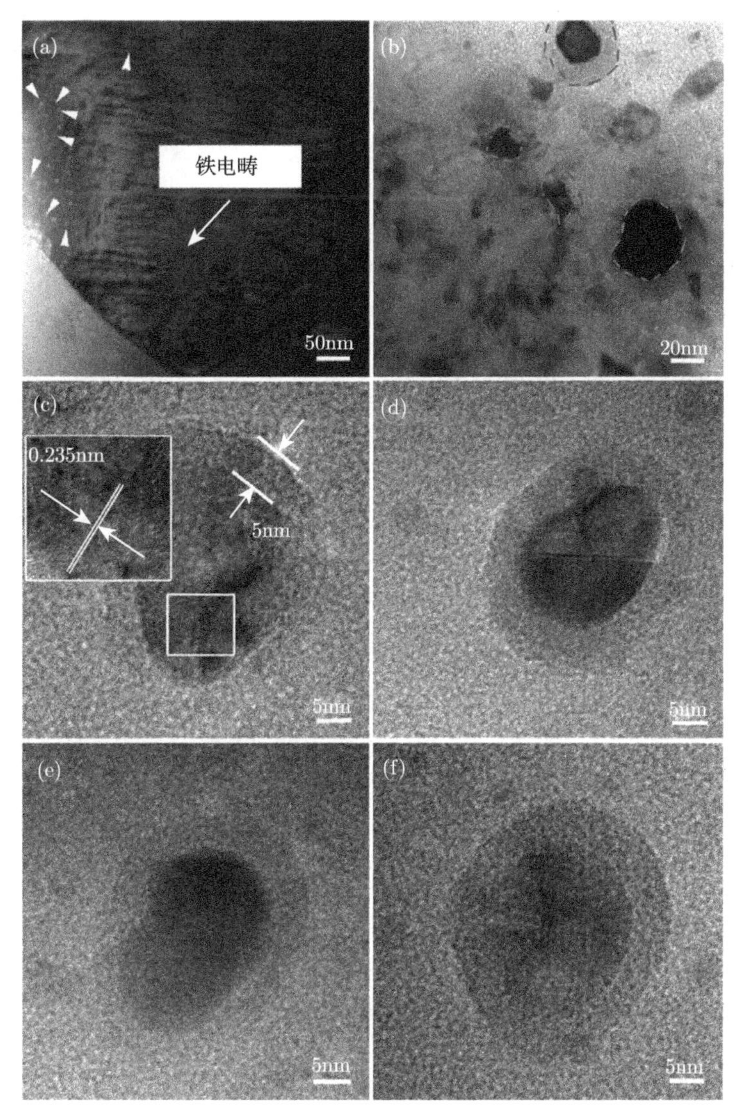

图 4.52 PZN-PZT/16vol.%Ag 样品中的内晶型结构：金属 Ag 颗粒和铁电畴共存 (a)；PZN-PZT/16vol.%Ag 晶粒内部的纳米核壳结构 (b)；纳米核壳结构的 HRTEM 照片(c)~(f)

图 4.54 所示为 PZN-PZT/Ag 样品制备过程中纳米核壳结构形成示意图。在初始阶段 (图 4.54 (a))，按化学计量比称量的原料在球磨机中球磨 12h，使原料混合均匀。之后，在第一阶段 (煅烧阶段)，如图 4.54 (b) 所示，PZN-PZT 钙钛矿相形成，同时纳米 Ag 颗粒 (~250~300℃，$Ag_2O \longrightarrow Ag+O_2\uparrow$) 生成并均匀分散在钙钛矿相之间。粉体经成型工艺后，进入第二阶段，素坯体在 1050℃高温烧结。在晶粒生长和

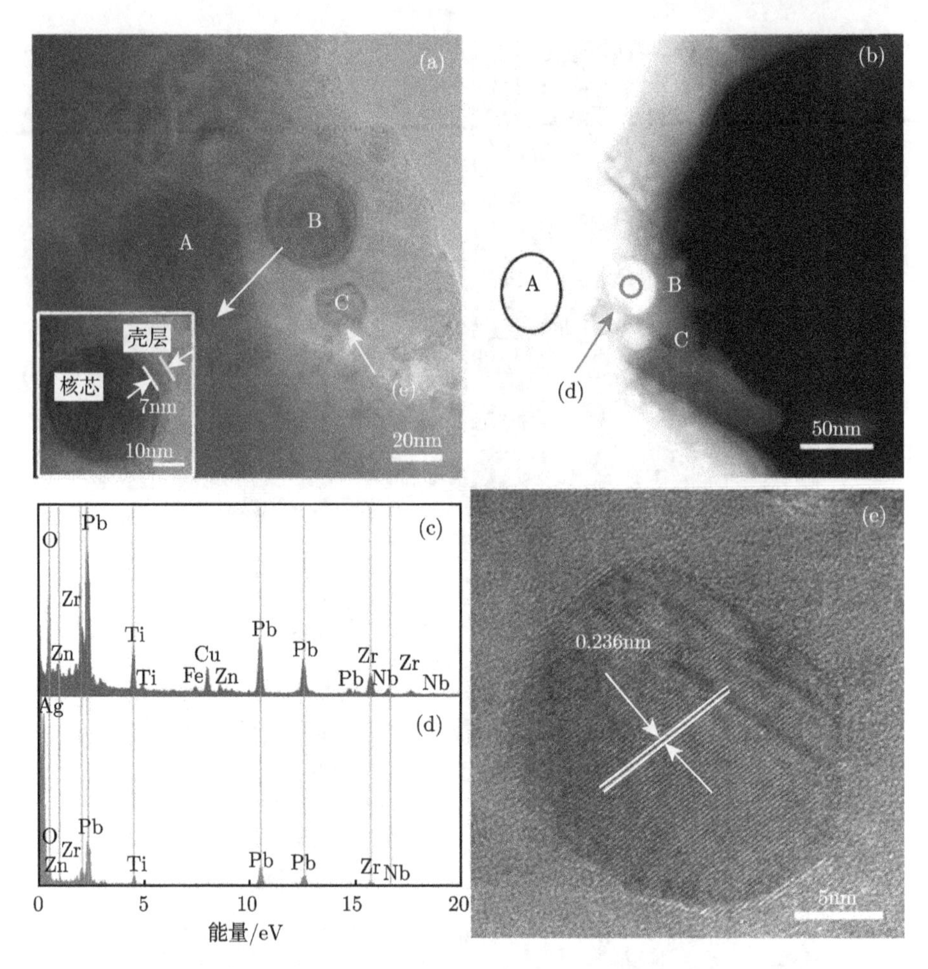

图 4.53　PZN-PZT/16vol.%Ag 样品的 TEM 照片及对应区域的 HAADF 相 (a) 和 (b)；EDX：陶瓷内部 (c)，核芯区域 (d)((b) 中圆圈区)；核壳结构的 HRTEM 照片 (e)

致密化过程中，如图 4.54 (c) 所示，纳米金属 Ag 颗粒在陶瓷基体中表现为两种形式：部分纳米 Ag 颗粒，被相邻 PZN-PZT 晶粒夹持，无法移动，在之后的主相晶界移动或相邻晶粒合并的过程中，形成内晶型结构；其余未被夹持、可以自由移动的纳米 Ag 颗粒逐渐在晶界区域聚集形成更大的晶间颗粒。由于金属 Ag 与 PbO 之间低的共熔点 (~825℃)[128,129]，很容易在纳米 Ag 颗粒周围形成 PbO 熔融液相。冷却阶段，纳米 Ag 颗粒与其周围的 PbO 将形成如图 4.54 (d) 所示的纳米核壳结构。

图 4.55 (a)~(d) 所示为不同 Ag 含量 PZN-PZT/Ag 样品在不同温度下测试的 Nyquist 图 (其中 Z' 和 Z'' 分别是复合阻抗 Z 的实部和虚部)，所有的半圆表现出

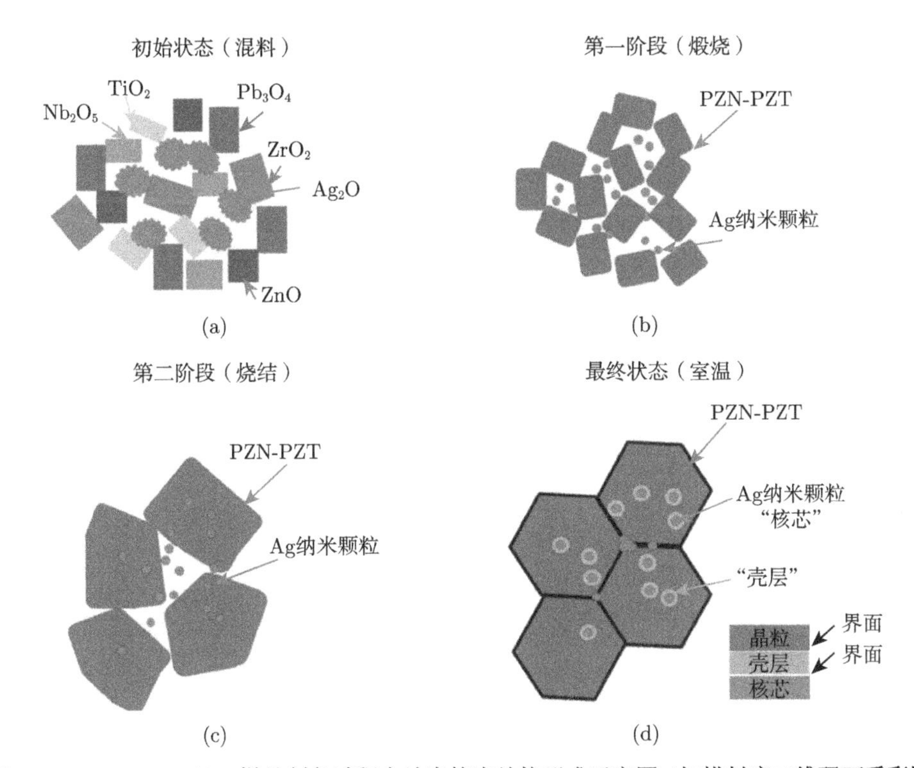

图 4.54 PZN-PZT/Ag 样品制备过程中纳米核壳结构形成示意图 (扫描封底二维码可看彩图)

(a) 初始阶段; (b) 第一阶段; (c) 第二阶段; (d) 最后阶段

扁平的特征，表明存在晶粒和晶界的共同作用 [82,85]。通常情况下，Nyquist 图可以使用两个串联的 RC(R 代表电阻，C 代表电容) 电路来描述。当半圆到达它的顶点，其值 $Z''=R/2$，此时频率 $2\pi f\tau=1$ (弛豫时间 $\tau=RC$)[82,130]，可以计算出不同温度下的弛豫时间和电阻值。从图 4.55 (a)~(d) 的内插图可以看出，在温度为 593K，随着 Ag 含量的增加，半圆的尺寸显著减小，表明复合材料的体电阻下降。图 4.56 所示为不同 Ag 含量 PZN-PZT/Ag 样品的体电阻 $\ln R/2$ 与 $10^3/T$ 的 Arrhenius 关系图。拟合结果显示，所有的样品激活能均为 1.2eV 左右，接近文献报道的 PZN-PZT 体系中氧空位的激活能，其主要来源是高温烧结时 PbO 的挥发。不同 Ag 含量 PZN-PZT/Ag 体系中激活能数值相同表明，体电阻的降低不是由氧空位相关的导电机制变化引起。前面的分析中我们得知，在 PZN-PZT/Ag 体系中存在两种不同的 Ag 颗粒分布状态：一部分 Ag 颗粒形成纳米核壳结构，这种结构中 Ag 颗粒被壳层包裹，有助于减少 Ag 颗粒之间的隧穿电流。所以，引起体电阻值降低的唯一原因是另一种分布状态的 Ag 颗粒，这部分 Ag 颗粒聚集在晶界区域，相互连接构成导电通路，导致复合材料整体绝缘性的下降。

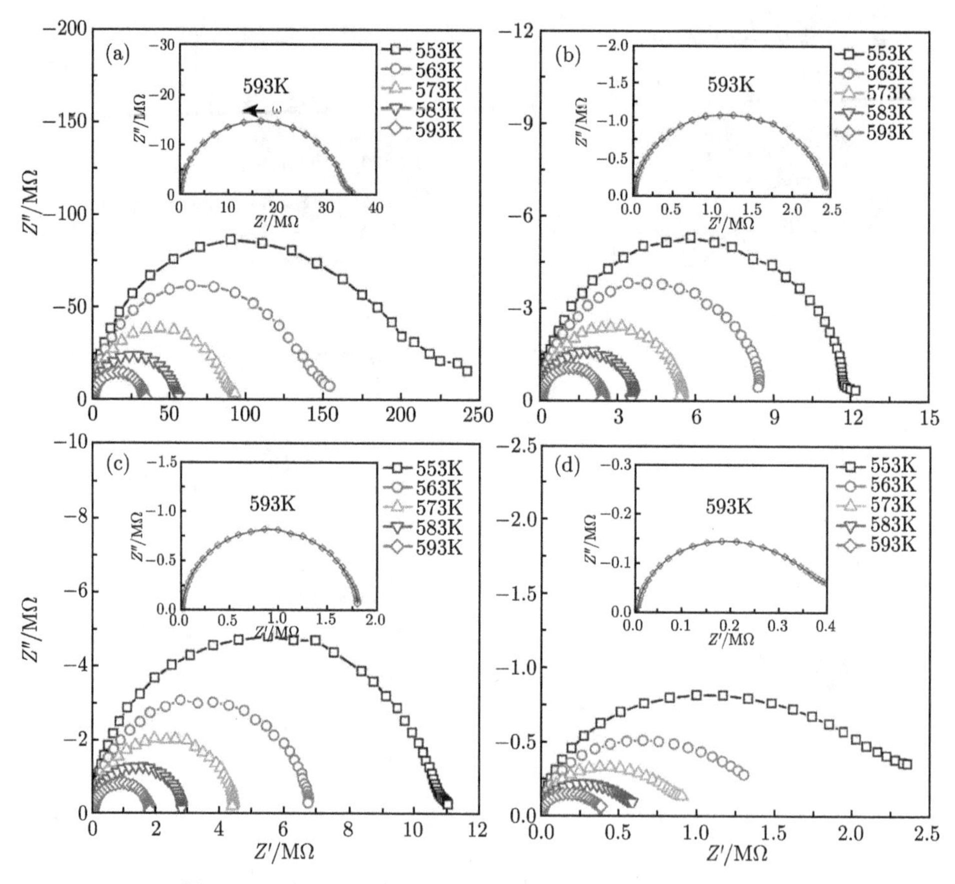

图 4.55　不同 Ag 含量 PZN-PZT/Ag 样品的 Nyquist 图

(a) 0vol.%；(b) 8vol.%；(c) 12vol.%；(d) 16.6vol.%

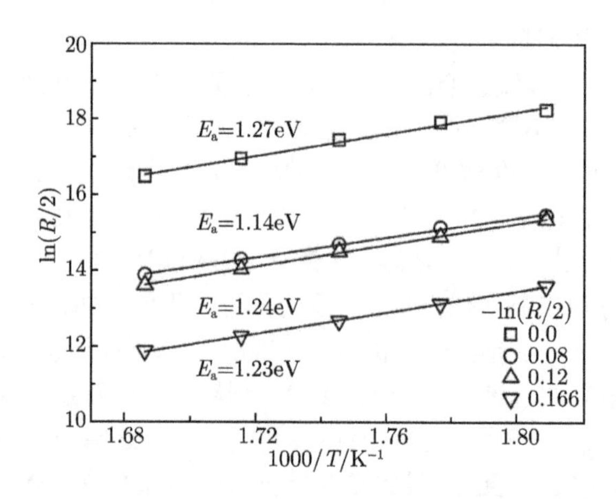

图 4.56　不同 Ag 含量 PZN-PZT/Ag 样品的体电阻 $\ln R/2$ 与 $10^3/T$ 的 Arrhenius 关系图

一些研究已经证明，在纳米金属颗粒表面引入壳层有利于复合材料介电性能的提升 [131−133]。因此，为了研究本工作中纳米核壳结构的作用机制，我们对 PZN-PZT/Ag 复合材料进行了详细的电性能分析。图 4.57 (a) 所示为不同 Ag 含量对 PZN-PZT/Ag 复合材料相对介电常数 $\varepsilon_{\rm r}$ 的影响。从图中可以看到，在渗流阈值附近，相对介电常数发生突变，室温介电常数高达 16600，是纯 PZN-PZT 陶瓷介电常数的 15 倍。需要指出的是，本工作中获得的相对介电常数远大于文献报道的在 PZT/Pt 复合体系中的相对介电常数 $\varepsilon_{\rm r} = 10000$ [134]，其原因就是特殊纳米核壳结构的贡献。渗流阈值附近，相对介电常数的增大可以使用著名的幂律 (power law) 来描述，如公式：

$$\varepsilon_{\rm r} = \varepsilon_0 \left|(f_{\rm c} - f)/f_{\rm c}\right|^{-q} \tag{4.21}$$

式中，$\varepsilon_{\rm r}$，ε_0 分别代表复合材料和陶瓷基体的相对介电常数，q 代表介电常数的临界指数，f 代表金属材料的体积百分数，$f_{\rm c}$ 代表渗流阈值。如图 4.57 (a) 所示，相对介电常数变化趋势符合式 (4.21) 所示的理论曲线，渗流阈值 $f_{\rm c} = 0.167$，相对介电常数的临界指数 $q = 0.47$。渗流阈值与文献报道一致：金属–陶瓷复合材料的渗流阈值往往在 0.16~0.29 范围内 [135,136]。但是应该指出的是，本工作中观察到的渗流阈值在该范围的下限，出现这种现象的主要原因可能是 PZN-PZT/Ag 体系中两种分布模式 Ag 颗粒的共同作用。分布在晶界区域的 Ag 颗粒形成一种 Kagome 型或类似的网络结构 [137−139]，该结构的出现导致渗流阈值低于 16vol.%。然而，另一部分形成纳米核壳结构的 Ag 颗粒，有利于渗流阈值向高体积百分数移动。这两种结构都存在显著的体积百分数，它们之间的作用相互抵消，使得渗流阈值非常靠近理论数值的下限。进一步确认这种推测，很多理论分析工作是必要的。

在本工作中，随着 Ag 含量的增加，PZN-PZT/Ag 复合材料的相对介电常数显著增加。通常情况下，相对介电常数的剧烈增大可以用如下两种机制解释：一种是 Maxwell-Wager-Sillars (MWS) 极化，另一种是 “微电容” 模型。前者与导电颗粒周围形成的介电场相关，而后者由相邻的 Ag 颗粒与薄介电层组成 [122−125,140,141]。众所周知，复合材料中的载流子被禁锢在不同相结构的界面处 [141]，这些带电粒子无法自由释放电荷，引起介电场发生扭曲，导致电容增大，即所谓的界面极化现象 (MWS)，这种现象往往发生在异质材料的界面处 [142]。在 PZN-PZT/16.6vol.%Ag 复合材料中，介电场在纳米核壳结构周围形成，界面极化增强，引起相对介电常数的显著增大。另一方面，相邻 Ag 颗粒可以作为上下电极与薄薄的介电层构成 “微电容器”。有效介电层厚度的降低和电极面积的增大有助于获得极大的电容 [122,140,143]。本工作中，惊奇地发现，PZN-PZT/16.6vol.%Ag 复合材料在获得极大相对介电常数的同时，其介电损耗仍然保持在一个较低的水平 (<0.056)，如图 4.57 (b) 所示，这对于发展高储能电容器是极为有利的。由于本工作中出现了特殊的纳米核壳结

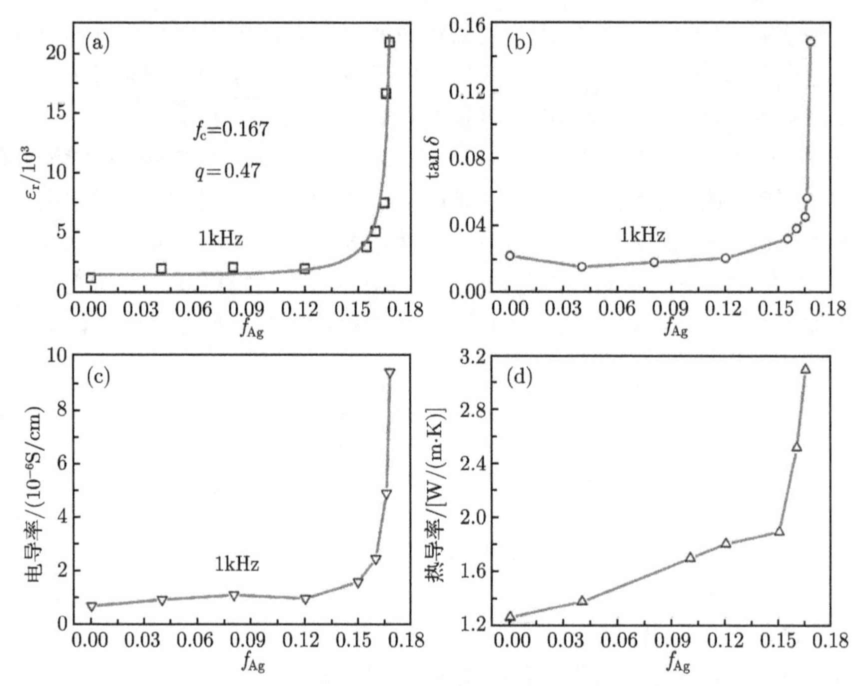

图 4.57　不同 Ag 含量 PZN-PZT/Ag 样品相对介电常数、介电损耗、交流电导率和热导率的变化趋势

构，相邻 Ag 颗粒被绝缘的壳层分离，能够有效降低相邻 Ag 颗粒之间的隧穿电流，有助于降低介电损耗。此外，复合材料的电导率和热导率在渗流阈值附近呈现出相似的陡增现象，结果如图 4.57 (c) 和 (d) 所示，该现象同样可以使用渗流理论来解释 [135,136,144]。值得注意的是，对于能量存储器件用复合材料来说高热导率是非常重要的，因为在充电和放电的过程中，将会产生大量的热。高的热导率有利于热量的散失，提高材料及相关储能器件的使用寿命。

图 4.58 所示为不同 Ag 含量 PZN-PZT/Ag 样品的相对介电常数和介电损耗与频率的依赖关系。从图中可以清楚地看到，PZN-PZT/16.6vol.% Ag 样品其相对介电常数随着频率的增大，明显降低；除了该组成样品之外，其余样品均表现出弱的频率依赖性。PZN-PZT/Ag 复合材料的相对介电常数受金属含量和施加频率的影响，表明其介电性能与复杂极化机制相关。在本工作中，复合材料中的极化机制主要可以分为两大类：偶极响应和 MWS 极化 [140]。当 Ag 含量比较低的时候，MWS 极化比较弱；而 Ag 含量比较高的时候，特别是靠近渗流阈值附近，MWS 极化显著增强，并表现出强的频率依赖性。

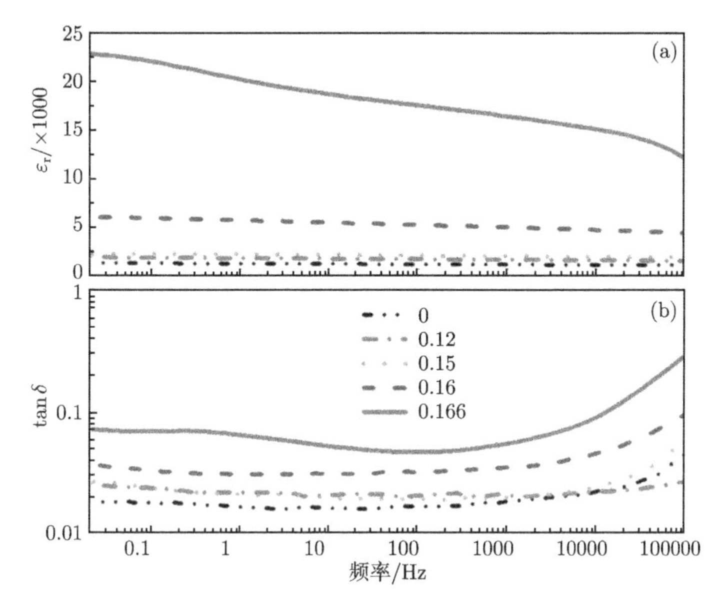

图 4.58　不同 Ag 含量 PZN-PZT/Ag 样品相对介电常数和介电损耗与频率的依赖关系

图 4.59 所示为不同 Ag 含量 PZN-PZT/Ag 样品的相对介电常数和介电损耗与温度的依赖关系。从图中可以看到，随着温度的升高，相对介电常数和介电损耗增大。应该注意的是 PZN-PZT/16.6vol.%Ag 复合材料的相对介电常数在所测温度范

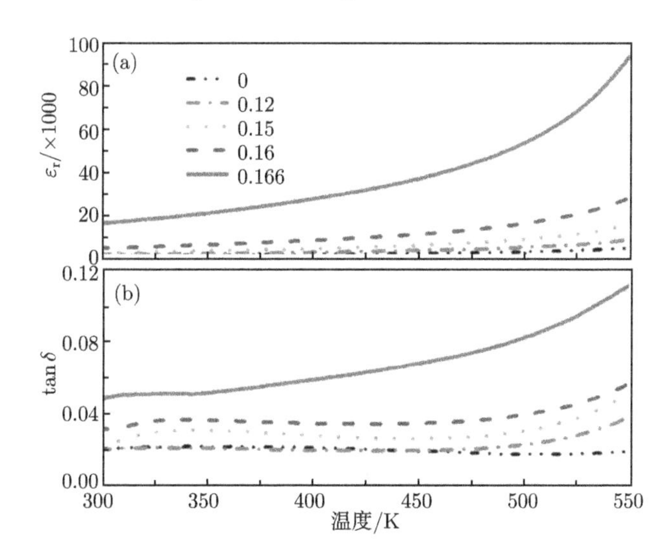

图 4.59　不同 Ag 含量 PZN-PZT/Ag 样品相对介电常数和介电损耗与温度的依赖关系

围内均大于其他组分。随着温度从 300K 升高到 550K，PZN-PZT/16.6vol.% Ag 复合材料的相对介电常数从 16000 增大到 90000 左右，与此同时，介电损耗仍然较低 (低于 0.12)。以上分析表明，本工作中获得的具有新颖纳米核壳结构的介电复合材料具有高相对介电常数和低介电损耗，有望应用于能量存储器件。

本节主要介绍了具有新颖纳米核壳结构的 PZN-PZT/Ag 复合材料的制备与物性分析。由于纳米 Ag 在 PZN-PZT 基体中的固溶限极低，因而易作为第二相与 PZN-PZT 形成复合材料。通过显微结构表征技术解析了复合材料的纳米核壳结构并给出合理的形成机制。在纳米核壳结构中，核芯为纳米银颗粒，壳层以非导电的氧化铅相为主，特殊的壳层可以作为绝缘阻挡层减少银颗粒间的隧穿电流，从而保证 PZN-PZT/Ag 复合材料在渗流阈附近同时具备高相对介电常数 (16600) 与低介电损耗 (0.056)。介电机理分析表明复合材料的高相对介电常数主要来源于 “微电容” 模型和 MWS 极化效应。基于 PZN-PZT/Ag 复合材料优良的介电特性，该材料非常有利于制作储能单元与具有相似基体成分的能量收集单元匹配，构建出集成化的 PZN-PZT 基压电自发电模块，满足微电子器件的供电需求。

4.7 PZN-PZT 基压电能量收集器的构建与评价

4.7.1 掺杂压电能量收集材料的性能优化

在 4.3 节研究中发现，对于 $0.2Pb(Zn_{1/3}Nb_{2/3})O_3$-$0.8Pb(Zr_{0.5}Ti_{0.5})O_3$(0.2PZN-0.8PZT) 体系，当 $CoCO_3$ 含量为 0.8wt.%时 (0.2PZN-0.8PZT+Co)，d_{33} 获得最大值，而 ε_r 已经明显减小，这一实验现象，符合能量收集用压电材料的性能要求 (高压电，低介电)。为了进一步获得更高的机电转换性能，本节对 $CoCO_3$ 含量为 0.8wt.%的陶瓷进行了工艺优化研究。实验中，陶瓷制备方法由常规固相法改变为二次合成法，详细研究了烧结温度对陶瓷微观结构与电学性能的影响。

图 4.60 (a) 所示为不同烧结温度 (950~1200℃)0.2PZN-0.8PZT+Co 陶瓷在 2θ= 20° ~60° 的 XRD 图谱。从图中可以清楚地看到，在研究的烧结温度范围内，所有样品均表现为纯钙钛矿结构，没有观察到焦绿石或其他杂相的衍射峰。为了更直观地研究相结构演变，对 2θ 为 43° ~46° 处的衍射峰进行了精细扫描，并对测试结果进行了分峰拟合解析，分析结果如图 4.60 (b) 所示。研究结果显示不同温度烧结的样品其相结构存在显著差异，随着烧结温度的升高，四方相 $(002)_T$ 和 $(200)_T$ 衍射峰显著增强，而三方相 $(200)_R$ 衍射峰强度逐渐降低，表明四方相含量增加。对于烧结温度高于 1150℃的样品，其相结构表现为一种完全的四方钙钛矿相。陶瓷材料中，晶粒尺寸增大引起内应力的松弛，是引起相结构从三方相向四方相转变的主要原因 [56−58]。

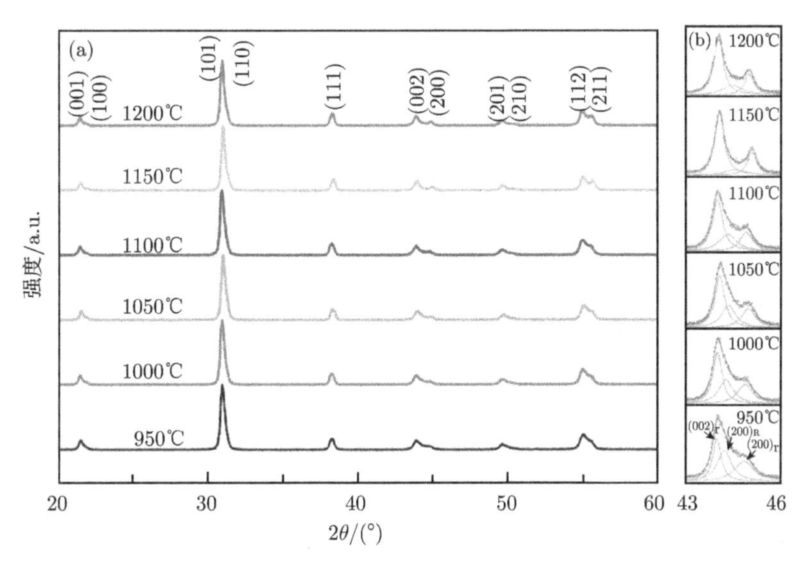

图 4.60 不同温度烧结制备的 0.2PZN-0.8PZT+Co 陶瓷的 XRD 图谱 (a)；$(002)_T$, $(200)_R$ 和 $(200)_T$ (从左到右) 衍射峰的对比 (b)

图 4.61 是不同烧结温度制备的 0.2PZN-0.8PZT+Co 陶瓷的断面 SEM 照片。从图中可以看出，陶瓷的微观结构和晶粒尺寸受烧结温度的影响非常明显。从图 4.61 (a) 中可以看到，950℃烧结的样品晶粒尺寸不均匀，有很多气孔分布于晶界区域。对比发现，当烧结温度达到 1000℃及以上时，样品表现出更加致密的微结构，晶粒尺寸分布也更加均匀，如图 4.61 (b)~(f) 所示。此外，陶瓷的晶粒尺寸随着烧结温度的升高也呈现出显著增大的变化趋势，从 950℃时的约 1.8μm，增长到 1200℃时的约 4μm。

图 4.62 (a) 所示为不同温度烧结 0.2PZN-0.8PZT+Co 样品的 P-E 电滞回线。所有电滞回线呈现出饱和的形状，表明铁电畴在电场的作用下，发生了充分的翻转。进一步从图 4.62 (b) 中，可以清楚地看到，随着烧结温度的增加，剩余极化强度 P_r 呈现为先增大、后减小的变化趋势；而矫顽场 (E_c) 随着温度的升高，其变化呈现先基本保持不变、后下降的趋势。通常情况下，在铁电陶瓷晶粒内部包含若干个随机取向的电畴。当某一晶粒内部的电畴在电场作用下翻转定向时，不可避免受到周围不同取向晶粒的钳制作用。考虑到晶界体积与晶粒尺寸的关系，可以推测出晶粒尺寸越大，晶界体积含量越低，对畴壁的钳制作用越弱，剩余极化强度越大。但是，随着烧结温度的升高，PbO 的挥发程度增强，相应浓度的 V_{Pb}'' 和 $V_O^{\cdot\cdot}$ 将会在烧结后的陶瓷中大量出现。高于居里温度 T_c 时，0.2PZN-0.8PZT+Co 陶瓷呈现为立方对称性，缺陷呈现随机分布的状态。当温度低于 T_c，由 V_{Pb}'' 和 $V_O^{\cdot\cdot}$ 构成的缺陷偶极子逐步达到能量趋向于最低的稳定配置状态。这些缺陷偶极子的存

在，起到稳定畴结构、降低畴壁运动能力的作用，引起剩余极化强度的降低。因此，本工作中，剩余极化强度的变化主要是晶粒尺寸效应和缺陷效应共同作用的结果。

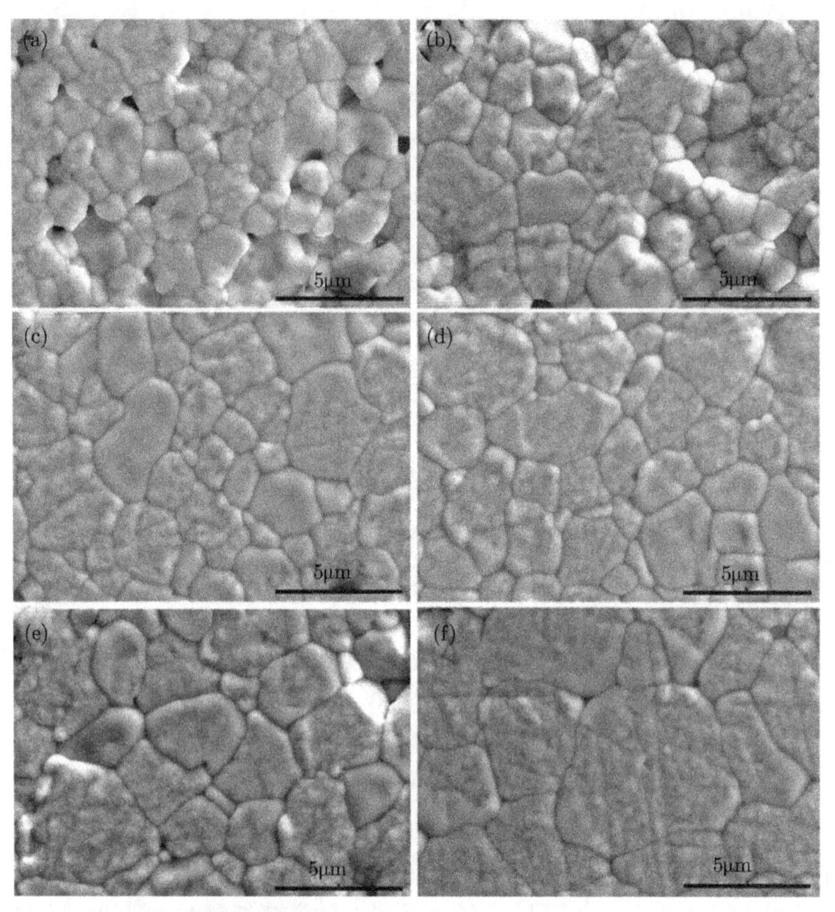

图 4.61　不同温度烧结 0.2PZN-0.8PZT+Co 陶瓷的 SEM 照片

(a) 950℃; (b) 1000℃; (c) 1050℃; (d) 1100℃; (e) 1150℃; (f) 1200℃

图 4.63 所示为不同温度烧结 0.2PZN-0.8PZT+Co 陶瓷的密度、ε_{r}、d_{33}、g_{33}、$d_{33} \cdot g_{33}$ 和 k_{p} 值。从图中可以看出，随着烧结温度升高，陶瓷的密度先增大，在 1000℃获得最大值，继续升高烧结温度，密度逐渐降低。压电应变常数 d_{33} 和相对介电常数 ε_{r} 呈现相似的变化趋势，均在 1100℃获得最大值 (d_{33} = 451pC/N，ε_{r} = 1759)。此外，由于相对介电常数的显著增大，压电电压常数 g_{33} 从 32.9×10^{-3}V·m/N 降低到 26.1×10^{-3}V·m/N。机电转换系数 $d_{33} \cdot g_{33}$ 的变化趋势不同于 d_{33} 和 ε_{r} 各自的

变化趋势，究其原因发现，当烧结温度低于 1100℃时，随着烧结温度的升高，d_{33} 呈现出先迅速增大，后缓慢增大的变化趋势，而 ε_r 呈现均匀增加的趋势。这两种电学参数变化趋势的差异，导致 0.2PZN-0.8PZT+Co 陶瓷的机电转换系数在 1000℃获得最优值 ($d_{33} \cdot g_{33} = 14080 \times 10^{-15} m^2/N$)，并且在该温度下机电耦合系数 k_p 也获得高值 (0.74)。调整烧结温度对能量收集材料性能优化，有助于显著提升压电能量收集器的发电特性。

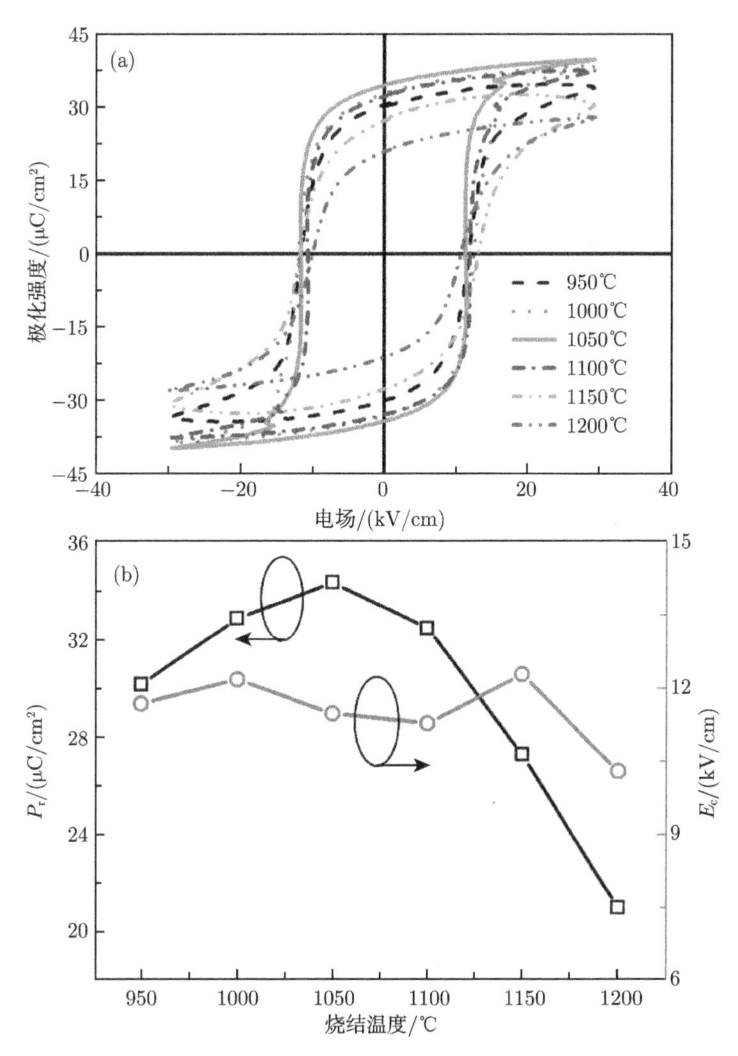

图 4.62 不同温度烧结 0.2PZN-0.8PZT+Co 陶瓷的 P-E 电滞回线 (a)；剩余极化强度 P_r 和矫顽场 E_c 与烧结温度之间的关系 (b)

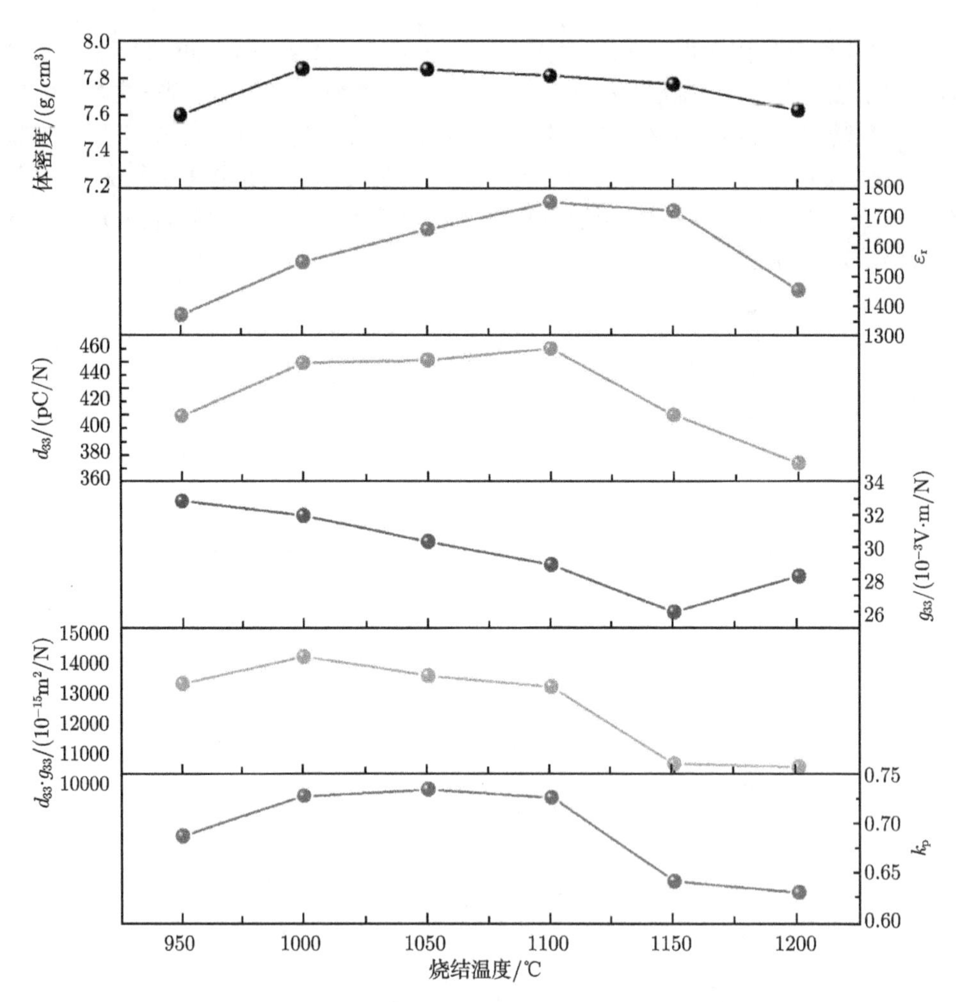

图 4.63　不同温度烧结 0.2PZN-0.8PZT+Co 陶瓷的体密度、ε_r、d_{33}、g_{33}、$d_{33} \cdot g_{33}$ 和 k_p 值

4.7.2　悬臂梁能量收集器的发电特性测试

为了进一步研究压电材料的发电特性，选择 1000°C 烧结的 0.2PZN-0.8PZT+Co 陶瓷进行压电悬臂梁能量收集器的组装与测试。图 4.64(a) 为压电能量收集测量系统照片，图 4.64(b) 为 0.2PZN-0.8PZT+Co 压电悬臂梁能量收集器组装原理图。从图中可以清楚地看到，压电能量收集器主要由一个压电陶瓷层和一个弹性基底层构成。测试时，将压电悬臂梁安装在微型振动台上，并且使用引线将压电片的顶电极和底电极与负载电阻进行连接。当给压电能量收集器施加一个连续振动时，可以使用数字示波器对电信号进行采集与分析。

图 4.65 给出 0.2PZN-0.8PZT+Co 能量收集器在不同加速度下 (10m/s^2, 20m/s^2,

$30m/s^2$，$40m/s^2$) 输出电压、电流随时间的变化。从图中可以看到，输出电压和电流随着加速度值的增大而显著增大。当加速度值为 $10m/s^2$ 时，峰–峰电压为 33V，峰–峰电流为 0.05mA。当加速度增加到 $40m/s^2$ 时，压电能量收集器仍能长时间稳定地进行功率输出，其峰–峰电压为 120V，峰–峰电流为 0.20mA。

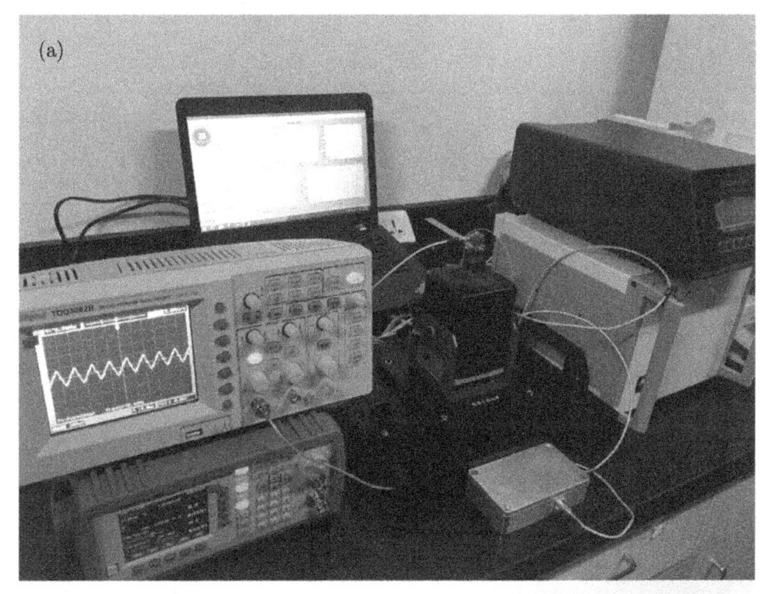

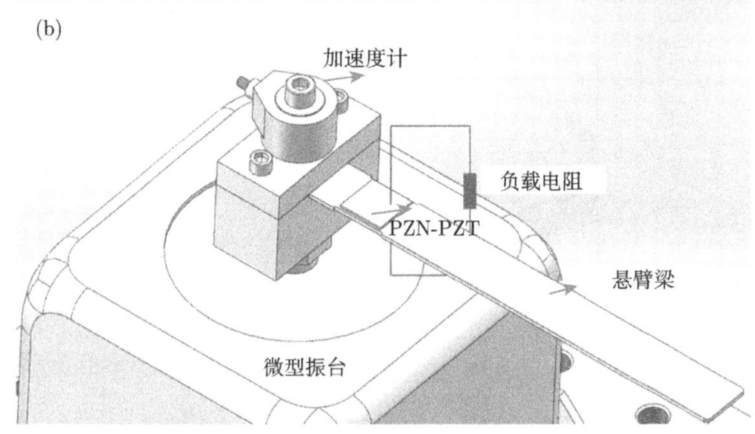

图 4.64 压电能量收集测量系统照片 (a)，0.2PZN-0.8PZT+Co 压电悬臂梁能量收集器组装原理图 (b)

图 4.66 给出 0.2PZN-0.8PZT+Co 能量收集器输出电压、输出电流和输出功率随负载电阻的变化关系，测试频率选在悬臂梁共振频率附近 (83Hz、85Hz 和 87Hz)，加速度为 $10m/s^2$。

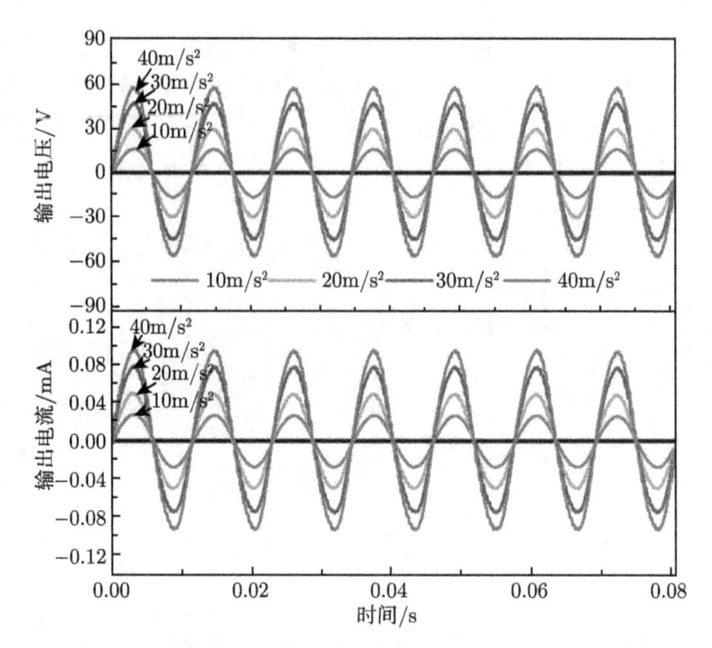

图 4.65　不同加速度下 ($10m/s^2$，$20m/s^2$，$30m/s^2$，$40m/s^2$) 输出电压、电流随时间的变化关系(扫描封底二维码可看彩图)

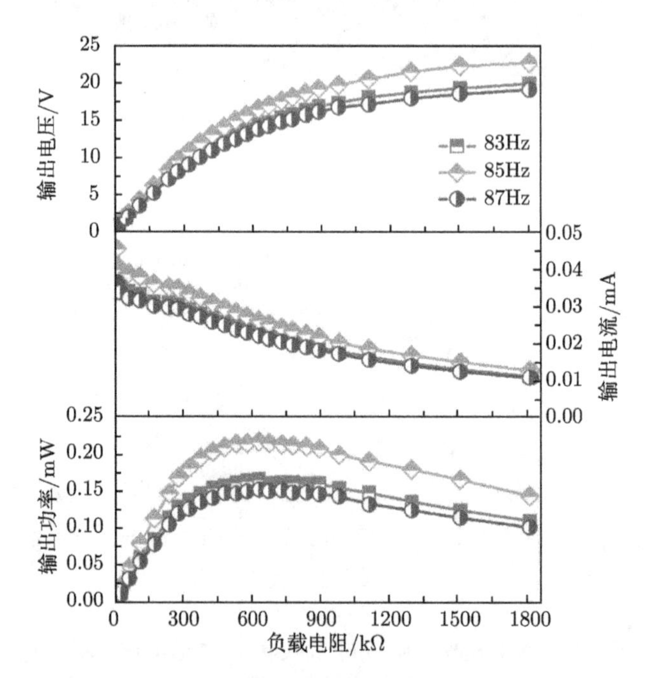

图 4.66　0.2PZN-0.8PZT+Co 压电能量收集器输出电压、输出电流和输出功率随负载电阻的变化关系 (加速度为 $10m/s^2$)

测试结果显示，随着负载电阻的增加，输出电压呈现出一种先迅速增加、后缓慢增加的变化趋势，而输出电流呈现出一种相反的变化趋势。输出功率与负载电阻之间的关系呈现出一种先增大、后减小的变化趋势，在负载电阻值为 630kΩ 时获得最大输出功率，此时负载电阻值刚好与压电能量收集器匹配。进一步，在加速度 $10\mathrm{m/s^2}$ 以及负载电阻与能量收集器匹配的情况下，研究了输出电压、输出电流和输出功率随振动频率的变化关系，结果如图 4.67 所示。研究结果显示，悬臂梁能量收集器的共振频率在 85Hz 附近，在该频率附近可以获得最优发电性能，测试输出电压和输出功率分别为：16.6V 和 0.22mW。

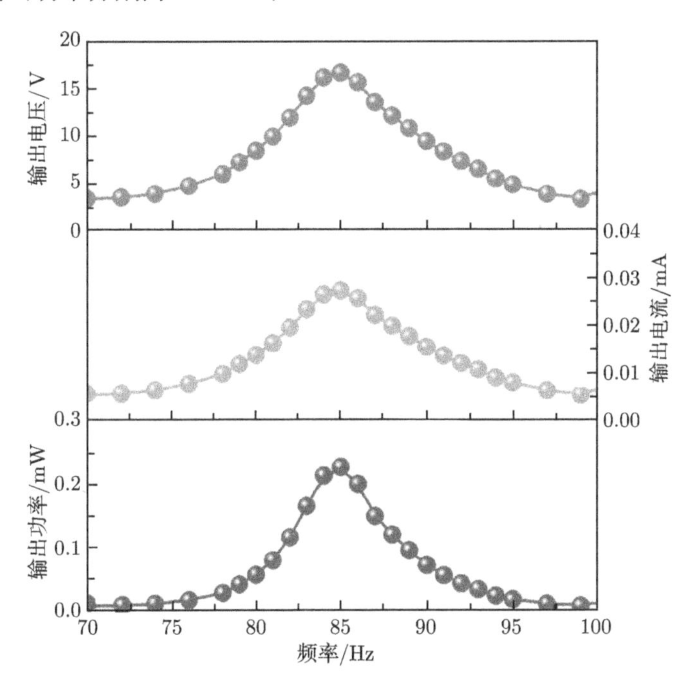

图 4.67 0.2PZN-0.8PZT+Co 压电能量收集器输出电压、输出电流和输出功率随振动频率的变化关系 (加速度为 $10\mathrm{m/s^2}$)

此外，固定最优的负载电阻和振动频率值，我们详细研究了压电能量收集器输出电压、输出电流和输出功率随加速度从 $1\mathrm{m/s^2}$ 增加到 $40\mathrm{m/s^2}$ 的变化关系。PZN-PZT 基压电能量收集器可以在高达 $40\mathrm{m/s^2}$ 的加速度下正常工作，陶瓷片并没有出现损坏，其输出电压和功率值分别高达 120V 和 2.86mW[145]。总之，实验结果表明，具有高发电特性的 0.2PZN-0.8PZT+Co 压电能量收集器能够适应严峻的振动环境，在未来新能源领域具有重要的应用前景。

本节选取 0.2PZN-0.8PZT+Co 体系为目标材料，通过改变烧结温度，系统研究了材料微结构演化与电性能的变化规律。基于不同烧结温度条件下，材料压电

应变常数 d_{33} 与 ε_r 变化趋势的差异，在 1000℃获得掺杂体系的最优机电转换系数 ($d_{33} \cdot g_{33} = 14080 \times 10^{-15} m^2/N$)。进一步，以 1000℃烧结制备的材料为核心，设计并制作了压电悬臂梁结构能量收集器，分析了输出电压、输出电流、输出功率与负载电阻、振动频率、加速度之间的关系。结果显示，0.2PZN-0.8PZT+Co 体系具有优良的发电特性与工作稳定性，压电悬臂梁能量收集器甚至可以在 $40m/s^2$ 的高加速度下正常工作而不失效，输出功率高达 2.86mW，完全能够用于为低功耗微电子器件供电。因而，0.2PZN-0.8PZT+Co 压电材料在新型能量收集器件及相关电子装备制造领域极具发展潜力。

4.8 本章小结

本章主要围绕能量收集器用 PZN-PZT 陶瓷掺杂改性这一主题，分别介绍能量收集器用压电陶瓷的成分设计，Sr、Co 和 Ni 等元素掺杂对 PZN-PZT 陶瓷显微结构与力电性能的影响规律，重点解析第八族元素的掺杂取代机制。此外，基于复相设计原理制备具有新颖纳米核壳结构的 PZN-PZT/Ag 复合材料，分析了储能特性及相关介电机理。最后，重点对 Co 掺杂 PZN-PZT 体系进行了材料工艺优化研究，并利用最优材料构建压电悬臂梁能量收集器，评价其发电特性。小结如下：

(1) 能量收集器用压电陶瓷的成分设计。根据压电能量收集器的结构与工作原理，重点解析了非谐振状态和谐振状态两种模式下，能量收集器件对压电陶瓷材料的性能要求，并以提升机电转换系数这一核心指标为重点，对压电能量收集材料成分设计研究进行了评述。

(2) PZN-PZT 多元系陶瓷的 Sr 掺杂行为。Sr 掺杂属于 A 位取代，引起陶瓷晶粒尺度降低与四方相含量增加。由于 Sr^{2+} 与 Pb^{2+} 的电子结构和半径均存在差异，Sr^{2+} 掺杂导致体系弥散相变增强和居里温度降低。此外，Sr^{2+} 掺杂能够同时提升体系的压电与介电性能。其中，$P_{0.95}S_{0.05}$ZNZT 同时具备细晶结构与较优的机电转换性能，可用于构建多层压电能量收集器。

(3) PZN-PZT 多元系陶瓷的 Co 掺杂行为。Co 掺杂引起体系相结构向四方相一侧转变，并导致畴尺寸增大。阻抗谱解析证实 $CoCO_3$ 固溶限约为 0.2wt.%。高于固溶限，过量 Co 离子与 PbO 形成低熔点液相，促进晶粒持续长大。Co 离子掺杂促进晶粒尺寸增大对于体系压电性能提升的贡献补偿受主掺杂所引起的压电弱化效应。其中，0.8wt.%掺杂样品性能最优。

(4) PZN-PZT 多元系陶瓷的 Ni 掺杂行为。Ni 掺杂规律与 Co 掺杂相似，引起体系相结构向四方相一侧转变，且高于固溶限 0.3wt.%NiO，陶瓷晶粒仍持续长大。过量 Ni 掺杂诱导体系中出现 $(Zn, Ni)TiO_3$ 钛铁矿第二相。此外，Ni 掺杂能够调节材料的维氏硬度 H_v 与断裂韧性 K_{IC}。其中，0.5wt.%掺杂样品在保持高断裂韧性的同时，具有优异的机电转换系数。

(5) PZN-PZT 陶瓷第Ⅷ族离子的掺杂行为。通过各类先进材料表征技术手段进行深入解析，证实第八族元素 ($M_{Ⅷ}$: Fe，Co，Ni) 在 0.2PZN-0.8PZT 基体中存在两类取代机制：一类是受主掺杂机制，即低价 $M_{Ⅷ}$ 离子取代钙钛矿晶格 B 位的高价离子，如 Ti^{4+}，Zr^{4+} 和 Nb^{5+}；另一类是等价掺杂机制，即二价的 $M_{Ⅷ}$ 离子取代钙钛矿晶格 B 位的同价离子 Zn^{2+}。

(6) PZN-PZT/Ag 复合材料的结构与电学行为。纳米 Ag 在 PZN-PZT 基体中的固溶限极低，易与 PZN-PZT 形成具有新颖纳米核壳结构 (纳米银为核芯，氧化铅为壳层) 的复合材料。在渗流阈附近，复合材料同时具备高相对介电常数 (16600) 与低介电损耗 (0.056)，介电机理分析表明复合材料的高相对介电常数主要来源于“微电容” 模型和 MWS 极化效应的贡献。

(7) PZN-PZT 基压电能量收集器的构建与评价。以 0.2PZN-0.8PZT+Co 体系为目标材料，通过优化烧结工艺，在 1000℃获得材料的最优机电转换系数 ($d_{33} \cdot g_{33} = 14080\times10^{-15}m^2/N$)。以该材料为核心构建出压电悬臂梁能量收集器，发电测试结果表明器件可以在高达 $40m/s^2$ 的加速度下正常工作而不失效损坏，输出功率达 2.86mW，可用于为低功耗微电子器件供电。

参 考 文 献

[1] Kuo A D. Harvesting energy by improving the economy of human walking. Science, 2005, 309(5741): 1686-1687.

[2] Beeby S P, Tudor M J, White N M. Energy harvesting vibration sources for microsystems applications. Meas. Sci. Technol., 2006, 17(12): R175-R195.

[3] Kim H, Priya S, Stephanou H, Uchino K. Consideration of impedance matching techniques for efficient piezoelectric energy harvesting. IEEE. T. Ultrason. Ferr, 2007, 54(9): 1851-1859.

[4] Kim H, Bedekar V, Islam R A, Lee W H, Leo D, Priya S. Laser-machined piezoelectric cantilevers for mechanical energy harvesting. IEEE. T. Ultrason. Ferr, 2008, 55(9): 1900-1905.

[5] Priya S. Criterion for material selection in design of bulk piezoelectric energy harvesters. IEEE. T. Ultrason. Ferr, 2010, 57(12): 2610-2612.

[6] Qi Y, Jafferis N T, Lyons K, Lee C M, Ahmad H, McAlpine M C. Piezoelectric ribbons printed onto rubber for flexible energy conversion. Nano Lett., 2010, 10(2): 524-528.

[7] Ali S F, Friswell M I, Adhikari S. Analysis of energy harvesters for highway bridges. Journal of Intelligent Material Systems and Structures, 2011, 22(16): 1929-1938.

[8] Stewart M, Weaver P M, Cain M. Charge redistribution in piezoelectric energy harvesters. Appl. Phys. Lett., 2012, 100(7): 073901.

[9] Ali M, Prakash D, Zillger T, Singh P K, Hübler A C. Printed piezoelectric energy harvesting device. Adv. Energy Mater., 2013, 4: 1300427.

[10] Hongping H, Lin H, Jiashi Y, Hairen W, Xuedong C. A piezoelectric spring-mass system as a low-frequency energy harvester. IEEE. T. Ultrason. Ferr, 2013, 60(4): 846-850.

[11] Kim K B, Kim C I, Jeong Y H, Cho J H, Paik J H, Nahm S, Lim J B, Seong T H. Energy harvesting characteristics from water flow by piezoelectric energy harvester device using Cr/Nb doped $Pb(Zr,Ti)O_3$ bimorph cantilever. Jpn. J. Appl. Phys., 2013, 52(10): 10MB01.

[12] Ma H K, Cheng H M, Cheng W Y, Fang F M, Luo W F. Development of a piezoelectric proton exchange membrane fuel cell stack (PZT-Stack). J. Power Sources, 2013, 240: 314-322.

[13] Xu T B, Siochi E J, Kang J H, Zuo L, Zhou W L, Tang X D, Jiang X N. Energy harvesting using a PZT ceramic multilayer stack. Smart Materials And Structures, 2013, 22(6): 065015.

[14] Yang W, Chen J, Zhu G, Wen X, Bai P, Su Y, Lin Y, Wang Z. Harvesting vibration energy by a triple-cantilever based triboelectric nanogenerator. Nano Research, 2013, 6(12): 880-886.

[15] Ahmad M A. Piezoelectric water drop energy harvesting. J. Electron. Mater., 2014, 43(2): 452-458.

[16] Huang H L, Zheng C J Y, Ruan X Z, Zeng J T, Zheng L Y, Chen W Y, Li G R. Elastic and electric damping effects on piezoelectric cantilever energy harvesting. Ferroelectrics, 2014, 459(1): 1-13.

[17] Lefeuvre E, Badel A, Richard C, Guyomar D. Energy harvesting using piezoelectric materials: Case of random vibrations. J. Electroceram., 2007, 19(4): 349-355.

[18] Torres E O, Rincón-Mora G A. Energy-harvesting system-in-package microsystem. J. Energ. Eng., 2008, 134(4): 121-129.

[19] Marinkovic B, Koser H. Smart sand—a wide bandwidth vibration energy harvesting platform. Appl. Phys. Lett., 2009, 94(10): 103505.

[20] Bedekar V, Oliver J, Priya S. Design and fabrication of bimorph transducer for optimal vibration energy harvesting. IEEE. T. Ultrason. Ferr, 2010, 57(7): 1513-1523.

[21] Jung S M, Yun K S. Energy-harvesting device with mechanical frequency-up conversion mechanism for increased power efficiency and wideband operation. Appl. Phys. Lett., 2010, 96(11): 111906.

[22] Hajati A, Kim S G. Ultra-wide bandwidth piezoelectric energy harvesting. Appl. Phys. Lett., 2011, 99(8): 083105.

[23] Kim S-G, Priya S, Kanno I. Piezoelectric MEMS for energy harvesting. MRS. Bull., 2012, 37(11): 1039-1050.

[24] Van Blarigan L, Danzl P, Moehlis J. A broadband vibrational energy harvester. Appl. Phys. Lett., 2012, 100(25): 253904.

[25] Yang Y, Yeo J, Priya S. Harvesting energy from the counterbalancing (weaving) movement in bicycle riding. Sensors, 2012, 12(8): 10248-10258.

[26] Ogawa T, Sugisawa R, Sakurada Y, Aoshima H, Hikida M, Akaishi H. Energy harvesting devices utilizing resonance vibration of piezoelectric buzzer. Jpn. J. Appl. Phys., 2013, 52(9): 09KD14.

[27] Xu C D, Liang Z, Ren B, Di W N, Luo H S, Wang D, Wang K L, Chen Z F. Bi-stable energy harvesting based on a simply supported piezoelectric buckled beam. J. Appl. Phys., 2013, 114(11): 114507.

[28] Chure M C, Wu L, Wu K K, Tung C C, Lin J S, Ma W C. Power generation characteristics of PZT piezoelectric ceramics using drop weight impact techniques: Effect of dimensional size. Ceram. Int., 2014, 40(1): 341-345.

[29] Janphuang P, Lockhart R, Uffer N, Briand D, de Rooij N F. Vibrational piezoelectric energy harvesters based on thinned bulk PZT sheets fabricated at the wafer level. Sensor Actuat. A-phys, 2014, 210: 1-9.

[30] Jung H J, Moon J W, Song Y, Song D, Hong S K, Sung T H. Design of an impact-type piezoelectric energy harvesting system for increasing power and durability of piezoelectric ceramics. Jpn. J. Appl. Phys., 2014, 53(8): 08NB03.

[31] Shafer M W, Garcia E. The power and efficiency limits of piezoelectric energy harvesting. J. Vib. Acoust., 2014, 136(2): 021007.

[32] Shin D J, Kang W S, Koh J H, Cho K H, Seo C E, Lee S K. Comparative study between the pillar- and bulk-type multilayer structures for piezoelectric energy harvesters. Phys. Status. Solidi. A, 2014, 211(8): 1812-1817.

[33] Yan Z M, Abdelkefi A, Hajj M R. Piezoelectric energy harvesting from hybrid vibrations. Smart Materials and Structures, 2014, 23(2): 025026.

[34] Williams C B, Yates R B. Analysis of a micro-electric generator for microsystems. Sensor Actuat. A-phys, 1996, 52(1-3): 8-11.

[35] Kymissis J, Kendall C, Paradiso J, Gershenfeld N. Parasitic power harvesting in shoes. Second International Symposium on Wearable Computers - Digest of Papers, 1998: 132-139.

[36] Islam R A, Priya S. High-energy density ceramic composition in the system $Pb(Zr,Ti)O_3$-$Pb[(Zn,Ni)_{1/3})Nb_{2/3}]O_3$. J. Am. Ceram. Soc., 2006, 89(10): 3147-3156.

[37] Islam R A, Priya S. Realization of high-energy density polycrystalline piezoelectric ceramics. Appl. Phys. Lett., 2006, 88(3): 032903.

[38] Priya S, Inman D J. Energy Harvesting Technologies. Germany: Springer, 2009.

[39] Richards C D, Anderson M J, Bahr D F, Richards R F. Efficiency of energy conversion for devices containing a piezoelectric component. J. Micromech. Microeng., 2004, 14(5):

717-721.

[40] Ahn C W, Choi J J, Ryu J, Yoon W H, Hahn B D, Kim J W, Choi J H, Park D S. Composition design rule for energy harvesting devices in piezoelectric perovskite ceramics. Mater. Lett., 2015, 141: 323-326.

[41] Liu G, Zhang S J, Jiang W H, Cao W W. Losses in ferroelectric materials. Mater. Sci. Eng. R., 2015, 89: 1-48.

[42] Seo I T, Cha Y J, Kang I Y, Choi J H, Nahm S, Seung T H, Paik J H. High energy density piezoelectric ceramics for energy harvesting devices. J. Am. Ceram. Soc., 2011, 94(11): 3629-3631.

[43] Hou Y D, Lu P X, Zhu M K, Song X M, Tang J L, Wang B, Yan H. Effect of Cr_2O_3 addition on the structure and electrical properties of $Pb((Zn_{1/3}Nb_{2/3})_{0.20}(Zr_{0.50}Ti_{0.50})_{0.80})O_3$ ceramics. Materi. Sci. Eng. B, 2005, 116(1): 104-108.

[44] Hou Y D, Zhu M K, Gao F, Wang H, Wang B, Yan H, Tian C S. Effect of MnO_2 addition on the structure and electrical properties of $Pb(Zn_{1/3}Nb_{2/3})_{0.20}(Zr_{0.50}Ti_{0.50})_{0.80}O_3$ ceramics. J. Am. Ceram. Soc., 2004, 87(5): 847-850.

[45] Hou Y D, Zhu M K, Wang H, Wang B, Yan H, Tian C S. Effects of CuO addition on the structure and electrical properties of low temperature sintered $Pb((Zn_{1/3}Nb_{2/3})_{0.20}(Zr_{0.50}Ti_{0.50})_{0.80})O_3$ ceramics. Mater. Sci. Eng. B, 2004, 110(1): 27-31.

[46] Noheda B, Cox D E, Shirane G, Guo R, Jones B, Cross L E. Stability of the monoclinic phase in the ferroelectric perovskite $PbZr_{1-x}Ti_xO_3$. Phys. Rev. B, 2001, 6301(1): 014103.

[47] Zhu Z G, Zheng N Z, Li G R, Yin Q R. Dielectric and electrical conductivity properties of PMS-PZT ceramics. J. Am. Ceram. Soc., 2006, 89(2): 717-719.

[48] Yao X, Chen Z, Cross L E. Polarization and depolarization behavior of hot-presse lead lanthanum zirconate titanate ceramics. J. Appl. Phys., 1983, 54(6): 3399-3403.

[49] Kungl H, Hoffmann M J. Effects of sintering temperature on microstructure and high field strain of niobium-strontium doped morphotropic lead zirconate titanate. J. Appl. Phys., 2010, 107(5): 054111.

[50] Gao F, Wang C J, Liu X C, Tian C S. Effect of tungsten on the structure and piezoelectric properties of PZN-PZT ceramics. Ceram. Int., 2007, 33(6): 1019-1023.

[51] Zhu M K, Lu P X, Hou Y D, Wang H, Yan H. Effects of Fe_2O_3 addition on microstructure and piezoelectric properties of 0.2PZN-0.8PZT ceramics. J. Mater. Res., 2005, 20(10): 2670-2675.

[52] Hou Y D, Chang L M, Zhu M K, Song X M, Yan H. Effect of Li_2CO_3 addition on the dielectric and piezoelectric responses in the low-temperature sintered 0.5PZN-0.5PZT systems. J. Appl. Phys., 2007, 102(8): 084507.

[53] Zhang S J, Xia R, Shrout T R. Lead-free piezoelectric ceramics vs. PZT? J. Electroceram., 2007, 19(4): 251-257.

[54] Lee S H, Yoon C B, Seo S B, Kim H E. Effect of lanthanum on the piezoelectric properties of lead zirconate titanate-lead zinc niobate ceramics. J. Mater. Res., 2003, 18(8): 1765-1770.

[55] Kalem V, Timucin M. Structural, piezoelectric and dielectric properties of PSLZT-PMnN ceramics. J. Eur. Ceram. Soc., 2013, 33(1): 105-111.

[56] Wagner S, Kahraman D, Kungl H, Hoffmann M J, Schuh C, Lubitz K, Murmann-Biesenecker H, Schmid J A. Effect of temperature on grain size, phase composition, and electrical properties in the relaxor-ferroelectric-system $Pb(Ni_{1/3}Nb_{2/3})O_3$-$Pb(Zr,Ti)O_3$. J. Appl. Phys., 2005, 98(2): 024102.

[57] Chang L M, Hou Y D, Zhu M K, Yan H. Effect of sintering temperature on the phase transition and dielectrical response in the relaxor-ferroelectric-system 0.5PZN-0.5PZT. J. Appl. Phys., 2007, 101(3): 034101

[58] Wu N-N, Hou Y-D, Wang C, Zhu M-K, Song X-M, Yan H. Effect of sintering temperature on dielectric relaxation and Raman scattering of $0.65Pb(Mg_{1/3}Nb_{2/3})O_3$-$0.35PbTiO_3$ system. J. Appl. Phys., 2009, 105(8): 084107.

[59] Uchino K, Nomura S. Critical exponents of the dielectric constants in diffused-phase-transition crystals. Ferroelectrics, 1982, 44(1): 55-61.

[60] Cross L E. Relaxorferroelectrics: An overview. Ferroelectrics, 1994, 151(1): 305-320.

[61] Sinclair D C, Attfield J P. The influence of A-cation disorder on the Curie temperature of ferroelectric $ATiO_3$ perovskites. Chem. Commun., 1999, 16: 1497-1498.

[62] Stringer C J, Shrout T R, Randall C A, Reaney I M. Classification of transition temperature behavior in ferroelectric $PbTiO_3$-$Bi(Me'\ Me'')O_3$ solid solutions. J. Appl. Phys., 2006, 99(2): 024106.

[63] Shannon R D. Revised effective ionic-radii and systematic studies of interatomic distances in halides and chalcogenides. Acta Crystallogr. A, 1976, 32: 751-767.

[64] Cohen R E. Origin of ferroelectricity in perovskite oxides. Nature, 1992, 358(6382): 136-138.

[65] Cohen R E, Krakauer H. Electronic structure studies of the differences in ferroelectric behavior of $BaTiO_3$ and $PbTiO_3$. Ferroelectrics, 1992, 136(1): 65-83.

[66] Kuroiwa Y, Aoyagi S, Sawada A, Harada J, Nishibori E, Takata M, Sakata M. Evidence for Pb-O covalency in tetragonal $PbTiO_3$. Phys. Rev. Lett., 2001, 87(21): 217601.

[67] Eriksson M, Yan H X, Viola G, Ning H P, Gruner D, Nygren M, Reece M J, Shen Z J. Ferroelectric domain structures and electrical properties of fine-grained lead-free sodium potassium niobate ceramics. J. Am. Ceram. Soc., 2011, 94(10): 3391-3396.

[68] Zheng M, Hou Y, Zhu M, Zhang M, Yan H. Shift of morphotropic phase boundary in high-performance fine-grained PZN-PZT ceramics. J. Eur. Ceram. Soc., 2014, 34(10): 2275-2283.

[69] Martiren H T, Burfoot J C. Grain-size effects on properties of some ferroelectric ceramics. Journal of Physics C-Solid State Physics, 1974, 7(17): 3182-3192.

[70] Randall C A, Kim N, Kucera J-P, Cao W, Shrout T R. Intrinsic and extrinsic size effects in fine-grained morphotropic-phase-boundary lead zirconate titanate ceramics. J. Am. Ceram. Soc., 1998, 81(3): 677-688.

[71] Kamel T A, de With G. Grain size effect on the poling of soft $Pb(Zr,Ti)O_3$ ferroelectric ceramics. J. Eur. Ceram. Soc., 2008, 28(4): 851-861.

[72] Zheng P, Zhang J L, Tan Y Q, Wang C L. Grain-size effects on dielectric and piezoelectric properties of poled $BaTiO_3$ ceramics. Acta Mater., 2012, 60(13-14): 5022-5030.

[73] Hoffmann M J, Hammer M, Endriss A, Lupascu D C. Correlation between microstructure, strain behavior, and acoustic emission of soft PZT ceramics. Acta Mater., 2001, 49(7): 1301-1310.

[74] Ai Z, Hou Y, Zheng M, Zhu M. Effect of grain size on the phase structure and electrical properties of PZT-PNZN quaternary systems. J. Alloy. Compd., 2014, 617(0): 222-227.

[75] Huan Y, Wang X, Fang J, Li L. Grain size effects on piezoelectric properties and domain structure of $BaTiO_3$ ceramics prepared by two-step sintering. J. Am. Ceram. Soc., 2013, 96(11): 3369-3371.

[76] Ghosh D, Sakata A, Carter J, Thomas P A, Han H, Nino J C, Jones J L. Domain wall displacement is the origin of superior permittivity and piezoelectricity in $BaTiO_3$ at intermediate grain sizes. Adv. Funct. Mater., 2014, 24(7): 885-896.

[77] Zhao L Y, Hou Y D, Chang L M, Zhu M K, Yan H. Microstructure and electrical properties of 0.5PZN-0.5PZT relaxor ferroelectrics close to the morphotropic phase boundary. J. Mater. Res., 2009, 24(6): 2029-2034.

[78] Randall C A, Barber D J, Whatmore R W. Insitu TEM experiments on perovskite-structured ferroelectric relaxor materials. J. Microsc-Oxford., 1987, 145: 275-291.

[79] Fan H Q, Jie W Q, Tian C S, Zhang L T, Kim H E. Domain morphology and field-induced phase transition in 'two phase zone' of PZN-based ferroelectrics. Ferroelectrics, 2002, 269: 33-38.

[80] Härdtl K H, Rau H. PbO vapour pressure in the $Pb(Ti_{1-x}Zr_x)O_3$ system. Solid State Commun., 1969, 7(1): 41-45.

[81] Seo C E, Yoon D Y. The effect of MgO addition on grain growth in PMN-35PT. J. Am. Ceram. Soc., 2005, 88(4): 963-967.

[82] Sinclair D C, West A R. Impedance and modulus spectroscopy of semiconducting $BaTiO_3$ showing positive temperature-coefficient of resistance. J. Appl. Phys., 1989, 66(8): 3850-3856.

[83] Gerhardt R. Impedance and dielectric-spectroscopy revisited-distinguishing localized relaxation from long-range conductivity. J. Phys. Chem. Solids, 1994, 55(12): 1491-1506.

[84] Eyraud L, Guiffard B, Lebrun L, Guyomar D. Interpretation of the softening effect in PZT ceramics near the morphotropic phase boundary. Ferroelectrics, 2006, 330: 51-60.

[85] Sen S, Pramanik P, Choudhary R N P. Impedance spectroscopy study of the nanocrystalline ferroelectric (PbMg)(ZrTi)O_3 system. Appl. Phys. A, 2006, 82(3): 549-557.

[86] Khodorov A, Rodrigues S A S, Pereira M, Gomes M J M. Impedance spectroscopy study of a compositionally graded lead zirconate titanate structure. J. Appl. Phys., 2007, 102(11): 114109.

[87] Ortega N, Kumar A, Bhattacharya P, Majumder S B, Katiyar R S. Impedance spectroscopy of multiferroic $PbZr_xTi_{1-x}O_3/CoFe_2O_4$ layered thin films. Phys. Rev. B, 2008, 77(1): 014111.

[88] Waser R. Bulk conductivity and defect chemistry of acceptor-doped strontium-titanate in the quenched state. J. Am. Ceram. Soc., 1991, 74(8): 1934-1940.

[89] Raymond M V, Smyth D M. Defects and charge transport in perovskite ferroelectrics. J. Phys. Chem. Solids, 1996, 57(10): 1507-1511.

[90] Ang C, Yu Z, Cross L E. Oxygen-vacancy-related low-frequency dielectric relaxation and electrical conduction in Bi: $SrTiO_3$. Phys. Rev. B, 2000, 62(1): 228-236.

[91] Hrovat M, Holc J, Kolar D. Phase-equilibria in the RuO_2-PbO-TiO_2 and RuO_2-PbO-NiO systems. J. Mater. Sci. Lett., 1994, 13(19): 1406-1407.

[92] Wakiya N, Shinozaki K, Mizutani N. Estimation of phase stability in $Pb(Mg_{1/3}Nb_{2/3})O_3$ and $Pb(Zn_{1/3}Nb_{2/3})O_3$ using the bond valence approach. J. Am. Ceram. Soc., 1997, 80(12): 3217-3220.

[93] Kim G B, Jung J M, Choi S W. Synthesis and ferroelectric properties of Ni-modified $0.7Pb(Mg_{1/3}Nb_{2/3})O_3$-$0.3PbTiO_3$ solid solution system. Jpn. J. Appl. Phys., 1999, 38(9B): 5470-5473.

[94] Bartram S F, Slepetys R A. Compound formation and crystal structure in the system ZnO-TiO_2. J. Am. Ceram. Soc., 1961, 44(10): 493-499.

[95] Hou Y, Zheng M, Si M, Cui L, Zhu M, Yan H. Comparative study of phase structure and dielectric properties for $K_{0.5}Bi_{0.5}TiO_3$-$BiAlO_3$ and $LaAlO_3$-$BiAlO_3$. Phys. Status. Solidi. A, 2013, 210(10): 2166-2173.

[96] Kanai H, Fukazawa T, Furukawa O, Yamashita Y. Effect of stoichiometry on mechanical properties of $(Pb_{0.875}Ba_{0.125})[(Mg_{1/3}Nb_{2/3})_{0.5}(Zn_{1/3}\ Nb_{2/3})_{0.3}Ti_{0.2}]O_3$ relaxor dielectric ceramic. J. Am. Ceram. Soc., 1997, 80(3): 594-598.

[97] Zhu M K, Lu P X, Hou Y D, Song X M, Wang H, Yan H. Analysis of phase coexistence in Fe_2O_3-doped 0.2PZN-0.8PZT ferroelectric ceramics by Raman scattering spectra. J. Am. Ceram. Soc., 2006, 89(12): 3739-3744.

[98] Xu Q, Chen M, Chen W, Liu H X, Kim B H, Ahn B K. Effect of CoO additive on structure and electrical properties of $(Na_{0.5}Bi_{0.5})_{0.93}Ba_{0.07}TiO_3$ceramics prepared by the citrate method. Acta Mater., 2008, 56(3): 642-650.

[99] Yan Y, Cho K-H, Priya S. Identification and effect of secondary phase in MnO_2-doped $0.8Pb(Zr_{0.52}Ti_{0.48})O_3$-$0.2Pb(Zn_{1/3}Nb_{2/3})O_3$ piezoelectric ceramics. J. Am. Ceram. Soc., 2011, 94(11): 3953-3959.

[100] Hu H C, Zhu M K, Xie F Y, Lei N, Chen J, Hou Y D, Yan H. Effect of Co_2O_3 additive on structure and electrical properties of $85(Bi_{1/2}Na_{1/2})TiO_3$-$12(Bi_{1/2}K_{1/2})TiO_3$-$3BaTiO_3$ lead-free piezoceramics. J. Am. Ceram. Soc., 2009, 92(9): 2039-2045.

[101] Yoon S H, Randall C A, Hur K H. Difference between resistance degradation of fixed valence acceptor Mg and variable valence acceptor Mn-doped $BaTiO_3$ ceramics. J. Appl. Phys., 2010, 108(6): 064101.

[102] Wakiya N, Shinozaki K, Mizutani N, Ishizawa N. Estimation of phase stability in $Pb(Mg_{1/3}Nb_{2/3})O_3$ and $Pb(Zn_{1/3}Nb_{2/3})O_3$ using the bond valence approach. J. Am. Ceram. Soc., 1997, 80(12): 3217-3220.

[103] Shrout T R, Halliyal A. Preparation of lead-based ferroelectric relaxors for capacitors. Am. Ceram. Soc. Bull., 1987, 66(4): 704-711.

[104] Gao F, Cheng L H, Hong R Z, Liu J J, Wang C J, Tian C. Crystal structure and piezoelectric properties of $xPb(Mn_{1/3}Nb_{2/3})O_3$-$(0.2-x)Pb(Zn_{1/3}Nb_{2/3})O_3$-$0.8Pb(Zr_{0.52}Ti_{0.48})O_3$ ceramics. Ceram. Int., 2009, 35(5): 1719-1723.

[105] Zhang M F, Wang Y, Wang K F, Zhu J S, Liu J M. Characterization of oxygen vacancies and their migration in Ba-doped $Pb(Zr_{0.52}Ti_{0.48})O_3$ ferroelectrics. J. Appl. Phys., 2009, 105(6): 061639.

[106] Donnelly N J, Randall C A. Mixed conduction and chemical diffusion in a $Pb(Zr_{0.53}Ti_{0.47})O_3$buried capacitor structure. Appl. Phys. Lett., 2010, 96(5): 052906.

[107] Kobor D, Guiffard B, Lebrun L, Hajjaji A, Guyomar D. Oxygen vacancies effect on ionic conductivity and relaxation phenomenon in undoped and Mn doped PZN-4.5PT single crystals. J. Phys. D. Appl. Phys., 2007, 40(9): 2920-2926.

[108] Boukamp B A, Pham M T N, Blank D H A, Bouwmeester H J M. Ionic and electronic conductivity in lead-zirconate-titanate (PZT). Solid State Ionics, 2004, 170(3-4): 239-254.

[109] Zhao S, Zhang S J, Liu W, Donnelly N J, Xu Z, Randall C A. Time dependent dc resistance degradation in lead-based perovskites: $0.7Pb(Mg_{1/3}Nb_{2/3})O_3$-$0.3PbTiO_3$. J. Appl. Phys., 2009, 105(5): 053705.

[110] Dih J J, Fulrath R M. Electrical conductivity in lead zirconate-titanate ceramics. J. Am. Ceram. Soc., 1978, 61(9-10): 448-451.

[111] Al-Shareef H N, Dimos D. Leakage and reliability characteristics of lead zirconate titanate thin-film capacitors. J. Am. Ceram. Soc., 1997, 80(12): 3127-3132.

[112] Wang R V, McIntyre P C. O^{18} tracer diffusion in $Pb(Zr,Ti)O_3$ thin films: A probe of local oxygen vacancy concentration. J. Appl. Phys., 2005, 97(2): 023508.

[113] Robertson J, Warren W L, Tuttle B A, Dimos D, Smyth D M. Shallow Pb^{3+} hole traps in lead-zirconate-titanate ferroelectrics. Appl. Phys. Lett., 1993, 63(11): 1519-1521.

[114] Steinsvik S, Bugge R, Gjonnes J, Tafto J, Norby T. The defect structure of $SrTi_{1-x}Fe_xO_{3-y}$ (x=0~0.8) investigated by electrical conductivity measurements and electron energy loss spectroscopy (EELS). J. Phys. Chem. Solids, 1997, 58(6): 969-976.

[115] Yan Y K, Kumar A, Correa M, Cho K H, Katiyar R S, Priya S. Phase transition and temperature stability of piezoelectric properties in Mn-modified $Pb(Mg_{1/3}Nb_{2/3})O_3$-$PbZrO_3$-$PbTiO_3$ ceramics. Appl. Phys. Lett., 2012, 100(15): 152902.

[116] Wang C M, Chan H M, Harmer M P. Effect of Nd_2O_3 doping on the densification and abnormal grain growth behavior of high-purity alumina. J. Am. Ceram. Soc., 2004, 87(3): 378-383.

[117] Dillon S J, Harmer M P. Intrinsic grain boundary mobility in alumina. J. Am. Ceram. Soc., 2006, 89(12): 3885-3887.

[118] Randall C A, Hilton A D, Barber D J, Shrout T R. Extrinsic contributions to the grain-size dependence of relaxor relaxor ferroelectric $Pb(Mg_{1/3}Nb_{2/3})O_3$-$PbTiO_3$ ceramics. J. Mater. Res., 1993, 8(4): 880-884.

[119] Zhang S J, Lee S M, Kim D H, Lee H Y, Shrout T R. Characterization of Mn-modified $Pb(Mg_{1/3}Nb_{2/3})O_3$-$PbZrO_3$-$PbTiO_3$ single crystals for high power broad bandwidth transducers. Appl. Phys. Lett., 2008, 93(12): 122908.

[120] Zhang H L, Li J F, Zhang B P. Dielectric constant anomaly in PZT/Ag functional composites. J. Inorg. Mater., 2006, 21(2): 448-452.

[121] 张正杰, 侯育冬, 崔长春, 王超, 朱满康. Ag 掺杂 PZN-PZT 微观结构及电学性能影响. 压电与声光, 2011, 33(1): 119-122.

[122] Bergman D J, Imry Y. Critical behavior of complex dielectric-constant near percolaion threshold of a heterogeneous material. Phys. Rev. Lett., 1977, 39(19): 1222-1225.

[123] Huang J Q, Cao Y G, Hong M C, Du P Y. Ag-$Ba_{0.75}Sr_{0.25}TiO_3$ composites with excellent dielectric properties. Appl. Phys. Lett., 2008, 92(2): 022911.

[124] Chýlek P, Srivastava V. Effective dielectric constant of a metal-dielectric composite. Phys. Rev. B, 1984, 30(2): 1008-1009.

[125] Kaiser W J, Logothetis E M, Wenger L E. Dielectric response of small metal particle composites. Journal of Physics C: Solid State Physics, 1985, 18(26): L837-L842.

[126] Zhang H L, Li J F, Zhang B P, Jiang W. Enhanced mechanical properties in Ag-particle-dispersed PZT piezoelectric composites for actuator applications. Mater. Sci. Eng. A, 2008, 498(1-2): 272-277.

[127] Zhang H L, Li J F, Zhang B P. Sintering and piezoelectric properties of co-fired lead zirconate titanate/Ag composites. J. Am. Ceram. Soc., 2006, 89(4): 1300-1307.

[128] Shao Z B, Liu K R, Liu L Q, Liu H K, Dou S X. Equilibrium phase-diagrams in the systems PbO-Ag and CuO-Ag. J. Am. Ceram. Soc., 1993, 76(10): 2663-2664.

[129] Liu H K, Dou S X, Ionescu M, Shao Z B, Liu K R, Liu L Q. Equilibrium phase-diagrams in the system CuO-PbO-Ag. J. Mater. Res., 1995, 10(11): 2933-2937.

[130] Wang C, Zhang M, Xia W. High-temperature dielectric relaxation in $Pb(Mg_{1/3}Nb_{2/3})O_3$-$PbTiO_3$ single crystals. J. Am. Ceram. Soc., 2013, 96(5): 1521-1525.

[131] Li Z, Fredin L A, Tewari P, Dibenedetto S A, Lanagan M T, Ratner M A, Marks T J. In situ catalytic encapsulation of core-shell nanoparticles having variable shell thickness: Dielectric and energy storage properties of high-permittivity metal oxide nanocomposites. Chem. Mater., 2010, 22(18): 5154-5164.

[132] Shen Y, Lin Y H, Li M, Nan C W. High dielectric performance of polymer composite films induced by a percolating interparticle barrier layer. Adv. Mater., 2007, 19(10): 1418-1422.

[133] Shen Y, Lin Y H, Nan C W. Interfacial effect on dielectric properties of polymer nanocomposites filled with core/shell-structured particles. Adv. Funct. Mater., 2007, 17(14): 2405-2410.

[134] Duan N, Elshof J E T, Verweij H. Sintering and electrical properties of PZT/Pt dual-phase composites. J. Eur. Ceram. Soc., 2001, 21(13): 2325-2329.

[135] Kirkpatrick S. Percolation and conduction. Rev. Mod. Phys., 1973, 45(4): 574-588.

[136] Efros A L, Shklovskii B I. Critical behavior of conductivity and dielectric-constant near metal-non-metal transition threshold. Phys. Status. Solidi. B, 1976, 76(2): 475-485.

[137] Lee H, Noh T H, Jung O S. Construction of kagome-type networks via tridentate ligand: Structural properties as alcohol reservoir. Crystengcomm, 2013, 15(10): 1832-1835.

[138] Lee Y S, Yeon B H, Hyun S K, Kang K J. A new fabrication method to improve metal matrix composite dispersibility. Mater. Lett., 2012, 89: 279-282.

[139] Lee H, Noh T H, Jung O S. Reversible supra-channel effects: 3D kagome structure and catalysis via a molecular array of 1D coordination polymers. Chem. Commun., 2013, 49(80): 9182-9184.

[140] Chen Z H, Huang J Q, Chen Q, Song C L, Han G R, Weng W J, Du P Y. A percolative ferroelectric-metal composite with hybrid dielectric dependence. Scripta Mater., 2007, 57(10): 921-924.

[141] George S, James J, Sebastian M T. Giant permittivity of a bismuth zinc niobate-silver composite. J. Am. Ceram. Soc., 2007, 90(11): 3522-3528.

[142] Foulger S H. Reduced percolation thresholds of immiscible conductive blends. Hoboken, NJ, ETATS-UNIS: Wiley, 1999.

[143] Pecharroman C, Moya J S. Experimental evidence of a giant capacitance in insulator-conductor composites at the percolation threshold. Adv. Mater., 2000, 12(4): 294-297.

[144] Nan C W, Shen Y, Ma J. Physical properties of composites near percolation. Ann. Rev. Mater. Res., 2010, 40: 131-151.

[145] Morimoto K, Kanno I, Wasa K, Kotera H. High-efficiency piezoelectric energy harvesters of c-axis-oriented epitaxial PZT films transferred onto stainless steel cantilevers. Sensor Actuat. A-Phys, 2010, 163(1): 428-432.